財務管理

伍忠賢　著

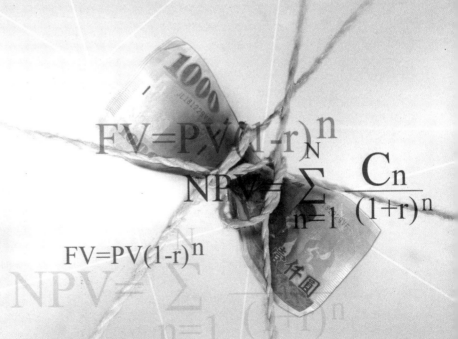

$$FV = PV(1-r)^n$$

$$NPV = \sum_{n=1}^{N} \frac{C_n}{(1+r)^n}$$

$$FV = PV(1-r)^n$$

三民書局

國家圖書館出版品預行編目資料

財務管理／伍忠賢著.－－初版一刷.－－臺北市；三
民，2002
　　面；　　公分

ISBN 957-14-3668-2　（平裝）

1.財務管理

494.7

網路書店位址　http：// www. sanmin. com. tw

ⓒ　財　務　管　理

著作人　伍忠賢
發行人　劉振強
著作財
產權人　三民書局股份有限公司
　　　　臺北市復興北路三八六號
發行所　三民書局股份有限公司
　　　　地址／臺北市復興北路三八六號
　　　　電話／二五○○六六○○
　　　　郵撥／○○○九九九八──五號
印刷所　三民書局股份有限公司
門市部　復北店／臺北市復興北路三八六號
　　　　重南店／臺北市重慶南路一段六十一號
初版一刷　西元二○○二年九月
編　號　S 56215
基本定價　拾肆元伍角
行政院新聞局登記證局版臺業字第○二○○號

ISBN　957-14-3668-2　（平裝）

謹獻給：

　　　摯友　謝政勳

　　　　──感激他患難相助的兄弟情及

　　　　　對我財務實務經驗的良師恩

自 序 —— Just for fun!

　　一般來說，有音樂天份如果沒有勤奮的苦練，不見得能在音樂界大放異彩；同樣的，如果沒有天份只是漫無邊際苦練，還是無法成為音樂界當代巨匠。很幸運的，俄國小提琴家海菲茲 (Heifetz) 不但有五百年才有的「絕世天才」，更有近乎偏執狂的毅力，這使得海菲茲還沒成年，就能在歐洲樂壇深獲好評。

　　有樂評說，共產國家特別能創造出音樂奇葩，「愈是痛苦的生活愈有讓人超脫，另外尋找能容身的世界」。對海菲茲而言，小提琴音樂就是能讓他超脫的世界。(經濟日報，2001 年 2 月 10 日，第 25 版，蔡沛恆)

一、 寫作緣起——寫第一本實用的財務管理教科書

　　教授或學生或許會好奇：「為什麼三民書局、伍忠賢湊熱鬧出本財務管理的教科書?」我們的想法很單純：「出第一本實用的財務管理教科書」。雖然這樣說，很像 Cefiro, Mondeo 汽車挑戰 Benz 的廣告詞，而且流彈會打到我的朋友、同行，但憑著我在財務管理多年的實務經驗（包括聯華食品公司財務經理），相信「第一本實用」財管是站得住的。

　　1.實用上，無人能比

　　在學校裡修課，從課本上學習，目的在於因應現實生活的需要，縱使你唸財務金融碩士、企管所主修財管，而且在上市公司財務部工作了五年，唸本書至少還有一半以上篇幅有收穫。我常跟大二任教的學生說：「唸完本書，你到上市公司財務部上班，只需問報表上你的印章該蓋在哪裡，剩下的決策不用再問人」，也就是這是一本跟實務零距離的教科書、實用手冊。這本書保你夠用到擔任台積電、鴻海精密的財務長，當然，初階工作（像出納、財務調度），那本書可說「殺雞焉用牛刀」。

　　2.考研究所「叫我第一名」

　　以我 1981 年考中山企管碩士統計組第一名、政治大學經濟碩士第四名、1987 年交通大學管科所博士班錄取、1988 年政治大學企管系博士班榜首的戰績，考試不僅得靠實

力,而且考試技巧也很重要。我們以作圖作表,把資金結構(表5–5)、股利政策(表10–3)、資本資產定價理論(表9–9)有系統整理,讓你易懂易記。唸本書去考研究所,雖然不敢說「八九不離十」,至少「七八不離九」;因為財務管理還會再考些公司鑑價、投資學的範圍。

二、Read it, you will like it!

很多人唸到企管博士,甚至主修財務管理,到了公司財務部卻不知如何做,教科書不實用該負最大責任。此外,一般財管教科書有二大重要缺點,以致令很多人心生排斥:

1. 公式多

公式多會令很多自認數理差的人知難而退,我的書不搞這一套,在拙著《國際財務管理》(華泰書局,1998年10月)全書600頁,只有3個公式;奇怪了,實務工作哪會碰到那麼多華而不實的理論和公式?同樣的,本書的公式也不會超過20個,對於代數運算的公式推導更不願意浪費篇幅。

2. 計算例子多

大部分例子都是大同小異,如同已知2 + 3=5,那又何必去舉3 + 5=8,5 + 8=13,8 + 13=21這些例子呢?在拙著《國際財務管理》中,我開始落實「很少數字例子,而且毫無會計分錄」的觀念。

本書貴在提出許多可操作的方法,盼能給大學帶來另類教科書、給企業界小小的漣漪。這是一本有理論架構、實務經驗支持的、能用的企管叢書和教科書,不是一本翻譯或編著的教科書,也不是一本鬆垮垮的企管叢書。

三、伍忠賢式寫作方式──本書特點

本書延續伍忠賢式的下列寫書風格:

1. 以理論(尤其經過臺灣論文支持)為架構,並透過圖、表整理,以達到「易懂、易記」的目的。如同歌手庾澄慶的成名曲「改變所有的錯」,在本書中,我們把所有知識管理常見的圖都依照伍氏三個系統基模的格式重畫。

2. 以實務為骨肉,這是我們的寫作原則:「縱使是教科書,也應該跟實務工作零距離。」而這又是主要受益於十年以上的從業資歷。

3.以創意為靈魂，樂聖貝多芬的交響曲中有很強烈的人文色彩，同樣的，本書也有濃郁的創意氣息，希望能觸動你一些靈感，而不是如同一本冷冰冰的食譜、手冊罷了。

4.加點人味，以前在《工商時報》當專欄記者時寫專欄，主管鍾俊文博士總希望在談事論理之外，再加上產官學的意見，讓讀者因感受人味而喜歡讀，才不會像論文。同樣道理，網球公開賽時，只要碰到火爆浪子馬克安諾、阿格西，收視率便大幅躍升，因為有好戲可看；至於發球機器山普拉斯、柏格只有好球可看，場面枯燥得很。

本書再次突顯我的治學、寫書理念：

1.「回復到基本」(return to basis 或 return to the basic)：通俗地說便是「天下沒有新鮮事」，同理，我也主張「天下沒有那麼多學問」；萬變不離其宗。坊間許多理論（包括所謂的管理大師所提出的）、方法，只是從大一管理學、大二財務管理學略作修改，然後再加上美麗的學術外衣或神秘的實務界魔術公式，本質上仍是「換湯不換藥」。

2.就近取譬，用生活中熟悉的事物來比喻好令人豁然而解。

我在財務管理的創新方法

年	月	書 名	章 節
1999	10	實用投資學 （華泰書局）	§ 2.1 資產分類、投資工具屬性衡量 § 6.5 伍氏風險平減投資組合績效評估 § 11.2 伍氏投資組合選擇理論
2002	7	公司鑑價 （三民書局）	chap.8 伍氏權益資金成本的估計 § 9.4 伍氏盈餘預測法
2002	9	財務管理 （三民書局）	§ 9.4 伍氏權益資金成本

社會「科學」是有關於人的科學，大部分是從人的行為中歸納出來，為了看起來有學問起見，必須給它取個專有名詞，至少大家有個共同的瞭解，以免雞同鴨講。

因此，「天底下沒有新鮮事」(there are nothing news under the sun) 這句話請你銘記在心，財務管理中 99% 的觀念、工具都來自日常生活。難怪 Nokia 的手機廣告說：「科技始終來自人性」就是這個道理。

四、誠摯感謝

要感謝的老師很多，其中有二位跟本書的撰寫有直接關係。

　　中山大學校長劉維琪教授，他是我在財管領域的啟蒙老師，他威嚴的詢問，常令我們有大風吹的緊張。另一位是陳隆麒教授，他敬業的教學精神和融會貫通的能力，奠定了我財務管理的底子。

　　在寫作語氣上，略參考焦桐在 1997 年 11 月 16 日《中國時報》第 27 版上的一篇文章「深思熟慮的輕」。如同當兵時班長所說：「外表輕鬆，內在嚴肅。」我期許自己以寫小品文的心情，來寫一本嚴謹的書；希望你自在地讀，不要覺得有「不可承受的重」。

　　此外，大學同學王素敏於 1981 年時曾說過：「如果修國際企業管理這門課只能多懂幾個名詞，那我不願意選修。」她的話指引我在寫書時，以實用為先，無須狗尾續貂、鋪陳一堆學者主張和理論，但卻不知道是否於事有補或正確與否。此外，我們用一些簡單基本架構（如管理功能）重新把許多主張一以貫之，讓你能把所唸的企管書活用出來，不致迷失在眾說紛紜之中。

　　在本文中，許多地方改寫自報刊，我們皆註明出處，一則表示飲水思源，一則方便您也可以藉此找出原文。

　　在文字編輯方面，感謝三民書局編輯部的細心編輯和校對，增加本書的視覺感受以及提高品質。

　　尤其感激的是好友謝政勳、楊正利、蔡耀傑、柯惠玲、林新象和謝增錦，在財務上的支持、在精神上的鼓勵，才能讓我沒有後顧之憂的從事寫作。最後要感謝的是上天賜予我靈感，使我這樣資質有限的人能寫出本書。

伍忠賢　謹誌於新店

2002 年 9 月

E-mail: mandawu@msn.com

godlovey@ms22.hinet.net

網址：http://www.blessing.com.tw

葉 財管個案集 投資銀行 果

三民2002年7月 公司鑑價

國際財務管理 你的公司值多少錢?

投資學 幹 投資管理

枝

財務管理 根
三民2002年8月

財務管理

目 次

第六篇　投資和租稅規劃

表目次

圖目次

導　論

我一直認為繪製圖表是澄清思慮的最佳方式，把一個複雜問題濃縮成一張簡單的圖表，總會令我高興不已。

我熱愛繪製圖表的過程，並且總能從中獲益許多。關於製圖最有趣的一件事，就是我們永遠認為上一次的簡報是「有史以來最成功的一次」。

——傑克・魏爾許（Jack Welch, 美國奇異公司前董事長）

動物園、遊樂園、大廈、捷運站的示意圖可以讓你綜覽全局，不致因木失林，很多人唸完一本書完全無法拼湊出一張完整的拼圖；作者須負很大責任，因為連作者都支支節節。

我所有的教科書都有全書架構圖（本書圖 0-2），再加上導論的說明，讓你能迅速抓住全書大要，這也是唸書要從目錄、導論唸起的主因。

一、財務管理在財管領域中的地位

如果以欣賞鑑定一顆鑽石來比喻，可分成三種距離來看，請一邊參看圖 0-1。

1. 用肉眼看

可以看清楚鑽石全貌，這是大二「財務管理」或「公司理財」課程，以資產負債表來說，兼顧資產去路、融資面。

2. 借助放大鏡

如果借助放大鏡來看米雕，則可以把局部看得很清楚。投資管理就是集中在財務管理的一邊，即資產的運用。

3. 用顯微鏡看

用顯微鏡看東西只能看到一小塊東西，在投資管理中再細分下去，在大三至大四或碩二課程，則是把主要投資工具各自獨立一門課，講得透澈。例如衍生性金融商品的期貨、選擇權這二項，皆可單獨開課。1992 年以來，隨著金融工具不斷創

圖 0-1　投資管理課程在大學財務核心課程中的地位

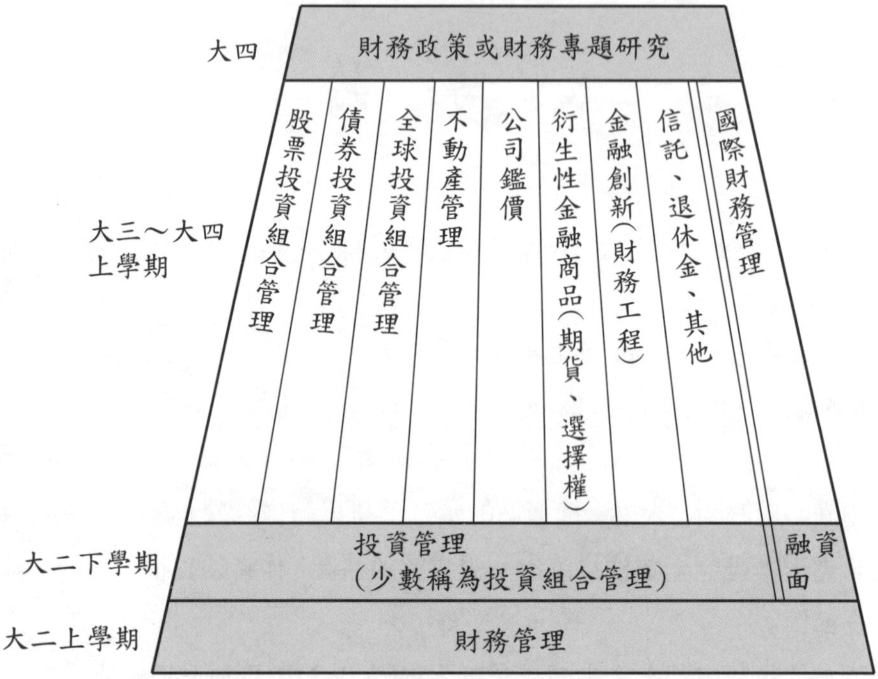

大四｜財務政策或財務專題研究

大三～大四上學期｜股票投資組合管理｜債券投資組合管理｜全球投資組合管理｜不動產管理｜公司鑑價｜衍生性金融商品(期貨、選擇權)｜金融創新(財務工程)｜信託、退休金、其他｜國際財務管理

大二下學期｜投資管理（少數稱為投資組合管理）｜融資面

大二上學期｜財務管理

新，因此財務工程、金融創新也有單獨開課。

　　在財管領域中，我從大二財務管理一直寫到碩二的企業併購，基於大學、碩士班課程內容宜密切接合，盡量避免重複，因此表 0-1 中幾個主題本書不擬討論，否則在本書硬講，只好排擠掉其他章的篇幅，以致意猶未盡；其次，表中很多主題都超過大二學生的知識範圍，強摘的瓜兒不甜，還是留待以後適當課程再談也不遲。

表 0-1　本書不討論的財務主題

年級	課程	本書不擬討論主題
碩二	企業併購	企業併購，詳見拙著《企業購併》（新陸，2002 年 8 月二版）
碩一	公司鑑價	詳見拙著《公司鑑價》（三民書局，2002 年 7 月）
大四	國際財務管理	匯率決定和簡述國際財管，詳見拙著《國際財務管理》（華泰，1999 年 10 月二版）
	期貨	期貨
大三	投資學	1.投資組合管理，詳見拙著《投資學》（華泰，1999 年 10 月） 2.證券鑑價，詳見拙著《公司鑑價》
大二	貨幣銀行 財務管理	利率的決定和金融市場，詳見拙著《貨幣銀行學》（三民，2003 年 6 月）

二、本書架構

　　「財務管理」用一句話來形容：財務管理就是「把財務報表「管理」好的事」，更直接了當的說：「財務管理就是把資產負債表管好的事」，依此架構，由圖 0-2 可見，本書可分為六篇、十八章。主要重點在於資金募集，至於金融資產投資留到投資管理課程再詳細說明，否則容易造成極大重複，這也是本書跟大多數書的重大差異之一。

圖 0-2　以資產負債表為基礎的本書架構

資金去路（需求）	資產負債表	資金來源（供給）
流動資產	第二篇　資金結構	
第五篇　資產管理、財報分析和公司重建	chap 5　資金結構	
chap14　流動資產管理	chap 6　風險管理	
chap15　財務報表分析	chap 7　代理理論	
chap16　公司重建	負債	
第六篇　證券投資和租稅規劃	第四篇　負債融資	
chap17　證券投資和租稅規劃	chap12　負債融資規劃	
chap18　租稅規劃	chap13　負債融資執行	
長期資產	業主權益	
第一篇　長期資金需求	第三篇　權益融資	
chap 1　資本預算	chap 8　股票上市	
chap 2　報酬率	chap 9　權益資金成本	
chap 3　每年預算	chap10　股利政策和資本形成	
chap 4　財務規劃與資金調度	chap11　選擇權定價理論	

第一篇　長期資金需求

　　公司財務部不能單獨存在，其天職是支援營運，有如血液之於人體，因此必須先討論資產負債表的左邊資金需求，尤其是長期資產代表對資金的長期需求。

　　第一章資本預算，大一經濟學中的支出 (expenditure) 指的就是資本支出，對公司來說便是設廠（買土地、買機器設備），這需要一筆很大的長期資金。雖然實質投資所產生的營收、盈餘，大都不是財務部所計算出的，但是預估五年損益表、現金流量表倒是財務部的份內事。本章重點在於四種資本預算方法中（第一章），只

有一種（淨現值法）是正確的。

第二章討論報酬率，財務管理跟路邊攤小販有相同的核心活動一樣，即算出收入、成本（第九章第四節資金成本），以算出報酬率，在財務可行前提下，從許多投資案中，依報酬率順序挑選投資案。本章可命名為「報酬和風險」，可惜的是，我們回顧所有衡量風險的方式，但是現成的（例如報酬率標準差、貝他係數）工具卻漏洞百出。

第三章每年預算是第一章資本預算的迷你版，前者在管理學中屬於短期規劃，資本預算屬於長期規劃。「預算」不是多麼高深莫測的事，你每月甚至每週都會大概估算收入、支出，公司預算只是更複雜，但原則相似。

第四章財務規劃與資金調度，第一、三章預算偏重會計上的應計基礎，但不見得跟現金流量同步，因此財務部還得依現金基礎編製未來一年、五年的預估現金流量，並且妥善找出資金來源，此即財務規劃。在短期內，錢多時財務部如何把錢調出以賺取財務利潤、錢不夠時怎樣找最便宜資金來填空檔，這個資金調度的工作，是財務部最例行的工作。

第二篇　資金結構

財務人員的天職便是替公司找到足量、便宜的資金，而這涉及三個主題：

第五章資金結構，即自有資金（業主權益）宜佔 50% 以上，負債比率宜佔 50% 以下，才能借到足量、便宜的資金。

第六章資金結構決策中一項很重要的考慮因素便是財務風險管理，本章從償債能力出發，並說明可操作的營運風險衡量方式，財務風險是營運風險的配合項目。

第七章代理理論主要說明公司扮演代理人角色，如何讓資金供應者(即主理人)沒有後顧之憂的慷慨解囊，2001 年起當紅主題便是公司治理。

第三篇　權益融資

成立公司時股東要先出資，才能槓桿進來負債（如銀行貸款），因此權益融資必須先談。

第八章權益募集主要說明股票上市（上櫃）的好處和資格。

第九章計算（業主）權益的資金成本，換另一個角度來看，公司跟銀行很像，投資人出 20 元買 1 股，每年賺（現金）股利 1 元，投資報酬率 5%，對公司而言則

是權益資金成本，可以說是股票定價。本章全盤推翻資本資產定價模式 (CAPM)，並提出簡易可行的股票定價方式。

第十章說明股利政策和資本形成。

第十一章先介紹選擇權觀念，再說明像員工認股權等在權益規劃時的運用之道。

第四篇　負債融資

負債融資是財務部最常碰到的融資活動，如何發行公司債、向銀行貸款，便是本篇重點。

第十二章先用實例說明還可再借到多少錢（舉債空間）、舉債管道（直接 vs. 間接融資）、舉債方式（公開 vs. 私下募集）。

第十三章說明如何取得廉價的負債等負債融資的執行事宜。

第五篇　資產管理、財報分析和公司重建

本篇屬於財務部的流動資產管理。

第十四章說明應收帳款、存貨、現金等流動資產管理，並且說明應收帳款買斷等應收帳款融資方式。

第十五章討論商業授信和經營分析，前者對外、後者對內，關鍵都在財務報表分析。

第十六章說明公司出現財務危機時，財務部向上建議透過公司重建來起死回生。

第六篇　證券投資和租稅規劃

最後一篇把一些雜項擺在一起：

第十七章討論證券投資的基本知識——金融資產的分類，依伍氏預期報酬率、虧損率來劃分，並替大三投資管理課程打好基礎。

第十八章租稅規劃，財務人員不能不懂稅，租稅規劃大方向很清楚，本章在於執簡御繁，讓你快易通。

限於篇幅緣故，財務績效評估一章只好割愛。

三、財管五大理論

理論 (theory) 是經過現實 (reality) 驗證合格的假說 (hypothesis)，最好能「放

之四海皆準」、「古今皆適用」，但至少一時一地（常指一國）暫時適用。縱使依此標準來看，能夠經得起千錘百煉的企管理論還是很少，財管只是企管中的一個領域，理論也不多，一般來說，由於財管大都涉及計算，所以大部分的理論都會以數學式表示，稱為模式或模型 (model)。

　　然而一開始時，我們以表 0-2 讓你一次看清財管五大理論，其中有三個理論的學者已拿到諾貝爾經濟學獎，可見功力超群。表中前三個理論是針對股票而來的，因此我們刻意依時間順序排列。

　　另外 M&M 提出資金結構無關理論等重大財務理論，其中的 Franco Modigliani 在 1985 年拿到諾貝爾經濟學獎，是第一位財務學者；第二位 M 的 Merton H. Miller，在 1990 年跟馬可維茲、夏普三人同摘桂冠。

表 0-2　財務管理五大理論

理論	投資組合理論	資本資產定價模式	套利定價理論	選擇權定價模式	代理理論
英文代號	portfolio theory	CAPM	APT	OPM	agent theory
年代	1952	1965	1977	1973	1976
學者	馬可維茲	夏普 崔納 莫辛	羅斯 (Ross)	布萊克 (Black) & 修斯 (Scholes)	傑森 (Jessen) & 麥克林 (Meklin)
主張	衡量「多支股票」（即投資組合）的風險，即俗稱不要把所有雞蛋擺在同一個籃子,但問題是擺在哪些籃子呢?	用系統風險（βi）來決定風險資產的必要報酬率	比左述多幾個β	用股價、股價報酬率變異數來衡量選擇權的理論價值	主理人 (principle) vs. 代理人 (agent)
諾貝爾經濟學	1990 Hary M. Markowitz	William F. Sharpe		1997 Robert C. Merton Myron S. Scholes	

㈠投資組合理論

　　馬可維茲是現代財管之父，地位跟總體經濟之父凱因斯很像，他在 23 歲 (1952) 唸博士班時，提出「驚動萬教，轟動世界」的投資組合理論，也使他成為撈過界的諾貝爾經濟學獎得主。他用股票報酬率標準差來衡量股票（從單一個股到一群股票的投資組合）的風險，進而建構「預期報酬率、風險」的投資組合。對門外漢來說，「不要把所有雞蛋擺在同一個籃子」是投資組合理論 (portfolio theory) 最淺顯的比喻。

　　然而，他並不是跑個人賽跑，後續學者大都在他的風險衡量方式的基礎上再去發展。

㈡資本資產定價模式

　　財務管理跟經濟學重疊很大，其中一個小的技巧上的差異是，經濟學中理論的命名大都以學者的姓來稱呼，可是財管是以其功能。1965 年，三位學者夏普 (Sharpe)、崔納 (Treynor)、莫辛 (Mossin) 所提出，其中關鍵因素是：

$$\beta_i = \frac{Cov(R_i,R_m)}{Var(R_m)}$$

　　不論分母、分子皆是馬可維茲的基本觀念的運用，詳見第九章第一節。這模式的優點是簡單好用，缺點是跟事實只有一成相近，九成以上昧於現實。難怪在 1976 年時，羅斯 (Steven Ross) 提出套利定價理論來改變所有的錯。

㈢套利定價理論

　　用個簡單比喻來說明，如果把資本資產定價模式比喻成 1970 年代的第一代個人電腦甚至 1990 年初的 80486 CPU 的電腦，那麼羅斯的套利定價理論 (arbitrage pricing theory) 便是英特爾 P4 為基礎的 686 電腦。套利定價理論以（變數）多取勝，常見的至少有 8 個變數，而資本資產定價模式只有 2 個自變數，太少的變數想要解釋複雜的股價行為，可說癡人說夢。

　　套利定價理論請見第九章第二節，有關上市股價行為的理論發展，至此可說是到達成熟階段。

㈣選擇權定價模式

接著對股價行為的理論發展偏重於股票的衍生物，即股票選擇權，1973 年布萊克和修斯提出的選擇權定價模式 (option pricing model, OPM)，還是以股票報酬率標準差為基礎，套入複雜的函數去算出股價未來漲跌的數值，據以計算股票衍生物選擇權的價值。

財務學者公認此理論為全球最普遍（尤其是實務人士）使用的財務理論，替布萊克和修斯抱回一座諾貝爾獎，詳見第十一章。

㈤代理理論

代理理論也是衝著股票價格來的，只是不評估其價值，而是說明怎樣情況下，代理人（例如公司董事會）可以設法降低代理成本，讓主理人（例如小股東）近悅遠來。其中機制是公司治理，2001 年以來成為臺灣甚至全球顯學；雖然如此代理理論的許多成本（例如過度投資、投資不足的代理成本）都是大抵無法衡量的，因此本理論大都屬於規範性討論，比較難全面量化討論。

四、理論是否經得起實務考驗的簡單法則——吸血鬼定理

被我教過的學生大都會聽過我用吸血鬼定理來說明「適者生存，不適者淘汰」的理論發展。背後的故事是這樣的：

1985 年，我唸碩二時，有位盜版大英百科全書業務員到宿舍來推銷，並強調 3,990 元（當時每月生活費 2,000 元左右）可以買 24 本精裝本的書，擺在書架上，看起來很氣派，可增添人的書卷味。但是我不想買，縱使他強調由於新聞局取締盜版，他只剩下二、三套，「欲購從速，錯過可惜」。最後，他只好使出「賭博」的殺手鐧，也就是他出個題目，要是我答錯了，可見知識不足，必須買全套書，好好提升知識水準。

他的問題是這樣：「聽說你們研究生都很有學問，請用邏輯證明世界上有吸血鬼或是沒有。」

一時間我反被問倒了，原本就怕鬼，對鬼所知甚少，只好舉白旗投降。

他循循善誘的問我：「吸血鬼有什麼特徵？」

我回答：「有二顆犬齒，專門用來咬破受害者喉嚨、吸血用。」

他又問：「被吸血鬼吸過血的受害者會變成什麼？」

我說：「另一個吸血鬼。」

他說：「那麼如果十萬年前（一千年前也可以）有位吸血鬼，過一陣子就會一變二、二變四、四變八……，以 2 的倍數成長下去。久而久之，應該會有很多吸血鬼，有些吸血鬼會被警察逮到，但是到今天卻沒有一個案例。所以邏輯上，世上沒有吸血鬼。」

這個「成王敗寇」的吸血鬼定理用在判斷理論的實用性很管用，以財管中常見的二個「理論」來說明。

1.以資本資產定價模式 (CAPM) 來計算權益資金成本，甚至以此作為公司（權益）鑑價的基礎、投資組合的核心，但是臺灣 43 家最專業的投資信託公司（俗稱基金公司），掌管 3,000 億元以上股票投資資金，研究員人數逾千人，大部分都是企管、財管碩士，甚至有幾位研究員、基金經理是企管博士，請問哪一家投信經常去算出 β，以作為選股參考呢？答案是「沒有」。

一個 1965 年提出的理論，迄今已逾三十七年，如果有用，早就普及率二成、四成以上，但大抵仍停留在學者間。

2.用經濟訂購量 (EOQ) 去計算現金安全存量，每本財管教科書都會這麼談。但是如果連人才濟濟(1.35 萬人)的台積電或專業的銀行業，都找不到一家照表操課，那麼問題出在哪？是實務界無知、偷懶，還是學者「跟現實脫節」呢？

㈠自己不會生，牽拖厝邊

許多學者（還是以 CAPM 為例）的理論跟現實相差十萬八千里，但辯稱市場不完美 (market imperfection)，似乎在他們的桃花源似的完美市場 (perfect market) 中，現實就會忠實反映出他的理論。

但是在戰術層級，完美市場（以 CAPM 為例，股市符合半強式效率市場假說）何時才會出現（像投資人完全理性的假設）？在此之前，投資人怎麼辦？更毒舌派一些，在策略層級，他們所提的七個假設（理論的前提）成立，這個市場就完美了嗎？那未免把複雜的億萬人類行為過度簡化了吧！

以前一直搞不清楚英語中的「一位死記者不是好記者」這句話的意思，或許跟本書的主張是一致的，「實用是檢驗理論（其外顯表現為模式、方法）的最重要標準」，換句話說「沒用的理論不是好理論」。

㈡唸書要唸通

　　有一部美國校園片經典之作《春風化雨》(Mr. Hollands Opus, 1995)，片中校長傑可布對男主角音樂老師賀蘭說：「老師的職責不僅是傳授知識，更重要的是避免學生誤用知識。」迷信權威是造成以訛傳訛的主因，在財務管理領域中也不例外；我們在本段中便要指出一些不通的「財務管理」定義，原因：

　　1.用刪去法，讓我們更容易接觸到什麼是財務管理。

　　2.有系統的分析觀念、理論，也就是抱著懷疑的心態；錯誤、不當的觀念以後便沒有必要浪費篇幅說明。

　　本書有不少我的創意，重要的是能啟發你們的夢想，人類因夢想而偉大，而身為人師最高的成就則是開啟學生的夢想。

五、一本會說故事的另類教科書

　　本書各章後面的個案，主要有二種用途：

　　1.沒有工作經驗的學生

　　讓你們瞭解本書（尤其是該章）的財管知識怎麼運用，至少「沒吃過豬肉，也得看過豬走路」。

　　2.有工作經驗的讀者

　　對於個案中的公司（如美國凱瑪百貨）、人物，或許你在報章雜誌上支麟片爪的略有所知，但是就是無法拼湊出一幅完整拼圖。我們嘗試從另一個角度（例如第十五章:），聚焦的讓你瞭解他（或她）們怎樣活用財管知識。

六、英文用詞──一知半解，好不過全然不知

Knowing any language imperfectly is very little better than not knowing it at all.

──Lord Chesterfield, *Letters*, 29 Dec., 1747.

　　這句話的意思是「對語言若所知不足，比全然不懂好不到哪裡去」，是 18 世紀的英國貴族查斯特菲德寫給兒子的話。（工商時報，2000 年 7 月 29 日，第 27 版）

　　我喜歡看《工商時報》經營知識版的「上班族學英語」專欄，後來彙集成書，即施鐵民、李巧云所編的《英語字詞新探》（商訊文化，2000 年 6 月）。作者們針

對常見的疑難字詞，從廣泛蒐集文學、新聞等不同領域的例子，來闡明這些字詞的各種不同的意思與用法。文學的例子經過時間的沉澱，比較有深度，有引用的價值；新聞例子較口語，皆是當代所流行的語言，相當實用。這類例子除有助於語言的學習，也可提升讀者對文學經典名句的欣賞和國際政經事務的瞭解。例句皆附有中文翻譯，譯得十全十美的原因在於「意譯」，避免照字「死譯」成半通不通的中文，或可供有志於從事翻譯者參考。

本書中對常見專有名詞的譯法，並不是故意與眾不同，其目的有二：

1. 字斟句酌，方顯專業。

2. 對就是對，錯就是錯，不會由於一百個人說你錯了，就代表你錯了。能克服從眾壓力，才是創新的必要條件。

本書有很多財管名詞小字典，作法大抵跟電視英語教學節目「魔法 ABC」鮑佳欣姐姐的作法一樣，每個英文名詞皆詳細說明，不需硬背。在拙著《管理學》、《財務管理》二本入門書中特別強調這件事。看了二、三個例子後，你大概可以體會我們一貫的主張：「專業始終來自生活」，財管大部分專有名詞，都是日常用字的組合，拆開來一個字一個字解釋，這個名詞就容易懂了。再舉一、二個生活中運用例子，你就更容易記了。

表 0-3　本書常用報酬率符號

英文符號	中　文	說　明
R	利率	
R_d	貸款利率 (interest rate of debt)	
R_e	權益必要報酬率	又稱 hurdle rate
R_f	無風險利率 (risk-free rate)	常以臺銀一年期定存利率代表
R_p	基本放款利率 (prime rate)	
ROA	資產報酬率 (return on total assets)	$=\dfrac{盈餘}{資產}$
ROE	權益報酬率 (return on equity)	$=\dfrac{盈餘}{權益}$
ROI	投資報酬率 (return on investment)，常指一項（實體）投資計畫	$=\dfrac{獲利}{投資}$

第一篇

長期資金需求

第一章

資本預算

門都不精的人，很難在新時代立足，但 21 世紀是個商業世紀，每個人都不能不有商業知識，例如我覺得每個人都要看得資產負債表，而且要懂得其中巧妙，資產負債表雖然只有一頁，但附錄通常有十幾頁，巧妙就在附錄，要看看其中是否「話後有話」、「話外有話」。

——張忠謀　台灣積體電路公司董事長

經濟日報，2002 年 8 月 17 日，第 5 版

學習目標：

資本預算是財管五大主題之一，背後包含獲利衡量、現值、鑑價等重要觀念，具有火車頭的關鍵地位，其重要性不可言喻。對公司來說，投資計畫的抉擇，影響公司的獲利，學會本章便向正確決策大大邁進一步。

直接效益：

資本預算是企管顧問公司開課重點，但名詞常被弄得天花亂墜；這也是考研究所的焦點之一，一般書用二章來說明，但是「（寫書的人自以為）說得很清楚，（讀者卻）看得很模糊」，在本章中，可以讓你快易通，發現學財管也可以如此輕鬆。

本章重點：

· 資本支出。§1.1 一㈡
· 資本預算。§1.1 一㈥
· 資本預算四個方法的分類。圖 1–1
· 資本預算方法的評價。表 1–1
· 價值相加定律。§1.2 二㈡
· 貨幣的時間價值。表 1–2
· 不確定情況下的資本預算。表 1–3
· 淨現值的二個殊途同歸公式。表 1–4
· 二種鑑價對象的分子分母。表 1–5
· 投資案的邊際收入和成本。表 1–6
· 折現率期間結構。§1.4 三㈣
· 二種基本金融資產的 NPV 法運用。表 1–7

前言：發現財管新大陸

16 世紀義大利天文學者伽利略主張「太陽是宇宙的中心，地球不是」，大大巔覆了大眾的刻板印象。同樣的，三十多年來，古今中外的財務管理書都長得一個模樣。都是先介紹財管（理論）的歷史延革，第二（或三）章再介紹貨幣的時間價值，用一堆例子，像繞口令般的說明現值、年金現值、終值、年金終值。學生搞不懂為什麼得學，而且被一些無關緊要的數字例子弄得倒盡胃口。在本章第三節中，我們只用半節來介紹，照樣能讓你快易通，而且更重要的是「為用而訓」，能讓你知道為什麼要學。

但是回到「太陽是宇宙中心」這個主張，「大軍未啟，糧秣先到」，公司的「大軍」指的就是本章的資本預算，糧秣包括很多，例如人、財、物（機器設備），但是關鍵還是錢，有了錢就容易挖角、擴廠。因此我們把資本預算放在全書第一章，這完全巔覆了傳統財管教科書的佈局，但是如同伽利略一樣，有一天歷史會證明我是對的。

就因為哥倫布相信「地球是圓」的主張，才能成為發現新大陸的偉大航海家，我也相信，本書這樣的架構安排，能讓你更直接瞭解實務，連帶的也對教科書有興趣，因為知道它的功用。這就是發現財管的新大陸了！

此外，第三章討論資本預算的特例──年度預算的編製，以 9 月中開學來說，10 月就會教到第三章，大部分公司 10 月開始編製年度預算，不謀而合的巧合。

在本章中，我們採取電影導演運鏡方式：

1. 遠鏡頭

先拉個全景，讓你在第一節中看清楚四個資本預算方法。

2. 近　景

接著再把鏡頭拉近，詳細說明四個方法中誰勝誰負。

3. 特　寫

最後再拉特寫鏡頭，詳細討論「冠軍」淨現值法，我們採取由淺入深方式，第三節淨現值法入門、第四節淨現值法進階。

◆ 第一節　資本預算方法

要走出迷宮，最簡單的方法是找個人站在高臺上指引方向；同樣的，想看清楚

整個森林，最有效的方式是搭直昇機鳥瞰，才不會因木失林。在本書一開始時，立刻有機會運用此原理來瞭解理論、方法。

一、大易分解法

瞭解專有名詞最簡單的方式跟化學名詞一樣，也就是把名詞分解到最基本的字，像 H_2O 是水，美國潛艦把海水吸入，把海水分解成氫、氧，把氧留下供給官兵呼吸之用，把氫排出艦外，所以潛艦所經之處，跟蝸牛爬過留下一道半透明液體一樣，也會拖著一條氫氣軌跡。

財務管理大部分名詞是化學中的合成結果，由二個以上單字組成一個名詞。只要把各個單字意思分別瞭解，整個名詞就易懂、易記了，惟有具備此能力，就不怕有千、萬個專有名詞，反正「兵來將擋，水來土掩」。

㈠「資本預算」公務統計用詞

資本支出 (capital expenditure) 在報章上常見，在行政院主計處編印的《國民經濟動向統計季報》第 9 頁的固定資本形成 (gross fixed capital formation)，2001 年為 1.83 兆元、2002 年預估 1.81 兆元，投資主體包括政府、公營事業、民間（指民營企業）。

㈡資本支出

假設你不懂「資本支出」這個名詞，最簡單的方式便是把名詞拆成單字。資本支出可分解成下列二個名詞：

1. 資　本

資本這個字在此處不是指資本額，而是有重大的 (material) 的意思，即可稱之為「重大支出」。

2. 支　出

支出是指對耐久品 (durable good) 的花費，相對於購買非耐久品的商品或勞務稱為消費 (consumption)，這是大一經濟學的基本分類。

抽象定義、用名詞解釋另一個名詞皆有霧裏看花的現象，接著用二個實例來看就八九不離十可以抓住原意了。

㈢美國的資本支出

2002 年 6 月初，美國證券公司高盛在經濟研究報告中指出，美國資本支出復甦將比較晚，而且復甦幅度將比一般預期溫和，2002 年後半年預估將延續前半年的低迷水平，2003 年則可增加 5 %。

報告指出，影響資本支出的原因有三：權益資金成本、負債成本，以及預期資金報酬率。個別來看，歷史數據顯示權益報酬率跟企業投資走勢幾乎一致，過去七十年的權益報酬率平均約 7%，1933 年的蕭條期曾低至 0.33%，1997 年達到 8.9%，2001 年降至 6.6%，2002 年上半年正好在 7% 上下，隨著下半年企業獲利改善，可望讓權益報酬率略高於 7%。

舉債成本過去七十年的中位數約略低於 4%，目前也跟這水平相當，不過歷史顯示舉債成本跟企業投資關聯性比較薄弱，主因部分營運不佳企業縱使想投資也無法取得資金。如果根據高盛的修訂指標，以「可取得信用企業」指標來觀察，目前仍處低檔，顯示網路泡沫破滅影響仍在，不過該指標近兩季已略見改善。再比較另一「資金缺口」指標，該指標顯示企業對資金渴求仍高，綜合兩指標，反映出企業有投資意願，但未必能順利取得資金，因此資金成本因素目前對企業投資影響也僅止於中性。

㈣矽品的例子

封裝業者矽品 (2325) 在 2002 年 6 月 3 日股東大會中通過，在總額資本支出方面，為持續追求成長，在高階製程領先同業，第一季資本支出 15 億元，其中封裝三分之二、測試三分之一，為配合新的大客戶訂單，2002 年資本支出 60 億元。

董事長林文伯表示，矽品產能利用率約 75 ～ 80%，依矽品營運方式，產能利用率達 75% 就會進行資本支出。以 2002 年來說，第一季購進打線機 140 臺、第二季 100 臺，下半年會有世界重量級客戶訂單捱注，矽品 12 吋晶圓廠，持續發展 0.13 微米和更先進技術。（經濟日報，2002 年 6 月 4 日，第 23 版，陳漢杰）

㈤說投資計畫就容易懂了

資本支出是個曖昧的用詞，主因是「資本」二字太廣，在表 5-2 中，只舉出它的三大用途。然而資本支出指的是投資二大項目存貨、固定資產中的後者。固定資產包括土地、廠房、機器設備等，至少比前述「固定資本形成」中的「固定資本」一詞更直接明白。

　　口語、白話一點的說，政府說五年招商 1.2 兆元，台積電打算 2002 ～ 2006 年投資 5,000 億元，這些投資計畫指的就是本章的資本支出。因此，說投資計畫（investment project 或 project）反而比資本支出更容易明瞭。

㈥資本預算

　　資本支出有可能只是事前的投資案，如同每年預算是每年營運計畫的貨幣方式表現；同樣的，資本預算 (capital budgeting) 是投資案的貨幣方式表現。

二、分類是歸納的基礎

　　學習理論是大一心理學中的重大主題之一，小孩子憑藉著分類方式來學習，自然而然的便區分出四隻腳的桌子不可以坐，不管這桌子小得多像椅子；反之，再大的四隻腳椅子最好不要在上面擺蛋糕，以免有人的屁股坐到地雷。

　　我寫了 30 本（其中 12 本是教科書）以上的書，得到個歸納的經驗法則，二個名詞（甚至包括理論）便可以作表整理；四個以上名詞便可以分類整理。運用這種精神，套用國一生物中把生物依「界門綱目科屬種」來一層一層分類，動物雖然有 1,500 萬「種」，不過臺灣的麻雀卻跟美國的大同小異，看來看去也就很少出現「劉姥姥逛大觀園」的現象。

　　資本預算有四個方法，就跟世界足球比賽有分為初賽(32 隊)、準決賽(16 隊)、決賽（8 隊）一樣，敗隊一關一關被淘汰掉，最後剩下的便是勝隊，圖 1-1 也有這樣的涵意。

　　為了讓你瞭解四「個」（因為一般教科書皆會如此介紹，但實則只有二「種」）方法，但又不致於迷失在「沒完沒了」的數字例子中，我們畢其功於一役的在本章習題中，用一個簡化了的例子，一次用四個方法來算出六個投資案的結果。

㈠第一層（科）

　　因為整個圖只有三個層級，所以只取「界門綱目科屬種」中的最下面三層，第一層依「是否有考慮獲利的時間價值」來區分。以常見動物舉例，貓科中的獅子有「萬獸之王」的美稱，那麼比較弱勢的犬科就留給會計報酬率，不考慮獲利的時間價值；至於有考慮的，稱為淨現值法。

　　西瓜要跟西瓜比，橘子要跟橘子比；淨現值法的決策準則是淨現值金額最大的

圖 1-1　資本預算四個方法的分類

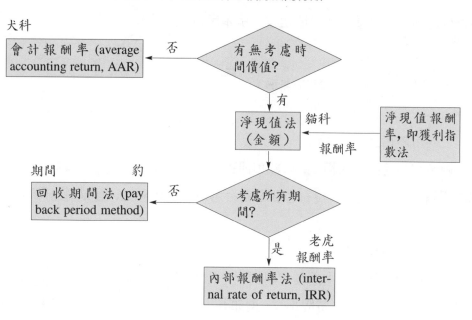

勝出，但是還得轉換為報酬率才能跨組比較各投資案誰賺最多。

㈡第二層（屬）

　　下一節中，你會發現下列二個方法，皆只是淨現值法的特例，不算是獨立方法，這由三個方法的公式九成相像便可見一斑。這個做學問的方法很重要，也就是把公式放在一起，跟父子、母女的 DNA 序列比對道理一樣，雖然不相同但卻極相似，由此便可分辨淨現值法、回收期間法、內部報酬率法屬於同一家族，剩下的工作只是區分誰是父、誰是子了。

　　1.內部報酬率是損益兩平時淨現值法的折現率。

　　2.回收期間法只考慮還本時的淨現值法。

　　以資本預算來說，貓科中的能力最差的該屬豹，雖然時速可高達 96 公里，不過大多只能維持 1 分鐘。同理，回收期間法只考慮回收所需時間，超過的部分不列入評比，跟豹的短場能力很像。

　　至於考慮所有期間獲利的，可說是耐力很強的老虎、獅子。

㈢異哉，有所謂獲利指數法？

　　極少數書把獲利指數法 (profitability index method, PI) 或成本效益比率 (benefit-cost ratio) 視為一種獨立方法，這是一種誤會，先來看其定義：把投資計畫在未來所產生獲利折現總值，除以期初投入成本所得到的比率：

$$PI = \frac{\sum_{t=1}^{n} \frac{E_t}{(1+k)^t}}{I_0} \rightarrow NPV\ 報酬率 = \frac{\sum_{t=1}^{n} \frac{E_t}{(1+k)^t} - I_0}{I_0}$$

1. 一事不煩二主

跟淨現值法的公式相比，可發現淨現值法計算出報酬金額，獲利能力指數法計算出報酬率。簡單的說，沒有必要單獨命名為獲利指數法，直接稱為淨現值報酬率就易記易懂。

2. 命名也錯誤

甚至連獲利指數法中的英文用詞也是錯得離譜，index（指數）常見的如消費者物價指數，以移動定基（每隔十年，例如九十年）作為基期，找一票指標 (indicators) 加權平均後得到基期值 100，以後各年跟其相比，這是大二統計學中所介紹的指數編製方法。以獲利指數法來說，八竿子跟指數編製扯不上關係。

第二節 資本預算方法淘汰賽

四個資本預算方法看似各有適用時機（即各有優缺點），實則不是如此，在本節中，將以表 1-1 為基礎，說明淨現值法獨佔鰲頭 (dominated)；而且回收期間法、內部報酬率法都只是淨現值法的特例。簡單的說，資本預算只有二大類方法：會計報酬率法和淨現值法。

一、一直只有一條路

2002 年 4 月 18 日經濟日報社論「一直只有一條路！」（馬凱教授撰寫），強調經濟制度一直只有市場經濟最佳，「事實上也沒有他路可循」。我們用這句話作為資本預算方法的開場白，也作為一針見血的結論，省得因木失林。

「資本預算方法只有一種正確方法，也就是淨現值法，其他方法都是錯的。」

㈠考試有竅門

2002 年 6 月 11 日，Discovery 頻道播出「記憶馬拉松」單元，記憶大師揭開他記撲克牌的竅門，他可以看一眼後便說出你手上 12 張牌的內容，訣竅在於視覺，而不在於硬記文字。

同樣的，許多人非常驚訝歲月似乎沒有讓我的記憶力減退，竅門還是在於心智圖法 (mind set) 視覺記憶的運用。以四個資本預算方法在四項特性的符合與否為例，表 1–1 是結果：

表 1–1　資本預算方法的評價

資本預算方法 ＼ 特性	會計報酬率法	回收期間法	內部報酬率法	淨現值法
1. 用資金的機會成本來折算獲利 (貨幣的時間價值，例：再投資率假設)	×	×	✓	✓
2. 考慮所有的獲利	×	✓	✓	✓
3. 能從互斥投資案中作決策以求股東財富極大化	–	–	×	✓
4. 符合價值相加定律 (value-additivity principle)	–	–	×	✓
使用人士	會計人員	老闆、門外漢	證券分析師	財務人員

1. 記憶方法

這個表很容易記，只要記表中打✓部分即可，打×的就不用記了。第二個方法回收期間法只在第二項標準才及格，第三個方法內部報酬率法在第一、二項都及格，第四個方法淨現值法則是四個特性全打勾。

這個表跟圖 1–1 的分類層次是一樣的，也就是：

⑴本表第一項等於圖 1–1 第一層。

⑵本表第二項等於圖 1–1 第二層。

2. 答題技巧

大部分考試不在於難倒人，而在看考生是否記住重點；重點就是那一些，即「君子所見略同」，為了衡量出考生的應變能力，一是出時事題，另一種方式就是出得

讓你寫不完,後者難不倒我,告訴你怎麼做到。

一般的書,把四個預算方法針對四項特性一一檢驗,這麼一來,以第一項「以資金的機會成本來折算獲利」來說至少須寫四遍。可是以做表方式,只需寫一次就可以了,這麼一來就不會出現「每一題都會寫,但是時間不夠,因此寫不完」的情況。

㈡知錯必改

「必也正名乎」,2700 年前,孔子也面臨是非不明的狀況,而需要有人來明辨是非。同樣的,要是一開始,大家都走在正道上,那對於你們初學者,我們也不必花時間去解釋什麼是錯的,只需介紹正確的便可以了。但事實並不是如此,公司中也有一大票人走錯路了,所以才需要財務人員出來撥亂反正。

由表 1-1 中可見,四個資本預算方法使用人士各不相同。

二、四個篩選特性

消費者靠「成本、品質、外觀」等來決定買哪種車,同樣的,要評估哪種方法比較「好」,總得有一些客觀標準,表 1-1 中有二個標準在此說明,前二個已在第一、三節中說明。

㈠互斥投資案中作出決策

當各投資案間「互斥」(只能選其一) 時,IRR 法在銜接率 (cross over rate) 兩邊,會有不同的投資選擇⇒矛盾、不一致,不論折現率為何,投資案 NPV 大者恆大。

㈡價值相加定律

價值相加定律 (value-additivity principle) 是指公司總價值相當於個別獨立投資案的貢獻總和,例如聯華食品公司有三個事業部(休閒食品 A、鮮食 B、酒類 C),每個事業部可視為一個投資案 (即資本預算),

如果 $NPV_A > NPV_B > NPV_C$

那麼 $NPV_A + NPV_B + NPV_C = NPV_F$ (F:firm,公司)

而且 $NPV_{A+B} > NPV_{B+C}$ ……在 NPV 法時

可是在內部報酬率法時,價值相加定律卻不見得適用,也就是會出現下列負綜效情況:

如果 $\text{IRR}_A > \text{IRR}_B > \text{IRR}_C$

可是 $\text{IRR}_{A+B} < \text{IRR}_{B+C}$

那麼放棄 A 案，只投資 B 案，行有餘力再投資 C 案，也就是 IRR 法的結果不必然是最賺錢的。

價值相加定律的運用還包括在風險方面：

$$\text{Risk}_A + \text{Risk}_B + \text{Risk}_C = \text{Risk}_F$$

即所有互斥投資案的風險加總稱為投資案總風險 (total project risk)，等於公司風險 (corporate risk)

三、會計報酬率法

光看名字就知道會計人員採用此法，在第二章中詳細說明會計報酬，但是簡單的說，會計報酬率便是算術平均報酬率。

㈠第一關便被淘汰

但是當折現率高達 10% 以上、期間 5 期以上，用名目值跟實質（本處指折現值）來挑投資案，結果常會有很大差別。因此，會計報酬率法在第一關就落敗，初賽就遭淘汰，無需討論是否符合後續三個投資特性的標準。

㈡情有可原

會計報酬率法是所有會計部在計算財務部投資績效,甚至會計師對財報簽證時所用的方法。主要不是會計人員不懂貨幣時間價值這觀念，而是要找到代表權益資金成本、資金成本的折現率，爭議性很高。

會計以歷史成本入帳，例外情況下才可依現值調整（例如土地重估增值、存貨跌價損失），以穩健保守為重，難怪會計報酬率法不把貨幣的時間價值列入考慮。

㈢多此一舉

在第二章中，我們會提到期間報酬率、年平均報酬率，一般人交談時所說的報酬率是指年平均報酬率，因此，實在沒有必要多此一舉的把本法稱為「平均」會計報酬率 (average accounting rate of return, AAR)。

四、回收期間法

老闆大都沒有學過財管,跟門外漢一樣,大多採取何時還本來挑選投資案的。就因為老闆可能想歪了,所以才需要財務人員此專業人士提供專業意見。否則體承上意,將錯就錯,這公司還有明天嗎?那又需要你做什麼呢?

(一)為什麼能過第一關?

2001 年小三通起跑,金門有位業者投資 4 億元,蓋個有 200 個房間的度假旅館,在 2000 年 9 月 24 日晚間新聞時,業者表示 2001 年將賺 1.5 億元、2002 年賺 2.5 億元,二年賺 4 億元,他認為這樣就還本了。

一般人對還本期間的計算都是採取會計報酬率法,跟內部報酬率法是「損益兩平時(或還本時)的淨現值法」一樣,回收期間法可說是「報酬率等於 0 時的會計報酬率法」。

不過,偏偏教科書「獨排眾議」,把回收期間法視為淨現值法的一個特例,也就是「使淨現值等於 0 所需的期間」,也就是說教科書上所指的回收期間法是「折現回收期間法」(discounted payback period method)。

(二)勉強說點好話

回收期間法乏善可陳,但也不是一無是處,常見的優點依序如下:

1.回收期間可做為投資風險的代理變數

回收期間愈長,如同俗語「夜長夢多」所形容的,投資風險(此處主要指營運風險)愈大,因此在高度不確定情況下,回收期間短的投資案往往會比投資報酬率高的案子更受青睞。常見的非法交易例如走私,跑一次就回本,第二次就賺了,除非第一次就被逮到才會「人財(例如漁船、私貨)兩失」。

2.缺錢情況

阮囊羞澀情況下,無法熬太久,只好求「短視近利」,因此回收期間法可以衡量投資案的變現力。

3.計算省時、省成本

這項優點在計算機功能很強的今天可說缺乏說服力。

(三)統一企業採取還本期間法

2001 年 2 月上任的統一企業執行副總經理林隆義，在統一工作三十年期間，都在財務會計領域，是統一集團總裁高清愿十分倚重的財務專才，最近訂出新投資案必須能在四年內回收才通過的政策，跨入 21 世紀，統一集團也將隨著景氣變化和資金狀況調整擴張步伐，資金運用將趨於審慎。

不過，審慎是指更有效的掌控預算，不做無謂的浪費與風險。所以上任之後就要求各部門如果有新的投資或預算，必須回收期在四年者才能核准，這也是考慮到統一的資金成本和結構，所以必須提高投資報酬率的要求。(經濟日報，2001 年 3 月 12 日，第 38 版，王家英)

㈣犯了放棄太早的錯誤

回收期間法背後假設「小時了了，大未必佳」，也就是還本以後終值 (terminal value) 很小，如同圖 1-2 中的一。但是如果碰到「倒吃甘蔗，漸入佳境」的投資案（圖中 1-2 二），那麼便會棄若蔽屣，也就是犯了「放棄太早的錯誤」(abandon error)，這種企業家被批評為「短視近利」、「缺乏高瞻遠矚能力」。

圖 1-2 二種不同的獲利型態

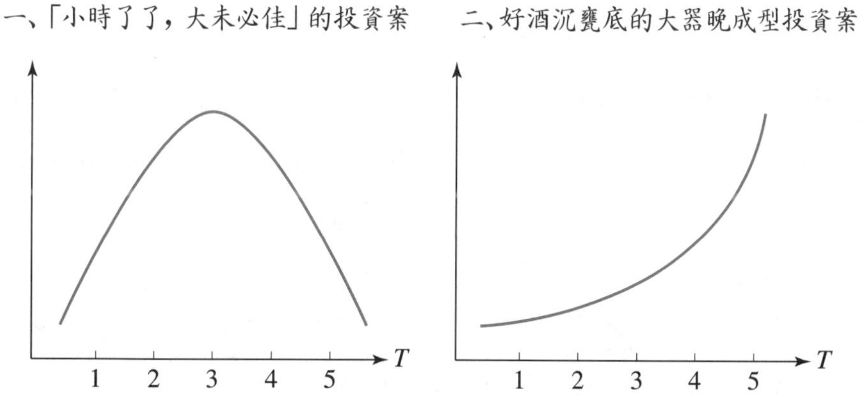

一、「小時了了，大未必佳」的投資案　　二、好酒沉甕底的大器晚成型投資案

五、內部報酬率法

一些留美的碩士，回臺後擔任證券研究員，喜歡學一些老美用內部報酬率法來評估投資推薦個股的報酬率。看似有學問的專有名詞、專業高的工作職位，卻容易誤導很多人。

(一)簡單說便是損益兩平報酬率

內部報酬率這個名詞翻譯得無法望文生義，本質上是損益兩平報酬率，簡單的說，內部報酬率法不夠格稱得上一種方法，它只是淨現值法的一個特例，也就是令 <1-1> 式等於 0。

$$NPV = \frac{\sum\limits_{i=1}^{n} CF_i}{(1+R)^i} - CF_0 = 0 \cdots\cdots <1\text{-}1>$$

(二)哪一個才是對的？

但是本法的第一個問題便出在其數學特性，以三期的例子來說（套用本章習題）。

$$\frac{4}{(1+R)} + \frac{5}{(1+R)^2} + \frac{3}{(1+R)^3} - 10 = 0$$

這回到國二的代數求解，每項乘上 $(1+R)^3$，把分母削掉

$$4(1+R)^2 + 5(1+R) + 3 - 10(1+R)^3 = 0$$

$$10R^3 + 26R^2 + 17R - 2 = 0$$

再套用數值分析電腦軟體求解，此例共有三個解，舉例 $R_1 = -33.3\%$，$R_2 = 20\%$，$R_3 = 10\%$，這也是為什麼內部報酬率法會出現多重解 (multiple rates of return) 的原因。

1. 戰略上缺點

以這個例子來說，你何德何能說 20% 才是對的呢？ 10% 也符合要求啊！難怪本法不符合第三個特性「能從互斥投資案中作決策」。

2. 戰技上缺點

三期情況就必須解三次方程式，勉強可以靠人力運算，十次、二十次方就遠超過人力所及，只好藉助電腦軟體，那可不是每個人都搞得來的。

第三節 淨現值法入門

1920 ～ 1950 年，Fisher、Gordon、Hirshleifer 等經濟學者奠定了現值、現金流量折現法、投資計畫評估、績效評估等觀念的基礎。可見，淨現值法可說是歷經時間千錘百鍊的觀念，由於年代久遠，甚至無法歸功於誰的獨立貢獻。

在本節中，我們趁介紹淨現值法之便，為用而訓的說明現值，為了說明現值只好先說明終值。如此，比其他書突兀的介紹「貨幣的時間價值」還來得有用得多，而且我們不打算在此題目上大張旗鼓的以一章來處理，頂多用半節來說明便綽綽有餘了。

一、淨

「淨」(net) 很容易懂，每月領薪水，月薪扣掉勞保、健保、所得稅預估暫繳，實際拿到的便是淨額。從充電小站可以看出「淨現值」，只消多加一個字就更容易懂，也就是「淨利現值」。

> **充電小站**
>
> • present value (PV) 現值，可以指各年營收、成本、盈餘……的現值。
> • net 淨：這跟「淨」利 (net profit) 這個字的觀念是一樣的。
> • net present value 淨現值，簡單的說是「獲利的現值」。

二、現 值

現值 (present value) 這個名詞凸顯出二個意義：

1. 英文可能比中文更容易懂

present value 指的是現在值多少錢。

2. 中文名詞很多是簡稱

很多中文名詞，像 2001 年青少年流行的「了」，指的是「瞭解」；或是一般人說「手機」，指的是「手上拿的電話機」。同樣的，「現值」可能是「現」在的價「值」的簡寫。

由英文原文、中文原意去看一個名詞，逐漸能猜中個六七分，再加上實例說明，

更能搞通，這是有效做學問的方式，如此就犯不著去死背名詞的定義，反而可以記得牢牢的。

(一)終 值

令人感到奇怪的是，要介紹現值，先介紹終值 (final ralue, FV) 會更容易懂。播種種稻，半年會收割稻子，稻子便是終值，即「一分耕耘，一分收穫」中的收穫便是指最「終」的價「值」。以銀行存款來說，存 100 元，一年期定存利率 3%（整數比較好舉例），一年後可以領到 103 元的本利和，這便是 100 元的一年終值。

想要知道自己的財產何時能成長為 1.5 倍，可以查閱終值表。當縱軸的年數為 14，橫軸的利率為 3% 時，係數是 1.5126，表示十四年後財產就能成長五成。另外縱軸為 10，橫軸 4%，係數為 1.4802，表示如果利率是 4%，約十年後財產也能增加五成。

(二)年金終值

如果每年都存 100 元，這個每「年」的相同「金」額稱為年金 (annuity)，例如 2002 年 6 月討論的國民年金便是，月繳 600 元，65 歲以後月領 8,000 元。常見的年金終值情況：

1.零存整付

以每年存 100 元到銀行，便有利滾利的複利效果，想知道三年後，本利和多少錢?查附錄的表四，得到年金終值因子 3.0909，再乘上單期本金 100 元，得到 309.09 元，也就是年金終值 (annuity final value)。

2.提撥退休基金

假如你 38 歲，二十七年以後想退休，希望屆時有 1,500 萬元的退休基金可花，那麼在 3% 的利率情況下，每月該投資多少錢呢? 查年金終值表，得到下列結果：

FVIFA(3%,27) = 40.710

$$\frac{1,500萬元}{40.710} = 36.84 萬元 / 年$$

$$\frac{36.84萬元}{12} = 3.07 萬元 / 月$$

表 1-2　貨幣的時間價值

現值　　　　　　　　終值
(present value, PV)　(final value, FV)

時　　間	2002.1.1	2003.1.1	2004.1.1
P=100	1. 終值:　100 　朝三暮四 $\times (1+3\%)^n$ 第 617 頁表二 → 103		
R=3%			
n 期數，此處 3 期	2. 年金 終值	年金 (annuity)	年金終值 $\sum_{t=1}^{n}(1+R)^n$ 309.09 第 621 頁表四 3.0909
	3. 現值:　97.09 ← 暮四朝三 $\dfrac{1}{(1+3\%)^n}$ 或 0.9709 100 第 615 頁表一		
	4. 年金 現值　282.86 ← 年金現值 $\dfrac{1}{\sum\limits_{t=1}^{n}(1+R)^n}$	年金	
	第 619 頁表三		
教學技巧	只講一邊就可以了!		

P(principle): 本金。

R(interest rate): 利率，在此為一年期定期存款利率。

(三)現　值

既然「酒愈陳愈香」，即終值金額（連本帶利）高於今天的本金金額。那麼終值 100 元，今天一定不值 100 元，但是這樣說，反倒難懂，還不如這麼說:

$$P(1+R) = 100$$
$$P(1+3\%) = 100$$
$$P = 97.09\%$$

也就是在利率 3% 情況下，一年後想本利和 100 元，那麼今天該投資 97.09 元。於是，你可以說，一年後的 100 元只值「現」在 97.09 元的價「值」，這就是現值 (present value, PV)。

(四)年金現值

跟年金終值相似的便是年金現值 (annuity present value)，這是未來數期固定金額求現值的速算法，等於是高中等比級數的求解，第 621 頁表四便是速算結果。

(五)綜合運用

常見年金現值便是退休年金，很多人想瞭解二十七年以後 65 歲退休每年領 100 萬元年金，可領十三年（假設 78 歲歸西），可領到折合今天多少價值的錢呢？這有兩種作法，詳見圖 1-3，結果相近。

圖 1-3　退休年金現值的二種角度

1.年金「現值」再現值

先把 2032 ～ 2045 年的十三年年金折合成 2032 年的「現值」，再把此「現值」折現成今天的價值。

2.年金終值再現值

把 2032 年起十三年的現金計算出 2045 年的終值，再把此折現成今天價值。

(六)現　值

淨現值法中的未來獲利的現值，本質上是下列二種情況之一：

1.當每期獲利金額一樣時

這變成未來多期現值加總的特例，即年金現值，年金現值表便是速算表。

2.當每期獲利金額不同時

此時，只好乖乖的把每期現值先算出來，再加總起來，當然，透過電腦軟體試

算表來做就省事多了。

 ## 第四節　淨現值法進階

淨現值法易懂而難通，說穿了只是數年獲利現值的加總罷了！稱不上有什麼大學問，但就因為看似平凡，絕大部分人（包括財務學者）都是似懂非懂或一知半解，是「企管易懂而難通」的代表性例子。

一、不確定情況下的決策

資本預算是不確定情況下決策的代表性案例，因為投資（期初投資常是確定值），獲利常涉及未來數年的經營環境假設。在不確定情況下的淨現值法至少有表1–3中二種作法，但是常見的還是風險調整折現率 (risk-adjusted discount rate)。

所幸，就數學關係來說，二種作法的結果是相同的，也就是殊途同歸。

表 1–3　不確定情況下的資本預算

方　法	確定等值法 (certainty equivalents)	風險調整折現率 (risk-adjusted discount rate)
一、調整項目	淨現值法的分子，即獲利，調整到無風險的獲利，再用無風險折現率去折現	淨現值法的分母，即折現率，此時折現率為權益資金成本，簡單說： $R_e = R_f +$ 權益風險溢價 (risk premiun) 分子則是不確定情況下的獲利
二、缺　點	如何把不確定情況獲利化為無風險的獲利，爭議甚至比風險調整折現率還大，因此此法比較不流行	權益資金成本的估計還未有共識，學者習慣用資本資產定價模式 (CAPM) 來做，但卻錯得離譜，詳見第九章第三節

二、分子: 獲利

分子是「未來能賺多少錢」，這涉及二個課題:

1. 未　來

在第三章第一節中，我們說明樂觀、最可能、悲觀三種情節下的預估損益表。

2.「賺錢」

本段討論什麼叫做賺錢，本處只討論會計利潤，不討論經濟利潤 (economic profit) 或稱經濟附加價值 (economic value added, EVA)，詳見表 2-4。

(一)我不喜歡「現金流量」這獲利觀念

淨現值法令人難懂，問題出在「營業現金流量」(operating cash flow 或 operation cash flow) 這個字，請看下面分析。

(二)殊途同歸

首先，姑且不論「盈餘或（營業）現金流量誰最足以衡量公司的獲利」，淨現值法令人搞不明白之處在於出現二個看似雷同的公式，詳見表 1-4。主要差別在於期初投資這一項 (CF_0)，現金基礎一次出帳，反正「水潑落地難收回」；但是應計基礎把機器廠房每年攤提折舊，所以沒有期初投資這一項。

表 1-4　淨現值的二個殊途同歸公式

獲利	營業現金流量 （現金基礎）	盈　餘 （應計基礎）
淨現值公式	$NPV = \dfrac{CF_1}{(1+R)} + \dfrac{CF_2}{(1+R)^2} + \cdots$ 　　$- CF_0 \cdots\cdots <1\text{-}2>$ 　　$= \dfrac{E_1+D_1}{(1+R)} + \dfrac{E_1+D_2}{(1+R)^2}$ 　　$\cdots\cdots <1\text{-}3>$	$NPV = \dfrac{E_1}{(1+R)} + \dfrac{E_2}{(1+R)^2} + \cdots$ 　　$\cdots <1\text{-}4>$
差別 　1.分子 　2.減項	 CF（營業現金流量） CF_0，即期初投資	 E（盈餘） 無
名稱	現金流量折現法	

就現值觀念來看期初投資這一項，應計基礎以歷史成本來攤折舊，這跟現實不符，宜採取重置成本，這是該年使用機器的真實成本。如果不如此處理，可以推理（甚至用個數字例子）得到下列結論：

$$NPV_E \quad > \quad NPV_{CF}$$

盈餘基礎　　現金流量基礎

淨現值　　　淨現值

(三)別鬧了，「現金流量」先生！

撇開繁雜的說理，先聽我一句話：「盈餘才足以衡量公司獲利能力，營業現金流量屈居下風」，臺灣學者採取美國某些企業、大部分財務學者的看法，別出心裁的採取現金流量基礎，而且一副「視為理所當然」的樣子。

套用導論中第三段的吸血鬼定理，要是營業現金流量最足以衡量公司獲利，那麼會計學者、會計師終究幡然改圖，一般公認會計準則 (GAPP) 也會易幟，也就是損益表中「盈餘」將改成現金流量。但是會計學者在這方面可說西線無戰事，根本沒幾個少壯派討論棄暗投明。

同理，在證券分析時，每股現金流量此一加工產品也就更不用再費唇舌了。

財務管理回復到最基本，其中之一便是會計，採取應計基礎的盈餘，這是會計的主流，而且也是大二學生的先修科目、必備知識。有些財務學者硬要採取現金基礎，那無異向學生宣告：「你們大一所學會計錯了，你們白忙了」，那對學生心理是多麼無情的打擊；而且不把這道理「講清楚，說明白」，怎能服眾？

就戰技層次來看，採取盈餘來討論資本預算、股票鑑價，對修過會計學的學生有學習正遷移效果，即駕輕就熟的學習曲線。

(四)只是其中一部分

由表 1-4 可見，現金流量折現法 (discounted cash flow method) 只是淨現值法的一種情況，但是另外一種情況（應計基礎）很少稱為折現盈餘法 (discounted earning method) 罷了！

(五)那麼期中投資呢？

由 <1-2> 式來看，只有期初投資 (initial net investment) 才算，那麼期中投資 (interim investment) 又該如何處置呢？還是跟期初投資一樣。

1. 現金基礎

假設第三年得花 1 億元來擴廠，CF_3 裡已包括減掉這 1 億元的資本支出。

2.應計基礎

從 E_3 起，每年的盈餘數字實是減掉期初、期中投資二筆折舊費用的結果。

三、分母：折現率

折現率 (discount rate) 是另一個令人困惑的觀念，因為好像沒有一個對味指標，但本書可以讓你一次記得清楚。

㈠對　味

吃西餐時，紅肉（牛肉、羊肉）配紅酒（紅葡萄酒）、白肉（魚肉、雞肉）配白酒（白葡萄酒），這才會對味。同樣的，由表 1-5 可見不論哪種會計基礎的獲利衡量方式，其折現率皆是權益資金成本或權益必要報酬率；在此種情況下，如果分子不是資本預算（即單一投資案）的獲利，而是整個公司的無限期盈餘，這就是權益（或更直接了當的說股票）價值 (equity value)。

要是分子採取稅前息前營業現金流量 (EBITA)，此時便使用加權平均資金成本 (WACC) 做折現率，也就是負債、業主權益二種資金來源才賺到這麼多錢，其結果便是公司價值 (corporate value)，而此等於：

$$V_F = V_D + V_E$$

V：value

V_D：負債價值 (value of the debt)

V_E：權益價值

V_F：公司價值

表 1-5　二種鑑價對象的分子分母

鑑價對象	公司價值 (corporate value)	權益價值 (equity value)
一、獲利		
1.現金基礎	稅前息前營業現金流量 (earning before interest, tax and amortization, EBITA)	營業現金流量 (operating cash flow)
2.應計基礎	稅前息前盈餘	恆常性盈餘 (current earning)
二、折現率	加權平均資金成本 (WACC)	權益必要報酬率 (hurdle rate, Re)

㈡邊際分析

投資案（或稱專案）鑑價跟權益鑑價最大的差別，在於前者是子集合，後者是母集合，新投資案在經濟學中可視為邊際分析 (marginal analysis)，而此時邊際收入、成本請見表 1–6。其中以現金增資時，邊際權益資金成本最足以具體衡量。

表 1–6　投資案的邊際收入和成本

	邊際收入 (MR)	邊際成本 (MC)
說明	投資案的獲利,在此又稱為投資邊際效益 (marginal benefit of investment) 或增量現金流量 (incremental cash flow)	1.以權益鑑價來說，即邊際權益資金成本 (marginal cost of equity, MCE) 2.以公司鑑價來說，即邊際資金成本 (marginal cost of capital, MCC)

㈢一事不煩二主

其他書談論資本預算時，折現率的符號：

1.大部分情況，k 代表 cost of capital。

2.在內部報酬率法時，IRR。

但是我們不想把你搞得暈頭轉向的，還是「一路走來，始終如一」的用 R(rate) 這個英文代號，頂多只是加上 e(equity) 這個下標以示區別。

㈣折現率期間結構

縱使你有財金碩士、博士學位，自認對（資本預算）折現率十拿九穩。這可能是個錯覺，因為如同利率期間結構的觀念，折現率期間結構 (term structure of discount rate) 才是正確的，這在第九章第四節伍氏權益資金成本中會討論到。

雖然每年折現率加個 0.15 百分點（舉例），對淨現值結果沒有很大差異，而且對各投資方案不會造成豬羊變色的結果。但是我們想要強調的是「折現率期間結構——例如 2002 年 18%、2003 年 18.15%、2004 年 18.30% ……」，以取代單一折現率 (flat discount rate)，才是正確觀念。

四、吾道一以貫之

淨現值法是資產鑑價的基礎，其餘的都只是特殊情況下的速算公式罷了，由此可見淨現值法的重要性。套用孔子所說:「吾道一以貫之」，在資產鑑價的一以貫之

的道便是淨現值法，我認為淨現值法可說是財管最重要觀念。

㈠重要的不是資產名稱，而是獲利型態

很多人都以為不同資產名稱就有一種鑑價方法，就跟一個鍋子一樣，煎煮炒炸蒸都難不倒它，不管中餐、西餐、日本料理都可以做。同樣的，任何資產的價值來自它現在、未來的孳息 (proceed) 或稱為獲利 (income)。

在第十七章第一節中，我們依預估報酬率（淨現值法的分子）、預估虧損率（淨現值法中的分母）把資產分類。由表 1–7 可見，金融資產中的基本資產可分為固定收益證券 (fixed-incomes security) 和浮動收益證券 (floating-income security)，前者主要指票券、債券，票面大多有固定利率。後者指股票，每年公司有賺還是虧損，並不打包票，簡單的說便是 $E_i(t)$，也就是每期 (t) 盈餘並不確定，視時而定（文縐縐的稱為「各期盈餘是時間的函數」）。

除了分子不太一樣外，二種基本資產的折現率也不一樣，詳見表 1–7。

表 1–7　二種基本金融資產的 NPV 法運用

基本金融資產	固定收益證券：票券、債券	無固定收益證券：股票
一、分　子		
1.每年報酬	每年利息，例如	每年獲利
	P=100 萬元	
	R=3%	
	利息= 100 萬元×3%=3 萬元	
2.殘　值	本金	資產淨值的現值
二、分　母		
折現率	當時利率 (current interest rate)	伍氏權益資金成本
	或稱殖利率 (yield rate)	

㈡跑車在臺灣用處不大

縱使在討論債券定價時，由於半年付息一次（即半年為一期），淨現值法的公式也會略作修改，但仍只是大同小異，只能視為特例。此外，如同年金現值等速算式一樣，也有不少速算公式，看似花俏，我卻視為「雕蟲小技，君子不為也」。原因有二：

　　1.常用的話

很多財務計算機都有標會、債券計算功能，你連公式都不用背了，只要會按鍵就可以了。至於票券公司交易部、證券公司債券部則透過電腦軟體來加速運算，結果自動印出，甚至連人工輸入都免掉了。

　2.不常用的話

對於一年常計算一次，半年付息一次債券現值的人，慢慢按計算機得花 3 分鐘；用速算公式快速計算得花 1 分鐘，看似省 2 分鐘。實則你已花 1 小時去學速算公式，更划不來。

因此本書不介紹任何速算公式！至少可以讓你清靜一些，不致眼花撩亂、煩心，縱使在拙著《投資學》、《公司鑑價》中，也是堅持此精神。天下沒那麼多學問，有一天你會相信「簡單即是美」(simple is beauty) 是至理名言，也體會到財管很好學，不會被一百個看似相似的公式嚇得昏頭轉向。

五、不同年限投資案的比較

在說明互斥方案的評估方式時，並沒有強調兩個或數個互斥投資案的存續年限是否相同；這是為了凸顯互斥投資案在用不同評估法則時，可能產生錯誤決策的問題。現在假設：聯華食品公司有兩個互斥投資案，A 案壽命為四年，淨現值為 300；B 案則有六年壽命，淨現值是 400。請問哪個投資案比較好呢？

答案是「單就目前這些資訊是無法比較的」。因為 A 案結束後，期間較長的 B 案仍在進行，所以其淨現值比較大；或者如果把 A 案所得現金再投資個二年，其加總淨現值（四年投資加二年再投資的淨現值）也說不定會比 B 案來得好，所以不能僅由淨現值的大小來斷定投資案的優劣。

那有什麼方法可以使兩個不同年限的投資案，在相同的時間基礎上進行比較呢？以下介紹兩種解決方法。

㈠連續重置法

連續重置法 (replacement chain method) 是假設互斥方案可以不斷地重複進行，設法使兩個投資案的總投資年限相同後（通常取所有投資案年限的最小公倍數），再比較其總淨現值的大小，取其最大者。例如上例中 A、B 案存續期間的最小公倍數是十二年，因此只要 A 案重置三次，B 案重置兩次，便可以使兩案的年限相同；

此時再來比較其總淨現值，就不會有時間基礎不同的困擾了，請見圖 1–4。

圖 1–4　連續重置法示意圖

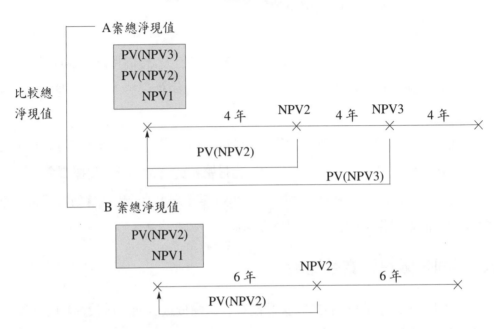

由圖 1–4 可知，先求出這兩個互斥投資案的年限的最小公倍數，以決定各案的投資次數；接著，由於每次再投資所得的淨現值皆相同（因重複進行），所以只需把所有再投資時的淨現值都折現到評估時點（即圖 1–4 中的 A 案中的 PV(NPV2)、PV(NPV3)），加總後可得總淨現值。此時再比較總淨現值大小，便可決定哪個投資案才是較佳選擇。

以 A、B 案為例，如果資金成本都是 10%，則個別的總淨現值將如：

A 案總淨現值

$= 300 + 300 \times PVIF\ (10\%;\ 4) + 300 \times PVIF\ (10\%;\ 8)$

$= 300 + 300 \times 0.683 + 300 \times 0.467$

$= 645.00$

B 案總淨現值

$= 400 + 400 \times PVIF\ (10\%;\ 6) = 400 + 400 \times 0.564$

$= 625.60$

由於在相同的期間基礎下，A 案的總淨現值比 B 案大，所以可知 A 案才比較賺錢，而不是沒有考慮再投資時有比較大淨現值的 B 案。

(二)約當年金法

使用連續重置法所得到的評估結果在理論上是正確的，卻可能面臨實際上投資案無法重置的「另一個」困擾，而且當年限的最小公倍數愈大時，這種困擾發生的可能性也愈高。

相對來說，約當年金法 (equivalent annual cost method) 則是一個比較切實的替代評估方法。邏輯上，此法把不同的投資案年限縮短到同為一年（連續重置法則是延長）；作法上直接把各年限不同的投資案的淨現值予以年金化 (annualize) 換算成每年產生多少等額現金，才會得到相同的淨現值，詳見圖 1–5。

圖 1–5 約當年金法示意圖

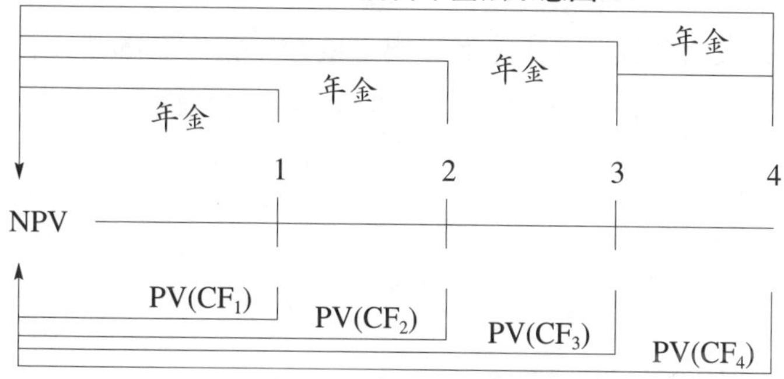

如果這些投資案的資金成本都相同，則只要比較各投資案所得的年金值，就可選出最賺錢的投資案了；然而，要是資金成本（即計算淨現值的折現率）不同，則可以把這些年金永續化──視這些年金為一系列不停止支付的永續年金，比較其總現值（＝年金值÷資金成本）的大小即可。

以前面 A、B 案來說，如果其資金成本都是 10%，則可計算出 A 和 B 案的約當年金 (equivalent annuity)：

A 案約當年金 $=300 \div PVIFA(10\%; 4) = 300 \div 3.170 = 94.637$

B 案約當年金 $=400 \div PVIFA(10\%; 6) = 400 \div 4.355 = 91.848$

由以上結果可知，淨現值比較小的 A 案其實有比較多的年金收入；這表示投資

期間較長的 B 案並沒有替公司賺更多錢。不過如果資金成本並不相同時，A 案的資金成本為 11%、B 案 10%（跟上例同），此時需要把資金成本的差異，透過年金的永續化現值來反映，並可知資金成本比較低的 B 案仍比 A 案來得有利。

$$A \text{ 案約當年金} = \frac{300}{\text{PVIFA}(11\%; 4)} = \frac{300}{3.102} = 96.712$$

$$\text{永續化現值} = \frac{96.712}{11\%} = 879.20$$

$$B \text{ 案約當年金} = \frac{400}{\text{PVIFA}(10\%; 6)} = \frac{400}{4.355} = 91.848$$

$$\text{永續化現值} = \frac{91.848}{10\%} = 918.48$$

以上介紹兩種用來解決互斥投資案存續年限不同時的資本預算評估法則，並配合簡單的例子說明其應用過程。本段所舉的例子雖然簡單，但是即使是複雜的個案，其處理方式也沒有太大差異，只要已計算出這些互斥投資案的淨現值，其他的工作只是「折現」或是「年金化」，並不需要麻煩的計算過程。

◆ 本章習題 ◆

1. 從《國民經濟動向統計季報》分析臺灣過去五年固定資本形成增減的原因。

2. 以最近一家上市公司的現金增資募勘公開說明書，瞭解其資金預期效益，分析其採取哪種資本預算方法？

3. 表 1-1 跟其他書的類似表格相比，哪一個比較好記？

4. 可否舉例說明表 1-3。

5. 可否舉例說明表 1-4。

6. 可否舉例說明表 1-6。

7. 「投資案本身的收入（或成本）對公司來說是邊際收入（或成本）」，請問你同意這樣的說法嗎？

8. 請參考拙著《公司鑑價》第八章第二節以瞭解折現率期間結構的例子。

9. 可否舉例說明表 1-7。

10. 綜合計算題

已知：⑴期初投資 10，⑵折現率 10%

問題：誰最賺？

年 情況	2002	2003	2004	2005	2006	方法					NPV
						報酬率	回收期	IAA	NPV	獲利	結果
一、例外狀況											
1.最贏	5	4	3	2	1						
2.最輸	1	2	3	4	5						
二、比較可能狀況											
3.亂彈	4	3	2	1	5						
4.標準狀況	1	4	5	3	2						
5.後繼乏力	3	4	5	2	1						
6.漸入佳境	2	3	4	5	1						

解答：

㈠會計報酬率

　情況 1 ～情況 6 算出來皆相同

$$RR\text{（期間報酬率）} = \frac{TR - TC}{TC} = \frac{(5+4+3+2+1) - 10}{10} \times 100\% = 10\%$$

$$ARR\text{（年報酬率）} = \frac{RR}{n} = \frac{50\%}{5} = 10\%$$

㈡回收期間法（考慮貨幣價值）

$$\sum_{t=1}^{n} \frac{CF_t}{(1+r)^n} - CF_0 = 0$$

情　況	a.	b.	c.	d.	e.	f.
現值利率因子 PVIF(r%,n)	折現值 TR$_{1\sim5}$ × PVIF (5,4,3,2,1)	(1,2,3,4,5)	(4,3,2,1,5)	(1,4,5,3,2)	(3,4,5,2,1)	(2,3,4,5,1)
$\frac{1}{(1+0.1)}$=0.9091	4.5455	0.9091	3.6364	0.9091	2.7273	1.8182
$\frac{1}{(1+0.1)^2}$=0.8264	3.3056	1.6528	2.4792	3.3056	3.3056	2.4792
$\frac{1}{(1+0.1)^3}$=0.7513	2.2539	2.2539	1.5026	3.7565	3.7565	3.0052
$\frac{1}{(1+0.1)^4}$=0.6830	1.366	2.732	0.6830	2.049	1.3660	3.415
$\frac{1}{(1+0.1)^5}$=0.6209	0.6209	3.1045	3.1045	1.2418	0.6209	0.6209
$\sum_{t=1}^{n} \frac{CF_t}{(1+r)^n}$	12.0919	10.6523	11.4057	11.2624	11.777	11.3385
以 NPV 法來排序	1	6	3	5	2	4

1. t=4.5455 + 3.3056 + 2.2539−10≒0=3 年

2. t=0.9091 + 1.6528 + 2.2539 + 2.732−10=−2.4522（4 年）

$$\frac{-2.4522}{3.1045} \times 12\text{（月）}=9.48$$

t≒4 年 9 個月

3. t=3.6364 + 2.4792 + 1.5026 + 0.6830−10=−1.6988

$$\frac{-1.6988}{3.1045} \times 12 \doteqdot 6.57 \quad t \doteqdot 4\text{ 年 7 個月}$$

4. t=0.9091 + 3.3056 + 3.7565 + 2.049−10≒0　　t=4 年

5. t=2.7273 + 3.3056 + 3.7565−10=−0.2106

$$\frac{-0.2106}{0.6209} \times 12=4 \quad t=3\text{ 年 4 個月}$$

6. $t = 1.8182 + 2.4792 + 3.0052 - 10 = -2.6974$

$\dfrac{-2.6974}{3.415} \times 12 = 9.47$　　$t \doteqdot 3$ 年 9 個月

(三)IRR（用電腦跑）

$$I_0 = \sum_{t=1}^{n} \frac{CF_t}{(1 + IRR)^t}$$

1. $\dfrac{5}{(1 + IRR)} + \dfrac{4}{(1 + IRR)^2} + \dfrac{3}{(1 + IRR)^3} + \dfrac{2}{(1 + IRR)^4} + \dfrac{1}{(1 + IRR)^5} - 10 = 0$

　　$IRR = 20\%$

2. $IRR = 12\%$

3. $IRR = 16\%$

4. $IRR = 14\%$

5. $IRR = 18\%$

6. $IRR = 15\%$

(四) NPV

$$NPV = \sum_{t=0}^{n} \frac{CF_t}{(1 + r)^t}$$

1. $NPV = 12.0919 - 10 = 2.0919$

2. $NPV = 10.6523 - 10 = 0.6523$

3. $NPV = 11.4057 - 10 = 1.4057$

4. $NPV = 11.2624 - 10 = 1.2624$

5. $NPV = 11.777 - 10 = 1.7770$

6. $NPV = 11.3385 - 10 = 1.3385$

(五) PI（獲利指數法）

$$PI = \frac{\sum\limits_{t=1}^{n} \dfrac{CF_t}{(1 + r)^t}}{CF_0}$$

1. $PI = \dfrac{12.0919}{10} = 1.2092$

2. $PI = \dfrac{10.6523}{10} = 1.0652$

3. $PI = \dfrac{11.4057}{10} = 1.1406$

4. $PI = \dfrac{11.2624}{10} = 1.1262$

5. $PI = \dfrac{11.7770}{10} = 1.1777$

6. $PI = \dfrac{11.3385}{10} = 1.1339$

第二章

報酬率

　　競爭時代，許多經營規則都在變，不過，有個基本原則絕不走樣，就是「不進則退」。經營企業，市場大餅增減有限，競爭者卻不斷增加，自己若不成長、不進步，相對的，在市場立足的空間，就愈來愈窄，諷刺的是，自己減少、衰退的部分，正是對手增加、興旺的地方，久而久之，後果可想而知。

　　景氣差時，許多產業會蕭條、衰退，直接衝擊到相關業者的營運，可是這也是測試企業體質和經營者實力最好的試金石。一流的經營者往往是「眾人皆虧，我獨盈」，別人都是負成長，唯獨我正成長，方顯得出自己的本事，這才叫競爭。

　　市佔率往往反應出一個現實，你的正成長，往往是得自對手的負成長，你進一步，他就退一步，這就是市場法則，也是企業永續經營的一個基本要件。在我眼中，成長代表的是進步，是不滿足於現狀，再上一層樓，我一生都要求自己，時時要活在成長當中，辦企業如此，做人做事亦如此，成長終究是沒有限度，也沒有界線的。

　　——高清愿　統一集團總裁

　　工商時報，2002 年 4 月 3 日，第 35 版

學習目標:

熟悉各種報酬率衡量方式,本章可說是「第一本」總整理的書。

直接效益:

唸完第三節,就抓得住基金績效評比的方法,以後再也不會莫宰羊了。此外,表 2-8 把所有風險平減後報酬率衡量方式彙總於一個表,也是難得一見的「小抄」!

本章重點:

· 有關股票投資報酬率計算方式,請看拙著《實用投資管理》(華泰文化,1999 年 6 月)第 6 章第 1 節。

· 報酬 vs. 報酬率。§2.1 一

· 報酬率。§2.1 二

· 年報酬率。§2.1 三

· 事前、事後報酬率。§2.1 五

· 報酬率的種類。圖 2-1

· 絕對報酬率分為名目(或會計)和實質(或經濟)二種。表 2-4

· 算術平均和幾何平均報酬率。表 2-5

· 瞭解夏普指數等,英國最大基金評比公司 Micropal 和臺灣基金評比方式皆採此方式,所以下一次你看報刊上的基金評比方式就知其所以然了。§2.3 二、三

· Modigliani(1997) 的風險調整報酬率。§2.3 四

· 伍氏以相對本益比為風險平減因子的「風險調整後投資組合績效評估」。§2.3 五(一)

· 伍氏以相對股價淨值比為風險平減因子的「風險調整後投資組合績效評估」。§2.3 五(六)

前言：報酬和風險，投資的關鍵

不管學歷高低，當老闆的人總會對收入、成本相當敏感。同樣的，財務管理中，在各種收入、成本情況下，如何計算報酬率，這當然是必備常識。

必有甚者，各項投資（組合）方案的風險各不相同，所以不能以看報酬率來挑投資案，還得把風險考量進去，「高（預期）報酬，高風險；低報酬，低風險」就是這個道理。

在本章中，將仔細說明各種「風險」「報酬」衡量方式，進而計算「風險平減後報酬率」。先把重要結論講在前面，我們完全不採用資本資產定價模式所計算出的貝他係數及其相關方法，但卻提出更多更實用的方法，例如夏普指數、蒙地里安尼、伍氏的風險調整報酬率。

🔶 第一節　報酬率快易通

賣西瓜的小販，至少一定得弄清楚成本和售價，才能計算做這筆生意是不是划算。不管唸多少書、做哪一行，怎麼算賺多少錢、報酬率是否划算，這目標則是一致的。

只是財務管理的成本項目以資金為主，詳見第五章第二節加權平均資金成本，收入以金融投資為主；跟做生意的商品雖然不同，但道理卻一樣。在本節中，先說明報酬一族的種類，畢其功於一役，一次把在經濟、財管（包括投資學）中所碰到的報酬率皆講清楚。

一、報酬 vs. 報酬率

有些一字之差，狀況就有些許不同，水跟水蒸氣是個例子，報酬和報酬率的情況很類似。由下面例子來看會比較清楚。

已知：（期間沒有配息、配股、減資、現金增資）

　　　2002.1.3　買進100元

　　　2002.12.30賣出110元

　　不考慮　買進時：　　　　　　　　・券商手續費 0.1425%

　　　　　　賣出時：證交稅 0.3%　　・券商手續費 0.1425%

解答：一股

　　報酬　　　10 元 = 110 元 − 100 元

　　報酬率　　$10\% = \dfrac{110 - 100}{100}$

1. 報　酬

報酬 (return) 是指「賺了多少錢」，這個例子（一股）賺了 10 元。但光看報酬無法判斷「花多少本才賺到」，所以還得計算出報酬率。

2. 報酬率

報酬「率」(rate of return) 是變動率、百分比的觀念，以這個例子來看，成本 100 元，賺了 10 元，而且投資一年，所以「年」報酬率 10%，下一段再說明「年」是怎麼回事。

二、報酬率

報酬率、成本、風險是財務管理三個核心觀念，報酬率是日常生活中的觀念，不是財務管理（尤其是投資學）時才會碰到。由表 2–1 可見，報酬率是變動率 (change rate) 的特例，前者比較像速度；說變動率比較「中性」，用報酬率比較「穩賺不賠」，像是 2000 年臺股下跌 43.9%，說成報酬率負 43.9% 便很不順耳；乾脆說「賠 43.9%」更口語。

㈠適用情況

由表 2–1 二右邊可見，成長率、投資報酬率都是相似觀念，背後都假設「不進則退」，像 2001 年臺灣經濟成長率 −2%，50 年第一次「負」成長，可見我們已經習慣「一暝大一寸」，一旦「進一步，退二步」，講「負成長」便覺得自相矛盾，就像最美的醜男子一樣，但是說成「經濟衰退率」2% 又很奇怪。

㈡百分點 vs. 百分比

有二個像繞口令的名詞，只是一字之差，但卻有很大差別：

1. 百分點

以一年期定存利率 3% 降至 2.125% 來說，利率下滑了 0.875 個「百分點」。

2. 百分比

百分比是衡量變動的幅度,以這個例子來說,原來存 100 萬元到銀行,可以領 3 萬元利息,現在只能賺到 2.125 萬元,主要是利率下跌了 29.17%。

表 2-1　變動率 vs. 報酬率

	變動率 (change rate 或 change%)	報酬率 (rate of return)
一、類比(車子)	(一)速率 $$\dot{Y}=\frac{Y_t - Y_{t-1}}{Y_{t-1}}$$ ‧ : dot,唸成 Y dot	(二)速度(有方向的速率) 但大部分是「正」的,「負」的聽起來怪怪的,例如 2000 年臺股下跌 43.9%,說成報酬率負 43.9%,便很弔詭
二、適用情況	物價上漲(率) 物價下跌(率) 例: 2002 年 8 月, CPI ↓ 　 −0.28%	1.營運時: 成長率 (growth rate) 　(1)經濟成長率($\dot{Y}$ 或 $\dot{GDP}$),即 $$\dot{Y}=\frac{\Delta Y}{Y}=\frac{Y_t - Y_{t-1}}{Y_{t-1}}$$ 　(2)公司營收成長率 2.投資時: 報酬率 　股票投資報酬率
三、百分點	2001 年 6 月 R=3%　　↓ 2002 年 9 月 R=2.125% ↓	1.一年期定存利率下跌 0.875 個百分點(即 3%−2.125%=0.875%) 或 2. 一年期定存利率下跌 29.17% (即 $\frac{2.125\% - 3\%}{3\%}$=−29.17%)

三、年報酬率

在美國,有位美眉開車被交通警察攔下來,警察說:「小姐,你知道你時速 80 公里,已經超速了」,小姐無厘頭的回答:「我開車離開家到現在才 15 分鐘,怎麼可能一小時開 80 公里,八成是你想找個理由要我家的電話號碼」。

這個例子指出「時速」(換算成一小時的速度)這個大家常見的用詞,而在報酬率中最常見的是換算成年報酬率。

「A 車 20 分鐘開 30 公里比較快,還是 B 車 30 分鐘跑 40 公里?」常見的衡量方式是化成時速(一小時跑多快),上述可變成「A 車 60 分鐘跑 90 公里」、「B 車

60 分鐘跑 80 公里」，所以 A 車比 B 車快。

同樣的，所有期間報酬率 (period rate of return) 也都須年化 (annualized)，化為年報酬率 (annual rate of return) 來比較。

㈠年化報酬率

$$R = R_T \times \frac{365}{T}$$

R_T：期間報酬率

T：投資期間（日曆日）

以下述例子來說：

$$7\% \times \frac{365}{6} = 7\% \times 60.83 = 425.81\%$$

投資台積電 6 天，賺了 7%；一年有 60.83 個 6 天，要是歷史一再重演（有部電影，比爾・莫瑞主演的《今天暫時停止》），那麼一年便可以賺 425.81%，這就是「6 天賺 7% 的年化報酬率」。

㈡從年利率倒回期間報酬率

年報酬率（在存款、貸款利率時稱為年息 %）使每筆投資的報酬率都標準化，以方便比較；但也帶來另一個問題，也就是類似在時速 90 公里情況，20 分鐘可以跑幾公里？答案是30公里。同樣的，以表 2-2 來說，一個月期定存年息 1.8%，但

表 2-2　臺灣銀行定存利率　利率單位：年息 %

2002 年 9 月	定期存款	
	一個月	一　年
臺灣銀行	1.800	2.125
期間報酬率	$2.1\% \times \frac{31}{365}$ 或 $2.1\% \times \frac{1}{12} = 0.175\%$	2.375
存 100 萬元利息	0.175 萬元	2.375 萬元

資料來源：工商時報周一～五，第 7 版，新臺幣利率表。

這是每個月到期皆續存，或者說 12 期單利存款；簡單平均說，存一個月只領年息

的十二分之一，此例是 0.115%，也就是存 100 萬元，一個月拿 1,500 元利息。相形之下，一年期定存利率 2.125%，利息 2.125 萬元。

四、一次看到整個森林

報酬率的用詞五花八門，要不是為了教學，我也很少費工去詳細整理。結果才發現，五花八門的報酬率觀念卻有個生物分類的「界門綱目科屬種」上下的隸屬關係，而不是各自獨立的。由圖 2-1 可以一目了然，至少可以分成四層，下一段先講第一層，第二節說明第二層中的絕對報酬率、第三節討論相對報酬率。

圖 2-1　報酬率的種類

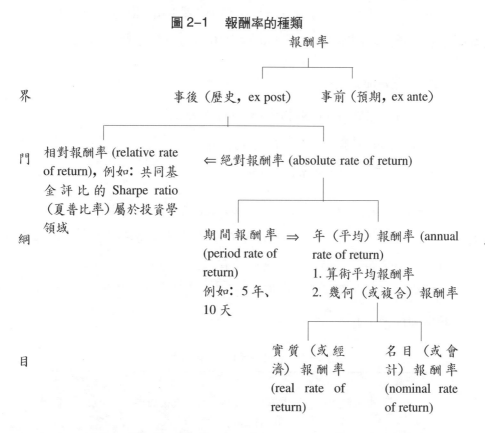

五、第一層：事前 vs. 事後

依事情是否發生，在經濟學中常用事前 (ex ante)、事後 (ex post)，前者在財管是預期報酬率，後者是歷史報酬率。

㈠歷史報酬率

「生米煮成熟飯」、「潑出去的水收不回來」是對歷史報酬率 (historical rate of return) 的通俗描述，以股票投資來說，每天收盤（目前是 13:30）後，便可採取最新的收盤價來計算手上持股的輸贏，可說是極少數「現世報」的投資。

歷史報酬率大都是秋後算總帳，論功行賞用的，在控制中屬於回饋控制 (feedback control)，即「亡羊補牢，時猶未晚」。

㈡預期報酬率

作任何投資時，大部分人總是「機關算盡」、「人算」，分析各種可能狀況發生的機率及其可能報酬率，不管你有沒有學過統計學中的期望值 (expected value)，但是套用在計算預期報酬率 (expected rate of return) 則是簡潔明瞭：

$$E(R) = \sum_{i=1}^{n} Prob_i E(R_i)$$

$$= Prob_1 E(R_1) + Prob_2 E(R_2) + \cdots Prob_n E(R_n)$$

$Prob_i$：表示 i 種狀況下各狀況發生的機率

$E(R_i)$：表示第 i 種狀況下預期報酬率

以表 2–3 來說，兩項基本數字主要來自工商時報等每年、每季常進行的法人（例如投信公司）調查，有六分之一 (16.7%) 受訪者認為台積電今年會漲 40%；其餘同理可推。這是客觀的機率值，當然也有一己之見的主觀機率。

事前機率常見的問題是「人算不如天算」，也就是預期狀況沒出現，「該來的沒來，不該來的卻來了」。

表 2–3　台積電預期報酬率計算方式

未來狀況	(1) 發生機率 (Prob.)	(2) 可能報酬率	(3) =(1)×(2)
一、樂觀（即如意算盤）	16.7%	40%	6.68%
二、可　能	66.6%	20%	13.32%
三、悲　觀	16.7%	−10%	−1.67%
小　計			18.33%

第二節 絕對報酬率

我身高 175 公分，體重 70 公斤，這是常見的絕對衡量方式，比較清楚明瞭。同樣的，「絕對」報酬率又分為二個標準，詳見表 2-4。

表 2-4 絕對報酬率分為會計、經濟報酬率二種情況

報酬率	本 質	說 明	處理方式
會計報酬率 (accounting rate of return)	名目 (nominal)	未考慮貨幣時間價值，縱使跨年投資時	這是最通用的報酬率計算方式，以股票來說，便是「除權、除息」後的報酬率
經濟報酬率 (economic rate of return)	實質 (real)	已考慮貨幣時間價值	1.機會成本的標竿 (1)物價上漲率 (2)無風險利率（一年期定存利率） 2.平減 (deflact) 方式——以常見名目成長率化為實質成長率為例，二種方式： (1)相減，$R - CPI = r$ (2)相除，$\dfrac{R}{1 + CPI} = r$

符號說明：R: 名目報酬率
　　　　　CPI: 物價上漲率
　　　　　r: 實質報酬率

一、會計報酬率

死背名詞容易忘記，懂得道理就不會了。我對會計報酬率 (accounting rate of return) 的「領悟」（辛曉琪的成名曲之一），來自於在聯華食品當財務經理時，每做一筆金融交易，入帳的報酬、報酬率都是會計部依照會計公認準則計算的，難怪稱為會計報酬率。

會計或說財務報表的特色是歷史成本法（除了不動產可以重估增值外），背後並沒有把貨幣時間價值（或物價上漲）考慮進來，有考慮貨幣的機會成本的便是經濟報酬率，在本節第三段討論；不過，下一段先說明比較常用的二種會計報酬率。

二、算術 vs. 幾何

沒唸過財務管理的歐巴桑都知道單利、複利（利滾利）的差別，詳見表 2-5。

表 2-5　算術平均和幾何平均報酬率

種類\\說明	算術平均	幾何（或複合）平均
一、what	$R_{期間} \times \dfrac{365}{T}$ 年化(annualized)	$\sqrt[n]{(1 + R_1)(1 + R_2) \cdots (1 + R_n)}$
1. 舉例	2001.1.2 買股票 100 元 2003.1.2 賣股票 120 元 （途中沒有除權、除息） $\dfrac{120 - 100}{100} \times \dfrac{365}{730} = \dfrac{20\%}{2} = 10\%$	$1 - \sqrt[2]{(1 + R_1)(1 + R_2)} = 20\%$ 如果 $R_1 = R_2$，那麼 $R_1 = 9.48\%$
2. 類比	單利	複利（即利滾利）
二、when		
1. 標準	年利率報價	
2. 破年	一個月期存款（年）利率 2.1%， 其實月利率 $2.1\% \times \dfrac{1}{12}$	
三、which	存款（整存整付）	信用卡（循環利率） 高利貸等貸款

尤其是跟銀行往來時，100 萬元存一年，利率 2.125%，逾期未領，逾期的利息計算是以 100 萬元為基礎。反之，任何貸款都是利滾利，以 100 萬元貸款，一期利率 8%，本期利息未付，第二期利息：

$$100 \times (1 + 8\%) \times (1 + 8\%) = 116.64$$

跟二期利息各 8 萬元、二期共 16 萬元的單利來比，由於利滾利，利息變成 16.64 萬元，多出 0.64 萬元。

㈠換個專業術語來說

H_2O 的俗語是「水」，真的說 H_2O 反倒很多人不知道；同樣的，報酬率用單利、複利來稱呼，很容易懂，但學名卻比較好用。

1. 算術平均

算術平均 (mathematic average) 是一般人常用的方法，原因很簡單，只要學過算術的除法便會算。以表 2-5 中的例子來看，100 元成本買股票，二年後賣掉，股價 120 元，為了簡化起見，不囉哩囉嗦的考慮交易成本，100 元的本，二年賺 20 元，二年報酬率 20%，「平均」（連算術兩個字都省掉了）（年）報酬率 10%。

　2.幾何平均

幾何平均 (geometric average) 或稱複合平均 (compounding average)，以前的書常用抽象來解釋抽象，以致把數學底子不好的人嚇壞了。

幾何平均的生活例子便是複利，其中最簡單的便是假設每一期報酬率都一樣（幾何「平均」）。以表 2-5 中的例子來說，二年賺 20%，就等於第一年賺 9.48%，再拋下去再投資，最後終於達到賺二成。

同樣的，幾何平均的各期報酬率可能都不一樣，但是二一添作五，最後用平均數來表達。

每本財管的書附錄一往往是「終值利率因子表」，這可以節省我們按計算機的功夫。

　3.幾何平均比較正確

在二、三期內，算術、幾何平均報酬率沒有顯著差異，但「路遙知馬力」，期數一拉長，複利效果（有人說：「時間做工」）便顯現出來，由表 2-6 可見一斑。

簡單的說，如果只是為了舉例，三期以內，用算術平均勉強及格。但是如果「一分一毫要算得清清楚楚」，那麼就一定得用複合平均，有沒有唸過書由此可以略見端倪。

表 2-6　期間長短對算術、幾何平均數差異的影響

	(1) 算術平均	(2) 幾何平均	(3) =(1)-(2)
表 2-5（2 期）	10%	9.48%	0.52%
表 2-7（4 期）	18.74%	15%	3.74%

㈡他們這麼說

2002 年 5 月 2 日，臺灣唯一掛牌的電子設計自動化工具 (EDA) 廠商思源科技

在法人說明會中，引述研究機構 Gartner Dataquest 報告，詳見表 2-7 第二列，EDA 全球市場規模年複合成長率概估為二成。(工商時報，2002 年 5 月 3 日，第 13 版，王玫文)

㈢我這麼說

不過，精確的說，年複合成長率是 15%，不是「概估二成」，也就是 36.12，每年以 15% 的利率利滾利，4 年後變成 63.17，也就是複利。反之，單利的角度，平均成長率 18.74%，詳見表 2-7。

表 2-7　2002 ～ 2005 年 EDA 的二種成長率

年	2002F	2003F	2004F	2005F
營收 (億美元)	36.12	43	52	63.19
平均成長率	$(\frac{63.19 - 36.12}{36.12})/4 = 18.74\%$			
幾何成長率	$36.12(1 + R)^4 = 63.17 \doteqdot 63.19$ 查終值利率因子表，n = 4，R = 15% FVIF(15%,4) = 1.7490			

三、經濟報酬率

「實質 (real)」這個經濟學常用的名詞，常見情況為：

1. 實質利率，名目利率減「物價上漲率」，例如一年期定存利率 2.3% 減物價上漲率 0.2%，即得到實質利率 2.1%。你或許已注意到我不用「通貨膨脹率」這個詞，而用物價上漲率，前者雖然很多人使用，但是詞沒用對，無法望文生義。

2. 實質經濟成長率

此處，「實質」就是指「物價指數平減」(CPI deflated) 後的。至於表 2-4 中進一步說明「平減」有相減、相除二個方式，二者結果相差不大，而「相除」比較準確、「相減」比較簡易。

名　目 ⟶ 實　質

已知　　2001 年　2002 年　物價上漲率

營收　　100 萬元 101 萬元　　2.7%

⑴除法（比較精準）

$$\frac{\dfrac{101}{(1 + 2.7\%)} - 100}{100} = -1.66\%$$

這在會計學領域中，屬於中等會計學中的物價上漲時的會計處理。

⑵減法（計算比較快）

$$1\% - 2.7\% = -1.7\%$$

進步太少，就是退步！進步太慢，就是落伍！

先複習「實質」一詞的定義後，再來看投資學中常用的實質報酬率就很清楚了。

㈠實質報酬率

投資學中所指的實質報酬率 (real rate of return) 當然比經濟學中的「實質」有其他衡量方式，所以才需要額外花篇幅循序介紹。計算方式至少有二：

1.物價平減（相減法）的計算方式，即上述方式。

2.超額報酬或溢酬 (excess return)。

另一平減的基準是以無風險利率作為「平減因子」(deflactor)，它背後已考慮貨幣的時間價值。今天買支股票 100 元，明年今天還是 100 元，中間沒有除權、除息；會計上認定報酬率為 0，即不賺不賠。但站在經濟學的立場，經濟利潤是考慮機會成本後的利潤，而在投資中最低標準的機會成本就是無風險利率，在上段已簡單說明過「實質虧損」。

在這裡我們全面性的說明，只是財務學者額外給這個「無風險利率平減報酬率」一個簡潔名詞：「超額報酬率」(excess rate of return)，為了省事起見，常簡稱「超額報酬」（「報酬」是指「值」）。

站在投資人立場，當然會關心實質報酬率，以免「錢變薄了」（也就是錢被物價上漲等所侵蝕了）。

㈡實質報酬的推論

超額報酬是財務很重要的觀念，如果你看到報上說：「股市重挫二成，共同基金有九成以上賠得比大盤少，所以基金經理還是滿稱職的，能『少輸就是贏』的打敗指數」。

這種主張跟超額報酬觀念是抵觸的，買股票型基金，冒不少風險，所以報酬率至少要比無風險利率高；現在以「少輸就是贏」來論功過，那是不恰當的。1998 年臺股下跌 21.6%，有 7 支股票型基金一年期報酬率超過一年期定存利率，這才是投資人每年付 1.5% 基金管理費而希望基金經理能作到的——嚴格的說。

第三節　相對報酬率

前面，我們花了很長篇幅是為了說明「絕對」報酬中的超額報酬這觀念。接著下來，再進而計算出風險平減報酬率，由表 2–8 你可以發現，只要知道絕對報酬率、風險測度，便立刻可以算出相對報酬率。

雖然我們還沒介紹表中第 2 欄「風險測度」(risk measure，或風險衡量) 的觀念，但由此表你很容易可以看清楚常用風險測度、相對報酬率，可說是「一目了然」，也才不會因木失林，接著再來說明風險、風險平減報酬率各種衡量方式及其優缺點（有優缺點便代表有適用時機）。

一、同樣報酬率，不一樣的風險

我身高 175 公分，可是你相不相信打籃球時可以灌籃。這不是腦筋急轉彎的問題，因為我在小學籃球場打球，籃球架高度已依小學生身材往下調整；這種依使用者身高來調整籃球架高度，運用在投資報酬率的衡量，就是相對報酬率（或風險平減後報酬率）。

「急漲之後便有急跌」，所以股市投資人喜歡「緩步趨堅，良性換手」。同樣道理，如果 A、B 二支基金，報酬率相同，但是 A 基金手上以投機股、轉機股、高科技股為主，在所有股票中這些股票最容易暴漲暴跌；反之，B 基金則以一些藍籌股（在臺灣稱為績優股）為主。一旦大盤棄守，A 基金的跌勢會像溜滑梯，而 B 基金則比較像人走路下樓梯，差別的原因在於 A 基金本質上風險太大了，反映在外的便是基金淨值波動大。

這麼說來，挑基金不能只看其淨值成長率，還得看其風險，就跟買電視、冰箱，不能只看售價，還得看它的耐用年限，把售價除以使用年限，才能計算出產品真正

的價值，例如一部 2.1 萬元的電視可用七年，那麼每年成本 3,000 元。同尺寸、不同品牌售價 1.8 萬元卻只能用五年的電視，每年成本 3,600 元。所以光看 2.1 萬元和 1.8 萬元，可能會錯認 2.1 萬元的電視比較貴，但如果從產品壽命成本來看，反而比較便宜。

表 2-8　風險平減後報酬率的計算方法

(1) 絕對報酬率	(2) 風險測度	(3) 相對報酬率 = (1)/(2)
(一) 報酬率 (R_p)	貝他係數 (β) $$= \frac{Cor(R_p,R_m)}{Var(R_m)}$$	1. 崔納指數 (Treynor index) $$= \frac{R_p - R_f}{\beta}，超額報酬對系統風險比率$$ 2. 詹森指數 (Jensen index) $$\alpha_p = (R_p - R_f) - \beta(R_m - R_f)$$
(二) 超額報酬或溢酬 (excess return, ER) $= R_p - R_f$	2. 標準差 (σ) 此字發音為 Sigma，是希臘文中的第 18 個字母，相當於英文中的 S，而用此字以作為統計學上 standard deviation 的縮寫	1. 夏普指數 (Sharpe index) $$R_a = \frac{R_p - R_f}{\sigma}，單位風險超額報酬率$$ 2. 標準普爾 Micropal 公式 $$R_a = \frac{R_p}{\sigma}，單位風險報酬率$$ 3. 蒙地里安尼公式詳見 § 2.3 四
	3. 相對本益比 (RPER) = $\frac{PER_b}{PER_p}$ 4. 相對股價淨值比	伍氏二種風險平減方法 $$R_a = R_b \times \frac{PER_b}{PER_p}$$ $$R_a = R_b \times \frac{PNW_b}{PNW_p}$$

下標說明：a(adjusted)：風險調整後
　　　　　b(benchmark)：標竿、大盤或指數
　　　　　f(risk free)：無風險
　　　　　m(market)：（股票）市場
　　　　　p(portfolio)：投資組合，以下標 i 表示第 i 個投資組合

接著下來，我們就來說明「一分風險，一分報酬」到底怎麼衡量。

報酬率標準差是最常用的風險衡量工具，可是標準差和其衍生的貝他係數（注

意其分子分母）並無法單獨使用，這就如同你問我：「二部不同品牌電視，一部可用七年、一部可用五年，你會選哪一部？」我無法回答你，因為我不知它們的售價。同理，風險就跟電視的耐用年限一樣，話只說了一半，因此還是不夠的；所以必須結合報酬率才能得到「一分風險，一分報酬」的關係。因此，在標準差的運用方面，有二種用法，皆是本節介紹的重點。

‧定向分析（只能評定大小）

主要是基金評比時最常用的夏普指數、Micropal 公式。

‧定量分析（能夠計算出風險平減後報酬率）

我們介紹財務大師蒙地里安尼的公式,而這對我們導出第五段伍氏風險平減後報酬率有點啟發作用。

二、夏普指數
──單位總風險溢酬 (expected return per unit of risk)

由美國史丹佛大學教授夏普在 1966 年所提出的夏普指數 (Sharpe index)，可說是全球使用最廣的共同基金績效評比方式,連英國最大的共同基金評鑑公司標準普爾 Micropal 所採取的「單位風險報酬率」也是源自夏普指數。

夏普指數的真正名稱是「報酬率對變異數比率」(reward-to-variability ratio)，有時稱為夏普比率 (Sharpe ratio)。先看它的公式：

$$夏普指數 = \frac{投資組合的報酬率-無風險利率}{分子（或稱超額報酬率）的標準差}$$

當然，儘可能的話，公式中分母的其中一項投資組合「報酬率」，應該用稅後報酬率來算。

此外，但注意其基本精神，分母是分子（即超額報酬率）的標準差。財務管理講究精準，否則有可能發生「差之毫釐，失之千里」的事，不僅要「見輿薪」，但也必須明察秋毫。

(一)舉例說明夏普指數

我們可以用夏普 (1994) 自己舉的一個例子來說明怎樣運用夏普指數。由表 2–9 可看出，A 基金夏普指數為 0.25，高於 B 基金 0.20，也就是在同樣的風險程度時，

A 基金的報酬率高於 B 基金，那當然應該選購 A 基金囉。

表 2-9　夏普指數示例

	A 基金	B 基金
(1) 期望報酬率	8.3%	5.3%
(2) 無風險利率	2.3%	2.3%
(3) 標準差	20%	10%
(4) 夏普比率 = (1) – (2) / (3)	0.25	0.20

(二)臺灣共同基金的例子

每月 8 日左右，在經濟日報（第 14 版），投資人都可以看到臺灣大學財金所李存修、邱顯比二位教授對臺灣股票基金績效評比，包括一個月、三個月、一年、自成立日起報酬率，不過在決定基金獲利排名時，還是依據夏普指數，這項基金績效評比的負責單位是臺北市證券投資信託暨顧問同業公會。

運用的原則很簡單：買進夏普指標最高的共同基金。由表 2-10 可看出，1998年 2 月的共同基金的績效排名榜，第二名的京華外銷基金（絕對的）報酬率遠高於元富金滿意基金；但是相對的，經風險平減後的報酬指標（即夏普指數）卻是元富金滿意基金較高，所以才會拿到亞軍。京華外銷基金的風險比元富高，一旦大盤反轉直下，京華外銷基金的跌幅一定比元富金滿意大，真可說是「一分風險，一分代價」。

表 2-10　1998 年 2 月共同基金前三名

排　名	基金名稱	夏普指數	一年 (1997.3～1998.2) 報酬率
1	京華高科技	0.4389	103.41%
2	元富金滿意	0.4355	87.68%
3	京華外銷	0.4225	107.79%

最後還可以拿各共同基金的夏普指數跟加權指數的夏普指數比，像 1998 年 2月加權指數的夏普指數為 0.1377，如果基金的夏普指數比這高，則可說是基金的表現比大盤還要好，這是基金的及格標準，就跟考試及格標準為六十分的道理一樣。

(三)夏普指數在統計學上的涵意

唸過統計學的人應該會想起，夏普指數只不過是標準化 Z 值 ($Z = \dfrac{X_i - \bar{X}}{\sigma}$) 的運用，是很淺顯的觀念。白話一點的說，是指一單位報酬率標準差下，這投資組合（例如共同基金）給你多少報酬率。為了統一比較基準，不管什麼天期的夏普指數，其標準差皆採取年化處理，就跟你在銀行看到的月存款利率（如 2.1%），其實是年利率方式的道理一樣的。

(四)字斟句酌的方顯專業

你可以看得出來，講究用詞精確的我們這次在夏普指數一詞上也從眾了。依夏普原用詞為夏普比率，這樣就對了，因為「指數」是指跟基期比的統計觀念，至於有人把 index 譯成「指標」，那碰到 indicator 這個字又該怎麼翻譯？這二個用詞在大二統計學中皆說得清清楚楚。

(五)二種夏普比率和其涵意

夏普比率的分母、分子可依使用的是歷史資料或預測資料而分為下例二種情況：

1. 歷史夏普比率（ex post 或 historic Sharpe ratio）

這是一般實務界常用的衡量方式，主要在評估過去一段期間共同基金的績效，要是「鑑往知來」的作為挑選股票、共同基金的參考，那便隱含假設歷史資料有預測未來的能力。

2. 事前夏普比率 (ex ante Sharpe ratio)

這是學術界討論的焦點，包括設法預測標準差等。

三、英國標準普爾 Micropal 評比方式

英國最大基金評比公司標準普爾 Micropal（因被美國標準普爾公司所併購，所以前面冠了夫姓）所採取的「單位風險報酬率」的計算方式如下：

以美國股票型共同基金為例，1997 年全年的單位風險報酬率如下：

$$\text{單位風險報酬率} = \frac{\text{報酬率}}{\text{該期間內的標準差}}$$

$$=\frac{12.87\%}{22.35\%}$$

$$=0.576$$

可以看得出，跟夏普指數相比，此公式在分子分母各少了一項（即減無風險利率），不過精神上是相似的。

四、蒙地里安尼公式

夏普指數的缺點在於它是序列尺度的，只能比高低，但是卻無法進一步作量的推論，就像前面提到元富金滿意基金夏普指數為 0.4355，而京華外銷基金 0.4225，只能說前者比後者高，除此之外，也不能再多說什麼；就跟 11 級風並不代表比 10 級風快 10%。而我們真正有興趣的是名目尺度，也就是風速多少、每秒鐘幾公尺？換成投資報酬，便是在同一風險下，各投資組合的報酬率多少？

㈠ Modigliani 公式

所幸美國麻州理工學院的財務管理大師蒙地里安尼 (Modigliani) 和紐約摩根士丹利公司 Modigliani(1997) 提出「風險調整報酬率」(risk-adjusted performance, RAP，在美國流行歌這個字是繞舌歌) 的計算方式，如下所示：

$$風險調整後的報酬率 (RAP) = \frac{\sigma_m}{\sigma_i}(-R_f) + R_f$$

$$= \frac{\sigma_m(R_i - R_f)}{\sigma_i} + R_f$$

$$= \sigma_m \times Sharpe\ ratio + R_f$$

眼尖的讀者會發現這跟資本資產定價模式的外觀很類似，那是英雄所見略同。至於公式中最後一行可以明顯看出夏普比率可視為該投資組合風險的絕對價格，再乘上股票市場風險（即 σ_m）後，便折換為相對價格。

本處是以股票市場來衡量市場風險，實際上可用其他任何相關的市場（或其組合）來視為「市場」，所以本公式適用範圍很廣。

㈡實例說明

我們可用表 2-11 來說明如何使用上述公式。

1.眼睛錯覺會誤導你

由第 1 欄可看出，美國收益基金的報酬率僅 11.3%，比市場績效遜色，可說是被市場打敗了；相形之下，富達麥哲倫基金的表現就比大盤好。「眼見為憑」，但事實真是如此嗎？

2.風險調整後報酬率

經過上述公式計算後，可以得到「市場」風險調整後報酬率；標準普爾 500 指數代表股票市場，所以調整前後的報酬率都一樣。

表 2-11　　基金風險調整前、後的報酬率　　　　　1992 年第二季

基金和股市	年報酬率 (R_i)	季標準差 (σ_i)	公債利率 (R_f)	風險調整後報酬率 (RAP)
富達麥哲倫基金	15.4%	8.6%	5.5%	13.8%
美國收益基金	11.3%	4.0%	5.5%	15.9%
股市(標準普爾 500 指數)	14.1%	7.2%	5.5%	14.1%

資料來源: 整理自 Modigliani & Modigliani, "Risk-Adjusted Performance", *JPM*, Winter 1997, p.50 Exhibit 2。

反倒是經過市場風險調整後，產生豬羊變色的效果，美國收益基金風險調整後報酬率變成 15.9%，反而比市場報酬率高。

而麥哲倫基金風險調整後報酬率僅有 13.8%，反而比大盤差。

關鍵在哪裡呢？在於相對風險，由 RAP 公式第一行可見，調整因子為 $\frac{\sigma_m}{\sigma_i}$。由此看來，美國收益基金的標準差比市場低，如果把它擴大跟市場一樣大，報酬率就應該等幅提高，在同樣的風險水準下來比較基金報酬率的高低，這樣才有意義，也就是俗稱的「香蕉跟香蕉比，橘子跟橘子比」。美國收益基金的風險調整後報酬率 15.9%，高於麥哲倫基金 2.1 個百分點，明智的抉擇當然是買美國收益基金囉。

五、伍氏風險平減投資組合績效評估

夏普指數、貝他係數皆是「瞎子摸象」、「以管窺天」的投資組合評比方式，只是因為這些公式出道得早，因此全球流行，反倒更積非成是了。再加上一時半載沒有更好工具取代，因此也就將就著用，這在科學上是司空見慣的事。

我們認為還有更實用（不需計算標準差、貝他係數）、更正確的衡量方式，而伍氏「風險平減績效」(Wu risk-adjusted performance) 的二個公式就是個值得考慮的選擇。

㈠伍氏「風險平減後投資組合績效」公式（一）

我們的二個公式適用於任何股票投資組合，而基金只是投資組合的一種，所以當然也適用，先舉例第一個，接著再說明如下。

$$\text{風險平減後投資組合報酬率} = \text{A 基金報酬率} \times \frac{\text{大盤本益比}}{\text{基金持股本益比}}$$

舉例：$14.4\% = 18\% \times \dfrac{20}{25}$

那麼你就很容易理解在上面公式中我們用「相對本益比」作為風險平減因子，以大盤本益比視為標竿（就如同以水作為衡量物質比重的標竿一樣）。舉例來說，A 基金報酬率 18%，而基金本益比 25，比大盤本益比 20 高；如果基金本益比降為 20，那麼基金報酬率將變為 14.4%，這樣子來比較各基金的報酬率才公平。

當然，剩下的問題是你願不願意採納我用「相對本益比」來作為風險平減因子。許多注重基本分析、價值投資的人可能會接受我的點子，「本益比」本來就是判斷股價水準合不合理的最重要指標。

㈡基本假設「雖不中亦不遠矣」

熟手一眼就可以看出，以相對本益比作為風險調整因子的背後有個很基本的假設，也就是只考慮公司「未來獲利機會」（即每股盈餘），而假設在長期（例如十、二十年），公司殘值的現值很小，可略而不計。這個假設當然不適用於典型的資產股（像飯店股）、實質資產股（例如台鳳、農林、台紙），所幸這些公司往往不在基金的持股菜單中，縱使納入，其比重也微不足道，因此不會嚴重影響基金持股本益比的結果。

㈢歷史本益比 vs. 預測本益比

股票（基金）投資是看未來，但由於資料有限，所以在計算基金本益比時，投資人可採用：

‧證交所公佈的上市公司「歷史」（過去一年，例如去年第四季到今年第三季）

每股盈餘,再進而算出「歷史」(資料)本益比。

　　·使用工商時報「四季報」上「本報預估」數字,會比上市公司自吹自擂的每股盈餘數字還要準確。

(四)資料時差的限制

　　你在精業公司的即時資訊系統中只能看到上個月各基金的持股明細,這是因為證期會只要求投信公司按月申報。如此一來,你便無法知道今天各基金的持股明細,當然沒辦法進一步算出基金(持股)本益比。資料可行性限制了我們的方法,不過,不要忘了,所有的投資組合績效評估方法也同樣面臨這項限制。

(五)舉例說明

　　由表 2-12 可見,有三支基金,依淨值報酬率來排名,依序應該為 C、B、A。但由於 B、C 二支基金比 A 基金持股本益比高,預期風險高,敢冒險持有較多比重的電子股、轉機股甚至投機股,所以報酬率也比較高。

　　一旦用相對本益比平減後,再來看漲跌幅的排行,反倒豬羊變色,依序為 A、B、C。

表 2-12　伍氏「本益比平減後基金績效評比」

	近一個月漲跌幅	本益比	本益比平減後漲跌幅	排　名
指　數	3%	20	3%	
A 基金	4%	18	4.44%	1
B 基金	5%	24	4.17%	2
C 基金	6%	30	4%	3

(六)伍氏「風險平減投資組合績效」公式 (二)

　　以相對本益比作為風險平減因子並不適用於資產股,而且強調價值投資理論的人也很重視上市公司的資產價值。針對少數以資產取向的個股,我們建議採取「相對股價淨值比」(relative price/ net value ratio)作為風險平減因子。

　　公式如下:(資產股、價值投資時適用)

$$A 基金風險平減後報酬率 = A 基金報酬率 \times \frac{大盤市價淨值}{基金市價淨值}$$

某股「股價淨值比」$=\dfrac{\text{股價}}{\text{每股淨值}}$，愈低代表愈有投資價值，小於 1 時，股價大抵已低估。

此公式在實務、實證上的依據，例如施純玉（1997 年，第 65 頁），都傾向於使用「市價淨值比率」，即由此來判斷股價是否已跌到皮貼到骨（即淨值）了。

(七) **如何均衡一下?**

或許你會問不少公司兼具獲利、資產價值，那麼如何把相對本益比、相對股價淨值比加權平均，以求出通用的風險平減因子呢? 這種作法是符合理論的，但權數（比重）的選擇難免會涉及主觀判斷，個別差異情況很明顯。

◆ 本章習題 ◆

1. 以表 2-1 為基礎，把實際例子填入。

2. 以表 2-2 為基礎，試算一下存三個月定存利息收入多少。

3. 以表 2-3 為基礎，再看工商時報的券商對指數預測，去預測大盤報酬率。

4. 貨幣銀行學中的費雪方程式，是經濟報酬率中相減或相除方式的結果?

5. 以表 2-5 為基礎，找一家上市公司股價的例子來運用一下。

6. 以表 2-7 為基礎，再找一個例子來運用一下。

7. 以表 2-8 為基礎，找一家上市公司股價的例子來運用一下。

8. 以表 2-10 為基礎，把上個月基金的更新數字套進去，去做比較。

9. 以表 2-11 為基礎，餘同第 8 題。

10. 以表 2-12 為基礎，以三支 DRAM 類股為例，計算伍氏本益比平減後報酬率。

第三章

每年預算
——兼論上市公司財務預測

我建議公司的執行長應該把他自己視為是財報揭露長，我認為企業所有人可以對不遵守此一規定的執行長進行懲戒。我們公司旗下擁有多家百分之百持股的公司，各位可以信任我，如果哪一位執行長沒向我們據實以報公司的營運情況，我們可以懲罰他，甚至要他走路。

——華倫‧巴菲特 (Warren Buffett)
美國波克夏公司董事長、投資大師

學習目標:

資本預算是公司長期投資的預估損益，縮小至一年便成為年度預算（可說是年度計畫書的副產品），財務長常被要求成為預算高手，本章能讓你抓得住年度預算、財務預測的編製重點。

直接效益:

預算編製是財務課程中企管顧問公司的最愛，本章以我在學校外面上課的講義為主，讓你如臨現場聽我演講。自信有數二、數三的水準，至於你碰到數一講師的機率大抵跟中樂透首獎一樣，恭禧你了。

本章重點:

- ·預算制度的功能。壹一
- ·預算編製程度。壹二
- ·預算的審核單位。貳三
- ·預算的動支。貳五
- ·情節分析。參二
- ·預算編製方法。參三
- ·預算的標準。參四
- ·共同費用的分攤。參五
- ·折舊費用的分攤。參五㈡
- ·預算期間。參六
- ·從年預算反推月預算。參六㈡
- ·預算的貨幣單位。參七
- ·預算的幣別。參八
- ·決算──經營分析、差異分析。肆
- ·上市公司公佈財測的適用情況。表 3-1
- ·股市觀測的資訊內容。表 3-2

前言：凡事豫則立，不豫則廢

60% 上市公司對外要發佈預估財務報表（簡稱財測），一牽涉到「財」這個字，很多人都認為是財務主管的責任區。一事不煩二主，既然對外有發布數字，那麼對內的年度預算也一併解決，財務長就這麼糊里糊塗的攬了一些重責大任。

每年 9 月，許多企管顧問公司大開預算編製、營運計畫書課程，最少 6 小時，常為 12 小時。預算編製屬於管理會計範圍，可惜大部分財務人員（尤其沒唸過企管系）可能都沒學過，所以本書只好越俎代庖的詳細說明。第一節以我在學校外面授課的講義為主，讓你明確體會，實務跟「學校」（我不喜歡用「理論」這個字，因為企管中夠格稱得上理論的很少，財管中也只有五大理論）沒有距離。

◆ 第一節 預算制度

壹、預算制度的目的與方法

一、預算制度的功能 ("why" budgeting?)

預算制度是三種控制型態中財務控制的具體實踐，常見方式是利潤中心（指直線單位）、成本中心（指後勤單位）。由下圖可見，透過金錢等誘因，讓員工自主管理，以追求公司目標。要是預算制度沒有跟獎勵制度配套，那麼結果將是《老殘遊記》書中所說的：「虛應一下故事」。

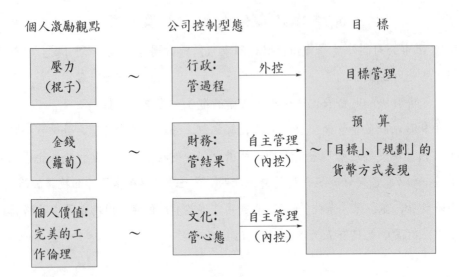

二、預算編製程序 ("how" budgeting?)

「品質是設計出來的,不是檢驗出來的」,同樣的,預算是種決策,是目標管理的初步結果,要想決策品質高,不僅預算方法要對,而且正確過程(組織設計、程序)也影響所選擇的預算方法,直接影響預算結果。

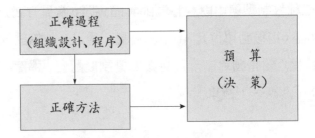

貳、預算編製程序

一、How Budgeting?

~ due process
Do the Right Things!

由圖 3-1「伍氏修正成功企業七要素——控制型態和權力來源」可見,預算制度偏重獎勵系統(獎賞權)、領導型態(專家權)。其前提是目標可行、策略正確、

組織設計適當（例如採取事業部）。

圖 3-1　成功要素、控制型態與權力基礎關係架構

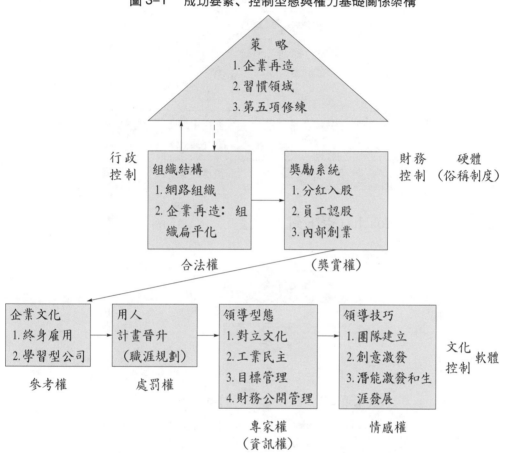

二、Which Budgeting?

　　預算是達成公司目標的資源配置、營運計畫書的貨幣表現，因此本質上是目標設定。目標設定程序有三（詳見拙著《管理學》第二章第五節），常見的是董事長（或董事會）的雄才大略：「我說了就算數」，1996 年以來稱為「願景式經營」(management by vision)，即由上到下方法 (top to down approach)。這方式缺點是昧於現實，目標可能陳義太高，超過員工的能力。

㈠ top to down approach（由上到下方法）

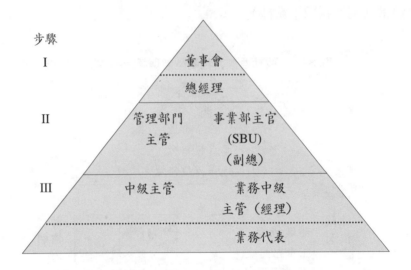

(二) down to top approach（由下到上方法）

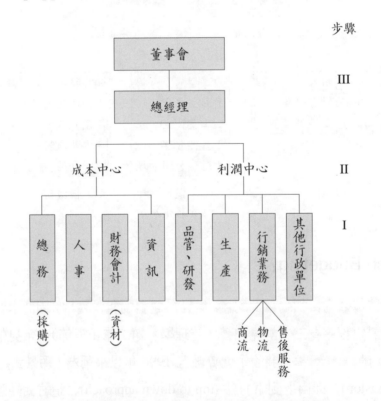

　　第二種目標設定的途徑是由低層（每位業務代表每年營收目標）彙總起來，便成為全公司目標。此方法缺點是每人都會留一手，以免達不成目標時被處罰。

第三種目標設定方式是上下均衡一下，1990 年以前稱為目標管理 (management by objective, MBO)，目標由上司、下屬共同決定。

三、誰來編預算 (who)

編製預算不只是按計算機、打電腦而已，最重要的是事前的合理，跟事後的經營分析，針對結果論功行賞、採取修正措施。結論是由總經理室、總管理處來做最合適；以往由財務部、會計部做，都是不適當的。

預算的審核單位～ who budgeting

	會計部門	財務部	總經理室	董事長室
主　管	主計長 (controller)	財務長 (CFO)	幕僚長	主任秘書
適用時機 優點和功能	小企業 1.適合採取差異分析 2.會計科目	中型企業	大型企業總經理制 1.適合大公司採用 2.適合不定時	董事長制

四、試辦 vs. 全部實施

對於沒有實施預算制度的公司，很多員工習慣吃大鍋飯，全面實施預算制度很容易招惹天怒人怨。如果有這可能，還不如「柿子挑軟的吃」，挑個可控制而且容易做的事業部去試辦一年，從做中學，以此績效去誘發其他部門爭先搶後想恩澤廣披；試辦的目的在於避免人員抗拒。

組織型態 ＼ 階段	試　辦	全面辦理
單一公司	新成立部門或後勤部門（成本中心）	全公司
集團企業	新的子公司	整個集團

五、預算的動支——避免消化預算或壓低價格

㈠目標達成率

公司是否離預算目標愈來愈近，主要看累計（如 1～6 月）營收、盈餘目標達成率。

$$\frac{累計營收}{營收目標} = 43\%$$

$$\frac{累計盈餘}{盈餘目標} = 44\%$$

㈡價格標 vs. 資格標

從產品壽命成本角度來看，採購成本低的不見得便宜；但是資格標條件太嚴，又容易發生內神通外鬼的綁標，如何拿捏，得費點心思。

	價格標	資格標
優 點	成本最低	確保品質
缺 點	便宜沒好貨	容易綁標

㈢預算動支

縱使在預算制度下，每個月針對經費的動支，以事後異議制為主，事先審核可說是例外。

狀態 / 領導型態	沒預算制度時	預算制度下	
		預算內	預算外
領導型態	中央集權 報 准 （事前審核）	分 權 報 備 （事後審核）	中央集權 報 准 （事先審核）

參、預算編制方法 (what budgeting?)

預算編製的第一步是市場潛量估計，這是拙著《策略管理》（三民書局）第十章第二節伍氏 SWOT 分析的運用，這部分是事業部主官、總經理的份內事，財務

部沒有置喙空間，即「不在其位，不謀其政」；而且也沒這本事，無需「狗拿耗子多管閒事」。

一、 機會威脅分析──SWOT Analysis

- ·市場潛量 (O. T.)
- ·市場佔有率 (S.W.)

	O(機會，Opportunity) 1.臺灣： 2.大陸： 3.東南亞：
W(劣勢，Weakness) 1.加入 WTO，跟外國企 　業相比 2. 3.	S(優勢，Strength) 1. 2. 3. T(威脅，Threat) 1.替代品（科技） 2.

二、 情節分析 (senario analysis)──含敏感分析 (sensitive analysis)

SWOT 分析得到表 3-1 中第 1 ～ 9 項數字，但是第 9 項的純益區間為 1,200 ～ 2,340 萬元，從悲觀到樂觀，這是區間估計。至於統計上的點估計則為：

$$\frac{a+4b+c}{6} = \frac{0.234 + 4 \times 0.175 + 0.12}{6} = 0.18 \text{ 億元}$$

三種經營狀況下，就跟電視、歷史劇情一樣，稱為情節分析 (senario analysis)，省得一廂情願的只挑樂觀情況。

一回生，二回熟，把表 3-1 的一年情況，向前再延伸四年，得到表 3-2 未來五年預估營收、盈餘的點估計，此處是表 3-1 中的最可能狀況。竅門之一是每年營收以固定成長率（此例算術平均 25%）成長，毛益率、純益率則假設不變。

表 3-1　三種情況下之預估營收、盈餘──2003 年為例

步　驟 ＼ 情　節	樂觀	最可能	悲觀
1. 經濟成長率	4%	3%	2%
2. 產業成長率	30%	25%	20%
3. 產業產值（億元）	130	125	120
4. 市場佔有率	1%	1%	1%
5. 公司營收數值（億元）=(3)×(4)	1.3	1.25	1.20
6. 毛益率	40%	32%	24%
7. 毛益（億元）=(5)×(6)	0.52	0.4	0.288
8. 純益率	18%	14%	10%
9. 純益（億元）=(5)×(8)	0.234	0.175	0.12
10. 權益（億元）	0.5	0.5	0.5
11. 權益報酬率 =(9)/(10)	46.8%	35%	24%
12. 股數（每股 10 元）	0.04	0.04	0.04
13. 每股盈餘（元）=(9)/(12)	5.85	4.375	3

表 3-2　2003～2007 年預估營收、盈餘──點估計

	2003 年	2004 年	2005 年	2006 年	2007 年
營收值（億元）	1.25	1.5625	1.9531	2.4414	3.0518
毛益率	32.67%	同左	同左	同左	同左
損益兩平點（億元）	1.075	1.3437	1.6797	2.0996	2.6245
純益率	14%	同左	同左	同左	同左
純益（億元）	0.175	0.2188	0.2734	0.3418	0.4273
業主權益	0.5	0.6	0.75	0.95	1.20
權益報酬率	35%	36.47%	36.45%	35.98%	35.61%
股數（億股）	0.04	0.05	0.062	0.078	0.097
每股盈餘（元）	4.375	4.376	4.410	4.382	4.405

三、預算編製方法

對經營環境假設是連續的，宜採取連續預算，常見說辭例如「蕭規曹隨」、「施政是連續的」。反之，一旦經營環境跳躍式變化或「人息政亡」，宜採取每年歸零的零基預算 (zero-base budgeting)。二種預算編制辦法如下所示：

	零基預算	連續預算
精　　神	每年重新開始	只針對有差異部分說明
優　　點	一切歸零	以過去（現在）為基礎，以未來為目標
缺　　點	曠日廢時 耗成本	比較容易發生消化預算情況

* 策略預算 (strategic budgeting)

四、預算的標準

預算有二大爭議，一是營收目標，另一是（營業）成本和（營業）費用的標準。從標竿策略 (benchmarking) 來看，這倒不成問題，以物流費用來說，大榮貨運的報價為營收 8%，公司自己車隊可議定為 10%，因為不像營業車那樣跑全天。自己的車隊費用貴一些，但是有隨叫隨到「彈性」這個好處，得多付出一些代價才能取得。

(一)外部比較

損益表角度	比較對象
營業收入	
──營業成本	R&D
	採購公司
	外包工廠
毛利	
──銷售費用	廣告公司
──物流費用	物流
	運輸公司
──管理費用	資訊公司
	企管顧問公司
	會計師事務所
	財務顧問公司
	法律事務所
稅前營業淨利	

(二)內部比較

當外界可資比較標準不存在或不易取得時：

	歷史成本	標準成本
適用時機	標準成本不易衡量或經常變動時	比較正確,當標準成本易取得(成本效益分析)

五、共同費用的分攤

共同費用的分攤早年時可能吵翻天,1990 年以來漸有公式可循。以房租、水電(含冷氣)每月 100 萬元為例,業務部佔全公司 40% 面積,得分攤 40 萬元的費用。至於人事部、總務部費用分攤,因其服務大抵以人為對象,業務部佔員工數 20%,便依此來分攤費用。

基礎 費用明細	使用坪數	人　數	費　用	營　收
房　租 水　電 冷　氣				
		總　務	資訊部門	高階人員、 財會部門
		人事部門		人事部門
			行銷部門	行銷部門

㈠產能未充分利用時的費用分攤

產能未充分利用情況下,對大部分部門來說,成本可能超限,這是非戰之罪,得把這意外支出移轉給業務或工廠。

情況	已利用產能	未充分利用產能
計價標準	依外部或內部標準,計算廠價	依未利用原因歸咎責任 1.工廠人力:由工廠負責 2.機器設備:由業務部分攤大(或全)部分 3.其他支出:視情況由業務、工廠分攤

㈡折舊費用的分攤

預算屬於大三管理會計課程的範圍，屬於公司內部行為，以機器歷史成本 10 億元，稅法可折舊十年，每年 1 億元；但如果買入後一年重置成本為 15 億元，耐用二十年，那麼每年折舊為 0.75 億元。

1. 攤提期間

基礎	稅　法	有效使用期間
優　點	比較易被會計師接受，比較易行	比較正確

2. 折舊費用的攤提基準

基礎	歷史成本	重置成本
優　點	比較容易，不容易有爭議	比較正確，考慮使用固定資產的現行（或未來）費用

六、預算期間

大部分公司的預算期間都是定基的，跟日曆一致，少數情況下採取移動期間，例如 2002 年 7 月～ 2003 年 6 月，每過一個月，便向前推移一個月。

基礎 費用	專　案	移　動	定　基
	1 年以內	1. n 年 2. 半年 3. 季	1. 年 2. 半年 3. 季 4. 月 ⋮

㈠當環境重大變動時的預算調整

	動態調整	靜態調整	不調整
	機動調整	重大 (material) 時才調整	
優　點	近似於現實	截長補短	以不變應萬變
缺　點	重編預算成本高	─	昧於現實

㈡從年預算反推月預算

年預算 ────────────────→ 月預算

（損益表）　　　　　　　　　　　（損益表）

以月營收比重作為推算因子，例如：

月　　份	營收（單位：億、萬）	去年比重
1	12	12%
2	8	8%
3	9	9%
⋮		
12	11	11%
	100	100%

　　手指長短不一，月有陰晴圓缺，一年 12 個月也有大小月、淡旺季，所以由年預算拆解為月預算，可用去年（例如 2002 年）每月營收佔全年營收比來推估，以 1 月佔比 12%，2003 年營收目標 100 億元，1 月營收目標 12 億元。

七、預算的貨幣單位

㈠用什麼貨幣單位表示

　　預算是「預先估算」，只需以萬元（小公司）、億元（大公司）為單位便可，最爛的是月亮是外國圓的把台積電 5 月營收目標寫成 9,000,000 千元或 9,000 百萬元，那不是算死你嗎？會計人員老習慣不改硬得寫成 9,000,000,000，數完了人也累壞了，碰到日圓，義大利里拉等更累。

㈡沒有「年度」這個字

　　當會計年度（例如日本 4 月 1 日迄翌年 3 月 31 日）跟日曆年不同時，這時使

用「會計年度」才有意義。1998 年 10 月，立法院通過政府、國營事業改採曆年制，至此，臺灣不再出現「一國二制」，因此實在沒有必要用 2002 年「度」或會計年度這樣浪費口舌跟打字。

方法	土　法	歐美式	臺灣式
單　位	元，例如 137,000,000 元	仟元 (thousand) 百萬元 (M) 10 億元 (B)	萬元，例如 123.56 萬元 億元，例如 1.37 億元
優　點	看似精確，實則假戲真做	適用英文財報	配合國人習慣

八、預算的幣別

愈來愈多企業涉及外銷（有外幣收入）甚至海外有子公司，但是對臺灣母公司來說，日本子公司營收 120 億日圓或 1 億美元，終究沒有 34 億元那麼易懂。在消極情況下，2002 年編製 2003 年預算時，可採用銀行遠期買進匯率來作為匯率基準，因為這是有行有市的。

幣別種類	單一貨幣		多種幣別
	NTD $		NTD、$、¥、£
優　點	一目了然，有助於母（總）公司管理		不致因匯率而使各國子公司經營績效失真
匯　率	當年年底	當年平均	事先決定
合理程度	低	中	高
說　明	易出現異常狀況		可採取匯率避險措施

九、跨年預算

針對第一章的資本預算或表 3-2 的五年預估損益表，想求個現值，折現率可參考第五章第二節的資金成本、第九章第四節的伍氏權益資金成本。反之，營收的自

然成長率之一為物價指數、薪資則為公教人員調薪幅度或是既定政策（像聯華食品每年 3%）。

成長率、折現率決定方式如下：

適用對象 基準		適用對象	
公教人員調薪幅度 (3%)	薪　資		
物價指數		營　收	
三～五年公債利率加上8個百分點			資金成本或短期投資收益

十、編製預算的電腦軟體

編預算在計算時很容易，只要把表 3–1 上的損益表各科目比率關係搞定，再套入微軟公司 Window 軟體的試算表，隨便更改個數字，例如營收，相關各項會自動調整；無論是情節分析、敏感分析都「一下子就清潔溜溜」。

	單位、部門	公司、集團
軟　體	Excel、Lotus1-2-3、Window 上的試算表	
格　式	由預算審核部門決定，各單位彙總到各部門；各部門再彙整到子公司	各子公司匯總到區域總部，區域總部再匯整到總部

肆、決算──經營分析、差異分析

一、缺口在哪裡？

7 月營收目標 6 億元，實際營收 5 億元，出現負缺口 (negative gap)，當月目標達成率低。反之，營收 7 億元，出現正缺口 (positive gap)，究竟是市場因素（如競爭對手工廠爆炸）或公司努力結果，也該分清楚，不能不分青紅皂白的便大力給賞。

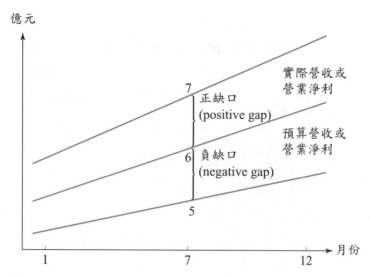

二、拿放大鏡來看

以圖 3-2 全年損益表來看，可以跟預算來比，以物流費用來說，預算目標為 10%、同業標竿（奇美食品）8%，實際為 12%。得把原因找出來，究竟是油價調漲、司機薪水調漲還是運輸路線沒排好？

三、缺口的管理層級

當單位、事業部出現負缺口時，上級長官必須盯著緊，找出原因去對因下藥，以免洞愈破愈大。但是這已屬於拙著《策略管理》第十七章第二節的範圍。

缺口大小 ＼ 組織層級	部門主官	總經理	董事會
正常管理頻率	每月	每月	每月～每季
異常管理頻率時機	每日	每日～每週	每月
	單一「單位」重大 (20%) 缺口	單一「部門」重大 (20%) 缺口	整個「公司」「重大」缺口
	1/3 以上「單位」出現負缺口	1/3 以上「事業部」出現負缺口	1/2 以上「事業部」出現負缺口

圖 3-2　2002 年某上市公司冷調部和標竿公司損益比較

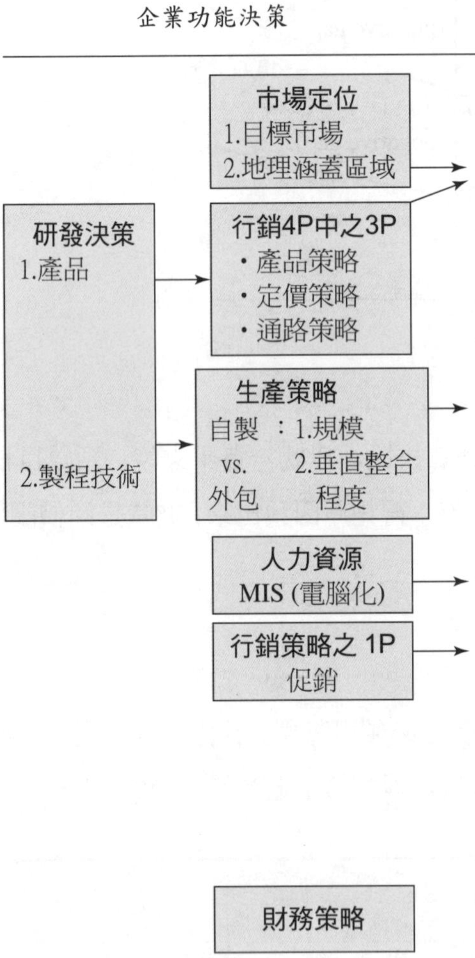

損益表

企業功能決策	科　目	本事業部 (%)	同業標竿 (如奇美)
	營收 (P×Q)	104%	102%
	減：銷貨退回和折讓	4%	2%
	銷貨收入淨額	100%	100%
	減：銷貨成本	90%	60%
	毛利	10%	40%
	減：管理費用	-10%	-2%
	減：銷售費用 1.人員推銷 2.非人員促銷 (1) 廣告 (2) 推廣	-30%	-20%
	減：物流費用	-12%	8%
	營業利益	-42%	10%
	減：營業外支出 (以利息為主)	-4%	-4%
	稅前淨利	-46%	6%

企業功能決策方塊：

研發決策
1.產品
2.製程技術

市場定位
1.目標市場
2.地理涵蓋區域

行銷4P中之3P
・產品策略
・定價策略
・通路策略

生產策略
自製　：1.規模
vs.　　 2.垂直整合
外包　　　程度

人力資源
MIS (電腦化)

行銷策略之 1P
促銷

財務策略

四、what next?

　　預算制度只是財務控制的起始點，往前延伸便是利潤中心，再更進一步就如同宏碁集團流行的二度、三度（內部）創業。

預算制度　　　→　　　利潤中心　　　→　　　內部創業

成本中心　　　　　　（分紅制度）　　　　　承包制

責任中心　　　　　　　　　　　　　　　　分紅入股

五、傑威電腦的數字管理

為了度過經濟不振難關，電腦製造商紛紛大刀闊斧進行公司變革。華爾街日報 2002 年 5 月 28 日報導指出，受到銷售衰退和市佔率下滑的衝擊，美國第四大電腦公司傑威電腦（Gateway，經濟日報譯為葛特威）決定效法同業第二大公司戴爾電腦的管理方式，並已於 2002 年 1 月啟動改革列車，希望節省產品製造和客戶支援部成本，儘速重回成長正軌。

受需求疲弱拖累，該公司 2001 年虧損 10 億美元，銷售衰退 37% 至 61 億美元。由於業績遲遲沒有起色，2002 年更遭到信用評等公司穆迪兩次調降信評。為了變法圖強，公司於 2001 年底聘請在 1990 年代早期，帶領戴爾電腦改造成功的拜恩 (Bain) 顧問公司為其企業再造操盤。

拜恩公司替傑威電腦設計出「數字管理」的新管理方式，明確規定主管的業績目標，並由人力資源部高階經理進行績效評分。此外，也開始對客戶電話銷售中心的來電情形進行衡量，一旦客戶未成交的電話次數超過規定水準，或是銷售不符預期，該部門主管將會接獲通知。

傑威共同創辦人兼執行長魏特 (Ted Waitt) 表示：「我們需要專業上的改變，現在對於主管責任的評比制度已經跟以前不同，我們要求目標集中、講求紀律以及依規定行事，而這些都是戴爾電腦比我們強的地方。」

第一週開始追蹤目標達成率時，僅有六成主管及格。行銷和銷售部副總裁透納表示：「第二週時，比例就已上升到八成，並在接下來幾週很快地攀升至 98% 的水準。」他說，各主管現在都參加訓練課程，瞭解該公司的評量標準和評量理由。如果銷售未能達成預測目標，縱使只是晚一個小時也要通知高階主管，公司的因應措施可能是一通電話加強電話中心的人力，或是在網路上降價以吸引更多人購買。

過去魏特會親自約談表現不佳的主管，但在新制度實行後，透納表示，許多主管都自行參與訓練課程，並且以數字做為決策的依據，不用再經過魏特的授意。

不過，部分人士對於傑威的改革感到質疑。前任主管就表示：「這家公司從過去以來就相當鬆散，紀律也不夠嚴明。他們現在這些舉動，看起來好像在趕流行。」

Booz Allen & Hamilton 顧問公司合夥人查魯茲斯基表示：「傑威現在的改革方向正確，不過改造過程將相當艱辛。」（工商時報，2002 年 5 月 29 日，第 6 版，張秋康）

長久以來，他高度參與公司的各項決策，從選擇廣告到尋找企業夥伴等無所不與，但公司近年來虧損連連，營運未見起色。

如今，魏特勵思勵精圖治，公司管理風格正在蛻變，在加州的總公司內，一個 9×12 尺超大螢幕的跑馬燈顯示著每天的銷售業績和成本跟目標的比較。

以往魏特會親自對表現不佳者耳提面命，但從 2002 年 1 月以來，主管須巨細靡遺列出目標，並由人力資源部的高層主管評量其績效，而不是由魏特本人，定期的檢討已迫使四位銷售經理丟掉飯碗。

他說，跟過去大不相同是推行客觀的責任制，講究專注、紀律和評量數據，這也是戴爾做得比我們好的地方。（經濟日報，2002 年 5 月 29 日，第 13 版，林聰穎）

第二節　財務報告和資訊揭露

依據證券交易法發行證券的公司初次發行（或辦理現金增資）時，應編製公開說明書 (prospects)，說明公司概況、營運、資產運用、財務、特別記載事項、重要決議等項目。

公開發行公司（資本額 2 億元以上者）定期公告並向證券暨期貨管理委員會（證期會）申報並公告會計師簽證的財務報告；要是財務報告的損益發生錯誤，金額超過一定限度，則須重編。

一、財務報告申報期限

股票公開發行公司應定期公告並申報的財務報表包括資產負債表、損益表、股東權益變動表、現金流量表。未上市的公開發行公司僅須申報年報，而上市公司須按時申報下列報告。

1.第一季財報：4 月 30 日。

2.半年財報（簡稱半年報）：8 月 31 日。

3.第三季財報：10 月 31 日。

4.年財報（簡稱年報）：4 月 30 日。

上市公司未依規定公告和申報財報，證券交易所將停止該公司的股票買賣，停止買賣達三個月以上，將終止上市；例如 2002 年 7 月 24 日，證交所便因誠洲 (2304) 沒有在證期會函示期限內重編 2001 年財報，因而股票停止交易。（經濟日報，2002 年 7 月 23 日，第 23 版，蕭志忠）

二、財務預測和更新

公開發行公司在表 3-3 等特定狀況下，必須公開財務預測（management fore-casting，未來財務報表可能情況，簡稱財測）。

表 3-3　財務預測的公開

項　目	說　明
發行證券	1.新股上市 2.現金增資或發行轉換公司債
董事結構	同一任期內的董事發生變動累計達 1/3 以上者，應公開財務預測
營運的重大變動	公司發生重大災害、簽訂重大產銷契約、產業部門變動預計影響營業收入金額達最近一年營收的 30% 以上者，應公開財務預測
更新財務預測	已公開財務預測的公司，當其所依據的關鍵因素或基本假設（如預計營收成長率）發生變動： 1.稅前損益金額變動達 20% 以上者，而且 2.影響金額達 3,000 萬者和實收資本額的 0.5% 者，公司應公告並申報其更新後的財務預測

㈠是不懂還是裝傻？

證交所審閱 2001 年上市公司財務預測編製結果，有 29 家公司因基本假設變動未及時更新，或更新時點延遲等原因，而被記以缺失處分，以電子股的 9 家最多。29 家財測缺失的上市公司中，以京元電被記缺失二次最多，其餘各被記缺失一次。

財務預測常見缺失包括沒有合理的月結預算制度、編製的基本假設不合理、揭露內容不完整、未及時更新、年度終了差異未依規定辦理等多項。

以財測編製基本假設不合理為例，包括如產品價格、原料價格、匯率、利率等關鍵因素未作敏感度分析。

重要基本假設未予考量納入評估，例如未考量產品價格的跌價情形、未合理估列存貨跌價損失、未估列長期投資的投資損益、匯兌損益或投資變動、未考量股權投資有沒有永久性下跌或處分損益等。

基本假設依據也有不適當之處，例如未合理估計新產品量產時間、對股市變化預估過於樂觀以致短期投資評估依據不合理、營建工程估列未充分收集並參酌附近市場狀況的資料證據、未審慎評估備抵呆帳提列的合宜性等。（經濟日報，2002 年 4 月 29 日，第 23 版，蕭志忠）

(二)裝糊塗？

面對一個缺錢，想借錢，卻又搞不清楚自己有多少錢的新政府，立法委員近日火氣很大。

在野黨立委輪番痛斥，2001年中央政府歲入嚴重浮報，其中證券交易稅沒有考量全面周休二日的影響，營業日還用 313 天計算，每日成交金額更以 1,500 億元天量推估，加上歷年沒有賣出的 4,000 億元國營事業釋股，及未決算的歲計剩餘，在野黨會用「腫大虛胖」批評新政府的糊塗帳，其來有自。（經濟日報，2000 年 9 月 9 日，第 2 版，林瑞陽）

(三)股王的 2002 年財測

上市股王聯發科 2002 年財測初估營收目標 258 億元，稅後盈餘為 95.4 億元，以期末股本 44.24 億元估算，每股盈餘為 21.58 元，比市場預期保守。聯發科發言人喻銘鐸表示，主因下游客戶下單量能見度僅有三個月，難以預估長時期營運和財務狀況。

董事長蔡明介表示，2001年底以來威盛等新競爭者雖加入光儲存晶片市場，但聯發科將以新產品技術研發領先產業地位，對於 CD–ROM 晶片等成熟產品線，會提供下游客戶更具有競爭力的價格，以保持市佔率。（工商時報，2002 年 4 月 30 日，第 2 版，余興樂）

(四)財務長真命苦

美國企業近來營運不佳，無法達成財測目標或面臨證管會的調查，財務長在公

司的壓力下，紛紛被迫離職。

最近種種跡象顯示，企業財務長成為大眾、股東、甚至執行長的頭號公敵。諷刺的是，許多執行長藉由財務弊端中飽私囊。Chanlleger Gray & Christmas 企業主管招募公司執行長查倫傑 (John Challenger) 表示，不論這些財務長是否罪有應得，由於財務長負責企業帳目，自然成為財務不佳時的代罪羔羊。查倫傑表示，2002 年 4 ～ 5 月已有 125 位財務長離職。由於查倫傑 2001 年秋天才開始追蹤相關資料，因此並沒有 2001 年同期資料可做比較。不過查倫傑表示，財務長離職人數持續上揚。

Peregrine Systems 軟體公司5月6日宣布財報出現問題後，財務長葛雷斯 (Matt Gless) 跟執行長一同請辭。公司將重新申報過去三年的財報，美國證券管理委員會也展開調查。

必治妥施貴寶公司 (Bristolp-Myers Squibb) 獲利遠不如預期，財務長席夫 (Fred Schiff)4 月離職。CFO. com 執行編輯凱茲 (David Katz) 表示，必治妥施貴寶執行長宣布席夫離職時，認為席夫應替公司財務困境負責。美國電話電報公司 (AT&T) 最近營運表現不佳，財務長諾斯基 (Charles Noski)5 月 23 日表示年底離職。一位公司發言人表示，諾斯基表示公司的情況跟他 1999 年 1 月加入時大不相同，而且他希望多陪陪家人，因此決定離職。

旗下擁有 Einstein Bros 貝果 (bagel) 連鎖店的新世界餐廳 (New World Restaurant)，因為會計師查帳問題延後發布 2001 年財報，財務長諾維克 (Jerold Novack) 被迫下臺。

恩維迪亞遭到證管會調查，重新申報 2000 ～ 2002 三年財報，財務長霍柏格留職停薪。財務長顧問公司 Killen & Associates 執行長基林表示，財務長這個職位愈來愈難做。(經濟日報，2002 年 5 月 27 日，第 12 版，黃哲寬)

三、重大訊息揭露

除了財務報告和預測之外，上市公司必須在證交所的「股市觀測站」公佈即時資訊，依「上市公司股市觀測站資訊系統作業辦法」辦理，以便讓投資人可以在證券商的營業處所或經由網路取得這些資訊。「股市觀測站」的內容請見表 3-4, 2002

年8月1日,「公開資訊觀測站」(http://mops.tse.com.tw) 上線, 2,500 家上市、上櫃、興櫃和公開發行公司的資訊單軌化,單一窗口揭露。(經濟日報, 2002 年 7 月 29 日,第 23 版,蕭志忠)

表 3-4　股市觀測站資訊內容

類　別	說　明
基本資訊	公司基本資料 (如成立時間、沿革、主要產品和業務、負責人)、公司重大訊息內容
財務報表	資產負債表、損益表、股東權益變動表、現金流量表
查核、預測和分析	會計師查核變動表、財務分析資料、財務預測資料、財務預測資訊公開方式彙總名單資料
流動資產	存貨周轉率、應收帳款周轉率重大變動說明
負　債	公司債及轉換公司債發行和轉換辦法、背書保證和資金貸放餘額資料
股東權益	特別股的權利、股本形成的詳細內容、股利分派情形
營　業	毛益率重大變動說明、各項產品和業務營收統計資料、開立發票和營業收入資料
資金運用	資金運用計畫和其預計效益、季報表、計畫變更 (從 1998 年起實施)
圖　形	各項產品業務營收統計圖 最近五年收入、成本和費用比較圖 最近五年稅後純益比較圖 最近五年收入和稅後純益趨勢圖

近千家上市上櫃公司所建構的茫茫股海中,投資人選股難度頗高,該買哪家公司的股票呢?

2000年以來,股市逐漸注意「企業透明度」的話題。投資人會發現,公司資訊揭露愈清楚,愈能讓投資人瞭解到這家公司發展實力,會展現企業身價的公司自然也容易受投資人青睞,企業透明化似乎已成為股價最佳票房保證。因此一旦企業的財務報告透明化,更能真切的反映出公司的價值,未來超越證期會對財報的要求而主動自願透明,將會提高公司的價值。

臺灣企業的財報透明度到底有多高?在資訊透明度方面,我們一向引以為傲的台積電,在外人的眼中又如何呢? 2001年亞洲公司被獲選為最佳年報 (annual report)

前五十名中，臺灣企業沒有一家上榜，台積電只能排到第六十二名，甚至落後於馬來西亞、印度和泰國的公司。臺灣有的公司所獲得的評語是：「公司年報好像公司的產品介紹」，顯示臺灣企業資訊揭露仍相當保守，而且不夠用心。

這項排名的前三名分別是香港的 CLP HOLDINGS、新加坡的 DBSGROUP 和澳洲的 TELSTRA，皆是外資加碼的主要標的。日本大和證券曾立志要作出世界級的年報，在最佳年報排名第十四，外資持股比率也從 15% 提高到 30%。

提高財報透明度已是大勢所趨，當企業透明度提升時，股市便給予掌聲。富邦金控公司成立後三大政策中有一項便是透明化，富邦金控執行長龔天行曾表示，富邦集團當時因為花旗集團交叉持股 15%，因而被迫透明化，不到二年內，有 200 家以上投資機構前來訪問，富邦集團的股價平均上升 80%。

㈠ 打銷呆帳，股價反漲

過去銀行體系呆帳問題嚴重，外資愈看不清，愈是覺得「黑洞」很大，無法放心投資金融股，甚至在 2001 年經濟不景氣時，各國際財經媒體也撻伐臺灣銀行體系的高逾放，也喊出會出現「完全風暴」。2002 年銀行被迫清理門戶，一家接一家喊出要打銷呆帳，包括華南金控逾 500 億元，彰銀 420 億元、交銀 180 億元，中國商銀 80 億元、一銀 400 億元、臺企銀 250 億元等，即使有的銀行因為大幅打銷呆帳而產生巨額虧損，股價不跌反漲，便是因為其透明度提高。

華南金控立志在獲利率和資產規模成為前三大金控公司，董事長林明成表示，財務的透明度非常重要，企業的財務要愈透明愈好，因此在 5 月 24 日的股東常會上，首次公佈華南金控未來五年的財測。

投資人通常很難看清企業的全貌，尤其在看到 2002 年要虧 262 億元、每股虧損 5.86 元，可能會嚇得殺出股票，因此華南金控向投資人說明公司的資本公積和保留盈餘可以彌補，因而不會侵蝕股本。而且在包袱減輕後，未來每年的獲利會大幅提升，每股盈餘從 2003 年的 2.76 元逐年成長到 2007 年的 4.66 元，股東權益報酬率從 2002 年負 44.84%，2003 年 23.9%，到 2007 年 35.64%。

林明成表示，公司一度擔心公佈每股虧 5.86 元後，投資人可能不理性賣出股票，公司已備妥啟動庫藏股，沒想到股價反漲不跌，因而無需動用庫藏股來支撐股價。

第一銀行宣布要公開拍賣 130 億元不良資產，股價短線漲幅逾五成；華南金控喊出要打銷逾 500 億元呆帳，股價連續拉出三根漲停板；富邦金控跟花旗集團交叉持股，資訊透明化後，獲得外資的青睞，股價也上揚，企業資訊透明化，將會成為股價上漲最大的推手。

㈡不願透明，身價誰知？

國際間也有許多的個案來說明透明度已是必然的趨勢，瑞士再保公司因著 911 事件發生，股價一落千丈，最近也因充分揭露資訊而挽回股價頹勢。荷蘭殼牌 (Shell) 石油公司也把透明化定為公司的核心價值所在，年報上甚至揭露某位主管因送紅包被炒魷魚，這種作法深得投資人的心。美國艾克森 (Exxon) 石油公司也曾在華爾街日報刊登以「反腐化」為訴求的大幅廣告，都獲得投資人不錯的回響。

股東逾 75 萬人的聯電，2002 年 5 月底突然決定不讓媒體進場採訪 6 月 3 日股東大會，董事長曹興誠在 5 月 29 日表示，這是為了保護股東發言權利，降低職業股東製造事端機會。（工商時報，2002 年 5 月 30 日，第 3 版，陳惠美、王玫文）

投資人立即聯想「聯電是否有什麼見不得人的事」，且認為聯電的作法很弔詭，顯然這項決策對聯電在透明化是有負面的影響，2000年聯電在「五合一」前因為財務透明度不夠，外資比較青睞台積電，五合一完成後，外資逐步增加聯電的持股，聯電因為不讓媒體採訪股東大會，讓公司在「透明化」上蒙上陰影並不值得。

㈢一手遮天，自食惡果

投資人對透明化的要求與日俱增，日前一位具有知名度的證券分析師大聲抨擊某家高價的高科技公司資訊不透明（例如海外公司的帳目並沒有充分揭露），懲罰這家公司最好的方式是不要買它的股票，直到公司充分揭露跟子公司之間帳目往來的真實面。

在資訊傳遞快速的今日，企業如果想一手遮天，最後可能會自食惡果，甚至賠上公司信譽，這是經營企業不得不深思的課題，而因為企業透明度家數增加，也將對仍在「模糊」階段的企業形成壓力。因為投資人會因為企業的糊模而付出較高的投資成本，最後的結果就是把這家公司從投資菜單中除名。（經濟日報，2002 年 6 月 2 日，第 16 版，詹惠珠）

四、重編財務報告

公開發行公司的財務報告發生錯誤時,如果有下列情況之一,應重編財務報告:

更正損益金額 {
1. 在 1,000 萬元以上者。
2. 佔原決算營業收入 1% 以上者。
3. 佔資本額 5% 以上者。

未達上述條件的,不須重編財務報告,但應修正保留盈餘更正數。

五、網路揭露

公司治理的重點之一是財報的透明度,隨著網際網路的興起,大部分上市公司皆設有公司網站,那麼財報網路揭露 (electronic dissemination 或 electronic business and financial reporting 或 internet reporting)。在資訊技術可行前提下,對於上市公司季報申報的截止日,希望能提前,甚至要求上市公司自結月報,而不是只公佈營收(開立統一發票金額)、背書保證金額罷了。除了時效性 (timeliness) 外,由於沒有篇幅限制,外界人士也希望公司能提供更明細的資料,例如應收帳款明細、帳齡分析工作底稿。

這是個新議題,縱使在美國,也處於研究階段,但網路世代的財務人員不能不懂這議題。

個案：泰科國際信譽掃地股價沉淪

美國安隆 (Enron) 效應餘波盪漾，導致其他愈強調盈餘成長的公司，愈被投資人質疑。過度強調盈餘，卻沒有檢討和制衡的機制，公司領導人遲早會出現誠信崩盤的危機，加速企業沉淪。安隆破產事件是一個極端的例子，但是像泰科等其他企業也有很多相似的病徵。

美國的泰科國際公司 (Tyco International) 十年內迅速竄升，2001 年底股票市值超越美國三大汽車公司的總和，然而 2002 年以來股價反而重挫達 66%，詳見圖 3-3，流失市值 800 億美元，逼近投資人因安隆案破產而損失的規模。泰科股價加速沉淪的現象，反映投資人質疑其財報方式，並對經營者失去信心；足見公司治理中，公司領導人的決策和誠信影響企業之深。

圖 3-3　泰科國際 (Tyco International) 股價重挫，公司決策難辭其咎

單位：每股美元

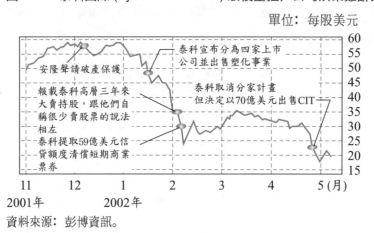

資料來源：彭博資訊。

泰科國際在臺灣是因為被鴻海控告侵權才聲名大噪的，這家在百慕達註冊的公司，1990 年代初期起展開一連串併購，旗下事業從保全系統到通訊設備都有，知名的品牌有 1997 年收購的家庭保全製造業者 ADT 公司，和 1999 年所收購的鴻海勁敵、電子連接器供應商 AMP 公司，全球員工總數多達 24 萬人。泰科執行長科羅斯基 (Dennis Kozlowski) 一再表示要成為跟波克夏公司 (Berkshire Hathaway) 或奇異公司 (GE) 並駕齊驅的企業集團。

科羅斯基向巴菲特 (Warren E. Buffett) 和魏爾許 (Jack Welch) 看齊，反映他追求盈餘成長的心切。2002 年 1 月接連傳出利空消息後，他突然宣布泰科將分拆為四家公司。他堅稱他的抉擇對投資人有利，他說，泰科分解後的價值將比原先高出 50%。這顯然是因應股價下跌而有的決定，不是基於經營上的考量。不料，這個決策卻引發泰科財報的疑慮，股價不升反跌。隨後又傳出科羅斯基和財務長史瓦茲 1999 年以來脫手逾 5 萬股，跟他們宣稱幾乎未曾售股的說法相左，嚴重損害企業高階管理者的誠信。（經濟日報，2002 年 5 月 11 日，第 9 版，劉忠勇）

一、吃相難看

2001 年 1 月 29 日該公司向美國證管會揭露，因為史瓦茲在併購 CIT 集團一案有功，因此決定犒賞史瓦茲 1,000 萬美元，同時另外再捐 1,000 萬美元給史瓦茲所控制的一家慈善機構。由於史瓦茲是 CIT 集團的股東之一，消息一出後，引起股市對公司此一作法的質疑，股價也因而暴跌近二成，一日之間讓股東痛失 167 億美元的市值。

泰科執行長科羅斯基

安隆破產案所引起的政商勾結和企業做假帳的疑慮如滾雪球般在華爾街愈滾愈大，如今，投資人一遇到類似情況的消息宛如驚弓之鳥。擅長運用併購手段急速壯大自己的泰科，老早就被市場質疑帳面獲利有灌水之虞。華爾街日報指出，該公司支付給管理者高額獎金，在這種情況之下，極容易被外界視為是在搞利益輸送，是一種內部管理不良的跡象。此舉被專家批評有違利益衝突迴避原則，專家指出，做為一位公司高階管理者，史瓦茲應站在獨立超然立場，確保公司在每一樁併購交易中為股東爭取到最大的利益。然而，該公司向證管會揭露的資料卻顯示，在併購 CIT 之前，史瓦茲已經擁有 CIT 5 萬股，併購後，史瓦茲可把 CIT 股票轉換成 34,535 股的泰科股票，而且股票立刻增值 65%。

執行長科羅斯基發表聲明表示，以史瓦茲的功勞來說，這筆獎勵是合理的。但是 Merger Insight 公司的分析師瓦洛里認為，該公司揭露此消息，等於是為其信譽蒙上污點。股價在當天即大跌 8.35 美元，收 33.65 美元，並爆出 1.68 億股的天量，創下紐約證交所單股單日成交量第二高紀錄，當天跌掉的市值即高達 167 億美元。今年迄今，跌幅已高達 43%。（工商時報，2002 年 1 月 31 日，第 5 版，謝富旭、王曉伯）

二、看不清楚

相對於這些耀眼的部分，泰科的陰暗面首先是公司在海外註冊；泰科收購 ADT 公司在技術上是一件逆向併購的案例，實際上把該集團的總部移到百慕達，使海外獲利不再屬於美國國稅局管轄範圍。其次，泰科透過盧森堡的子公司發行債券，又是一項避稅的完美傑作。泰科的財報錯綜複雜，而且經常重複列報，除了引起股市注意的整頓費用外，投資人也質疑多家泰科收購的公司在帳目跟泰科合併前所註銷的債務，用意在於美化公司未來的帳面。結論是，投資人只有透過逐一稽核，才能解開泰科複雜的會計方法。

在 1990 年代漫長的多頭時期，人人都相信傳奇故事，等到多頭市場結束，加上安隆公司破產，大家卻開始斤斤計較於財務報表的記述方式。即使科羅斯基也不得不承認，他 200 次的併購讓泰科的財報變得幾乎無法閱讀。更糟的是，1999 年該集團的併購會計方法經投資人揭發

後，證管會介入調查是否涉及掩飾虧損的交易。

證管會並沒有採取具體的行動，不過疑竇揮之不去，而且 2002 年的質疑更來勢洶洶。在許多會計欺瞞的傳聞聲中，泰科股價短短三周內下跌近四分之一。對於分解計畫，科羅斯基雖宣稱：「我們仍堅持奮鬥到底。」不過，巨人已經受傷。（經濟日報，2002 年 2 月 9 日，第 9 版，吳國卿）

三、信評降級

2002 年 3 月 4 日，惠譽信用評等公司把泰科債券的評等從 A 調降至 A⁻，標準普爾從 A 調降至 BBB。（工商時報，2002 年 3 月 6 日，第 6 版，陳虹妙）

四、醜媳婦不想見公婆

科羅斯基 4 月 26 日又政策急轉彎，宣布取消拆解為四家公司的計畫，只分出金融事業群 CIT 集團。泰科 2001 年才以 100 億美元現金和股票收購 CIT 集團，如今打算藉獨立掛牌籌資 70 億美元，作為償債的資金並強化泰科的財務體質。隨股價跌至四年來谷底，分析師漸漸懷疑背負 230 億美元債務的泰科能否支持下去。

此外，科羅斯基說不清楚，也講不明白積極併購背後會計作帳種種問題。泰科前一陣子繳不出旗下塑膠事業經會計師查核的財報，更讓人懷疑這家公司藉會計手法來哄抬盈餘。如今，泰科已成為眾矢之的，信譽掃地，大概只有外部獨立人士出面才能挽回投資人的信心。（經濟日報，2002 年 5 月 11 日，第 9 版，劉忠勇）

2002 年 6 月 7 日，科羅斯基在無預警下突然因「個人因素」而辭職，職缺由前任董事長、目前為公司董事的福特暫代。

科羅斯基原先就因推動併購圖利自己而備受批評，更嚴重的是公司從安隆事件爆發後，股價直線下滑，收 16.05 美元，從 2001 年 12 月迄今，股價已暴跌 73%，市值大幅縮水 860 億美元。

除了領導公司不力外，科羅斯基更面臨紐約檢方的調查，根據紐約時報指出，曼哈頓區檢察官辦公室針對他的犯罪調查已達數月之久，檢察官相信他把數百萬美元移轉入家族的信託基金，再透過此基金來購買商品和勞務，藉以規避營業稅。

熟悉此調查的消息來源透露，這項調查主要是針對藝術品的購買，至少有價值 1,000 萬美元的藝術品交易遭到質疑，但尚未正式起訴。

科羅斯基是會計師出身，一手把泰科建立為全球大型公司，他也在 90 年代末期出售泰科的股票而累積龐大個人財富。泰科業務複雜，包括製造電子設備、消防系統、安全系統，以及可拋棄式的醫療耗材等，由於公司負債過高，已計畫在 6 月底出售金融業子公司來降低公司債務。（工商時報，2002 年 6 月 5 日，第 2 版，林正峰）

◆ 本章習題 ◆

1. 請收集一家公司（或至少一個部門）的預算書，看看是否依據本章第一節程序來編？

2. 最容易拿得到的預算書是中央政府的預算書，從報章去分析當年預算書有哪三大缺點？

3. 財務部不適合擔任預算審核單位，你同意嗎？

4. 舉例說明，資訊部的費用該如何由其他使用部門來分攤？可以採「使用者付費」嗎？

5. 「作最壞的打算，作最好的準備」，這句話符合情節分析的精神嗎？

6. 為什麼各項營業費用的標準宜比外界專業公司高一些（例如高二成）？

7. 外商公司常採取移動基期（本月當第一個月，再加未來十一個月），這跟固定日曆年有何不同？

8. 請把一家上市公司各月營收（或盈餘）目標、實績做圖分析正或負缺口。

9. 分析一下京元電子公司財報，問題出在哪？

10. 請你上證交所的股市觀測站，印出任何一家公司的資料，財報透明程度高嗎？

第四章

財務規劃與資金調度

生技公司要如何經營成功?領導者的信念,相信自己可以成功的想法,以及擁有獨特的技術平臺跟好的管理團隊,是相當重要的。

——克魯克(Stanley T. Crooke)　美國 ISIS 製藥公司執行長

工商時報, 2002 年 3 月 1 日, 第 10 版

學習目標:

公司策略具有贏在起跑點的作用，同樣的，財務規劃是財務長克盡其責的藍圖，其重要性可見一斑。我們放在第四章來談，以開啟以後各章。

直接效益:

財務規劃、資金調度是企管顧問公司熱門開課課程，本章沒有談任何理論，主要以我的實務工作經驗為底，全章簡單明瞭、可行，外面受訓上課的學費可以省下來了。

本章重點:

· 造成商流和金流有時差的二大項目。表 4-1
· 營業循環和現金轉換循環。圖 4-1
· 甲公司未來五年現金流量預估表。表 4-3
· 營運資金。§4.2 一
· 甲公司二年的營運資金。表 4-4
· 積極、中庸、保守的營運資金融資政策。圖 4-4 ～ 6
· 流動資產和營收關係。圖 4-7
· 現金償債能力分析。表 4-6
· 營運資金的股東價值分析。表 4-7
· 短中長期資金流向圖。圖 4-8
· 投資期間跟投資三原則配合。表 4-8
· 極短期、短期資金的四種投資管道。表 4-9
· 票（債）券附買回交易。圖 4-9
· 債券基金的信用評等。§4.5 三

前言：多算勝，少算不勝，何況不算？

大一的管理學中有一章強調規劃有「凡事豫則立」的重要性，連帶的，當公司進行未來五年資本預算、一年預算後，財務部也須進行財務規劃 (financial planning)，以瞭解未來資金是否充足，並預先妥籌對策。

本章中，我們依期間長短依序佈局，第一節「長期」資金規劃，這比較像拍片時的遠鏡頭以看全景；第二、三節討論短期資金政策、規劃，可說是拍片時的近景。第四、五節說明一個月以內的極短期資金管理，一般稱為資金調度。

◆ 第一節　長期財務規劃

「人無遠慮必有近憂」，這句俚語最足以說明長期規劃的重要；再縮小範圍的說，朱子家訓中「勿臨渴而掘井」貼切的描繪出未雨綢繆的財務規劃的重要性。舉例來說，如果公司沒有在三年前採取股票上市的準備（例如換由四大會計師事務所簽證、兩帳合一），否則臨時撞進大訂單，公司沒有足夠資金擴廠，也只能望洋興嘆、搥心肝的悔不當初。

一、財務規劃非夢事

財務規劃（一到五年的預算）、預算編製（一年以內）一直是企管顧問公司的熱門課程，這些看似複雜的主題，其實卻很簡單，以一個新任聯華食品財務經理的我，可以在五天內把未來五年的現金流量表（財務規劃的結果）作出來，可見這事多簡單；實務作業可能瑣碎一些，但是並不難，更不複雜。

二、現金流量表

損益表代表一家公司的獲利（或虧損），但由於有表 4-1 中賒銷、賒購現象，以致商流在先、金流（資金流通）在後，損益表上賺錢，但公司手上不見得「麥克」、「麥克」，很可能抱了一缸子支票。這也是在大一會計學課程中，強調單獨編製現金流量表的必要。

表 4-1　造成商流和金流有時差的二大項目

遞延資產 (以銷貨為例)	遞延負債 (以進貨為例)
下列前二者合稱賒銷 1. 應收帳款 (account receivable) 2. 應收票據 3. 預付款	下列前二者合稱賒購 1. 應付帳款 (account payable) 2. 應付票據 3. 遞延負債，例如未付稅款

㈠營業循環和現金轉換循環

現金轉換循環是指公司從支付購料和相關生產費用的現金款項開始,到產品產出、出售,最後把應收帳款收現的全程期間。現金轉換循環的觀念可讓管理者瞭解到底要花多少時間才能把「預付在外」的現金回收,因此可說是營運資金管理的指南針。圖 4-1 說明營業循環 (operating cycle) 的過程,底下詳細說明。

圖 4-1　營業循環和現金轉換循環的關係

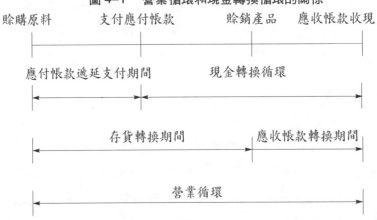

1. 公司從下單購料到實際支付貨款的這段期間,稱為應付帳款遞延支付期間 (payables deferral period),因為公司在下訂單購料時並沒有支付現金,所以產生了時間上的遞延。

2. 公司支付應付帳款到應收帳款收現的這段期間即為現金轉換循環,表示公司支付現金給原料供應商後,到賒銷收入變現、取回現金收入的平均時間。

3. 存貨轉換期間 (inventory conversion period) 是指把原料投入生產,經過加工、品管的處理階段,最後產出、出售所需的平均期間,也就是存貨從產生到出售的平

均時間。

　　4.應收帳款轉換期間 (receivables conversion period) 是指由賒銷產品到應收帳款收現所需的平均期間。整個營業活動從購料投入生產到應收帳款收現便是營業循環。經由上述說明和圖 4-1，可以推導出以下關係式：

$$∵營業循環 = 存貨轉換期間 + 應收帳款轉換期間$$
$$= 現金轉換循環 + 應付帳款遞延支付期間$$
$$∴現金轉換循環 = 營業循環 - 應付帳款遞延支付期間$$
$$= 存貨轉換期間 + 應收帳款轉換期間 - 應付帳款遞延支付期間$$

　　上述的存貨轉換期間及應收帳款轉換期間，跟第十五章中將介紹的「存貨周轉天數」和「平均收現期間」意義相同；之所以使用不同的名稱，只是強調轉換（即現金有無的轉換）在營運資金管理課題中的意義而已。

㈡種樹的營業循環

　　由圖 4-1 可見，甲公司的營業現金循環長達 2.5 個月，大部分製造業皆是如此。循環期間較長的大都是農業中的林業，「十年樹木，百年樹人」，講「百年」是太長了一些；《讀者文摘》上曾有一句至理名言：「種樹最佳時機一個是二十年前，一個是今天」。不過這還是比現實狀況久，很多供木材、紙漿用的經濟樹木，生長期間常為五年，在其間，樹木無法替農夫帶來收益，勉強可用「十年寒窗沒人問，一舉成名天下知」來形容。

三、損益表跟現金流量表

　　網際網路的視訊會有時差現象，先聽到聲音，才看到螢幕上對方嘴巴在動。同樣的，由於有獲利的公司遞延資產金額常大於遞延負債，因此損益表反而像「聲音」，現金流量表反倒像「嘴巴在動」，詳細說明於下。

㈠非現金科目

　　損益表是權責相符的應計基礎，但是現金流量表是「錢收到才算賺到」的現金基礎，二者最基本的差別在於損益表中把下列二項非現金費用減掉。

　　常見的非現金費用科目：

1. 折舊 (depreciation)：主要是機器設備、房屋（不包括土地，因為土地不會老）。

2. 商譽攤提 (amortization)：只有買入別人商標、溢價收購其他企業，才有可能在資產負債表中無形資產中有商標、商譽的出現。

(二)遞延科目

遞延科目跟出國旅行的時差 (time lag) 很像，主因在於從銷貨到收款的整個營業現金循環拖太長了（例如三個月）。有些行業號稱現金、收現行業，像路邊攤、自助餐，整個循環可能只需一天。

四、馬馬虎虎、差不多啦!

單獨講解一個觀念可能很複雜，但是如果把相似東西擺在旁邊，那麼剩下的只需針對差異地方去解釋一下便可以。許多企管顧問公司、會計師事務所開授「現金流量表編製」課程，講東道西，看似學問很大，但是說穿了卻不難也不複雜。

只要把預估損益表和預估現金流量表擺在一起，再看一個金額：損益表中的稅後盈餘、營業現金流量表的營運現金流量 (cash flow from operations)，以前者（舉例 10 億元）為準，二者相差不會超過一成（例如營運現金流量 9 億元）。對於像成熟產業的公司來說，這樣的主張是成立的；而怎麼會知道這道理，原因是 1997 年擔任聯華食品公司財務經理時試算過一次。一事不煩二主，之後也就不再那麼費功夫的去做現金流量表了，詳見表 4-2，1 月的營收 1 億元才收現，而 3 月營收 5 月才收現，二者金額沒差，但只是時間落點不同。

然而針對兼具下列二特色的公司，營運現金流量得抓緊一些：

1. 營收暴起暴落的公司，俗稱景氣循環股，像原料（例如石化、農產品）、工業用製品（例如晶圓代工）；很多行業（像 DRAM）透明度很低，例如只有三個月，四個月以後的營收究竟是禍福吉凶，還真是生死未卜呢！

2. 財務危機公司，此時管理重點之一是變現力管理，只要「一下子氣不順就嗝屁」了，也就是由財務危機淪到財務困難，甚至破產。

表 4-2　損益表 vs. 現金流量表

	1月　2月　3月　4月　5月　6月　7月　8月　9月　10月　11月　12月
營收	1億元 ──────▶1億元 1.月結（次月5號）一個月（應收帳款）
－營業成本	2.二個月期（本）票
・材料	0.2億元 ──────▶同上，應付帳款
・直接人工	應付票據
・製造費用	
（含折舊）	0.01億元，非現金科目
毛利	
－管理費用	
－銷售費用	
（稅前）純益	

五、營業活動和投資活動的配合——預估未來五年可投資資金金額

一般公司在資源配置上，總以本業為先，財務部能動用於投資的資金大都為閒置資金，否則本末倒置的話，那就不務正業了。

所以財務部在進行財務資產配置時，往往會由未來五年的現金流量預測，來瞭解將來究竟有多少錢可運用於金融投資。

由表 4-3 可見一家年年有餘的公司，每年從營業活動都會持續累積長期可用的投資資金；至於理財活動則是資金流出的主要活動，不是還債就是支付現金股利。

表 4-3　甲公司未來五年現金流量預估表　　　　　　　　單位：億元

	2003 年	2004 年	2005 年	2006 年	2007 年
營業活動	假設盈餘成長率 10%				
＋（盈餘）	2	2.2	2.42	2.662	2.93
－（虧損）					
理財活動	現金增資募集 3 億元，以進行大陸投資				
＋（借入）	3				
－（還款）	−0.5	−0.5	−0.5	−0.5	−0.5
投資活動	投資活動預期報酬率「20%」				
＋（流入）	0.45	0.56	1.034	1.649	2.438
－（流出）	−3	−	−	−	−
年底可投資金額	1.95	4.21	7.164	10.975	15.843

六、來自營業活動的現金流量

營收估計絕對不是財務部的事，縱使財務人員有此能力，也不致於撈過界，否則自己就得扛起責任，即所謂「不在其位，不謀其政」。營收估計對財務部來說是「已知的」(given)、外生變數。

「來自營業活動的現金流量」這些數字主要是財務部根據營業、生產等部門未來五年的營業計畫，進而彙總而得的。但是很少公司這麼深謀遠慮，所以財務預測時，財務人員只要能瞭解：

1. 公司未來是否有大的資本支出計畫，這主要指新轉投資案、新事業部（含新產品），這些對營收、盈虧和投資資金都有很大影響。

2. 原有營運項目的基本假設，只需要三項便可：營收成長率、毛「益」（或利）率、純益率，其中毛益率的資料可以不用。影響獲利率較大的二個成本項目原物料成本、薪資，其中薪資成本很容易估計。反倒是高科技產業和看天吃飯的農產品兩種原料成本不容易估計，所幸這數字會來自於採購部門，也不需要財務人員操心和負責。

準備的功夫較多，但具體的結果往往只是數頁工作底稿（例如成本、依事業部門別收入預估），和一頁營業活動現金流量預測彙總表。

作到這步驟，先讓總經理過目、討論一下，暫不急著進行下一步驟，以免牽一髮而動全身。等到總經理修正你的初稿後，接著進行下一步驟。

本處指的雖然是營業活動的現金流量，但我習慣使用應計基礎的會計盈餘，原因如下所述。

(一)非現金的分攤支出應加回

現金基礎下有二項非現金支出的分攤費用應加回，我的處理方式：

1. 機器、房屋的折舊費用

在永續經營假設下，公司在投資活動上還得每年編個維持性資本支出，假設累積折舊費用恰巧等於重置成本，所以一加一減剛好軋平。那就不用在投資活動上再加入維持性資本支出，讓「投資活動」簡化為「財務」投資活動。

不過有些人還是會說「必要的資本支出」並不必然真的有資金流出，它的性質

比較像貸款契約中債權人所要求債務人所提存的「償債基金」(sinking fund)，專款只能專用。這點我倒同意，在真正動用這筆錢去重置機器設備之前，財務部還是應該善用這筆指定用途的購買機器設備基金，而且應該把實際動支的落點找出來。以現金基礎來計算當然比較準確，以應計基礎來代替只是權宜之計，前提是二者差異不要太大（即不要年差異超過 12% 以上）。

　2.商譽分攤

在稅法上只有購入商譽才准列為費用，逐年攤銷 (amortization)，絕大部分公司沒有購入商標等；縱使有，金額、比率也不大，不用那麼小題大作。

㈡應收、應付款項時差

應收（或應付）款項往往在商業交易後一個月左右才會進帳（或出帳），但站在中長期預測的立場，每個月營收差別不大，所以也就不用去計較這一個月的時差。此外，應收和應付款項一扣抵下來，淨額（大抵是淨益額）就更小了。

七、來自理財活動的現金流量

來自理財活動的資金流量仍以本業為重，例如資金流入部分無論來自現金增資或是舉借新債，只要是為了新投資案而募資的，對財務部來說，這筆錢可用於財務投資的期間極短；下列二項理財活動持續性的造成資金流出。

㈠維持適當的負債比率

在公司超過最適負債比率（例如負債比率 30%）時，穩健的老闆總希望把每月賺的錢多還一些給銀行，以健全財務結構。其中很重要的一點是預留舉債空間，這種過度貸款 (excess borrowing) 也是企業財務資源的一部分，可作為第二預備金，以支應不時之需。很少公司會為了財務投資而把整個舉債額度都用光，這樣財務風險太大。

當然，對於已達到最適負債比率的公司，可能就有「錢滿為患」的問題。至於適當負債比率應維持多高，董事長皆會明白告訴財務長的，不需要去猜測，常見的是 20 ～ 40%。

㈡股利政策和資本形成

許多公司喜歡採取穩定股利支付政策，每年每股 0.5 元的現金股利，讓股東能

有錢繳稅、零花，已把客戶效果 (cliente effect) 列入考量。穩定的現金股利支付金額（或比率），主要還是替投資人的考量，當然也跟公司的資本形成政策有關。至於資本額該多大，一般是倒算的，也就是在每股盈餘目標（例如 2 元）下，參酌（本業）獲利金額，再計算出合適的資本額；更仔細地說，當考量的是權益報酬率時，則決策變數是業主權益金額。

身為財務長，你只要問董事長未來五年的股利政策便可以，為了預防他（或她）反問你，你對公司的股利政策應該有個譜。老闆一問，你立刻能以書面資料回答，老闆可能還稍作修改，如此便可以得到現金股利的預估金額。

八、來自投資活動的現金流量

來自投資活動的現金流量是最後才計算的項目，因其可投資金額主要是來自：

1. 流量，即當每年獲利 (income)，主要指營業、理財活動的現金流量淨額。

2. 存量，即財富 (wealth) 的觀念，也就是過去未分配盈餘的累計，表現在股東權益中的資本公積（但不包括無現金收入的資產重估增值、溢價換股合併）和未分配盈餘。

第二節　營運資金政策

營運資金政策包括營運資金融資、投資政策，大抵由董事會決定，交由財務部執行。

一、營運資金

講營運資金 (working capital) 太嚴肅了，以單身貴族、家庭來說，大抵是每個月的生活費（不是費用）。雖然很多人在大一會計學中已說明過其定義，但可能有些人還是聽不懂，靈機一動，用具體例子來說明應該更容易懂。

㈠毛營運資金

毛營運資金 (gross working capital) 是指流動資產，單獨來看，意義不大，但可以依據下列二種比率去分析其適當性。

1. 流動資產營收比 (current asset / revenue)。

2. 流動資產資產比 (current asset / asset)。

㈡淨營運資金

流動比率是流動資產除以流動負債，以比率、倍數方式呈現，淨營運資金 (net working capital) 是流動資產減流動負債；以表 4-4 中甲公司 2002 年金額為 103 億元、2003 年為 177 億元。底下我們將以美國亞特蘭大市的 Sun First 銀行授信審查部協理 Dev Strischer (2001) 的精闢文章為基礎來討論。

表 4-4 甲公司二年的營運資金

一、2002 年資產負債表		單位：億元		二、2003 年資產負債表	
流動資產	335	流動負債	232	544	367
・現金	11			30	
・有價證券	0	・到期貸款本息	13	0	56
・應收帳款	147	・應付帳款 (accounts payable)	78	201	133
・應收票據	0	・應付票據 (notes payable)	0	0	0
・存貨	177	・遞延租稅	16	313	20
・預付款	0	・遞延費用	125	0	158
・其他	0	・其他	0	0	0

淨營運資金 = 流動資產 − 流動負債 =335−232=103　　　　　544−367=177

淨營運資金變化 =177−103=74

資料來源：Strischer (2001), p.40.

1. 年年有餘淨

營運資金數字為正，表示：⑴公司沒有周轉問題，⑵公司有拿部分業主權益來支應短期資金，長錢短用符合安全性原則，雖然不一定符合獲利性原則。

2. 銀行會安心

為了簡化起見，表 4-4 中的第二個表中的會計科目就不列，您可以拿支尺左右對照著看。2003 年淨營運資金比 2002 年增加 74 億元。對銀行來說，表示甲公司有更多營運資金可以還債，會比較心安。

二、影響營運資金的因素

營運資金（或流動資產）、淨流動資產（同時包括流動資產、負債）只是第五章資金結構中的一小部分，因此你可以參考第五章去瞭解影響營運資金政策的因素，主要是（依序）行業特性和公司地位、經營者對於風險承受度的影響，公司常不斷地審慎評估內外在環境的變化，修正政策的方向，把公司調整至最佳狀況。

㈠產品生命週期和現金流量

絕大部分產品具有跟人生命「生老病死」的生命週期 (life cycle)，包括導入、成長、成熟和衰退期等，各行業的週期長短不一，圖 4-2 說明「產品生命週期」跟公司現金流量的關係。

圖 4-2　產品生命週期和營業現金流量

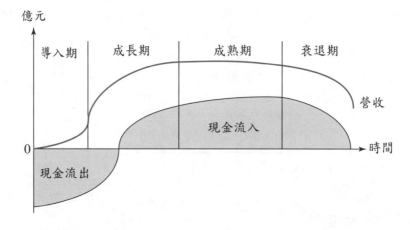

如圖 4-2 中所示，公司產品處於導入期時，會有大量的營業現金流出（即營業虧損），要等到成長、成熟期時，才會有淨現金流入，待進入衰退期之後，現金流量則逐漸枯竭。公司應在成長、成熟期之間，從事新的投資，才能再帶來現金流入，如圖 4-3 所示。

㈡苟日新、日日新

圖 4-3 表達公司應該未雨綢繆，在投資案 1 成功而有現金流入時，即應思考新的產品，否則等到將要或已進入衰退期才要從事投資，往往為時已晚。圖 4-3 的投資方式比較適用於製造業，對於服務業來說，進入成熟期之後，並不見得要導入新

圖 4-3　　產品生命週期和投資計畫

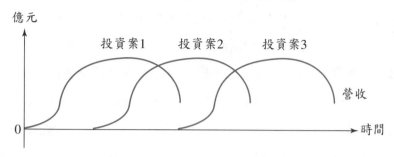

產品，可能是改善服務或行銷，預防進入衰退期，讓原有的業務維持在成熟階段。

三、營運資金的融資政策

　　理想來說，公司的營運資金最好能自給自足 (self-substained)，也就是融資跟投資做期間上的配合 (duration match)，則不會有融資需求或再投資的問題；也就是短期資金需求（即流動資產）皆由短期負債來融通，長期資金需求則由長期負債或權益資金來融通。此時，流動資產完全以流動負債融通（即流動資產等於流動負債），那麼淨營運資金會維持在 0 的水準，公司便不會有融資或再投資的問題。

　　然而**實務上理想國不太可能存在**，因為不同的公司對營運資金投資政策的看法不一；同時，並不是所有的公司都能適時地取得短期資金融通臨時性的資金需求；而當公司需要一筆長期資金時，也未必能「及時」籌措到「足夠」的長期資金。考量了以上的現實因素後，不同的營運資金融資政策便產生了。一般可分為積極、中庸和保守三類，不過在詳細說明之前，有必要先解釋流動資產的性質。

　　流動資產通常可分兩種：

　　1. 永久性流動資產 (permanent current assets)：持有金額不受短期因素影響、但隨規模（主要是營收）成長而增加的流動資產，例如公司無論旺、淡季，都得支付員工定額薪資。

　　2. 暫時性流動資產 (temporary current assets)：當公司面臨到突發狀況（如上游廠商突然提高石化原料價格）或季節性變動（如玩具業者常在第二、三季時提高產量，以應付年底聖誕節的外銷需求），便會產生額外的資金需求，為因應此種非常態性的資金需求所持有的流動資產。

(一)積極融資政策

如圖 4-4 所示，積極融資政策是採取非常主動的作法，以長期資金來融通固定資產，但以短期資金來支應永久性流動資產和全部的暫時性流動資產。其著眼點在於以資金成本較低的短期資金取代部分用來融通永久性流動資產的長期資金，以減少融資所需支付的利息，具有降低資金成本的好處。此法的缺點在於有相當大的利率風險和展期 (roll-over) 風險——當利率上升時，未來融資成本變得較高；而當公司必須增加長期投資、而投資效益還沒顯現之前，此短期負債卻已面臨到期還款的壓力，此時公司將面臨兩大問題：

1. 有沒有暢通的管道籌措長期投資所需的資金？否則一旦青黃不接造成支票跳票，極可能面臨股票下市的嚴重後果，真是因小失大。

2. 資金成本能否繼續維持在目前的低水準？否則一個誤判利率走勢，很可能落個偷雞不著蝕把米的下場。

因此，唯有在未來短期融通資金管道暢通和資金成本不致升高的情況下，公司採取積極策略才有可能同時兼顧安全和獲利。

(二)中庸融資政策

如圖 4-5 所示，採用中庸融資政策的公司會使用長期融資的方式（如長期負債、股東權益）來融通固定資產和永久性流動資產，暫時性流動資產則以各種短期資金（如自發性的應付帳款、非自發性的應付票據或短期銀行借款）來融通。

採取此種策略可以充分做到資金來源跟需求的配合，達成「以長支長，以短支短」的目的。其優點在於資產跟負債的到期期間相互配合，可以避免以短期負債支應固定資產時所必須面臨短債到期時的展期（例如貸款續借、票券續發）風險，也可避免以長期負債支應流動資產時所額外增加的資金成本。

(三)保守融資政策

如圖 4-6 所示，採取保守融資政策的公司會以長期資金來融通公司各種資金需求，此法最大的優點在於具有相當不錯的安全性，在旺季時不必擔心營運資金不足的問題，甚至在淡季時還有多餘的現金可作短期投資，此種作法雖然安全性高，卻也增加資金成本，降低公司的獲利，因此屬於比較消極保守的策略。

圖 4-4　積極的營運資金融資政策

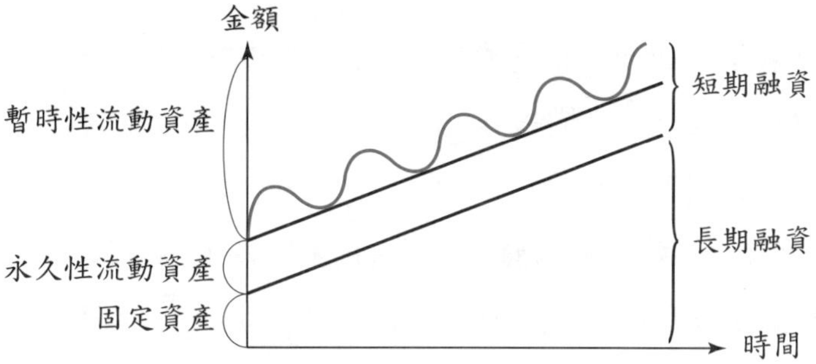

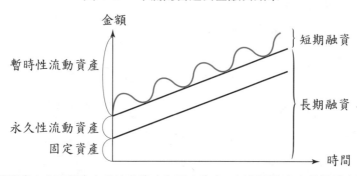

積極政策完全以短期資金來融通流動資產，而長期資金僅用以融通固定資產。

圖 4-5　中庸的營運資金融資政策

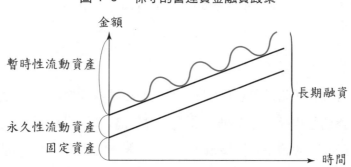

中庸政策以長期資金來融通永久性流動資產和固定資產，以短期資金來融通暫時性流動資產。

圖 4-6　保守的營運資金融資政策

保守政策完全以長期資金來融通各類資產，可算是成本最高的營運資金融資政策。

四、營運資金的投資政策

　　營運資金的投資政策是指公司應該「投資」多少在流動資產，使公司無論在個別的流動資產（例如現金、有價證券、應收帳款和存貨）或流動資產總額，都能維持一最適的水準，以提高資金運用的效率。

　　如圖4-7所示，可用「流動資產營收比」把營運資金投資政策粗分為三種類型，即積極、中庸和保守投資政策，底下詳細說明。為了方便你記憶，我們把投資策略、融資策略的命名皆一以貫之。

圖 4-7　流動資產和營收關係

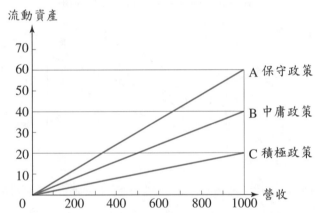

以「流動資產營收比」來定義營運資金投資政策的型態，斜率愈大的直線表示營運資金的相對使用量愈大，也就是比較保守的投資政策，例如 A 線所示；反之斜率愈小者則表示積極的投資政策，如 C 線所示。

㈠積極的投資政策

　　當公司採行積極投資政策（C 線），開始減少持有現金、有價證券等資產，同時採取比較嚴格的信用政策以降低應收帳款餘額時，公司可以把節省下來的資金用在其他報酬率較高的投資上；但是銷售額下降、周轉不靈的風險也因而提高。有一好沒兩好，財務經理必須仔細評估該行業和公司的特性，在（預期）「高風險、高報酬」和「低風險、低報酬」間作選擇（即如何在風險跟報酬之間調整平衡點），才能採取最適當的營業資金投資政策。例如統一超商的零售，收現較快，其投資政

策具備「寬鬆」的條件。相反地，例如銀樓和一般建築業，養地、興建的期間較長，資金積壓的時間也較久，似應採用保守的投資政策。

(二)保守投資政策

以 A 線為例，表示公司採取「保守」的投資政策，此時公司持有比較多現金、有價證券和存貨，同時可能對客戶採取比較寬鬆的信用政策 (credit policy)，使得應收帳款維持在較高的水準。優點在於公司擁有足夠的現金和有價證券可供周轉，使公司不會有資金短缺之虞，而信用政策寬鬆也比較容易拓展公司業務，跟客戶建立更好的關係。然而缺點則為持有過多現金與有價證券，將使公司無法把資金運用於報酬率較高的投資，降低資金運用的效率，同時應收帳款轉換期間太長，也降低了現金周轉的速度。因此，保守的營運資金投資政策雖然可以降低營運上的部分風險，但也錯失許多投資獲利的機會。

📖 第三節　營運資金規劃

「一文錢逼死英雄好漢」這句話最足以形容缺乏營運資金時的困境，甚至連「皇帝也會欠庫銀」。為了避免營運資金不足以致無法新增訂單（即心有餘而力不足），甚至阮囊羞澀的結果而造成支票跳票；這些是營運資金管理 (working capital management) 的消極目的。積極目的則是當年年有餘時，妥善運用多餘資金（俗稱閒錢）去賺財務利潤，不要讓資金低度利用了（例如放在不計息的支票存款帳戶）而變成「閒置資金」(idle money)。

一、淨營運資金夠支持營收嗎？

營運資金的積極功能是支應營業，因此，想評估淨營運資金是否允當 (appropriateness)，衡量方式詳見表 4–5。

(一)淨營運資金營收比

就跟很多公司把廣告營收比固定在某一比率一樣，例如化粧品業是 20%，即花 2 元廣告費才能推得動消費者去買 10 元。同樣道理，淨營運資金營收比從 2002 年

表 4-5　淨營運資金跟營收分析　　　　　　　　　　單位：億元

	(1) 2002 年	(2) 2003 年	(3) = (2) - (1)	(4) = (3)/(1)
一、淨營運資金 (NWC)	103	177	74	72%
二、營收 (TR)	1113	1648	535	48%
三、一／二即 $\dfrac{NWC}{TR}$，比率分析	$\dfrac{103}{1113}$=9.3%	$\dfrac{177}{1648}$=10.7%		
四、$\dfrac{\Delta NWC}{\Delta TR}$，邊際分析			$\dfrac{74}{535}$=13.8%	

資料來源：同表 4-4，p.40，本書自行整理。

的 9.3% 上升到 2003 年的 10.7%，而且增加的項目有二：存貨和應收帳款，可見公司有意提高存貨量以免消費者向隅。

(二)邊際分析

　　為了支應新增營收(此例 535 億元)，需要增加多少淨營運資金(此例 74 億元)？以表 4-5 來說，每增加 1 元營收，淨營運資金增加 0.138 元；或者用經濟學中的 (所得) 彈性來形容：「淨營運資金對營收的彈性為 0.138」。至於這數字偏高或不足？依序有下列二個比較標準：

　　1. 跟當下的相似公司相比。

　　2. 跟以前的自己比。

　　主要是指 2002 年的淨營運資金營收比 9.3%，那麼 2003 年增幅算很大。

二、償債的現金能力

　　還息是債務人最基本的義務，跟餐廳的最低消費額一樣，但是「醜媳婦難免見公婆」，本金也是得還的。因此完整的償債能力應該像表 4-6 中所示。重點是連特別股股利也包括在還債 (debt service) 中；比較特殊的是在計算償債能力倍數時，償債現金包括營業現金流量和現有利息費用，二者合稱稅前息前營業現金流量。以表中的例子來說，2002 年償債能力倍數 2.63 倍，算是很好的囉，縱使獲利打對折，還能還債。2003 年償債能力倍數只有 1.02 倍，屋漏 (即營業現金流量減少) 偏逢連夜雨 (即債息偏高)，隨時會面臨跳票的風險。

表 4-6　現金償債能力分析

年　度		2002 年	2003 年
營業現金流量		81	25
＋現有利息費用		32	79
＝償債現金		113	104
(cash available to service debt,CASD)			
－還債支出 (debt service, DS)		43	102
・負債餘額利息	32	79	
・負債餘額還本	1	13	
・新負債利息	–		
・新負債還本	–		
・特別股股息	10	10	
償債能力 CASD/DS		2.63	1.02

資料來源：同表 4-4，p.42，本書略作調整。

三、價值驅力分析

錢要花在刀口上，是大部分投資案的決策準則，更具體的說，淨營運資金是種投資（美國人把存貨視為存貨投資），投資報酬率划不划算？

㈠正的財務槓桿

由表 4-7 來看，淨營運資金的投資報酬率 13.7%，高於加權平均資金成本 (10%)，所以有廣義正的財務槓桿。

表 4-7　營運資金的股東價值分析

價值驅力	狀況 1（base，基本狀況）	狀況 2（變動）	
1.營收成長率	15.0%		
2.營業現金流量營收比	13.7%		
3.營所稅率	41%		
4.淨營運資金變動營收變動比	15%	↘下降	10%
5.資本支出營收比	25%		
6.加權資金成本	10%		
股價（元）	33.46 元	↗上升	35.66 元

資料來源：同表 4-4，p.43，但原作中股價數字弄反了（即 33.46 跟 35.66），本書依內文原意予以更正。

(二)股東價值分析法

營運資金影響公司股價的傳遞過程如下：

營運資金→營收　　　　　　　　　→未來獲利的現值→股票上市→股價

　　　　　＼成本（尤其是存貨、應收帳款

　　　　　　積壓造成的資金成本）

在當下，可以做個「變動單一（決策）變數，其他因素不變下」的分析，在下列四個領域中，這樣的觀念用詞都不一樣，但卻是名異實同。

・微積分中稱為偏微分。

・企管（尤其是財管）中稱為敏感分析 (sensitive analysis)。

・企管（尤其是策略管理）稱為情節分析 (scenario analysis)。

・多變量分析中的單變異數分析 (ANOWA)。

想瞭解變數對股東價值的影響，這樣的分析過程稱為「股東價值分析法」(shareholder value models)，常用的是 Alfred Rappaport 的方法，他使用 6 個變數或價值驅力 (value driver) 來分析，詳見表 4-7 中第 1 欄。這個表是彙總的結果，為了不讓你一頭霧水，如何計算出股價 33.46、35.66 元的工作底稿，本書不列，詳見原文第 44、45 頁。

由表可見，淨營運資金營收邊際分析從 15% 下降到 10%，股價由 33.46 元上升為 35.66 元，上漲 2.2 元。主要來自前述傳遞過程中「降低成本」一項，而同時對營收也沒有不利影響，這是有效進行營運資金管理的最具有說服力的呈現方式。

第四節　短期資金規劃

前面談到短期閒置資金不可以浮濫,但要怎麼判斷短期內來自營運活動的閒置資金究竟有多少，這是一般企業常見的「資金預估」。我們用過的方法有二種：

一、問卷調查法

聯華食品公司採取問卷調查法，每月 26 日把下個月收支預估調查表發給各重

大營收、支出部門，該表也很簡單，第 1 欄是 1 至 31 日，第 2 欄是收入預估，第 3 欄是支出預估。

營收部門小公司是業務部，在大公司則是事業部。

重大支出部門主要為採購（該公司國內採購由工廠負責，國外採購由國外部負責）、人事、總務（主要為營繕等大額支出）、行銷（主要為廣告費用）。

問卷 29 日便已回收，花半小時統計，對下個月的收支情況便八九不離十。當然有些資料也得財務部自行準備，例如每月還銀行貸款金額、繳稅（營業稅等，關稅金額由國外部提供）。

縱使在大公司，這套方法也很適用；再加上傳真機、電子郵件的普及，這方法作業速度也很快。

二、過去資料估計法

用過去資料來預測是退而求其次的方法，也就是財務部在盡量不打擾其他部門情況下，只依據過去的現金流量表，來進行未來一個月到三個月的現金流量預估，公式如下：

預估下月現金流量 = 本月現金流量 × 季節修正因子

其中季節修正因子可為：

1.去年上月／去年本月。

2.其他，如過去十二個月移動平均。

至於未來第二個月的現金流量只是把上式右邊第一項「本月」現金流量改成「未來第一個月」罷了；同理可推出未來第三個月現金流量。不過，預測區間無需太長，未來三期就夠了，否則預測信賴區間就會愈變愈大，也就是準確性會愈來愈低。

以歷史資料來做現金流量預測也可以細到以「日」為單位期間，當然這必須要有每日現金收支紀錄，不過倒不是每家公司都把這「流水帳」搞得清楚。相不相信，縱使你在上市公司服務，有許多公司財務部都沒有作現金收支日報表呢！

其次，必須把營業活動收支的季節性搞清楚，尤其是消費品的三節促銷、每年陽曆日子落點都不一樣。1996 年我曾替年營收 17 億元的福客多超商發展月的現金

流量預估，以月營收 1.416 億元來說，誤差只有 4%，即 566 萬元，落在 5% 誤差的可接受範圍內。

三、現金安全存量

帳上應該留多少現金餘額（不含零用金），這個問題的解答其實滿容易的，對於一個現金持續進出且有盈餘的公司來說，經驗法則是保有 1 到 3 天支出金額的銀行存款便可。以一家一個月支出 1 億元的公司來說，一個月 30 天來計算，平均 1 天支出金額 333 萬元。

當有實施前述現金流量預估時，現金安全存量的功能就等於是貨幣三大需求中的預防性動機。保有夠 1 天支出之用的現金安全庫存看似風險高了一些，但保有 3 天以上又嫌過度保守，所以足以支應 1.5 到 2 天支出的現金庫存似為中庸之道。

至於財務管理書中所介紹目標現金餘額的二種決定方式：Baumol、Miller-Orr 模式，乖乖照表操課的人可能如鳳毛麟角，沒必要浪費唇舌。

一般來說，安全庫存多超過一點，可能不會被罵；但是把現金安全庫存訂得太緊張，弄得要去動用利率 4% 的銀行信用額度或發行票券，資金調度人員鐵定會被罵個狗血淋頭。

四、短錢短用、長錢長用

多餘資金的投資去處，可依「資金可用期間」（即投資期限）而定，在資金管理角度，便是如同圖 4-8 的流向，便是先滿足極短期資金（蓄水池），多餘的資金再溢流到短期資金（蓄水池），同理，再到中長期資金（蓄水池）。

㈠安全存量

短中期的資金安全存量（可視為第一預備金）很容易估計。

1.極短期安全存量

這當然受限於收支流量，不過對於常川型（即營業現金穩定，相對於荒溪型）公司，現金安全存量頂多擺 3 天的（平均）支出金額便可以了。以一個月 30 天來說，平均每天支出 300 萬元，那就留 900 萬元便可。

圖 4-8　短中長期資金流向圖

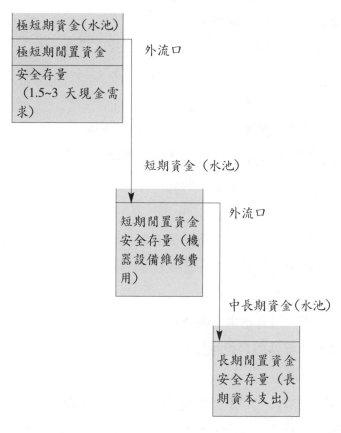

2.短期安全存量

以維持公司機器設備維修費用、調薪幅度為宜，這筆指定用途資金可用於保本型投資。

3.中長期安全存量

中長期資金安全存量的變數比較多，主要跟長期資本支出和預期公司虧損有關，後者可能引發銀行雨中收傘，所以手上得多保留一些財務肥肉 (financial slack)。

㈡多餘資金的去路

至於多餘資金的去路，以短期資金來說，至少有二：

1.短錢短用

投資期限短的多餘資金，只能往固定收益證券去，可作為公司的第二預備金，至於銀行未動支信用額度才是第三預備金。

2. 長錢中用

至於逐日累積多餘資金且投資期限較長（例如半年、一年以上），則可以流到短期資金蓄水池；同樣的極短期資金蓄水池的循環故事又再上演。

五、讓你可以用的投資三原則

投資三原則「安全性、變現性、獲利性」一直是財管中的基本口訣，如同古代兒童啟蒙時背「人之初，性本善」一樣，最慘的是變成「小和尚唸經，有口無心」。在本段中，我們希望能讓你一下子進入狀況。

㈠安全性

安全性是指「保本」，俗語說：「不要蝕了本」，短資投資首重安全性，因為短資的目的是本業資金的中場休息，等下還得上場。所以極短期投資首重「全身」而退、「完璧」歸趙。

在安全掛帥情況下，只有基本金融資產中的固定收益證券符合資格，（預期）「高風險、高報酬」的權益證券就被淘汰出局了，更不要說衍生性金融商品了。

1. 無擔保公司債，免議

縱使是固定收益證券，也得刪除無擔保公司債，俗稱高收益債券 (high-yield bond)、次順位債券 (surbordinated bond)、垃圾債券 (junk bond)，即美國標準普爾公司信評 B 級以下，俗稱投機級。在 BB 級以上稱為投資級 (investment grade)。犯不著為了多賺年息 5% 而去買無擔保公司債，以免血本無歸。本質上，投機級債券已幾乎等於高來高去的股票。

2. 債信差的票券公司，淘汰出局

打開精業公司金融資訊的金融報價，票券金融公司（三家老的、十餘家新的）、銀行對各天期票券都有買進、賣出的利率報價。同樣的，還是得把債信差的票券公司、銀行淘汰出局，縱使他們的報價高 0.3 個百分點。票券公司在商業本票發行時提供保證、銀行對客戶的匯票提供承兌（即銀行承兌匯票，bank acceptance，BA），以提高票券的債信（即信用強化，credit enhancement）。一旦這些金融機構「泥菩薩過江，不能自保」，再加上發行票券公司有個閃失，結果是票券也跟「地雷股」、「地雷債」一樣變成「地雷券」。

符合這二項條件的金融機構、公司債，財務部風險管理或投資主管，應開列出「危邦勿入，亂邦勿居」的黑名單。

3. 牙疼不是病，痛起來要人命

一般對固定收益證券的刻板印象是：「只是（利息）賺多賺少而已」，也就是不會蝕本的，看看美國通訊業的情況，肯定會讓你嚇出一身冷汗。

全球通訊業景氣的急速墜落，不但殃及股票投資人，就連債券投資人也無法倖免。握有投資級公司債的債券基金經理，現在就飽受通訊業公司債從投資級跌落至垃圾級之苦。

美國第二大長途電話公司世界通訊公司 (Worldcom) 負債高達 320 億美元，2002 年 5 月 9 日債信被穆迪投資（人）公司 (Moody's) 連降三級至垃圾級的 Ba2，掀起通訊業公司債的另一波風暴。從 4 月世界通訊調降 2002 年營收 10 億美元後，公司債價格已經下跌近 50%。世界通訊的公司債，在美林證券公司編製的公司債市場指數中佔 1.6%，而且廣為各家債券基金持有。2002 年來美國表現最差的幾支投資於投資級公司債的基金，所持有的世界通訊公司債比重都超出平均水準。

Fifth Third 投資顧問公司固定收益投資工具部主管史鐵普利說：「2001 年通訊業的公司債已經讓高收益債券市場受到打擊，現在連投資級債券市場也開始被波及。」

根據美林的資料顯示，投資級的通訊業公司債 2002 年以來由世界通訊領頭下跌，至 5 月 10 日跌幅約 11%，單是 4 月就下跌 5.3%。相較之下，2001 年投資級通訊業公司債平均上漲 14%，高收益型通訊業公司債重挫 29%。

世界通訊是公司債市場上發債金額第十大的企業，先鋒高收益債券基金經理巴特爾表示，世界通訊公司債現在的跌勢，跟過去兩年高收益通訊業公司債的走勢頗為雷同，都是隨同股價下跌，而持續滑落的股價、持續攀升的資本支出和高債務負擔，會使得體質虛弱的公司率先出局，然後這股趨勢會漸漸蔓延到體質稍優的企業。

世界通訊還有其他問題，像是會計作法受到美國證管會調查，本身盈餘連續七季下降，2002 年來世界通訊股價已跌掉約 87%。(經濟日報，2002 年 5 月 11 日，第 8 版)

(二)變現性

變現性 (liquidity) 是指在極短期間內，把資產保本的「變」成「現」金 (cash-out，套現)。大部分書皆延用舊名，例如流動性、周轉性。

1.時效性

出售金融資產，取得款項（即交割、入帳）的時間如下：

⑴當天（即 T day），例如定存。

⑵T＋1日，如債券型基金、外匯。

⑶T＋2日，主要指股票。

⑷約定日，票（債）券附買回。

2.保本性

「急售無好價」，但變現性要求的不僅是要快，而且還得保本（當初投資成本），但也不是呆板的「一個銅板都不可以少」，但至少得「保95%」，當初投資 100 萬元，出售時最少要拿回 95 萬元。

(三)獲利性

獲利性是指減掉交易成本的報酬率，也就是不能只看稅前報酬率，這本來就天經地義，實在沒有必要再加上「扣除交易成本」等幾個字。

＊交易成本

由表 4–9 可見，固定收益證券的交易成本有二小項：

⑴交易稅。

⑵營所稅。

由於金融機構扮演中盤商、造市者 (market-maker) 角色，也就是賺買賣價差，所以不像證券公司一樣向客戶收取券商手續費。

(四)適才適所

「沒有那樣的胃就不要吃那樣的瀉藥」，這句俚語貼切描寫投資要量力而為。由表 4–8 可見，不同期間的資金對投資三原則的優先順序都不相同，以極短期投資來說，首重安全（重要性佔90%）、次重變現（重要性8%）、末重獲利（佔2%）。中長期投資幾乎跟極短期資金的考量相反，由於股票套牢時有時間可以拗，只要股市長期多頭格局不變，終有雨過天晴的一天；因此安全性的優先順序排第二位，獲

利性排第一（例如佔六成）。

　　至於一年以內的短期投資，安全性、獲利性同樣重要，可以像保本型共同基金一樣，先求期滿保本，用安全邊際 (safe margin) 來冒險以追求較高的報酬率。

表 4-8　投資期間對投資三原則的偏重

期間 投資原則	短　期	中　期	長　期
1. 安全性	90%	70%	50%
2. 變現性	8%	5%	2%
3. 獲利性	2%	25%	48%

✤ 第五節　短期閒錢該往哪裡去？

　　「閒錢不要爛掉」、「勿以錢少而不賺」，這些都在形容縱使只有一天的錢可以賺，財務人員還是不要閒著，縱使作筆隔夜 (overnight) 的票券附買回交易，也是加減賺一點。

　　一反常態的，我們先說短投的決策口訣：「一周以內的短期資金做票（債）券附買回交易，一周以上的（大筆）短期資金投資在債券型基金」。

　　接著再來看四種常見極短期、短期多餘資金的投資管道，詳見表 4-9。在人員配置上，負責短期閒錢投資的，大都是（資金調度科）的專員，其主管是襄理（像臺灣銀行），屬於例行、標準作業程序 (SOP)。

一、票券附買回

　　票券交易一般分為買賣斷交易和附條件交易，票券附買回（repurchase agreement, RP、repo、buy back）由圖 4-9 可見是在現在同時敲定二個時間的買賣斷交易；定義很拗牙，但是圖卻很清楚。

　　對公司來說，在圖 4-9 中，7 月 2 日買進 100 萬元票券時，為了避免 7 月 5 日時票券出售無門或是無法賣個好價錢，便同時議定票券公司買回，整個 3 天（7 月 2 日到 7 月 5 日，口訣是算頭不算尾，即 2、3、4 日）的本利和在票券公司傳真給

公司的交易單上皆寫得清清楚楚，公司財務人員仍需驗算一下。

票券附買回跟固定利率定存的道理一模一樣，票券附買回交易可依投資人的需求決定承作天期，最短 1 天，最長 180 天都有，不過以 10、20、30 天為主，非常適合投資人極短期資金調度。

表 4-9　極短期、短期資金的四種投資管道

投資三原則	定　存	票券（債券）附買回	債券（型）基金	票（債）券買斷
一、安全性	高，因為 1.定期存款 100 萬元以內有中央存款保險公司理賠 2.財政部實質上還有「銀行不能倒」的迷思	高，因為有雙重保證（以 CP 為例） 1.交易型商業本票有客票擔保 2.票券金融公司再加上一層保證	中，因為有可能買了太多地雷債，以致基金淨值大打折扣	低，因為可能買到地雷債，導致血本無歸
二、變現性	當日，中途解約利率打折	差，中途無法解約	第二個營業日，即 T＋1 天	約當日
三、獲利性 ㈠稅 　1.交易稅	－	－	－	(1)公債：免 (2)公司債:0.1%
2.營所稅	利息收入 25% 營所稅	(1)票券：20%分離課稅 (2)債券：同定存	配息時才繳，大部分不配息	
㈡手續費	－	－	－	
㈢稅後報酬率，年息（以 2002 年 9 月為例，一個月）		1.公債：4% 2.票券：$R \times \dfrac{T}{365} \times 0.8$		

圖 4-9　票（債）券附買回交易

2002.7.2：票券公司賣出票券 (outright sell)

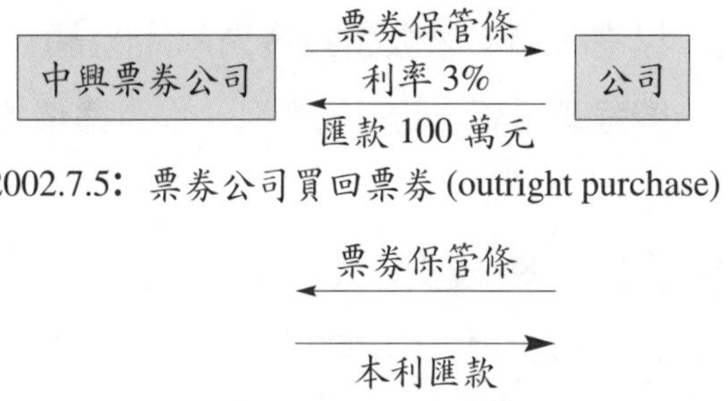

2002.7.5：票券公司買回票券 (outright purchase)

$$100 \text{萬元} \left[1 + (1 + 3\% \times \frac{3}{365}) \times 0.8 \right] = 100.0197 \text{萬元，利息 197 元}$$

二、債券附買回

債券附買回交易跟票券附買回幾乎一模一樣，是指債券自營商（通常是證券公司、票券公司或銀行）把債券賣給客戶，但並不是賣斷，而是在一段時間後，以約定的利率計算本利和，向客戶買回債券。對投資人來說，買賣間的價差即為其利息收入。

這就像是投資人到證券公司或票券公司存款一樣，雙方約定存款的金額、時間、利息，投資人拿到成交單和債券存摺作為憑證。等到承作時間到期，投資人便把債券賣還給債券自營商，拿回本利和。由於投資人並不是買斷債券，因此不需承擔債券價格本身波動的風險。

附買回交易的隱密性比債券基金更高，其次，附買回交易只需注意交易對手的風險，只要往來交易商和保管銀行沒有問題，投資風險極低。

債券基金除了交易對手風險外，還要面臨公司債的債信風險，有些債券基金經理還會有掛帳、作價等隱藏式的交易，也使債券基金不像檯面上看起來那麼安全。

（經濟日報，2002 年 4 月 16 日，第 10 版，李淑慧）

三、債券基金

債券（型）基金報酬率比票券高，但是風險也比較高；此外，它具有機動利率（不）定期存款的性質。2002 年 7 月債券基金規模 1.85 兆元，遠高於股票型基金

（約 3,500 億元），可見公司大部分短期閒置資金都跑來這資金避風港。

債券基金的信用評等

有些債券基金為了以高報酬率來吸引投資人，因此持有二成的無擔保公司債，一旦發行公司財務危機變成地雷債，此一時，抱一堆芭樂債的債券基金就成為地雷債券基金。

投信發行的債券基金共有 80 幾支，其中僅 12 支接受信評，且多數屬於怡富、荷銀光華、景順等外資投信所發行。（工商時報，2002 年 8 月 29 日，第 9 版，洪川詠）

2002 年 4 月 23 日，中華信用評等公司宣布授予「保誠獨特債券基金」的信用評等等級為 twAf，反映出該基金投資組合的信用品質和提供信用違約損失的保障程度，令人滿意，但評等結果也因資金配置在一些評等較低之票券公司做的附買回交易，而遭到部分抵消。

保誠獨特債券基金由保誠投信所發行，至 2002 年 4 月 10 日的資產規模為203.3 億元，投資組合分配為公債附買回 (35.2%)、公司債 (31.8%)、定存 (30.7%) 和金融債券 (0.7%)。

中華信評說，該基金的信用品質令人滿意，而基金的流動性和管理方式也堪稱允當。以投資組合來說，該基金所投資的公司債，都有金融機構的保證，定存部分約 98% 存放於 "twA⁻" 級或以上的銀行，顯示其定存部位的信用品質優良。不過，該基金的附買回交易的往來票券公司的信用品質則較弱，其中約 2.26% 評級低於 "twBBB⁻"。

中華信評表示，標有字母 "f" 的信用評等是指債券基金 (fund) 評等，是依照投資組合的信用品質、流動性、分散性和基金管理等項目，加以分析，以反映受評基金的投資組合對信用違約損失所提供的保障程度。

一般來說，評等等級愈高即代表該基金對投資人來說愈安全，以避免買到地雷債券基金，但相對的，報酬率也會比較低。而由於評等準則不同，基金評等結果並不適合直接跟一般企業債信評等做比較，也不代表該基金資產的市值穩定度。（工商時報，2002 年 4 月 24 日，第 7 版，洪川詠、康文柔）

四、債券買斷

債券買斷交易是指對債券所有權作轉移的交易，交易的買賣雙方於成交後的 3 天內作款券交割，雙方必須自行承擔債券價格波動的風險，因市場上交易習慣以 5,000 萬元為單位，參與者以法人交易商為主。

五、新型定存

花旗銀行研擬推出「步步高新臺幣定存利率」，是首見階梯式計息臺幣定存商品，二年期定存利率平均可達 2.95%，高於現行市場利率。花旗表示，一來是為了贏得客戶的向心力，二來是鎖定長期資金成本。以前者來說，最大特色是在各階段的利率都比同業高，多出 0.05 ～ 0.55 個百分點，比自己的現行各天期利率高出 0.15 ～ 3.75 個百分點，這項商品讓定存族從一開始就因為利率比其他銀行高，就願意把錢存進來。

鑑於過往部分定存戶提前解約，常造成銀行變現力風險，或使銀行資金成本墊高，花旗銀行對步步高定存戶提前解約，捨棄傳統利息以八折計算的方式，改收 0.75 到 1.5% 的違約金，也就是存款人愈早解約，違約金將愈高。花旗銀設定存違約利率詳見表 4–10，如果民眾存款未滿六個月便解約，違約金可能高於利息收入。

花旗銀的步步高定存利率，存款幣別分臺幣、美元和歐元三種，存款期間均為二年，每半年計息一次。（經濟日報，2002 年 5 月 23 日，第 9 版，傅沁怡、白富美）

表 4-10 花旗階梯定存利率跟其他銀行存款利率比較

單位：年息

類別 銀行	六個月	十二個月	十八個月	二十四個月
1. 花旗階梯式	2.35	2.55	2.75	2.95
違約利率	1.5	1.2	0.9	0.6
現 行	2.025	2.175	2.60	2.70
2. 匯 豐	2.25	2.45	2.60	2.60
3. 荷 銀	2.15	2.30	–	2.30
渣 打	2.30	2.60	2.55	–
中信銀	2.20	2.40	2.40	2.45
台新銀	2.25	2.40	–	2.50
臺 銀	2.25	2.40	–	2.40
郵匯局	2.15	2.525	–	2.525
一 銀	2.20	2.40	–	2.40

說明：各天期定存利率是指一般定存，不包括大額存戶。
資料來源：央行網站。

◆ 本章習題 ◆

1. 以圖 4-1 為基礎，舉一家公司的一筆訂單交易為例來說明。

2. 什麼行業商流和金流同步？

3. 以表 4-3 的架構，找一家公司來計算其未來五年的現金流量預估表。

4. 為什麼要多此一舉發明「營運資金」這個名詞呢？用流動資產就夠了嗎？

5. 以表 4-4 為基礎，分析一家公司二年的營運資金變化。

6. 以圖 4-7 為基礎，找同一行業（例如主機板），分別找出積極、中庸、保守的「流動資產營收比」的公司，財務績效（如 ROE）會相對稱嗎？

7. 以表 4-6 為架構，計算一家公司的現金償債能力。

8. 以表 4-8 為基礎，找一家公司來分析是否投資有照表操課？

9. 以表 4-9 為基礎，四種投資管道各找一個金融商品來實作一下。（例如計算報酬率）

10. 票、債券附買回交易最大差別在哪裡？

第二篇

資金結構

第五章

資金結構

經營企業最怕老化、安逸,如何能使每個人的想法、活力能保持下去,如何使主管不老化有兩大重點。

一是公司的目標要明確:巨大的目標就是要成為全世界屬一屬二的自行車公司。第二則是公司要有危機意識:沒有危機意識的企業會老化掉。今天生產產品的同時,就要開發明日的產品。

——劉金標　巨大機械公司董事長

經濟日報,2002年7月6日,第3版

學習目標:

資金結構是財管重大主題, 資金結構理論更是碩士班入學考試的熱門考題; 此外, 我們討論財務資源、策略對公司策略的影響, 讓你成為老闆倚重的財務長, 而不是「那個管錢的人」罷了!

直接效益:

本章提出具體的公司資本結構決策準則, 讓你可以照表操課。

本章重點:

- 資金結構相關理論。圖 5-1
- capital 在資產負債表上的名稱。表 5-2
- 負債比率、自有資金比率。§5.1 二(二) 2
- 資金結構健全。§5.1 三(四)
- 完全 (或完美) 市場。表 5-4
- 三種支持多舉債的理論。表 5-5
- 利息抵稅效益對公司每股盈餘的影響。表 5-6
- 影響公司資金結構的因素。圖 5-4
- 最佳資金結構。圖 5-5
- 公司財務策略對公司策略的影響。圖 5-6
- 積極 vs. 消極的財務管理方式。表 5-10
- 公司生命階段的資金來源。圖 5-7
- 負債比率的三層限制。表 5-11
- 公司各階段的負債比率。圖 5-8
- 不列入資產負債表融資。§5.6 四

前言: 亮不亮，有關係!

　　負債、業主權益這二種資金來源，如何因時因地因人（即公司）制宜，這個資金結構 (capital structure) 問題，可說是僅次於權益資金成本的財管重要主題。

　　本章第一節先讓你開門見山的快速瞭解此主題，第二節才介紹資金結構理論，但是我們不想花很多篇幅談一些不實用的理論和觀念，想節省時間的人可直接看第三節。

　　如果採取 everything depends on everything 的權變理論，那麼唸完本主題將一無所獲。我們不想讓你空手而歸，在第五節中，直接指出企業生命週期中各階段的負債比率；第六節中更拉個特寫鏡頭，特別討論創業時的財務規劃。

一、資金結構理論分類

　　資金結構是財管領域中的熱門題目，雖然歷史悠久，但仍歷久彌新。在進入本章之前，我們先提綱挈領的把理論由大到中分為:

　1. 大　類

　　二分法分為資金結構無關、資金結構有關二大類，前者在初賽中被淘汰。

　2. 中　類

　　資金結構有關理論又可分為三中類理論: 優先舉債、優先使用內部資金和均衡一下的抵換理論，詳見圖 5-1，前二者在複賽時被刷掉，僅剩下抵換理論進入準決賽。

二、如何判斷理論的好壞?

　　社會科學是有關人的研究，人會變，因此一般來說，越新的論文跟現狀時差較小，簡單的說，可用「喜新厭舊」來作為初步篩選理論的準則之一。

　　由此道理來看，第二節第一段資金結構無關理論 (1958)、第二段支持多舉債的三種理論 (1989)，可能都得淘汰出局。

　　有時你會聽到有人主張，財管領域中曾有三次榮獲諾貝爾經濟學獎（詳見表 0-2），可見其學術地位。在經濟學者間有種傳言，即此獎是頒給「即將過世且有重大貢獻」的人，有點安慰、終身獎性質；1998 年以來，此獎得主的學術聲望皆不高。

圖 5-1　資金結構相關理論

資產負債表

資　產	一、負　債	三、權衡理論 (the trade-off theory)：最適資金結構 (optimal capital structure)，奠基於二大理論：
	(一)利息節稅效果	
	1. M&M(1963) 考慮利息對公司節稅效果	1. Williamson (1988) 的交易成本理論
	2. Merton Miller (1977) 考慮個人所得稅	2. Jesen & Mechling 的代理理論
	(二)信號放射理論	
	(三)動機強化理論	
	二、權　益	
	1. 融資順位理論, Gordon G. Donaldson (1961) 或 Myers (1984)	

三、既知「多言無益」，但為何你還要說？

　　既然「聞道有先後」，你早知道有些假說、理論已經淘汰出局了，但為什麼你在書中「不棄若蔽屣」呢？原因如下：

　　1.瞭解理論發展過程，以讓後生能藉此發展新理論。但是 99% 以上的讀者以後不會唸財務博士，那是否此段可以從簡呢？但又碰到下一個問題。

　　2.財務、金融研究所碩士班入學考會考，考生佔二成以上。為了服務考生，我們只好兼顧考試需求。

四、幾個我不想談的主題

　　實務是檢驗假說有效性的最主要方式，能過得了這關，便能稱為理論 (theory)，否則永遠也是待驗證的假說 (hypothesis)。可惜，在財管中，用詞並不嚴謹，反而倒像是美國人生活的用語：This is my theory，可譯為「這是我的推論、觀點」。那麼針對無用的「理論」、觀念，表 5-1 中第一項必須點到為止，否則就會介紹到公式推導、圖形，愈說愈複雜，幾乎連任課教授都記不住，如何要求大二學生弄得懂、記得住呢？

　　至於表中第二、三項，我們完全不想談，學了沒用，那為什麼要學？除非你告

訴我美國奇異、臺灣台積電用營運槓桿程度來衡量營運風險和財務槓桿程度來測度財務風險，否則連教書的人都沒把握，怎會有信心教給學生？

公司、營運和財務風險很重要，但不是只有一種衡量方式，在第六章中將詳細說明。

表 5-1　資金結構中本書認為無用的理論、觀念

理論、觀念	內　容	我不談的原因
一、利息的抵稅效益		
(一) M & M(1958)	資本結構無關中的套利均衡	他們的主張原本就錯了
(二) M & M(1963)	考慮公司營所稅	
(三) Miller(1977)	考慮個人所得稅	
二、風險的衡量		
(一) 營運風險	營運槓桿程度	我沒有在報刊、期刊上
	(degree of operating leverage, DOL)	看過一次有人用過，這
		是象牙塔中產物
(二) 財務風險	財務槓桿程度	同上
	(degree of financial leverage, DFL)	
三、權衡理論		
代理成本		代理成本無法衡量

第一節　資金結構快易通

化學中的化合物（H_2O，水）一樣，如果分解開來，更容易瞭解其性質。同樣的，英文、中文用詞也有複合字（或稱詞），最好也採取分解方式來知其所指。

像 capital structure 便可分解成下列二個字：

1. capital：資金。

2. structure：結構。

由於這二個字常使用，有必要詳細說明。

一、capital 是「資金」，不是「資本」

有許多字一字多個意思，往往必須從上下文才能知道原意；跳離此步驟而逕行

望文生義，很容易犯了「想當然耳」的錯。在財管中，最難搞的字大概是 capital 這個字，由表 5-2 可見，它可用在資產、權益甚至全面。

表 5-2 capital 這個字在資產負債表上的名稱

資金去路	B/S	資金來源 (source)：capital rasing 募集資金
A(asset) 一、中短期融資的專業公司稱為資融公司（某某 Capital），如 　1.美國：奇異資融 (GE Capital) 　2.臺灣：上市股的裕融 (Yulong Capital) 二、中長期投資的專業投資公司稱為資產（或資本）管理公司 (capital 或 asset management)		D(debt) 資金結構 (capital structure) 不宜譯為資本結構 E(equity) 股本 (capital)

註：這是英文代號的資產負債表 (B/S, balance sheet)，因容易書寫，以後會常用到（像圖 5-2）。

capital structure 指的是公司各項資金來源所佔比重，也就是資產負債表右邊資金來源 (source of capital)。因此公司募集資金時常用 fund raising，以免用 capital raising 這個字被誤以為是現金增資或募集股本。

以此來看，中央銀行對資金匯出匯入的 capital control 就不宜譯為資本管制，而應譯為資金管制。因為外資匯入，不見得只買股票，只要有賺頭的就會去投資。

二、結　構

有很多情況會使用「結構」這個字，像股市投資人結構（法人佔成交值22%、自然人佔78%），大抵而言，「結構」的用法皆相同。

㈠什麼是結構？

「結構」(structure) 主要指「比重」、「成分」，以臺灣 2,300 萬人來說：

1.性別結構：男性佔 51%、女性佔 49%。

2.年齡結構：1 至 10 歲佔 15%、11 至 20 歲佔 14% ……。

像臺灣的產業結構：2001 年第 3 季時農業佔國民生產毛額 1.75%、工業 32.01%、服務業 66.24%。(詳見經濟部統計處編，國內外經濟統計指標速報，91 年 1 月，第 17 頁 B–2 臺灣地區產業結構變動)

㈡兩種衡量資金結構方式

資金結構因用途不一，所以除了傳統的比重用法外，又有人採取相對比例的用法。

1.從百分百（即比重）來看

由 <5–1> 式的金額可轉換成 <5–2> 式的比重，便可得到 A 公司負債資產比 (debt to assets) 或負債比率 (debt ratio) 或槓桿比率 (leverage ratio) 為 0.4（或 40%），也就是公司資產中有四成是跟別人借的、有六成是自己的。

2.講白一些更好

資金結構既抽象又冗長，因此就如同性別結構一樣，還不如只說男性佔 51%，剩下不用再說，都可推論出女性佔 49%。

資金結構跟性別結構一樣，都只有二個成員，所以「說此就知彼」。由下式可見，只消說負債比率 40% 便可，為什麼比較少人用「自有資金比率」? 大概銀行、公司都比較注重財務風險，在戰技上，「負債比率」四個字比「自有資金比率」六個字更顯得符合「節約」原則。

$$100 \quad = \quad 40 \quad + \quad 60$$

總資產 (A)　　　負債 (D)　　　業主權益 (E) …… <5–1>

↓ 二邊各除以總資產

結構

$$\frac{100}{100} \quad = \quad \frac{40}{100} \quad + \quad \frac{60}{100}$$

負債比率　　　自有資金比率…… <5–2>

(debt ratio)　　(equity ratio)

或槓桿比率　　或淨值比

(leverage ratio)　(net worth ratio)

(三)比　例

另一種結構表現方式較少人用，但也必須瞭解才行。由表 5-3 可見，性別結構常見方式便是男性：女性比；在資金結構中便是權益負債比。

表 5-3　「結構」的二種表示方式

		人　口	資　金
已　知	男性	51%	40%
	女性	49%	60%
小　計		100%	100%
結　構			
1.比　重			(equity / debt ratio)
2.比　例	$\frac{男性}{女性} = 1.04 : 1$		$\frac{E}{D} = \frac{60\%}{40\%} = 1.5$

權益負債比 (equity/debt ratio) 可看成跟流動比率一樣的償債比率，以此例來看，表示每 1 元負債便有 1.5 元業主權益來支持，債權人似可不需那麼擔心債務人沒錢還債。

以下列負債權益比 0.67 來說，表示每 1 元業主權益只需還 0.67 元負債。如果此值大於 1，便表示負債大於業主權益，自有資金有點還不起負債。

權益倍數有點像本益比，道理也是類似，只是自有資金比率的倒數罷了。

$$負債權益比 \text{ (debt / equity ratio)} = \frac{D}{E} = \frac{40}{60} = 0.667$$
$$權益倍數 \text{ (equity multiplier)} = \frac{A}{E} = \frac{100}{60} = 1.67 \text{ x}$$

x：代表倍數 (multiplier)

三、資金結構的用途

(一)四種排列組合情況

資金來源跟資金去路依時間長短可分為下列四種情況：

1. 以長支長：長期資金可支應長期資產，符合「兵來將擋，水來土掩」的道理。
2. 以長支短：長期資金可用在短期資金用途（例如營運資金中的商業授信），符合「七年之病，求三年之艾」的道理。

　　3.以短支短，發行票券募資以進貨。

　　4.以短支長，發行票券來買土地、轉投資。

　　公司財務規劃上，相當忌諱「以短支長」，因為以短期資金支應長期投資後，一旦獲利回收期限一拉長，就容易發生週轉不靈，致被迫挪用其他資金，進而引發財務危機等連鎖效應，這還是正常經營時可能遇到的窘境。

(二)以短支長的原因

　　以短支長比較像打棒球時的打帶跑戰術，危險性很高，一不小心，打擊者和跑壘者可能會被雙殺，甚至三殺。但早知如此，又何必當初呢？常見原因：

　　1.資金不足

　　初創業時為例，由於資金有限，有些人（在臺灣）標會、有些人借消費性貸款（在美國則採取信用卡借支）籌資，去買生財器具（例如麵攤）。

　　2.投　機

　　短期資金（例如六個月期票券發行成本 3.6%）的利率比長期資金（例如二年期貸款利率 4.5%）低，為了省點利息錢，有些「錙銖必較」的老闆要求財務主管抄短線，背後有個藝高人膽大的想法：「時到時擔當，沒米才煮地瓜湯」。

(三)以短支長的困境

　　「以短支長」如同「寅吃卯糧」，往往可能「夜路走多了遇到鬼」，出現「青黃不接」問題。明明總資產（100 億元）大於負債（40 億元），但因為還不起貸款本息（例如一年 20 億元），以致周轉不靈，出現支票無力兌現的跳票，稱為財務危機（詳見表 16-1）。

(四)你的資金結構健全嗎？

　　體重跟身高、性別適當配合，公司的資金結構也跟身體健康狀況一樣，那麼如何判斷資金結構是否健全呢？由圖 5-2 的例子，來說明二種「以長支長」的衡量方式，其中較常用的是「長期資金固定資產比」(long term capital to fix asset)，以此例來說比值為 1.33，跟流動比率的道理一樣，可解釋為每 1 元固定資產（長期資金需求），有 1.33 元的長期資金（供給）罩著，安啦！如果此值低於 1，那麼就是「以短支長」，小心「跑三點半」、「轉不過來」。

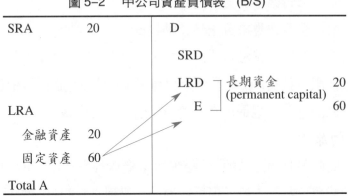

圖 5-2　甲公司資產負債表　(B/S)

1. 權益固定資產比 (equity to fixed assets) $= \dfrac{權益}{固定資產}$

$$1 = \dfrac{60}{60}$$

2. 長期資金固定資產比 $= \dfrac{長期資金}{固定資產}$

長期資金 = 長期負債 + 權益

$$1.33 = \dfrac{20 + 60}{60}$$

　　有人稱此為「資金結構」，而整個資產負債表右邊負債、權益比重稱為財務結構。

(五)改善資金結構

　　透過現金增資、盈餘轉增資或處置資產以償還負債等三種方式，以提高自有資金比率 (或降低負債比率)，此種改善財務結構 (financial structure) 的目的，依序：

　　1. 減輕利息負擔。

　　2. 降低太高的負債比率，以預留舉債能力。

　　3. 改善負債比率，尤其是以保留盈餘去償還短期負債時。

(六)改善負債結構

　　改善負債結構 (debt structure) 是指提高長期負債佔負債比重，主要目的在於提高長期資金比重，以降低「以短支長」青黃不接的困境。常見作法是發行 10 億元三年期公司債以償還 10 億元的短期信用貸款，負債金額不變，但長期負債比重卻提高了。

🔷 第二節　資金結構理論

如同瞎子摸象一樣，摸到象的哪一部位便說象是水管、牆。同樣的，在理論發展過程中，由於時空環境，有時學者也僅看到現實中的一部分，如同瞎子摸象一般，也因此出現「理論跟現實有很大落差」的現象。

雖然如此，但是卻不能「事後聰明」的說：「早知如此，就直接進入終極理論（詳見第三節）就好了」。如同對恐龍的研究延續了二百年，跟拼圖一樣逐漸拼湊出恐龍的面貌；資金結構等社會科學的研究也跟自然科學一般，很少一次便把化學元素表做出來。

一、資金結構無關理論

美國財務大師蒙地格里安尼和米勒 (Modigliani & Miller, 1958) 提出「資金結構無關理論」(capital structure irrelevance theory)，主張：

　1.資金結構不會影響資金成本，簡單的說，在各種負債比率下，加權平均資金成本線躺平，跟 X 軸平行，例如其值為 14%。

　2.進而不會影響公司獲利。

他倆因此獲得諾貝爾經濟學獎，這理論遂稱為 MM 理論，二人簡稱 M & M（跟只溶於口不溶於手的巧克力同名）或 MM。

他倆可說在物理實驗的理想狀況下做實驗，在財務管理稱為完全市場 (perfect market)，跟經濟學中完全競爭的假設條件很像。由表 5–4 可見二種財務重大理論下的不完全市場 (imperfect market) 的情況。

MM 理論的真義在於，公司獲利跟資金來源無關，而是取決於營運面，也就是不需考慮融資（或財務）面。這樣的主張當然完全不符合現實，容易讓實務人士攻擊為「象牙塔裡做學問」。

表 5-4　二種理論對完全市場的定義

	資金結構	股票市場
一、學　者	Modigliani & Miller (1958)，簡稱資金結構無關理論	Sharp、Lintner(1965) 等所提出的資本資產定價模式
二、完全（或完美）市場 (perfect market)	市場平順 (smooth)，沒有摩擦 (friction)	
三、市場不完全 (market imperfections)	1.營所稅、個人綜所稅 2.破產成本 3.代理成本 4.資訊不對稱	1.股票交易成本,如證交稅 0.3%、買賣股票券商手續費 0.15% 2.存款、借款利率不同 3.有物價上漲

二、支持多舉債的三種理論

資金結構有關的各中類理論中，有三種主張高負債比率，勉強可用「舉債優先」（套用「臺灣優先」一詞）來形容。在表 5-5 中第 1 欄我們依理論發展順序作表整理，把各理論優缺點整理，以便於瞭解、記憶。接著再補充說明。

三、利息節稅

由完美市場到不完美市場，第一個令人洩氣的不完美因素便是「萬萬稅」的稅，不過，「水可載舟（以新 MM 理論為例），也可覆舟（以米勒模式為例）」。M & M 倒是很有計畫的從完美走到現實，一步一步放寬一個假設，以觀察其對公司每股盈餘的影響，就跟偏微分一樣，如此才能看清楚單一變數變動所帶來的影響。看起來有點不太符合現實，但惟有如此，才助於理論推導。

㈠新 MM 理論

M & M 在 1958 年提出無關理論後，逐漸放寬一些假設，以使模式趨近於現實，他們想到的是舉債的利息可做為費用，但股票的股利卻沒這好處，此稱為新 MM 理論。

表 5-5　三種支持多舉債的理論

理論、學者	好處、優點	不合理之處
一、考慮公司營所稅的 MM 理論（新MM 理論），M & M (1963)	以負債取代部分資本，利息是種費用可減少繳稅（即有租稅利益），這是股票不具備的優點，也就是負債成本低於權益資金成本	漏了考量破產所帶來的成本，例如清算成本等外顯成本和客戶、員工流失的隱含成本
二、資本結構信號放射理論(signalling theory)	舉債有下列好處： 1. 當權益資金成本高時（換句話說：股價偏低）且公司前景看好 2. 負債節稅利益，因此資金結構決策有影響公司獲利的資訊效果 (information effect)	信號放射理論最不合理的地方在於認為公司「愛在心裡口難開」、「養在深閨人未識」……，其實，只要說出來就可以了，何必繞一圈讓別人猜，而且往往可能「表錯情」，即一種信號二種相反解讀，例如 Steven Ross (1977)
三、動機強化假說 (incentive-intensity hypothesis)，如美國羅徹斯特大學邁克·傑森 (1989)	高利息負擔下，經營者為避免還不起本息以致破產，因此會減少過度投資，以擠出更多現金，以供償債。這情況尤以美國的舉債買下 (leverage-buyout, LBO) 最明顯	1. 同樣是高負債比率，但也可能出現負債代理問題，即債務人惡性倒閉，「債留臺灣」 2. 左 1 常遺漏一個重要變數，也就是董事會持股比例，在舉債買下時，買方董事會持股比例高，所以公司治理佳 3. 一般正常人不會「頭懸樑、椎刺股」、「臥薪嚐膽」來強化自己非達目標的決心，公司犯不著隨時處於破產的風險來警惕經營者戮力經營

1.考慮營所稅

新 MM 理論由表 5-6 可看出，以舉債取代部分股本，在其他情況（主要指營運面）不變下，可提高每股盈餘。但其說法也只有在此說法下才成立，至於說「利息的節稅效果可增加獲利」一說，可說「怎麼可能」，詳見下一段說法。

新 MM 理論招牌公式：

公司價值＝負債＋業主權益

舉債公司價值 = 未舉債公司價值 + 利息節稅利益

利息節稅效益 = T × D = T(P × R)

其中

D: 利息 = P × R

P: 貸款本金（餘額）

R_d: 貸款利率

T: 營所稅率

此時，MM(1958) 可視為 MM(1963) 的特例，即營所稅等於 0。

表 5-6   利息抵稅效益對公司每股盈餘的影響   單位：億元

	零負債公司	負債比率 20%	負債比率 40%
稅前純益	10	10	10
－ 利息費用	0	1	2
稅前盈餘	10	9	8
－ 營所稅	2.5	2.25	2
(1)稅後盈餘	7.5	6.75	6
總資產	100	100	100
股本	100	80	60
(2)股數	10	8	6
每股盈餘 =（1）/（2）	0.75	0.844	1

• 充電小站 •

tax shield

tax: 稅、租稅

shield: 盾（牌）

tax shield: 1990 年前直譯為稅盾，之後譯為
節稅（利益或效果）

2. 抵稅會增加獲利嗎？

「利息抵稅可增加獲利」的說法可用似是而非來形容，由表 5-6 可見，利息雖然有節稅效果，而且利息支出會侵蝕獲利——在其他情況不變下，而且隨著負債比率提高，企業一年辛辛苦苦，最後所剩無幾，苦嘆「為誰辛苦，為誰忙」，最大受益者皆是銀行。

套用新 MM 理論到極端：「企業應盡可能舉債，以享受利息的節稅利益」，以表 5-6 中情況來說，如果企業能借 200 億元、利率 5%，一年利息 10 億元，剛好吃掉稅前純益，稅前盈餘 0，不用繳營所稅。此時，可用「整碗捧走」來形容銀行。

那麼「利息的抵稅效果」錯在哪？任何費用都可扣抵稅前純益，而利息費用跟薪資費用一樣，也只是一種費用罷了！哪有「費用愈高，公司盈餘愈高」的道理，那麼股東賺什麼？

㈡米勒模式

M & M 中的米勒 (1977) 放單飛，把 MM(1963) 多考慮一項個人綜所稅，且假設公司發行公司債方式來舉債，公司債券愈發愈多，債權投資人利息收入增加，個人所得稅率也提高。因此投資人也會斟酌到底是買債券還是買股票比較好，因此公司無法把舉債的利益發揮到極致；簡單的說，新 MM 理論是米勒模式的特例，即投資人綜所稅稅率等於 0。

四、信號放射理論

打旗語、燈號是海軍（或童子軍）在無線電保持緘默下的溝通方式，聽障人士的手語也算，反正，不是口說、手寫的明示都算。對於「愛在心裡口難開」的人，男方會送花、女方會擦香水，來暗示對方「郎有情，妹有意」，這些沒有明說的便稱為信號放射 (signalling)，來自信號 (signal) 一詞。

㈠二個常見的場合

在財管中，有幾個地方常運用信號放射理論 (signalling theory)：

1. 資金結構信號放射理論。

2. 股利信號放射理論。

㈡背後理論

信號放射理論背後的理論基礎是「資訊不對稱」(information asymmetry)，公司比投資人擁有（有關公司價值）更多資訊，為了把此訊息傳達出去，便找到些一勞永逸的方式，就像昆蟲透過鮮豔色彩「告訴」掠食者：「我有毒，不要吃我」一樣。

㈢為什麼才重要

除了表 5–5 中的批評之外，這理論另一大缺點在於太重視「怎麼做」，也就是把公司發行現金增資股當作負面消息。但這還得分為下列二種情況：

1. 現金增資以償債。

2. 現金增資以擴大營運（含轉投資）。

前者對公司股價可能有負面影響，即公司前途「無亮」，怕負擔不起利息，只好向股東募資來還。但是後者卻是利多，尤其投資效益有助於提高每股盈餘。

由此看來，同樣行為卻可能有南轅北轍的資訊內容 (information content)，可見信號放射理論主張的「一號表情」可能有二種動機，很容易讓人分不清。

五、動機強化假說

夫差「臥薪」、勾踐「嚐膽」、項羽「破釜沈舟」這些歷史故事，皆表示為了強化雪恥、勇往直前的動機，所採取的非常手段；現代人常見方式則為男生理光頭。

此派犯錯之處，在於「把所有會發亮的都視為黃金」，月亮本身並不發光，而是反射太陽光。同樣的，表面上高負債比率的企業收購（即舉債買下），看似比較容易成功，甚至跟其他低負債比率公司相比，但這只是表象，背後還有更重要因素：董事會持股比率高、公司價值主要在於未來獲利機會現值，也就是大可不必「殺雞取卵」的剝削債權人，即惡性倒閉的捲款潛逃。

六、支持少舉債的理論——融資順位理論

就跟雞啄玉米一樣，由近到遠；融資順位理論 (the pecking order theory) 認為公司對資金來源的偏好依序為：

1. 保留盈餘，當不夠了，再走下一步棋，主因保留盈餘不用支付利息。
2. 舉債。
3. 現金增資。

Steward C. Myers (1984) 的融資順位理論背後的理由：

1. 保留盈餘是免費的資金？

舉債得付利息、現金增資可能會稀釋盈餘，而運用保留盈餘則沒有這些問題。

上面是教科書的說法，但都沒道理。保留盈餘的成本跟現金增資一樣，大部分情況下，權益資金成本高於舉債成本。假設現金增資會稀釋盈餘，那麼保留盈餘也會，保留盈餘頂多掛在帳上四個月，之後便透過盈餘轉增資方式轉成股本，跟現金增資合稱增資。

2. 信號放射理論

現金增資可能有負面的資訊效果，因此融資順位理論認為非到必要不祭出此招。

充電小站

- peck (vt)：（鳥用喙等）啄。
- order (n)：順序。
- pecking order：想像雞吃玉米，由上至下或由左至右來啄，比較順、也很省力。

融資順位理論的支持者

專業生產晶片電感及鐵芯等被動元件大廠——鈞寶電子，2002 年 3 月 1 日股票掛牌上櫃，掛牌價格為每股 42 元。公司成立以來長久一直保持零借款、無負債的經營，良好財務成為證期會優良模範生。

鈞寶電子資本額 3.2 億元，自結 2001 年營收 2.72 億元，稅前獲利約 8,100 萬元，每股稅前盈餘約 2.5 元。產品不斷創新領先，臺灣市佔率超過四成，佔領業界第一寶座，未來將向全球第十大邁進。(工商時報，2002 年 2 月 25 日，第 27 版，王清發)

第三節　資金結構的決策——抵換下的最佳資金結構

一招半式無法闖江湖，那麼三招二式應該比較妥當；同樣的，許多號稱終極理論 (ultimate theory) 便在於把許多理論僅考慮一、二個自變數兼容並蓄，如同大海納百川一樣。資金結構抵換理論 (trade-off theory of capital structure) 便是財管中的一種終極理論，最活躍的學者還是 Myers，從 1984 到 1999 年盯著此主題不放。

一、重新出發

看了一堆教科書、文獻，或許他們覺得說得很清楚，但是我卻霧煞煞，每次遇到此情況，我就從實務角度來看問題、找答案。

負債資金最大的好處是在一定負債比率內，負債資金成本低於權益資金成本。

$$R_e < R_d (1 - T) \cdots\cdots <5\text{--}3>$$

另 $R_e = R_f + ERP$ (equity risk premium)

$R_d = R_f + 3.2\%$ （3.2% 是放存款利率差，2002 年 7 月）

一般來說 ERP>3%，即以 ROE > $R_d(1 - T)$ 來說，可稱為正的財務槓桿，雖然到第八章才會提到，但此處簡單說明：

1. 權益資金成本較高

投資於公司（即買公司股票），公司會倒（很少企業股票上市後壽命超過三十年），而且獲利起起伏伏（即盈餘品質差異大），總得多給一些報酬（稱為權益風險溢價，equity risk premium），才能吸引存款戶把存款提出來去買股票。

2. 負債資金成本

債息有抵稅效果，所以舉債利率 (R_d) 並不是舉債成本，而是稅後舉債利率：

$$R_d(1 - T)$$

T: 營所稅稅率 25%

這也把抵稅效果考慮進來，並沒有必要再單獨討論利息的抵稅效果。

二、直接 vs. 間接融資

在金融體系自由化、國際化和多元化的潮流下，近來臺灣企業籌資，已降低對間接融資 (indirect finance，不宜譯為間接金融) 的依賴，而轉向直接融資 (direct finance，不宜譯為直接金融) 的方式募得資金。直接融資是指企業在貨幣市場 (money market) 發行商業本票、銀行承兌匯票或在資本市場 (capital market) 發行公司債和股票。廣義的直接融資還包括商業信用、公司向家庭借款、累積盈餘和資本公積；而間接融資主要指企業透過金融中介機構取得貸款，詳見圖 5–3。資金需求者可向金融中介機構 (financial intermediary) 借款，中介機構的資金來源主要是向社會大眾吸收的存款，因此扮演「受信」和「授信」的中介角色，企業透過中介機構籌集資金，稱為間接融資，詳見表 5–7。由此可見，拿融資跟商

> ### ● 充電小站 ●
>
> **finance 大搜索**
>
> finance 可說是一字數用，在財務管理中，financial 可指財務，例如 financial management 財務管理；但也可以指金融，例如 international finance 常指國際金融，主要談各國匯率等。
>
> finance vt., vi., 供給資金、融資
> finance 動名詞，融資
> direct finance 宜譯為直接融資
> indirect finance 宜譯為間接融資

品銷售相比，就容易懂了，直接融資就是直效行銷 (direct marketing)，間接融資就
是商品的經銷。

圖 5-3　直接融資 vs. 間接融資

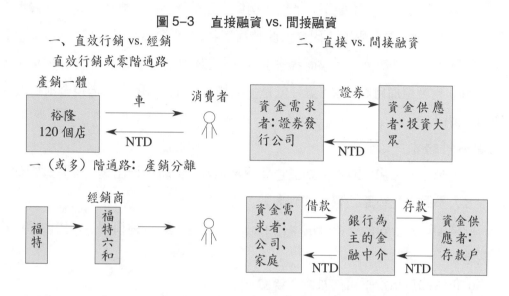

一、直效行銷 vs. 經銷
　直效行銷或零階通路

二、直接 vs. 間接融資

表 5-7　企業資金來源區分

科目、分析角度	依公司內外部來源區分	依報酬請求權區分	依中介情況區分
金融機構借款			間接融資 (indirect finance)
向政府借款	外部融資 (external funding)	負債資金 (debt funding)	直接融資 (direct finance)
向家庭和企業借款			
向國外借款			
商業信用			
公司債			
短期票券 (CP + BA)			
現金增資			
淨值(資本、公積和保留盈餘)	內部融資 (internal funding)	權益資金 (equity funding)	

三、有一好，沒二好

　　借款跟吃河豚很像，河豚肉是人間美味，但偶爾連有執照的河豚師傅經手，也
可能造成食客輕則中毒，重則死亡。同樣的，舉債的好處是資金成本低，但壞處卻

不能不知。

(一)水漲船高

首先，在其他情況不變下，負債比例愈高，貸款利率也就水漲船高，轉捩點常以負債比率 50% 為分界。主因是逾此楚河漢界，負債代理問題就變得愈來愈有可能，銀行會擔心借款公司「整碗捧去」。因此貸款利率中違約風險溢價 (default risk premium) 也就愈加愈高，地下錢莊就是一個標準例子，信用卡預借現金則是個人常碰到的情況。

(二)看不到的才更恐怖

人為什麼會怕鬼，因為不知道它長得多恐怖、何時何地出現、會怎麼害你，因此很多人不敢多走夜路，以免碰到鬼。

同樣的，借款固然有資金成本低的優點，但在下列二種情況下，代價卻不低，有些地方不易貨幣化。

1.正常繳息情況下可能被綁手綁腳

在正常繳息情況下，借款公司至少蒙受二項機會成本，應稱為「隱含舉債成本」(implicit debt cost)，即不是有形的、沒有實際支出的，但財務學者大都使用「間接」舉債成本 (indirect debt cost)。

(1)機會成本

臺灣的債權契約比較簡單，但海外融資時債權契約複雜很多，重點在於債權人透過一堆限制條款，以確保借款公司不去做冒大風險的投資，藉以確保債權。

(2)代理成本

如同下面充電小站內容所說，借款公司為了避免破產，會在投資、經營方面小心翼翼，以致有些最佳投資案只好割捨，而去接受「不是淨現值報酬率最高但卻還本較快」的次佳方案。這是（負債）代理理論中，代理人自我約束的成本，外人根本不知道這項成本有多大。

2.違約情況下

舉債最大的缺點在於只是六個月（以本例負債 40 億元，利率 5%）累積 1 億元利息未還，公司大部分資產會被銀行向法院申請假扣押，弄得公司動彈不得。以充電小站中的間接破產成本 (indirect bankruptcy cost) 來說，將於下段說明。

⑴直接破產成本

舉債成本 (debt cost)

一、正常情況

㈠直接舉債成本 (direct debt cost)

　1. 貸款利率：基本貸款利率 ± 3%

　2. 相關費用：律師、會計師、代書（土地設定等費用）

㈡間接舉債成本 (indirect debt cost)

　1. 機會成本：債權契約中限制條款（例如限制流動比率大於2），使公司失去財務操作彈性

　2. 約束成本：為了怕還不起貸款，借款公司會自我設限，以維持利息保障倍數的獲利，因此會排除一些「短期虧損，長期大賺」的投資案，此稱為「投資不足」(under investment)，Chung (1993)

二、違約情況，稱為舉債相關成本 (leverage-related cost) 或財務危機成本 (financial distress cost)

㈠直接破產成本 (direct bankrupcy cost) Warner (1977)，（當公司跳票但未被法院清算時）

　• 違約懲罰性利率

㈡間接破產成本（當公司清算時）

　1. 未來獲利機會（佔公司價值）32%，包括(1)現有客戶、供應商部分流失，(2)放棄長期獲利的投資案,(3)最後還包括關鍵員工離職和董事會處理破產事宜所形成的無效率

　2. 清算費用（佔公司價值）5%，包括(1)清算程序時律師、會計師費用,(2)臨時處分資產的折價損失，小公司比較小，因為資產金額小，比較好出脫

在沒繳利息起六個月內，借款公司也是有苦難言，此時不僅未付利息會滾入本金(餘額)，構成利滾利的複利現象。而且少數銀行甚至對未還息期間改以懲罰性利率（例如貸款利率再加 2 個百分點）來計息，對財務危機中的公司來說真是「屋漏偏逢連夜雨」。

⑵間接破產成本

但間接破產成本究竟有多高呢？這可沒個準兒，美國聖路易大學企研所教授 Alderson & Betker (1996) 對 71 家公司研究結果，計量模式對間接破產成本的解釋能力頂多只有二成。這並不足為奇，因為其中以「繼續經營價值」(going-concern value) 佔86%，這些不是靠幾個自變數、線性函數的模式設定所能解釋的。此外，不須任何統計分析，邏輯推理也可得知，固定資產比重（佔總資產）跟間接破產成本呈負相關。

㈢你怕我，我怕你

以老實的借款公司來說，借款恰巧可用「你（銀行）怕我，我怕你」來形容。許多實證研究在於找出具有哪些公司特定因素 (firm-specific variables) 的公司，會採取高負債比率。舉圖 5-4 中一項來說明，獲利強的公司現金多多，可能就先採用內部融資方式來支應資金需求，負債比率相對較低。

圖 5-4　影響公司資金結構的因素

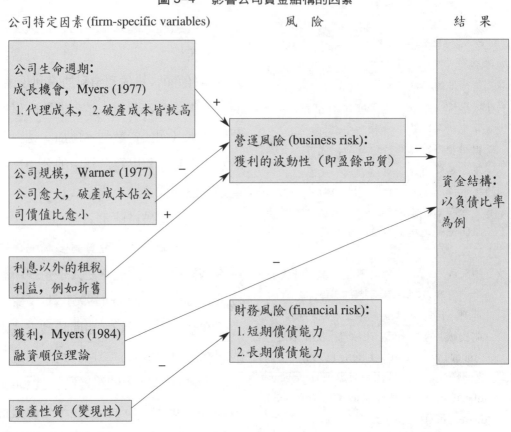

公司特定因素 (firm-specific variables)　　　風　險　　　結　果

公司生命週期：
成長機會，Myers (1977)
1.代理成本，2.破產成本皆較高

公司規模，Warner (1977)
公司愈大，破產成本佔公司價值比愈小

利息以外的租稅利益，例如折舊

獲利，Myers (1984)
融資順位理論

資產性質（變現性）

營運風險 (business risk)：
獲利的波動性（即盈餘品質）

財務風險 (financial risk)：
1.短期償債能力
2.長期償債能力

資金結構：
以負債比率為例

資料來源：整理自 Ozkan (2001), pp.175~186。公司生命週期、風險一欄係本書所加。

反之，成長機會多的公司，像處於產業成長階段的液晶顯示器 (TFT–LCD) 產業（2002 年當紅產業），公司價值主要來自未來獲利機會、營運風險較高，以致於破產成本較高（拍賣時固定資產少，可能售價不高），這樣公司往往無法說服銀行接受其高負債比例，這跟銀行喜歡放款給鐵飯碗、偶爾加薪 3% 但不減薪的軍公教人員的道理是一樣的。

四、資金結構決策

㈠舉債成本

由前述分析可知，縱使不考慮借款公司的間接舉債成本、間接破產成本，光是

違約風險溢價（可視為負債代理成本中最大一項）水漲船高，一如圖 5–5 中的（直接）舉債成本曲線便呈現正斜率，當負債比率超過 50% 時，貸款利率可能高達 12%。此種無擔保公司債因利率高，又稱為高報酬率公司債 (high-yield bond)，又因違約風險高，一旦公司付不出利息，公司債便成為一堆垃圾，又稱為垃圾債券 (junk bond)。

圖 5–5　負債比率對公司價值的影響

㈠公司價值極大

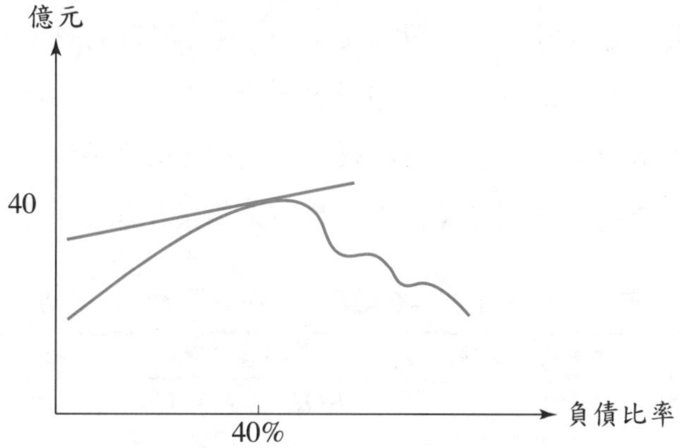

㈡資金成本極小

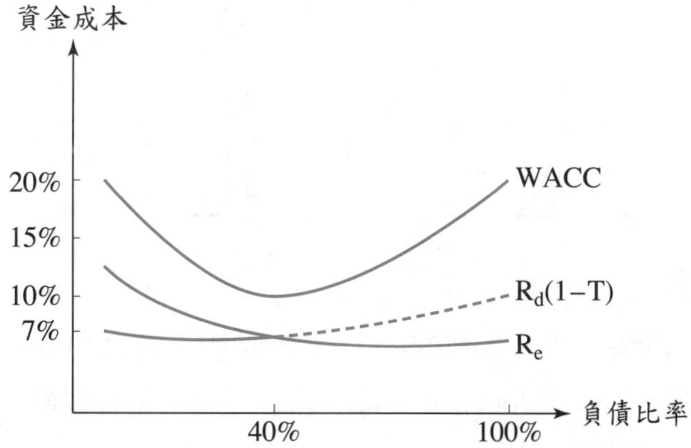

㈡權益資金成本

　　反之，假設一個公司負債 90 億元、股本 10 億元，此時權益資金成本一定低於負債資金成本。有不少不肖之士，擠破頭都會高價擴大負債比例，然後捲款潛逃，「反正死的是銀行」。

縱使是老實的公司，反正玩的是別人的錢 (other people money, OPM)，縱使公司虧損，自己輸得也不多。

不管哪一種情況，權益資金成本跟負債比率背道而馳。

(三)資金成本最低點

一般來說,公司資金最低點會出現在負債資金成本線由下向上跟權益資金成本曲線相交點,此時負債比率 40%,便稱為最適資金結構 (optimal capital structure)。

在圖 5-5 中，資金成本最小化的另一種說法便是公司價值極大，這種說法稱為對偶命題。大一個體經濟學中相似情況便為:「在已知效用目標下，求支出最小」，另一種相等說法是「在已知支出下，追求效用極大」。

結論可用表 5-8 來說明，公司資產報酬率大於（加權平均）資金成本時，還會再募資擴大營運，直迄二者相等時，即平均收入等於平均成本點時。

表 5-8　資金成本在融資面、投資面的決策準則

經濟學上決策準則	AR $\geqq$ AC
財管中	1. ROA $\geqq$ WACC
(一)資金結構決策	資產　　加權平均
	報酬率　資金成本
	此即廣義的財務槓桿
(二)成本面	2. 舉　債
	ROI $\leqq$ R$_d$(1 – T)
	ROI: 投資報酬率
	此即狹義的財務槓桿

(四)最適資金結構

資金來源分為外來資金 (external financing)、內部資金 (internal financing)，跟公司生產決策很像，即外包 (out sourcing)、自己生產；總有個最適資金結構，其中「最適」又有人用「目標」(target)、「最佳」一詞。

(五)目標調整模式

公司短期偏離長期負債比率，會採取一連串措施往目標資金結構（例如負債比率 40%）趨近，此稱為目標調整模式 (target adjustment models)。

1. 現狀，由現狀（可視為經濟學中市場失衡）往目標負債比率趨近，稱為靜態

抵換理論 (static trade-off theory)。

　　2.目標（或最適）負債比率（target 或 optimum 的 leverage ratio 或 debt ratio）。

◆ 第四節　財務策略
——兼論資金結構跟公司策略的關連

　　一般財管書都是「關起門來當皇帝」的自成一國，來討論財務管理活動。然而財管是為協助各部門達成公司目標而存在的，因此當然不能離群索居。甚至，在美國很多大公司，財務長都位居執行副總裁位置，地位僅次於總裁和業務副總裁；在臺灣，很多公司的財務部是由董事長（或董事長的親信）親自管理。

　　財務長常被賦予參與公司策略大計的重任，而不只是個管錢的中低階主管，例如 2002 年 7 月光寶科技聘任曾任奇異公司臺灣區總經理魏逸之擔任總財務長。在此情況下，瞭解財務長如何透過財務策略以擴大公司策略範圍，便是本節的重點。

一、財管不是單獨存在的

　　財務部是為了達成公司目標而設立的功能部門之一，沒有本身獨立的目標，也就是不能關起門來當皇帝。財務資源 (financial resource) 是公司策略性資源 (strategic resource) 中的有形資產 (tangible asset) 之一 —— 請詳見拙著《策略管理》圖 11–2。

㈠多角化方向

　　依據「靠山吃山，靠水吃水」資源依賴理論的主張，錢是通用的，因此大可支援公司經營版圖的擴大，即進行複合式多角化 (unrelated diversification)。

　　美國德州 A & M 大學企研所教授 Kochkar & Hitt (1998) 延伸以往「公司策略—資金結構」(corporate strategy–capital structure) 的研究，而得到圖 5–6 的結論。

㈡融資策略

　　偶爾會看到少數碩士論文、報刊採取「財務策略」(financial strategy)、「融資策略」(financing strategy) 的用詞，雖然大部分財管教科書皆沒有這些名詞，但是策略

管理學者則常用。

一如公司「策略」是指公司成長方向、方式、速度這三件事，所以同理可推，募資策略是指公司資金來源（方向）、募集方式，詳見圖 5-6 第一個大方格。

圖 5-6　公司財務策略對公司策略的影響

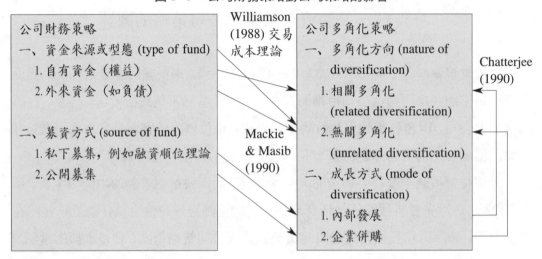

資料來源：整理自 Kochkar & Hitt (1998), pp.601~603.

(三)募資方式和成長方式

私下募集方式，投資人比較有機會跟公司深談，甚至個別進行實地查核 (site review)，因此可以降低資訊不對稱問題。這尤其是在下列情況下特別明顯：

1. 產品處於導入期 (speculative products)，例如生技業。
2. 無形資產比重大。
3. 信用評等較差。

二、積極 vs. 消極策略

資金結構決策權掌握在董事會手上，例如股東不願意認購現金增資股，負債比率只好居高不下。再由金融投資的佈局，二方面皆可看出公司在財務操作上到底是消極（偏向金庫、帳房功能）或是積極（偏向票券公司、投信公司功能）。

(一)先從足球隊形說起

2002 年 6 月，世界盃足球賽在日、韓開打，掀起一股足球熱。足球一隊 11 人，

扣掉守門員,有 10 名球員可進攻,兩隊加起來就 20 人,在場上穿梭,看起來毫無
章法。但「外行看熱鬧,內行看門道」,一般可把 10 人隊形分成表 5-9 中的三種,
縱使你不認識球員,但大概可以發現前鋒(或箭頭)、中鋒、後衛共分成三波。上
屆冠軍法國隊,因為睽違冠軍獎杯五十年,而且又是地主國,勢在必得,因此採取
非常冒險的「532」隊形,輪到對手進攻,(部分)前鋒得快速回防,一旦速度稍有
閃失,便很容易被對手「以多吃少」而得分。採取進攻型隊形,需要球員體力相當
強,才能跑全場。上次拿冠軍,這次在預賽時就慘遭淘汰,可見有利就有弊。

表 5-9　足球隊形及其目的

	防守型	中庸(傳統型)	進攻型	跟資產負債表右邊相比
前　鋒	○○	○○○○	○○○○○	短期負債
中　鋒	○○○○	○○	○○○	長期負債
後　衛	○○○○	○○○○	○○	業主權益
目　的	穩住戰績,少輸就是贏	穩紮穩打	窮追猛打,扳回頹勢	
隊形名稱	244	424	532	

㈡再來說明財務策略

如果我們重新定義財務策略 (financial strategy) 包括融資面、投資面,有別於
以往只把融資策略視為財務策略。由表 5-10 可見,跟踢足球(籃球隊形大抵是足
球人數除以 2 罷了)很像,在表 5-9 右邊,我們已把資金結構跟足球隊形相比了。
在表 5-10 中,我們額外再加入投資策略,然後套用投資策略的分類方式,把財務
策略分為消極策略 (passive strategy) 和積極策略 (active strategy) 二種。

◆ 第五節　企業生命週期的資金規劃

公司財務狀況對公司發展的重要性,似可用血液之於人體來比喻,而拿破崙說
「戰爭勝利的條件第一要錢,第二要錢,第三還是要錢」,這句話雖然誇張了些,
但可見對處於創立、創建期的公司,比較能切身體會到「非錢莫辦」的重要性。這
是因為在這些階段的公司幾乎很難籌到多少外來資金。由圖 5-7 可見在公司各階

表 5-10　積極 vs. 消極的財務管理方式

策　略	消極 (passive strategy)	積極 (active strategy)
一、融　資		
1.財務風險	低，故採低負債比率，甚至「零負債」	高，因採高負債比率，甚至發行垃圾債券、借貸
2.財務肥肉	多，尤其是未動支額度很高	少
3.資金資產期限配合	以長支短，以免青黃不接	以短支長，積極採短線的換券操作，追求利率最低
二、投　資		
㈠短期償債能力	以速動比率維持在 1.5 倍以上，有備無患	及格就好，把現金儘可能放在預期高報酬的股票投資等
㈡中長期證券投資	守株待兔，長期投資，即「買入持有法」(buy-and-hold)	積極進出，甚至短線操作

段貸款、權益資金的可能來源。

一、創立（種子）階段——籌備處

在公司只處於概念、影子階段，此時幾乎無法從金融機構取得貸款，至於個人信用良好者例外——主要是目前已有事業而再擴大創業者。

此時，貸款、權益資金來源皆有限，沒錢就沒膽，因此步步為營。尤其當內帳負債比率非常高時，更須擔心每月要繳的會錢等。

以宏碁創業百萬元資本額的來源來說，董事長施振榮的 50 萬元靠母親支援、邰中和的 10 萬元也是跟母親借的……。

二、創建期（小型企業——資本額 1,000 萬元以下）

在公司規模還小的階段，資金主要來源如下：

㈠貸款資金

主要項目是抵押貸款（包括租賃），連中美基金貸款也是，只是貸款利率低一、二個百分點罷了，甚至青年創業貸款信用貸款部分也很有限，每人只有 60 萬元，可說是杯水車薪，不過對小型企業來說，也不無小補，聊勝於無。這個階段的重點

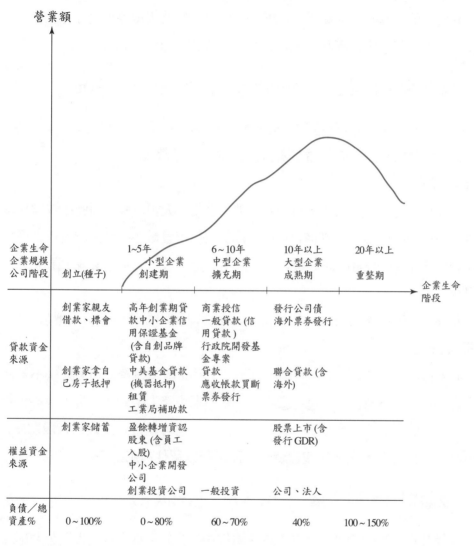

圖 5-7 公司生命階段的資金來源

企業生命 企業規模 公司階段		1~5年 小型企業 創建期	6~10年 中型企業 擴充期	10年以上 大型企業 成熟期	20年以上 重整期
貸款資金 來源	創業家親友 借款、標會	高年創業期貸 款中小企業信 用保證基金 (含自創品牌 貸款)	商業授信 一般貸款(信 用貸款) 行政院開發基 金專案	發行公司債 海外票券發行	
	創業家拿自 己房子抵押	中美基金貸款 (機器抵押) 租賃 工業局補助款	貸款 應收帳款買斷 票券發行	聯合貸款(含 海外)	
權益資金 來源	創業家儲蓄	盈餘轉增資認 股東(含員工 入股) 中小企業開發 公司 創業投資公司	一般投資	股票上市(含 發行GDR) 公司、法人	
負債／總 資產%	0~100%	0~80%	60~70%	40%	100~150%

創立(種子)

企業生命階段

營業額

仍在多貸一點款,至於利率高低並不是最重要的事。

㈡權益資金

此時權益資金主要來源還是盈餘轉增資,但也有可能需要增資,主要來源可能是往來中下游廠商。至於中小企業開發公司的投資,一般金額為 1,000 萬元。

不過此時允許專業機構投資人(例如創業投資公司)進來,無異拿到「良民證」,許多銀行、票券公司都會願意提供信用貸款、票券發行。因此重點不在於機構投資

人能拿多少錢出來投資，而在於藉此以擴大負債資金的來源。

不過由於產業特性的關係，大部分的小型企業將永遠停留在小企業階段，只是隨著營業額達到穩定、獲利出現，財務狀況就不會《一ㄥ了。

三、擴充期（中型企業——資本額 1,000 萬元～ 1 億元）

公司成立五至十年,便應該有機會進入青少年階段,此時資金取得愈來愈容易,因此資金取得的重點比較偏重於資金的成本而不是數量。

㈠貸款資金

令人高興的是，由於公司開始有盈餘、營收也大幅成長，因此比較容易取得商業授信——即開期票給供應商，和向銀行拿到信用貸款。不過此階段企業仍可能缺錢，就如同青少年發育階段一樣，因此搞不好連應收帳款都必須貼現預售掉，以換來現金。

此外，此時企業可行融資管道增多，跟金融機構議價空間大大增加。

㈡權益資金

此階段離股票上櫃、上市可能不到五年，因此創業投資公司可能毫不考慮地便會投資；而一般公司、法人也考慮投資。在外來投資人帶動下，員工或許也希望入股，無論是企業主動或被員工半推半就，此時公司可能會實施員工入股制度，不過這階段的功用反而不在取得權益資金，而是藉以留住員工的心。

四、成熟期（大型企業——資本額 1 億元以上）

隨著公司大型化趨勢、融資管道不順暢，中小企業要蛻變成大型企業的時間拉長，一般常需熬個十年八載才會到達大企業俱樂部的入會資格。這可以想像成在高達一百米的大樹森林中，小樹要茁壯可得爭破頭。

此時資金來源無虞，對於資金來源還可以挑三撿四，財務的重點在於投資而不是融資；就跟壯年人一樣，重點在於運動以保持健康、年輕。

五、重整期（中小型企業）

有些企業會面臨衰老，甚至有些企業沒邁入成熟期便直接進入重整期。此時可

能需要外來資金來源輸血，否則極易被過重的負債壓得喘不過氣，甚至壓死。

六、引進顧問協助成長

許多企業為了省錢，因此不捨得花錢聘請財務顧問公司，但財務顧問可以針對公司各生命階段的資金結構預劃藍圖，以免因企業盲衝瞎撞，屆時耗太多時間在跑三點半，把老闆的精力鬥志消磨掉；甚至一不小心，還得擔心跳票、藍字倒閉情況，因而財務顧問公司效用極大。

◆ 第六節　創業時財務結構規劃
——負債比率多高才合宜？

常常有人問我：「創業時，最多舉債到多少便算太高、太危險了？」回答這個問題並沒有簡單的答案，主要必須考慮下列因素，參見表 5-11，詳細說明如下，才能決定最適資本結構。

一、第一層限制：負財務槓桿限制

舉債的第一層限制，其實是操之在借款人，總會將本求利，先盤算下面二種情況該如何是好。

1. 「稅後貸款利率」小於貸款資金的報酬率（一般以資產報酬率為代表），則顯示舉債經營划算，稱為「（正）財務槓桿 (positive financial leverage)」。此處「稅後貸款利率」是指貸款利率（例如 8.5%）再乘上 (1 − 0.25)，便是 6.375%，這是因為利息費用有抵稅效果。

2. 要是稅後貸款利率大於貸款的投資報酬率，此時稱為「負財務槓桿 (negative financial leverage)」，此情況下，沒有人會貸款的，否則無異為人作嫁，賺的錢都還銀行去了。

最顯而易見造成負財務槓桿的負債資金來源是地下錢莊(檯面上常稱為財務顧問公司)，月息常在 10% 以上。比較無法立即判斷的是租賃公司，月息常在 1.5%(或

19.56% 年息）以上。除非你是高科技之類公司，否則怎麼可能負擔起這麼重的利息錢。

表 5–11　負債比率的三層限制

三層限制	負債比率（舉例）	說　明
第一層 負財務槓桿：獲利能力分析	80% 以上	借款利率×（1－25%）大於權益報酬率時
第二層 財務風險上限限制：自我限制	40% 以上	1.流動比率宜在 1.4 以上 2.速動比率宜在 1 以上
第三層 銀行授信限制：貸款可行性分析	60% 以上	利息保障倍數宜在 4 以上

註：流動比率、速動比率、利息保障倍數的計算公式請參考表 5–12。

流動資產範圍	說　明
1.現金和約當現金	約當現金例如定存單、附買回票券、債券基金
2.應收票據「淨額」	應收金額減備抵呆帳
3.應收帳款「淨額」	同上
4.其他應收款	利息、關稅退稅、下腳收入……
5.存　貨	
6.預付款項	如購料款、保險費、其他
7.其　他	

流動負債範圍	說　明
1.短期借款	
2.應付短期票券	發行票券餘額減預付利息
3.應付票據	
4.應付帳款	
5.其他應付款	如獎金、佣金、獎勵金、利息、廣告費、運費、勞務費、稅捐、其他
6.應付所得稅	預計營所稅款減「暫繳和扣繳稅款」
7.其他流動負債	
8.一年內到期的長期借款	

二、營運風險 vs. 財務風險均衡一下

　　創業可能會倒閉，這風險主要來自營運、財務二方面，為了避免總風險太高，一般皆控制財務風險；也就是說無法控制的營運風險太高時，財務風險應該低一些（即負債比率應該低）。簡言之，高科技產業具有「產品壽命短」的特性，也就是營運風險高，此時應提高自有資金比率，最好到 80%。

　　有些老闆主張理想上無負債經營，才能完全免於財務風險。話雖不錯，但完全不向銀行貸款，跟銀行往來業績便不好看，到時你缺錢時，恰巧碰到市場缺錢，你可能被雨中收傘。所以縱使是錢多多的公司，最好跟銀行取得授信額度，並適度動支其中一部分。這就跟車子長期不開，但每天最好還是開動了十五分鐘，以免電瓶沒電⋯⋯等。

　　但大部分一開始創業時常是缺錢的，那是否箭在弦上不得不發呢？如果營運風險高，那還是先緩一緩，先存點錢或找人投資，否則極易「老壽星吃砒霜」活得不耐煩。賺錢的機會永遠在，無須「呷緊弄破碗」。

㈠事業各階段的負債比率

　　圖 5-8 可看出一般小本創業的各階段負債比率。

圖 5-8　公司各階段的負債比率

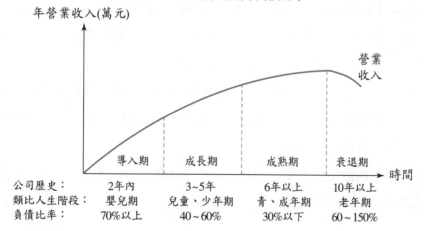

1.導入階段

　　創業初時，負債比率被迫居高不下，常常高達 70% 以上，這當然是不健康的，

只是不得已。但久了以後，不能視為理所當然，否則只要來一個不景氣，走鋼絲的人最容易被吹落地，就跟二歲內的嬰幼兒容易猝死是一樣的道理。

2. 成長階段

此時開始有盈餘，但如果要開第二家店，可能資金仍不足，此時似宜引進投資人，透過現金增資，以降低負債比率，這就是常見的「改善財務結構」、「增強財務體質」的說法。此階段最怕你得意忘形，反而擴大舉債，到時輸的時候連本都不夠賠。

3. 成熟階段

這時公司業績、盈餘很穩定，盈餘沒處去，只好逐漸還債、負債比率自然逐漸下降，最好維持在 40% 以下，預留一些舉債空間做為「財務肥肉」，以備缺錢時之用。

4. 衰退階段

事業由盛轉衰，除非是猛爆性肝炎，否則都有跡可循，如果能提前轉型，則可避掉一劫；但如果硬拿錢來止痛，負債比率甚至會爆掉 —— 地下錢莊貸款如果再加入資產負債表上，那麼負債比率往往破百，高達 150%、200%。

(二)短期償債能力限制

太沉重的債息負擔，往往會把借款人壓得喘不過氣來，甚至被逼瘋了而狗急跳牆，而去從事「高風險、高報酬」的本業以外的活動，以求挹注本業。最常見發橫財方式例如：買股票、做期貨、作走私，為了避免此種強迫心理，所以不要把自己逼得太急，不跑三點半至少便可鬆一口氣來衝事業。

除了債息成本負擔外，負債結構（即短期負債、長期負債佔負債總額的比重）也很重要。短期負債不能太高，否則一旦青黃不接，重則發生「黑字倒閉」，輕則多一個「跳票、退補」的紀錄。

一般判斷短期償債能力是否足夠，其標準如表 5-12 所述。作老闆的最應該瞭解這二個數字，尤其是速動比率。

表 5-12　長短期償債能力指標

償債能力	計算方式	最低數值
1. 短　期		
(1)流動比率	$= \dfrac{流動資產}{流動負債}$	1.4
(2)速動比率	$= \dfrac{流動資產 - 存貨 - 預付費用}{流動負債}$	1
2. 長　期		
(1)利息保障倍數	$= \dfrac{稅前損益 + 折舊}{（年或月）利息費用}$	4
(2)自有資金比率 （即資本適足度）	$= \dfrac{業主權益}{總資產}$ $= 1 - 負債比率$	0.5

三、第三層限制：銀行授信限制

要是借款人不知自我節制，最後一道防線還是會卡在放款者，金融機構自然會卡住你。方式如下：

　1. 抵押貸款

不管標的物是什麼，頂多只是市價再打七折，除了定存單是打九折外。

　2. 信用貸款

信用貸款是搭配著抵押貸款來的，很少銀行跟中小事業只作信用貸款。不過，信用貸款也必須符合一定標準，最基本的要求是公司要賺錢，也就是會計師簽出來的財報至少要有盈餘；所以有些公司明賺暗賠，寧可付一點點營所稅，作為取得銀行貸款的代價之一。至於銀行會給你多少信用額度，則取決於你的利息保證倍數，一般來說這數字愈高愈好（對銀行來說），但至少在 4 以上。

除了授信金額的限制外，隨著你負債比率的水漲船高，貸款利率也會跟著往上調，以反映你的倒閉風險節節高升，貸款利率會逐漸調升到讓你知難而退為止。

四、「不列入資產負債表融資」方式推陳出新

當一公司的資金結構受限時，例如對於不擬超過負債比率上限而仍想取得負債

資金者，傳統作法為透過租賃、貼現出售無追索權的票據 (non-recourse finance)，也就是「不列入資產負債表融資」(off-balance-sheet financing)。最近此融資工具更是推陳出新，例如：

㈠將來有效契約 (executory contracts)

普遍流行的是買主提供融資給供應商去買機器蓋廠房 (supplier's financing arrangements)，而買主則獲得供應商長期的產能。常見的有兩種方式：

1.接受或付款契約 (take-or-pay contracts)：買主付一下限金額款項以購買供應商的產品或服務，可說是買主提供專案融資 (project financing arrangements) 給供應商。

2.產量契約 (through put contracts)：跟接受或付款契約相似，只是供應商提供的是服務。

買主「取得」不列在資產負債表上的固定資產，另一方面，此未來購買供應商服務或產品的採購義務 (purchase obligation) 並不會列在資產負債表的遞延負債上。

此外，租貸契約 (lease agreements) 也是將來有效契約最盛行的方式，雖然財務會計公報第 13 號要求符合規定案件的租賃，承租人應把租賃加以資本化 (lease capitalization)，不過「道高一尺，魔高一丈」，承租人也可規避上述條件。

㈡「負債實質無效」(insubstance defeasance of debt)

當借款公司在屆期日前發現無力還清貸款時，透過「負債實質無效」方式，經過放款者同意，而消滅 (extinguish) 某些型態的負債——如資本化租賃、明定屆期日和固定還款排程的貸款。作法是借款公司把無風險資產（如現金、公債）移轉給不可撤銷受託人 (irrevocable trust)，此信託則依原貸款契約以受託資產還款給放款者；而此貸款便從借款公司資產負債表中負債餘額中扣減掉。

㈢融資工具推陳出新

雖然法律上不承認此情況下負債已償還 (retired)，但財務會計準則第 76 號「負債消滅」(extinguishment of debt) 卻承認此種資產移轉可視為負債之消滅。而且財務會計準則委員會對此項交易的揭露要求很少，外部報表只須簡單的描述此項交易的負債消滅金額等便可，投資人和其他放款者很難從此附註資訊以評估此項交易的風

險和報酬。

　　至於引用財務工程的觀念所創造出的工具和資產交換，本書不擬討論。本書的重點在說明透過「不列入資產負債表融資」以進行資金結構調整。誠如美國 Rider 學院會計系三位教授 Laibstain 等的建議，隨著融資工具的推陳出新，財會主管宜跟上時代，瞭解各工具的適用時機，並且確保財務報表揭露不致誤導報表閱讀者。

◆ 本章習題 ◆

1. 以表 5-2 為基礎，再看看 capital 這個字還有沒有其他解釋。

2. 以比重、比例方式算出台積電的負債比率、自有資金比重。

3. 以台積電、國巨等為例，檢查其財務結構是否健全。

4. 以表 5-5 為底，找資料再補充。

5. 以表 5-6 為底，比較台積電零負債跟目前狀態的每股盈餘。

6. 以圖 5-5 為底，求出台積電的最佳負債比率。

7. 以圖 5-6 為基礎，比較同一產業兩家公司的公司（發展）策略。

8. 以一家剛上市股票為例，以圖 5-7 為底，寫出其各階段資金來源。

9. 以一家剛上市股票為例，以圖 5-8 為底，劃出其各階段的負債比率。

10. 找一家有機器租賃的上市公司，把租賃費用算成利息費用，折算出其有效負債比率（即讓其財報現出原形）。

第六章

風險管理

　　一支部隊在進入戰場之前，應該先釐定什麼是戰勝，快速離開戰場轉戰下一個戰場；也應界定怎樣算戰敗，迅速退出戰場以保全戰力，來日再戰！

　　——克勞塞維茲（西方兵聖）　《戰爭的藝術》

學習目標:

財務風險管理是財務五大重點之一，而且其觀念也可用在營運風險管理，其重要性不言可喻。

直接效益:

有專門課程、專書在討論風險管理，但很少像表 6–3 那麼清楚。

本章重點:

- 曝露和風險的差別。表 6–1
- 公司風險的種類。表 6–2
- 風險管理的五種手段。表 6–3
- 損益兩平點的計算公式。表 6–6
- 三個損益兩平的相關觀念。表 6–9
- 風險值 (VaR) 在營運風險的運用。§6.2 五
- 財務風險衡量方式。表 6–12
- 長期還款能力二種衡量方式。表 6–13
- 二種投資的權責單位。表 6–14
- 各產業生命階段的財務風險管理之道。表 6–15
- 常見增加公司經營彈性的作法。表 6–16
- 財務肥肉的第一、第二預備金性質。表 6–17
- 公司肥肉的功能。表 6–18

前言：管理風險，別讓風險管理你

西方兵聖克勞塞維茨在其名著《戰爭的藝術》中強調，在介入戰場前就應該明瞭在什麼情況須退出戰場。如果把這原則運用在企業經營上，一方面表示要見好即收（例如：股票上市、出售公司），一方面也顯示在虧損到達何種程度便須急流勇退，以免全軍覆沒，後者在企業經營便是風險管理。

企業風險管理的重要性可用一句話來形容，即「賺錢時以（投資金額）百分比計算，損失時以倍數衡量。」因此，在企業進行成長的策略規劃階段，風險管理至少扮演下列二種角色：

1.要做還是不做 (to be or not to be)？回答這問題的方法，不在於以貨幣為衡量單位，而應以效用為衡量單位，也就是不在於賠多少錢，而是經營者（尤其是多數股東）的感受。

2.如果要做，那麼如何管理可能遭遇的風險，尤其是怎樣把風險控制在可接受的範圍。

第一節擬提綱挈領說明風險管理五大手段，第二、三節我們運用財務管理中的投資組合理論，來說明公司如何控制營運風險在可接受的範圍，第四節說明出險後的風險理財。

第一節　公司風險管理快易通

一般人（可能大部分老闆也在內）一想到風險管理，最先想到的是買保險；股票族的風險管理主要是持股比率，也就是不要發生「（全部）現金寄股市」的情況，其次是「不要把所有雞蛋擺在同一個籃子」的持股分散。買保險是狹義的風險管理，只是風險管理的五種中分類手段之一（詳見表 6–3）；至於股票投資人所指的風險管理，也只是五種中分類手段之一組合的運用罷了。也就是還有三種中分類手段，一般人、股友族可能不熟悉，因此本節希望「三兩下清潔溜溜」的讓你有個全面觀。

一、又是「己巳巳」的分別 (what)

財務管理中也有「己巳巳」看似差不多，但咬文嚼字的說，卻是「大大唉不同」。由表 6–1 可見，風險 (risk) 是指「吃雞肉沒（份），掃雞屎有（份）」、「偷雞不著蝕

把米」的倒楣，而且機率已知，常見情況是樂透彩券投注，其次是搭飛機，三百萬分之一會感受到「機瘟」。

表6-1　曝露和風險的差別

	曝露 (exposure)	風險 (risk)
發生情況	已經發生	不必然發生
機　率	已知	已知
結　果	受損、受益	受損
舉　例	持有股票	搭飛機而墜機，機率為三百萬分之一

曝露 (exposure) 則是有好有壞，像手上持有股票，股價漲，自己身價就水漲船高，即紙上富貴。股票崩盤，自己就住「套房」，成為套牢一族（緣自阿達一族）。

至於不確定 (uncertain) 則是指「人人有希望，個個沒把握」的機率未知情況，可說是曝露情況下的特例，簡單的說便是「吉凶未卜」。

二、風險管理跟賺錢一樣重要 (why)

你有沒有靜下心來想過下列二種情況：

1.以超商來說，純益率約 3%，營業成本率約 67%，簡單的說，1 件商品（例如電池）被偷，得辛苦賣出 22 件商品才能勉強打平。

2.銀行放款利率 5.325%，扣除成本 2.125%（資金成本假設為一年期定存利率 2.125），純益率頂多才 3.2 個百分點。（經濟日報，2002 年 8 月 31 日，第 7 版，傅沁怡）一旦有一筆 100 萬元的呆帳，得靠三十八筆 100 萬元的放款才補得回來。這也難怪從 2000 年起，銀行採取保守經營以免多作多賠。

由上面可見，公司賺錢一年皆只有百分之幾的利潤，例如台積電董事長張忠謀認為世界級晶圓代工廠的及格權益報酬率是 20%，也就是 10 元認股的股東，以算術平均（或未考慮貨幣價值）來說，需五年才可以還本，第六年以後股東才有賺頭。然而一不小心，一旦虧損，一年可能把資本額賠光，股東可能就血本無歸，股票變成壁紙。

賺錢大都是小錢，賠錢卻通常是天文數字，因此企業在精力的分配，不應全副

精神用於踩油門的衝刺，也該左顧右盼、踩煞車的作好風險管理；只要稍微花點時間，效果卻很驚人。

賺幾個百分點，但是賠錢時連褲子都輸掉了

生活中最大的天災人禍該屬 1998 年 8 月大陸長江水災，出動 200 萬軍人救災、3 億人流離失所，損失高達 300 億美元。為了避免每十年一次的大水，大陸 1994 ～ 2009 年興建三峽大壩，預計投入 135 億美元，最大目的就是為了防洪治水。

三、風險種類 (which)

風險有許多種分類方式，在公司、事業部層級來說，套用財務管理上的分類可分為二大類，詳見表 6-2，詳細說明於下：

公司風險（含事業部）＝ 營運風險 ＋ 財務風險
(corporate risk)　　　(business risk)　(financial risk)

表 6-2　公司風險的種類

	營運風險	財務風險
定　義	當公司零負債時，來自營運活動所可能遭遇的不利結果 一、外部風險：政治風險 二、內部風險 　(一)策略（決策錯誤） 　　1.投資錯誤 　　2.擴充過速 　(二)人員：工業安全 　(三)業務：品質保證	當公司有負債時，因「無力償還本息」(insolvency)，因此被銀行向法院申請扣押、拍賣（抵押品）的風險

(一)營運風險

營運風險是指零負債公司作生意時所遇到的風險，較常見的營運風險依序如下：

1.曲高和寡，甚至完全抓不住消費者的心，俗稱生產導向，「報人辦報」比較容易出現此問題。

2.景氣衰退時創業，可說是屋漏偏逢連夜雨，結果常是「壯志未酬身先死」。

3.市場一窩蜂，而且跟的速度很快，一下子就供過於求，1996年的天津狗不理包子、1999年的葡式蛋塔便是很好的例子，中、後期介入的業者很容易血本無歸。

本章探討的焦點在此，尤其是涉及投資（設廠）、增資時。

㈡財務風險

什麼人不會得香港腳（病）？這不是腦筋急轉彎問題，答案是「沒有腳的人」。同樣的，（狹義的）財務風險是指貸款後無法還本還息，以致抵押品被銀行查封、法院拍賣的風險，「倒閉」（bankruptcy）一字就是這麼來的。

四、對風險的態度

人難免一死，也就是人生下來就面臨死亡的風險，想規避死亡，方法之一是把自己冷凍掉，那就永垂不朽，但人生也就毫無成就、沒啥意義了。工作、生活也是如此，想避免失戀之苦，最簡單方式就是不要走上「情字這條路」，但也就因此無法體會戀愛的樂趣；此外，這還是有醫學根據的。（工商時報，2002 年 3 月 3 日，第 11 版，潔克）

剩下的問題是，既然擺脫不了風險，那麼就只能在可容忍範圍內去闖一番成就。

五、風險管理者在策略管理中的角色

● 充電小站 ●

公司經營	max	π
⇩	st	公司風險
或	min	營運風險
	st	財務風險
或	min	財務風險
	st	營運風險

正確的風險管理，一如任何策略決策，繫於下列二環。

1.正確的決策方法

不管是哪種風險，一旦疏於管理，便如同俗語所說：「牙疼不是病，痛起來要人命」；同理，對於風險管理，應納入策略管理範疇，並且採取防微杜漸的預應式 (proactive management) 的風險管理方式。

2.正確的組織設計和人選

公司風險管理的最後權責必須由負擔公司成敗的執行長承擔,然而為了專職分工起見,因此有風險經理一職的設立。基於「事前的一針勝過事後的九針」,所以風險管理宜特別注重事前防範,也就是前述預應式風險管理。鑑於風險管理工作專業程度甚高而且企業環境變化甚快,風險管理已不是定型的保險方案 (insurance programs) 所能處理;因此風險經理最好有機會參與策略規劃過程,以便適時提供意見,不要到了事後才亡羊補牢,可能「來不及啦」!

六、風險管理的手段

風險管理跟養生一樣,可分為事先的預防、事後的治療二個時期。

㈠出險前

風險管理的手段如表 6-3 所示,我們從風險管理的五種手段,可以把繁花似錦的併購風險管理方式予以分類,以收提綱挈領之效,這是我們一向強調的「回復到基礎」(return to basis) 的主張,接著,我們以企業併購為例詳細說明表 6-3 的內容。

表 6-3　風險管理的五種手段

大分類	風險分散			風險移轉	
中分類	隔　離	組　合	損失控制	迴　避	移　轉
投資前	1.以產品來說,推出戰鬥品牌,不要掛家族、公司品牌 2.以子公司做為公司信譽的防火巷	1.產業(或持股)分散,即複合式多角化 2.地區分散 3.時間分散,即三階段投資	1.投資前停損點 2.專屬保險	跟別人合資投資	保險,主要是營運中斷險
投資後:風險理財	風險自留,所以需要有企業肥肉 (organizational slack),尤其是財務肥肉 (financial slack) 來挹注				

一般來說,買方依表 6-3 中「小分類」的措施順序來管理風險,首先是「隔離」,以免沾了一身「腥」,接著是組合……。當然,這並不是單選題,而是複選題,　即

同時可以採風險分散中各項措施，再搭配風險移轉措施。

　　風險移轉中二大措施有點替換關係，當賣方願意提供償債擔保，此時買方就可以不必（或減少保額）買併購保險。

(二)出險後

　　風險既已發生，除了設法將損失降到最低外，例如第十六章第六節的企業重建中如何把（子）公司、事業部賣個好價錢，另一關鍵問題是如何補漏，這是風險理財的事，詳見第四節。

七、五種中分類手段

(一)風險隔離

　　風險隔離跟「危邦不入」道理一樣，常見的有下列三種方式，第一、二種方式適用於併購前，第三種方式適用於併購後。

　　1.以資產收購取代股權收購：當賣方資訊不透明時，尤其像背書保證金額、民間負債不清不楚的，買方可能傾向於採取「門前清」的資產收購方式，而不願去承擔股權收購時「概括承受」賣方公司的負債。但資產出售的售價往往比股權出售低三成以上，輪到賣方會質疑「跳樓大拍賣」是否划算，是否還有其他路可走。

　　2.排除風險高的資產：如果買方擔心賣方某項資產（主要是某個廠）可能有無法評估的環保風險，那可能乾脆在跟賣方交易時就把此項資產排除在外，除非賣方堅持「整賣」！

　　3.利用子公司來作為防火巷：許多書皆建議買方可以採取「併購子公司」（例如投資公司）來成為形式上買方，以當做併購後公司（位階如同買方的孫公司）跟買方間的防火巷 (fire wall)。

(二)透過投資組合觀念來管理風險

　　投資組合須透過二種「分散」來落實。

　　1.合資收購：合資收購情況的好處在於：

　　　⑴產業分散，買方不把所有雞蛋擺在同一籃子內。

　　　⑵發揮合夥人的互補效益，以擴大綜效。

　　　⑶當（財）力有未逮而又勢在必得時，只好找人一起投資。

2.二階段收購：二階段收購是時間分散原則的運用，但真正的用意不在於像正三角型買進持股，而是怕遇人不淑，先「友」後婚，如表6-4所示。

表6-4　二階段收購舉例

項目 \ 階段	第一階段	第二階段
日　期	2003.1.1	2003.7.1
股　權	20%	31%
股　價	15元/股	公式價格
董事席位	20%	51%
目　的	取得董事席位，以免資訊不對稱，而高估賣方	取得相對多數股權

第一階段持股比率高低不那麼重要，但必須能至少佔有一席董事，參與營運，以知道公司內部有無弊端（例如有沒有重大「五鬼搬運」的代理問題、掏空公司資產）。這跟男女訂婚、試婚比較像，勉強可用少數股權的策略聯盟來形容此段關係。

第二階段再收購更多股權，以取得相對多數（51%以上）或絕對多數股權（66.7%以上，即特別決議的門檻）。

二階段收購的代價是，一開始雙方簽訂的收購契約中，買方無異取得一個選擇權，在有效期間（一般為半年）內，買方得以公式價格來購買31%（本例）股權。而這權利金會灌在第一階段的價款中，即僅收購20%股權時，股價14元；但在二階段收購時，額外每股加1元權利金，變成15元。

二階段收購比較適用於初學乍練的買方，或是賣方資訊不透明時。此外，顯而易見的，當買方一時阮囊羞澀時，也會採取二階段收購方式。

㈢損失控制

損失控制可分為事前的盈餘規劃所算出的最高投資金額，和事後動態修正的停損點——例如併購後公司虧損達買方併購金額的三倍，便「見壞即收」的撤資。

＊設定停損點

雖然有不少創業有成人士強調創業家氣要長，不要輕易放棄。但是投資有個準則「不要逆勢而為」，所以基於風險管理的考量，不要無止境的投資下去，否則就

如同「抱薪救火，薪不盡，火不滅」。許多上市公司到海外收購別人的公司，關門時，損失金額平均為原投資金額的三倍；甚至連宏碁電腦都因此於 1991 年股票被降類。

連上市公司都不免因虧損而被降類、下市（像濟業電子），更不要說升斗小民創業了。以在臺北、新加坡擁有五家義大利餐廳季諾 (Galliano) 連鎖店的王文彬，依據他的經驗，開餐廳必須有六到八個月的準備期，要是過了此期還無法賺錢，就得重新考慮降低成本和行銷規劃，否則最好關門大吉，以免虧損愈來愈大。

因賣方不實「陳述和保證」所造成買方的損失，損失前風險理財之道有二種：

1. 風險自留：除了準備金（類似股票投資損失準備）外，買方專屬保險的自留額也算。

2. 風險移轉：出險（例如環境污染的罰款）的理財資金來自保險公司。

(四)風險迴避

風險移轉可分為二種對象，一是交易的對方（併購時為賣方），一是第三者（主要是保險公司）；前者稱為風險迴避，主要有三種方式：

1. 公式價格，即獲利能力價金條款。

2. 付款方式，分期付款（尤其是尾款）的現金收購或混合付款方式。

3. 併購契約中損害賠償條款，再加上賠償準備金（例如寄存基金）。

(五)保 險

透過保險方式來移轉風險，是狹義的併購風險管理方式。

八、財務長在風險管理的功能

財務長在公司風險管理由淺到深依序擔負下列責任。

(一)掃好自己的門前雪

財務部只是公司的一個部門，不管公司有沒有設立風險管理部，財務部很少負責公司的風險管理。財務部只要把財務風險管好便可，例如不要因為自己的疏失，造成跳票、漏了還銀行貸款。

(二)風險理財

不管出險的原因是什麼，一旦損失已經發生——以工廠失火來說，總經理要求

財務長的常常是：「趕快給我找錢來，好讓我買機器以恢復營運」，這便是出險後的風險理財 (risk financing) 問題。

㈢支援其他部門

站在財務部門風險管理經理的角度，來討論風險成本分析 (cost of risk analysis) 等戰術性問題。

第二節　營運風險衡量

「肉食者謀之」，這句話最足以形容誰負責營運風險管理，答案是「家中沒大人」中的大人。因此在財務管理書中談營運風險，重點自然跟策略管理書中不同。

一、道在近而求諸遠

每本財管教科書都不約而同的用營運槓桿 (operating leverage) 來衡量營運風險。可惜，誰能舉出哪一家上市、上櫃公司每個月有以此方式定期衡量自己的營運風險？

俗語說：「一位死了的記者，不是好記者」，套用這句話，我們想說：「一個沒人使用的理論，不是好理論」。教科書讓人覺得「跟實務格格不入」，就是因為充斥著這些「沒用的理論」，我們不想淌這套渾水。

不過，「不因人廢言」，我們學習營運槓桿的基本精神：「固定成本愈高，營運風險愈高」，因為維持損益兩平所需的營收金額愈高。

資本周轉率是相似觀念

系統業（即個人電腦）有一個笑話是，晶圓廠賣的產品最多是包上一層捲帶，系統廠卻是用箱子把空氣都包起來賣，光是賣「體積」的錢也比晶圓廠多。

資本的有效運用，從表 6-5 上可以清楚的看到，鴻海單季的資本周轉率高達240%、廣達 165%，台積電則僅有 21.26%，聯電更低於 10%。

資本周轉率低，代表的是設備折舊金額高，賺到的錢要不斷進行投資，也因此台積電跟聯電成為千億元資本額的企業，比的是氣長。(經濟日報，2002 年 4 月 10 日，第 3 版，黃昭勇)

表 6-5　臺灣前三大公司 2002 年第一季資本周轉率

單位：億元

公司名稱	3 月營收	第一季營收	資本額	單季資本周轉率 (%)
鴻　海	164.29	427.63	176.88	241.76
廣　達	141.65	343.91	208.25	165.14
台積電	122.77	357.90	1,683.26	21.26

資料來源：各上市公司。

二、損益兩平點的計算方式

不少行動派的企業家，創業時只憑靈感、直覺，沒考慮到每月平均要做到多少業績才會損益兩平。如果投資前能計算出打平所需的營業額，如此有助於決定是否要投資、以何種方式投資（即是否可以降低損益兩平點）。

㈠公式不要背，瞭解才可以記一輩子

很多學科都有一堆公式，財務管理會嚇到人多半是因為這緣故，但一如物理、化學，只要把公式道理說清楚，你可能永生難忘。就以損益兩平點的公式來說：

損益兩平情況

營收－變動成本－固定成本＝0

移項，已知變動成本為營收的特定比率

營收－變動成本＝固定成本

營收（1－變動成本率）＝固定成本

再兩邊各除（1－變動成本率）

$$（損益兩平）營收 = \frac{固定成本}{（1 - 變動成本率）}$$

㈡外部人士簡單公式

外部人士拿不到公司成本資料，所以無法分辨固定、變動成本，只好被迫找個相近的代理變數 (proxy)，以表 6-6 來看，竅門就在以營業成本率取代變動成本率；換另一種說法，以毛益率來取代邊際貢獻率 (profit margin)。

表 6-6 損益兩平點的計算公式

公式 ＼ 說明	標 準	簡易作法
一、公 式 1.會計、財管	$\dfrac{固定成本}{邊際貢獻率}$	$\dfrac{固定成本}{毛益率}$
2.經濟學上	$=\dfrac{固定成本}{1-變動成本率}$	$=\dfrac{固定成本}{1-營業成本率}$
二、分 子	常見固定成本 1.房租等相關成本（含水電） 2.人事薪資	固定成本甚至用下列項目來帶入 1.管理費用（即左述2項） 2.銷售費用 3.利息費用
三、分 母		背後簡單假設 1.變動成本＝營業成本 2.固定成本＝管銷費用
四、優缺點	比較精確	外界人士只能取得此類資料

㈢內部人士的速算法

公司內部人士雖然擁有成本明細，但是如果想直覺的瞭解，那麼以簡單公式既符合損益表上觀念，而且又快。

㈣實務例子

以 IC 封裝測試為主的菱生精密 (2369)，主管說，菱生單月損益平衡點約在 1.7、1.8 億元，依此估算，1、2 月本業營運約在損益平衡邊緣，未見得能夠獲利，預計 3 月以後獲利會比較明顯。(經濟日報，2002 年 2 月 28 日，第 13 版，陳漢杰)

三、毛益率怎麼來的?

毛益率是毛益計算過的結果，詳見 <6-3> 式，毛益又是根據 <6-2> 式的定義而來的。以我比較熟而你中午常吃的便當為例來說明。

$$毛益 (gross\ income) = 營收 - 營業成本 \cdots\cdots <6\text{-}2>$$

兩邊各除以營收

$$\frac{毛益}{營收} = 1 - \frac{營業成本}{營收}$$

$$毛益率 = 1 - \frac{AVC \times Q}{P \times Q} \ (營業成本率)$$

$$= 1 - \frac{30元}{50元} = 40\% \cdots \cdots <6-3>$$

AVC：平均變動成本 30 元

　　1. 原料　　　24 元

　　2. 製造費用　　2 元

　　3. 直接人工　　4 元

P(price)：售價

Q(quantity)：銷售量

(一)平均變動成本怎麼來的?

便當平均變動成本可由下列二種方式取得：

1. 內部標準成本

自己作一遍大抵八九不離十。

2. 外部標竿廠商

(二)單價怎麼來的?

售價也很容易製訂，一樣是二樣標準：

1. 自己定價

走自己路的公司在產品定價時大都採取成本加成法,在平均成本上(以此例 40 元) 再加預期報酬率(25%),便得到售價（50 元）。

2. 價格跟隨

在完全競爭產業，每個廠商大都是價格接受者，排骨便當就是 50 元。

(三)從經濟實質來看

會計有個國際慣例、標準 (GAAP) 在，除非標準改變，否則只能照做。公司內部經營管理目的稱為管理會計,比較切合公司的實況,下列二種費用大抵跟營收成固定比例,「照理」應放在營業成本中：

1.研發費用

研發是製造業（尤其是代工廠）的根，2001 年臺灣企業研發密度（研發費用除以營收）3%，有些技術先進廠商（例如固緯電子）為了保持領先，研發密度更高。

2.廣告費用

廣告費是自有品牌業者（例如化粧品）的票房保證，廣告費用雖然是可花可不花的權衡項目，但是本質上自由度不高，這一期省下不花，影響不大，下一期就知道苦。

㈣主機板業的毛益率

根據資策會市場情報中心 (MIC) 估計，臺灣主機板業 2002 年首季的全球市佔率已從 2001 年的 88%，提高到九成的水準，產業產量和產值跟去年相比，將分別成長 6.9% 和 3.7%。不過，毛益預測數字觀察，產業態度卻相當保守，參見表 6-7，主因在於 2002 年產業面正朝代工市場加速靠攏。由於全球桌上型電腦市場成長趨緩，又面臨筆記型電腦市場的擠壓，廠商要提昇出貨量，僅能憑藉提高市佔率一途。其中，利潤較低但規模約佔個人電腦市場六成比重的代工大餅，就成為各家競逐對象。

由專業代工廠 (EMS) 轉移來臺的訂單，更是華碩和微星等廠力奪標的。國際大廠例如戴爾和惠普等裁撤研發單位，所以希望把主機板訂單從原代工廠轉到臺灣來，不過這些代工訂單的毛益率水準，平均僅在一成上下，跟大廠原自有品牌毛益相比，簡直是天壤之別，例如華碩自有品牌毛益率仍在 25% 以上，但代工毛益率卻不及 15%。（工商時報，2002 年 5 月 2 日，第 13 版，曠文琪）

表 6-7　主機板廠 2001 ～ 2002 年毛利率變化

	2002 年全年營收目標（單位：億）	2002 年全年毛益率目標	2002 年首季毛益率	2001 年毛益率
華　碩	–	–	16.1%	22%
技　嘉	308	17.69%	20.375%	18.24%
微　星			12.29%	14.73%
精　英	631.65	9.1%	10.47%	11.87%
陞　技	100.1	16.37%	12.19%	16.26%
友　通	55	11.38%	12.5%	13.44%
承　啟	–	–	11.7%	9.5%
浩　鑫	50.34	11.65%	15.47%	4.04%
映　泰	–	–	11.6%	3.06%

資料來源：股市觀測站、各公司提供。

註：未註明處，係該公司 2002 年不需公佈財測。

㈤純益率

　　2002 年 5 月，臺灣商業周刊發表「去年製造業調查報告」，國巨 (2327)2001 年稅後純益率 59.7%，是臺灣獲利能力最高的企業。（經濟日報，2002 年 5 月 2 日，第 19 版，林貞美）

表 6-8　2001 年純益率最高十大企業　　　　單位：%

名　次	公　司	稅後純益率	名　次	公　司	稅後純益率
1	國巨	59.71	6	復盛	41.77
2	大立光電	54.14	7	凱碩科技	38.70
3	金門酒廠	48.05	8	聯亞科技	37.54
4	聯發科技	43.60	9	亞洲光學	37.35
5	晶豪科技	42.15	10	美隆電	36.38

四、損益兩平「價量時」

　　光算出損益兩平點（金額），意義不大，還須進一步算出損益兩平產量、產能利用率以及對市場的衝擊。

㈠損益兩平金額

由表 6-9 可見，每個月固定成本 10 萬元，毛益率 40%，得有 25 萬元的收入才能打平。

表 6-9　三個損益兩平的相關觀念

損益兩平	說　明
一、金　額	$\dfrac{10萬元}{1-60\%} = \dfrac{10萬元}{40\%} = 25\,萬元$
二、產能（或產量） 1.月	$\dfrac{25萬元}{50元/份} = 5000\,份$
2.日	$\dfrac{5000份}{30天} = 166\,份$
三、產能利用率	$\dfrac{166份}{500份/天} = 33.3\%$

㈡損益兩平產能

在 25 萬元的損益兩平點，每份便當 50 元，每月得賣 5,000 份。每月以 30 天計算，每天得有 167 個便當訂單才能不賺不賠，公司產能 500 個。

㈢由損益兩平點來看營運風險管理

損益兩平點很像大學考試時的「60 分及格」，因此它也可以用來分析營運風險的高低。以本例來說，有下列二個角度來分析：

1.絕對來看

由表 6-9 來看，損益兩平時產能利用率 33.3%，超過這門檻，剩下的就開始賺了，飯店住房、飛機搭乘的損益兩平點大約是此數。

要是損益兩平產能利用率 0.8，那麼公司便「岌岌可危」，因為此機率約只有 20%，簡單說，產能利用率低於 0.8 的機率約有八成。

2.相對來看

在產品標準化情況下，便當公司營運風險主要視產業是否供過於求而定。以本例來說，由表 6-10 可見，該地區每餐便當需求 2,000 個，縱使本公司 500 個便當加入，還有 5% 的需求未被滿足，因此本公司不會攪亂一湖春水，俗稱造成「產銷秩序失調」。

表 6-10　本公司加入對市場的衝擊

本公司	供需量	供需比
加上本公司全部供應量	1,900	95%
加上本公司損益兩平量	1,567	78.35%
現有供應量	1,400	70%
市場潛量（需求）	2,000	

五、以公司整體經營觀點進行市場風險管理的必要性

以公司整體所進行的風險管理比僅考慮金融環境下所進行的風險管理要複雜的多，因為在企業經營環境下的市場風險的管理還需考量其對營運風險的影響。經營風險的來源包括生產要素價格、利率或匯率變動等對於公司財務績效所產生的不確定性。把風險值 (VaR) 的概念延伸運用在公司風險管理上，主要是對獲利不確定性的評估上，獲利有三種表示方式，所以就有三種風險值：盈餘風險值 (Earnings-at-Risk, EaR)、每股盈餘風險值 (Earnings-Per-Share-at-Risk, EPSaR) 和現金流量風險值 (Cash-Flow-at-Risk, CFaR)；常見是以摩根銀行 (JP Morgan) 發展的公司風險矩陣 (Corporate Metrics) 來計算。

(一)現金流量風險值

以風險角度衡量現金流量風險值 (CFaR)，這方法是引用銀行以風險值 (Value-at-Risk, VaR) 的技術，延伸應用到公司架構。衡量一季、一年和多年的現金流量分佈情形及相關財務指標，比逐日衡量現金流量的波動，對決策來說更具依關性。CFaR 可用來敘述曝露在特定風險下的未來現金流量分佈情形，包含影響未來現金流量結果的所有因子，這讓我們克服了以往無法連結到不同的風險型態和欠缺對整體風險全盤瞭解的缺點。

(二)風險值 (VaR)

1990 年，美國摩根銀行總裁韋勒·史東為了掌握全球總投資部位，在未來一天內可能蒙受的損失額度，要求部屬在每天下午 4 點 15 分提出一份報告，以衡量、分析「部位」(position) 風險及其可能造成的損失，該報告後來以「在某段時間內，損失某一金額的機率為多少」為表達重點，這是風險值 (VaR) 的起源。

企業建置風險值控管系統時，應注意七項課題，其中對風險值有二種衡量方式：

1.歷史風險值，是以過去市場發生的數據設算。

2.結構化蒙地卡羅模擬的風險值 (Structured Monte Carlo Simulation, SMC VaR)，是依使用者的預期導出，如果使用者想進行完整的敏感度分析，這是較佳選擇。

㈢公司風險矩陣 (Corporate Metrics)

公司風險矩陣是摩根銀行在 1999 年 4 月 27 日發展的市場風險管理工具，以協助企業有效管理市場風險。此工具包括對風險標的的定義、估計風險值的分析方法、供模擬分析的資料組和衡量企業市場風險的分析軟體。公司風險矩陣使企業可以在各種市場風險因子（如匯率、利率和原物料價格的變化等）條件改變下，評估其對獲利可能的衝擊。

㈣公司風險矩陣跟風險值的關係

公司風險矩陣跟風險值均屬市場風險管理的分析工具，二者主要異同點如表 6–11 所示。（沈大白等，「盈餘風險值及現金流量風險值之簡介」，《貨幣觀測與信用評等》，2002 年 1 月，第 138 ～ 140 頁）

表 6–11　風險值和公司風險矩陣比較

	風險值	公司風險矩陣
風險標的	金融資產組合的價值	盈餘或現金流量
衡量時間	短期（日或月）	長期（月、季或年）
標竿值 (benchmark)	市場指數值（如股價指數）	使用者自行訂定的目標值
組織層級	作業層次（如單一交易員）	公司層次

資料來源：Alvin Lee, 1999.

 # 第三節　財務風險衡量

財務風險 (financial risk) 有寬有窄二種定義，詳見下述，本節都會談到。

1.廣　義

因財務操作而帶來的不利影響稱為財務風險，而其源頭則是金融價格不利變動。

2.狹　義

狹義的財務風險是指破產風險 (bankruptcy risk)，指借款公司 (borrowers) 還不起利息，被放款者 (lender) 扣押、拍賣抵押品，甚至清算公司的風險。為了簡化起見，放款者常指銀行。

一、財務風險等於零時

誰不會得香港腳? 這看似腦筋急轉彎的問題，答案很簡單:「沒有腳的人」，答案似乎不高明，卻無可爭辯。同樣的，什麼公司沒有財務風險，答案當然是「零負債公司」，不過，一般公司的零負債指的是沒有向銀行貸款; 但是像應付票據、應付帳款、遞延營所稅等短期負債也應包括在內，誠如俗諺所說:「牙痛不是病，痛起來要人命」，短債偶爾也有「一文錢逼死英雄好漢」的效果。

二、青蛙跳水，「不通」、「不通」!

第二節第一段曾說過一般教科書以營運槓桿程度來衡量營運風險，同樣的，也以財務槓桿程度 (degree of financial leverage, DFL) 來衡量財務風險。

$$財務槓桿程度 = \frac{\frac{\Delta EPS}{EPS}}{\frac{\Delta EBIT}{EBIT}} \quad \begin{array}{l} EPS變動程度 \\[1em] EBIT變動程度 \end{array}$$

跟大一經濟學中所得彈性 $= \dfrac{\frac{\Delta D}{D}}{\frac{\Delta Y}{Y}}$ 的定義方式一致，不過，由於很少人用，反倒是下列方式很流行。

三、財務風險衡量方式

狹義財務風險或「倒閉風險」(bankruptcy risk)，常見的衡量方式便是償債比率 (debt servicing ratio)，依期間長短分成下列三者，詳見表 6–12。

㈠極短期償債能力

表 6-12　財務風險衡量方式

	短　期	長　期
說明公式	一、一個月內無法付支票風險、即跳票 1. 流動比率 = $\dfrac{流動資產}{流動負債} > 1.4$ 2. 速動比率 = $\dfrac{速動資產}{流動負債} > 1$ 二、一年以內無法還息的風險 1. 利息保障倍數（times interest earned 或 cash coverage 或 interest coverage） = $\dfrac{稅前息前營業淨利}{（每年）利息} > 4$ 2. 資產報酬率 > 貸款利率	三、一年以上銀行放款本金被借款公司掏空的風險 負債比率 = $\dfrac{負債}{總資產} < 50\%$ 自有資金的比率 $1 = \dfrac{負債}{總資產} + \dfrac{業主權益}{總資產}$

速動資產 (quick asset) = 流動資產 - 存貨 - 預付款。

EBITA：稅前、息前、折舊前營業淨利或稅前營業現金流量 = 稅前淨利 + 折舊。

　　每個月 5 號之前，當會計部把上個月資產負債表編製出來時，當我在聯華食品擔任財務經理時，我都會向董事長李開源報告下列二個一個月內的償債能力。

充電小站

- acid-test ratio：酸性檢驗比率，即速動比率 (quick ratio)
- acid test：源自廚師煮湯時試嚐以判斷鹹淡是否合適，acid 是「酸」甜那個字，這個字在很多情況下（例如法律）皆會出現，原意是廚師煮湯時試喝一下以瞭解鹹淡是否適中，後來衍生到很多領域，同樣是測試是否適中
- test：檢驗，像街上的病理「檢驗」所，美國人喜歡用這個字，有譯為測驗、測試

1. 流動比率

流動比率 (current ratio) 取流動資產、負債中的「流動」一詞，宜大於 1.4。

2. 速動比率

由於流動資產中包括存貨、預付款，這些變現力很差，把這二項扣除，稱為速動資產，是流動資產中能快「速」變「動」成為現金的資產。理所當然的，速動比率 (quick ratio) 宜大於 1，速動比率又稱為酸性檢驗比率 (acid-test ratio)。

(二)短期償債能力

一年以內的償債能力高低，常見衡量方式是利息保障倍數。

1.利息保障倍數

利息保障倍數這名詞顧名可思義，也就是公司稅前營業現金流量 (EBITA) 是利息的幾倍，最好是四倍以上，以免有個三長二短，縱使本業獲利七折八扣，甚至打對折，利息保障倍數還有二倍，還得起利息。

2.正的財務槓桿

換另一個角度來看，答案也是一樣，也就是公司要處於正的財務槓桿：

$$資產報酬率 > 貸款利率 (1 - T)$$

此時借錢投資的報酬率大於舉債成本，還銀行後還有剩。

(三)長期償債能力

長期來說，當公司處於虧損，對放款銀行最後的保障便是業主權益，也就是公司有多少「本」（資本）可以來償還銀行的本息。

＊從倍數到比率

分析時用倍數 (multiplier) 或比率 (ratio) 常是習慣成俗，像是跟流動比率很像的是資產負債比 (asset-debt ratio)，由表 6–13 可見，此例是 2.5 倍，意思很清楚，40 億元負債有 100 億元資產可以來還債，或 1 元負債中有 2.5 元資產來支撐著。

表 6–13　長期還款能力二種衡量方式

	倍　　數	比　率
一、資　產	資產負債比 (asset-debt ratio) $\frac{資產}{負債} = \frac{100億元}{40億元} = 2.5$	負債比率 (debt ratio) $\frac{負債}{資產} = \frac{40億元}{100億元} = 0.4$
二、權　益	權益負債比 (equity multiplier, 權益倍數) $\frac{權益}{負債} = \frac{60億元}{40億元} = 1.5$	負債權益比 (debt-equity ratio) $\frac{負債}{權益} = \frac{40億元}{60億元} = 0.667$

換成比率便是把倍數上下顛倒（取其倒數），以此例來說，1 元資產中便有 0.4 元是負債，稱為負債比率 (debt ratio)，也是第五章資金結構中最常用來形容資金來源的方式之一。

少數情況下，是拿業主權益（或自有資金）來跟負債（或外來資金）比，以表

6-13 中權益倍數 1.5 倍來說，看起來債權人可以「安啦」，因為每 1 元負債便有 1.5 元業主權益可以來賠。

四、財務部還負責的其他風險管理

財務風險管理是財務部責無旁貸的天職，尤其是名稱已直指財務部。除了違約風險這個狹義的財務風險外,財務部還必須管理二種來自金融價格變動而造成的風險。

(一)利率風險

財務部常碰到的是利率風險 (interest rate risk)，也就是利率上漲，負債利息水漲船高，影響方式:

1. 損益表角度

單元: 億元

年	2002	2003
月	12	1
(1)利率	4%	5%
(2)貸款餘額	40	40
(3)利息 = (1)×(2)	1.6	2

2003 年一年因為利率調高 1 個百分點（或上漲 25%），利息支出也增加 25%，即 0.4 億元; 盈餘也減少 0.3 億元 = 0.4 億 × (1-25%)，這會反映在 2003 年的損益表（營業外支出）上。

2. 資產負債表角度

未來幾年的未償還負債照樣會受利率上揚所打擊,可依前段把各年的利息費用計算出來，便知道遞延負債增加多少。

3. 算淨額才有意義

前述皆只探討利率上漲的不利影響,但每家公司皆或多或少有些固定收益證券（含定存）資產，這部分利息收入也將因利率上漲而受益。一減一增中，只須針對淨額 (net) 部分去計算風險曝露 (risk exposure) 金額便可以，以本例來說為 30 億元，詳見下述說明。

　　如果要採取利率風險管理 (interest rate risk management)，淨額才是對象，而不是毛額 (gross)，此稱為「淨額避險」(net hedge)；否則以毛額來計算避險金額，跟別人攻擊你時你正當防衛時防衛過當也違法一樣，會出現「過度避險」(over hedging)，針對此主題只能就此點到為止。

$$新增利息 = （負債 - 固定收益資產）\times \Delta R$$
$$0.3 \text{ 億元} = （40 \text{ 億元} - 10 \text{ 億元}）\times（5\% - 4\%）$$
$$對稅後盈餘影響 = 新增利息 \times（1 - 25\%）$$
$$= 0.3 \times 75\%$$
$$= 0.225 \text{ 億元}$$

資產負債表

資產	負債
	1. R $\uparrow$ → 利息 $\uparrow$
短期投資	2. e $\downarrow$ （臺幣貶值）
長期投資	→ 外債（以臺幣表示）$\uparrow$
S $\downarrow$ → 資產縮水	權益

(二) 匯兌損失風險

　　對於出口導向的外銷產業（以電子股為主），舉台積電為例，每月平均出口 100 億元美元，1 美元兌 34 元臺幣時，便可收到 3,400 億元，但是當美元貶值至 1 美元兌 33 元臺幣，此時同樣的 100 億美元只能折換成 3,300 億元，一下子就少了 100 億元。由此可見美元貶值對臺灣出口商的不利，這稱為匯兌風險 (exchange rate risk)；但對進口商（像進口海苔等的聯華食品公司），這倒是好事，真應了「別人的良藥，自己毒藥」這句俚語。

損益表

營收	? $ \times 34.9$ NTD
營業成本	e_{NTD} $\uparrow$，即 1$：34NTD
	或 ：33NTD
營業外支出（利息）	

2002 年 4 月，臺幣最近升值，對於以出口為導向的個人電腦廠商來說，將形成財務壓力，不過，影響層面不致太大。

仁寶電腦會計處長呂清雄表示，對於筆記型電腦廠商來說，不論是收代工貨款（收入），或者支付零組件採購費用，都以美元報價，臺幣升值將使收入減少，卻也會降低零組件採購成本，兩相抵消之後，匯率每變動 1 元的實質影響是 0.26 元。以月營收 90 億元推估，美元由臺幣由 35 元兌 1 美元到 34.85 元，升值 0.15 元，以整個月的影響看，大約會減少 3,000 餘萬元。（工商時報，2002 年 4 月 23 日，第 2 版，周芳苑、陳涵丞）

㈢股價風險

多金的公司總會想積極的賺點財務利潤 (financial profit)。但有時事與願違，錢沒賺到，反倒蝕了本金，由表 6–14 可見，此種因股價下跌以致金融投資 (financial investment) 而有資本損失 (capital loss)，在稅法歸類於財產交易損失。

一旦操盤（股票操作的俗稱）大幅虧損，投資主管可能必須去職，財務長也可能因督導不周而遭到處罰。

表 6–14　二種投資的權責單位

投資種類	負責單位	投資目的	投資期間
直接投資 (direct investment)	董事長	策略上的營運考量，對轉投資公司持股比率常在 20% 以上	長　期
金融投資 (financial investment)	財務部	賺錢：財產交易利得 虧損：財產交易損失	短期為主，中期為次，很少長期

第四節　均衡一下——營運風險為主，財務風險為輔

第一段曾提及，風險管理不在於追求零風險，否則以個人來說，行船三分險，連坐個車都可能出車禍，想避免意外，只好「大門不出，二門不邁」，追求零風險的結果將是「一事無成」，同樣的，財務風險絕對不能以「零風險」為目標，否則會錯失正的財務槓桿（即借錢賺錢），也就是「少賺」了！

一、財務風險是可調整項目

在第五章第四節公司策略與財務策略中我們已強調財務策略只是公司策略的配屬，邏輯上，長期來說，錢應該不成問題。在本節中，仍基於同樣觀點，以下列簡單例子來舉例：

100=80 + ？

？　=20

公司風險 ＝ 營運風險 ＋ 財務風險

上述例子是把公司風險維持在一個固定值，例如 100，已知營運風險 80，剩下的財務風險 20，是被倒推出來的。財務長只能在這樣既定的風險目標下，刮腸搜肚的設法達成任務；而無法怪說：「為什麼總是營業優先？」、「幹什麼財務部都撿別人做不到的」。

二、禿子跟著月亮走

在各產業、公司生命階段，公司宜以表 6–15 方式來管理財務風險，不要讓財務問題拖垮公司，尤其是周轉不靈的藍字倒閉更是划不來。

表 6–15　各產業生命階段的財務風險管理之道

產業生命階段 財務風險	導　入	成　長	成　熟	衰　退
負債比率（長期償債能力）	20% 以下（以免本業虧損下，屋漏偏逢連夜雨，而被債息拖垮）	60%	50% 以下	40% 以下
速動比率（短期償債能力）	1 以上	0.8~1	1.2 以上	1.2 以上

晴天為雨天作準備，未雨綢繆是常見的風險自留管理方式，這涉及：

1.事前：保留一些實力以備不時之需，指策略彈性，公司肥肉只是其中一部分。

2.事後：出險後的風險理財 (risk financing)。

三、策略彈性

就跟汽車的備胎一樣，為了應付不確定、多變環境，公司也常保有一些「過多資源」(excess resources) 以備不時之需（例如臨時插進的一個大訂單），像策略聯盟便有助於提供策略彈性 (strategic flexibility)，跟其他多數策略管理的用詞一樣，只是加上「彈性」一詞，這是個 1980 年代的老觀念了。

㈠策略彈性的分類

策略彈性有許多種分類方式：

1. 依企業活動分類：例如研發彈性 (product development flexibility)、物流和行銷彈性 (distribution & marketing flexibility)，詳見表 6–16。

表 6–16　常見增加公司經營彈性的作法

組織層級、企業功能	作法、說明
一、公　司	（複合式）多角化
二、企業功能	稱為「公司肥肉」(organizational slack)，作為因應風險
核心活動	的緩衝 (buffer)
㈠研　發	1.老二主義，以免當老大投資太大，一旦失誤則很慘 2.多種技術來源
㈡生　產	1.彈性工廠 (flexible factory)，跟多功（能）機（器）道理很像 2.外包、備用供貨廠商
㈢行　銷	1.存　貨 2.第二品牌、戰鬥品牌
支援活動	
㈣人　資	・備用中高階幕僚以備公司意外快速擴大
㈤財　務	・財務肥肉 (financial slack)，留些救命錢，避免資金周轉不靈
㈥資訊管理	・電腦主機、檔案備份，且置於不同地點
㈦其　他	・企業大樓租而不買

註：slack 大都譯為「剩餘」，愚意「肥肉」比較傳神。

2. 依第一、第二預備來分：行政院預算中有第一、第二預備金二道防線，以備天災人禍救急之用，這是貨幣銀行學中三大貨幣需求動機中預防動機的運用。同樣

的，公司的策略彈性也可依第一、第二「預備隊」來區分，在財務肥肉方面便很明確，詳見表 6–17。

表 6–17　財務肥肉的第一、第二預備金性質

行政院	財務肥肉（以貸款為例）
第一預備金	未動支的貸款額度（以聯華食品為例），貸款額度 5.2 億元，實際需要額度 1.2 億元，其餘未動支額度 4 億元，此部分稱為過度貸款 (excess borrowing)
第二預備金	除了現有的貸款額度 5.2 億元，最多還可以再舉債 1.6 億元，假設以總資產 40%（負債比率 40%）來設算舉債能力

(二)策略彈性的成本效益分析

保有彈性常必須付出明顯成本，但大多數是機會成本，最明顯成本是取得貸款額度，但針對未動支額度部分有些銀行會要求貸款戶支付承諾費，例如 0.25%，也就是如果有 1 億元未動支貸款額度，貸款戶須支付 25 萬元承諾費給銀行。

但是保有彈性的效益是什麼？用選擇權來看策略彈性，把彈性、策略視為公司擁有一個「進可攻」的買權，那麼接著就可以使用財務管理中的選擇權定價模式來評估其價值，美國亞利桑那州 Thunderbird 大學國際管理研究所財務教授 Timothy A. Luehrman (1998) 在這方面有幾篇重要文獻。

觀念並不難，屬於實體選擇權 (real options) 的觀念，不過，我們也只能談到這邊，這屬於公司鑑價、選擇權等財管或企管碩士班進階課程，有興趣者可參閱拙著《公司鑑價》第十四章第四節「專案鑑價——實體選擇權方法的運用」。

四、持股比率的考量（預留「資金預備隊」）

一般來說，企業成長起步時的初始投資金額，往往只佔投資總額的六成，投資後仍需投入資金以供營運周轉之用。以投資組合管理的角度來看，此無異同時考慮到持股比率和正三角型進貨法，也就是逐步增加投資金額。

以嘗試建立自我品牌的公司來說，總資產周轉率約為 1.5 倍，主因之一在於必

須準備相當的存貨。要是一開始便把大部分資金、舉債能力皆用於支付初期投資款，極易面臨因後續營運資金無著落，以致遭到「巧婦難為無米之炊」、「屋漏偏逢連夜雨」的窘境。1988 年時，光男公司想併購美國大經銷商 Prince，後來放棄的原因乃基於其財務力有未逮。慶幸的是，該公司至少可逃過「貪心不足蛇吞象」的自作孽。

同樣地，基於風險管理的考慮，在公司股票上市之前，公司宜從事經營自主性高的內部成長或耗源較少的策略聯盟。俟股票上市後再從事併購，一方面融資能力大增，一方面也無須擔心併購後前二年績效較差，以致拖累母公司而耽誤了股票上市的大計。

財務資源也是公司資源的一部分，它的功能類似血液之於人體。「一文錢逼死英雄好漢」的情況不僅出現在一般人，在公司則可能因周轉不靈而出現藍字倒閉。晴天時替雨天做準備方式之一，便是預留一些「公司肥肉」。

五、公司肥肉在企業轉型時的功能

棒球比賽採取打帶跑方式往往是不得已的，因為很容易被雙殺。同樣地，企業如果已到山窮水盡才被迫轉型，在時間壓力下，很可能鋌而走險，去拼（預期）「高風險、高報酬」的事業。

轉型有如寄居蟹換殼，往往是公司最脆弱的時候，此時最可能因青黃不接而發生藍字倒閉。所以唯有平時未雨綢繆，透過公司肥肉（公司剩餘或寬裕，organizational slack）來分散風險。就如同積穀防飢一樣，企業在平常就應累積一些儲蓄，特別是想要轉型時，除了轉型所需投資金額外，最好還預留表 6-18 中所列的公司肥肉。

(一)財務肥肉

「財務肥肉」的功用除了提供類似政府預算中的第一預備金的功能外，最重要的是，其中的股票投資，往往是上市公司用來彌補盈餘缺口的工具。一般都是到了第四季，眼看離公司預定盈餘目標還有一段距離，只好處置一些轉投資股票，獲利了結透過財務利潤來美化帳面。

至於過度貸款 (excess borrowing) 是指比自己實際所需多借一些額度，以備不

表 6-18　公司肥肉的功能

大分類	中分類	功　能		
		挹注盈餘	提高每股淨值	取得資金
一、金融資產（財務肥肉，financial slack）		類似第一預備金，來自未分配盈餘、現金增資		
	1.現金和票（債）券			✓
	2.未使用貸款餘額			✓
	3.股票投資	✓	✓	
	（1）一般投資			
	（2）轉投資			
二、實質資產		類似第二預備金		
	1.土地			
	（1）重估增值		✓	
	（2）開發後出售	✓（為主）	✓	✓（為輔）
	（3）原地出售	✓		✓
	2.房屋或閒置機器設備			
	（1）出租	✓（為主）	✓	✓（為輔）
	（2）出售	✓	✓	✓

時之需，這可說是機會成本最低的「財務肥肉」(financial slack)。

㈡實體資產

　　當第一預備金不夠用了，只好動用第二預備金，也就是處置實體資產 (physicall assets)。但如果還需要資金，那可得採取下列方式。

　　1.跟大股東買賣土地，假私濟公，以支撐股價，這是「本益比套利」原理的運用，因為上市股票本益比常在二十倍以上，遠比未上市股票值錢。

　　2.要是沒有大股東願意跟公司「對做」，那只好走上處置閒置土地一途。開發土地最賺錢方式當然是蓋好後才出售，但從申請建照到蓋好，往往需要二年。要是公司沒有這麼遠的眼光，情急之下，只好賣土地，利潤比較少。例如股票上櫃的中美聯合實業公司，為了彌補染料本業「意外」的大虧損，只好在 1997 年底把中和市的土地賣掉，獲利僅 9,100 萬元。該公司原本希望開發成廠辦大樓後再出售，預期獲利 2 億元以上。但急售無好價，只好忍痛賤賣。該公司正轉型往胡蘿蔔素生產，但最快也得 1998 年才能有盈餘挹注。（工商時報，1997 年 11 月 19 日，第 19 版）

　　由此可見，由前述「前置時間」可知，由於開發土地至少需要一年以上，所以

必須有足夠時間，例如新東陽旗下的昇陽建設位於臺北市信義路五段的昇陽國際金融大樓，經多年的養地，惜售後，1997 年 12 月終於以 45 億元高價賣給股票上市公司國巨電子，此案可見建商的耐力往往跟利潤成正比。（工商時報，1997 年 12 月 20 日，第 2 版）

六、損失後理財

風險理財的財源，分為損失前、損失後。在表 6-3 中，主要是損失前理財，其中保險理賠金來自外部資金，（責任）準備金、專屬保險公司保險理賠則來自內部資金。

損失後理財的來源有二：

1. 內部資金：現金、有價證券。
2. 外部資金：貸款（含票券、公司債）、現金增資。

◆ 本章習題 ◆

1. 以表 6-3 為基礎，以台積電或長榮航運為例，說明其如何「兵來將擋，水來土掩」的管理各項風險。

2. 以一家泡沫紅茶店為例，以表 6-6 為基礎，計算其損益兩平金額。

3. 承上題，算出表 6-9 上三個數字。

4. 找一篇實例論文，看看風險值 (VaR) 如何用於衡量營運風險。

5. 承第 1. 題，以表 6-12 為基礎，計算一下。

6. 承第 1. 題，以表 6-13 為基礎，計算一下。

7. 承第 1. 題，以表 6-15 為基礎，看看財務策略如何配合公司成長。

8. 承第 1. 題，以表 6-16 為基礎，看看其如何增加經營彈性。

9. 以表 6-17 為基礎，分析一下當年政府第一、二預備金金額和佔總預算比重，夠嗎？

10. 承第 1. 題，以表 6-18 為基礎，分析各項企業肥肉所扮演角色（功能）。

第七章

代理理論

台積電在 2002 年 4 月初時宣布，將聘請美國哈佛大學管理學教授麥克‧波特 (Michael Porter) 擔任監察人，以盼他能盡職的看帳。下列二人擔任董事：經濟學者萊斯特‧梭羅 (Lester Thurow)，借重其經濟長才，為公司預測全球經濟趨勢；前英國電信執行長彼得‧邦菲 (Peter Bonfield) 爵士有跨半導體、電腦、通訊業領域的經歷，預期能為台積電業務和策略提出建議。

希望這三位外部董監事能夠成為公司的諍友和尚方寶劍，一方面能向公司提出中肯意見，另一方面則在公司高層不盡職時，請出寶劍，罷免董事長或執行長。

——張忠謀　台積電公司董事長

經濟日報，2002 年 4 月 28 日，第 4 版

台積電最近改變公司的財務稽核制度，簽證會計師的延聘改由董事會下的稽核委員會主導，內部稽核也改向外部董事負責，相關會議執行長 (CEO) 與財務長 (CFO) 都不能列席，以維持財務稽查的獨立性。

——經濟日報，2002 年 8 月 31 日，第 5 版

學習目標：

代理理論是財務管理五大理論，是研究所入學考的重點，在實務則透過減少代理問題以降低代理成本，可說是低價足額募集資金的必要條件，重要性可見一斑。

直接效益：

公司治理是 2002 年以來財務管理的顯學，而證交所又規定新上市（櫃）公司須至少聘用八名外部董事、監事，第二、四節詳細說明，讓你一次看最多。

本章重點：

- 代理問題的種類。圖 7–1
- 代理問題解決之道。表 7–1
- 過度投資和投資不足。§7.1 二㈢、㈣
- 美國安隆公司。§7.1 五
- 代理成本。§7.1 八
- 權益代理問題的解決途徑。圖 7–2
- 公司治理。§7.2
- 內部、外部董事的定義。表 7–4
- 標準普爾對公司治理的評等項目。表 7–8
- 透過公司章程以解決權益代理問題。表 7–9
- 外部董監事。§7.4 二
- 衍生性商品的交易風險和預防之道。表 7–13
- 金融交易目的和組織管理配合。表 7–14
- 金融投資內部控制的組織設計。圖 7–5

前言：有趣就容易懂

一談起某某理論，很多財管學生就會縐眉頭，主因為財管大都缺乏人味（頂多只有學者名字）、故事，但本書將會如網球巨星張德培的廣告臺詞：「讓你耳目一新」。

◆ 第一節　代理理論導論

一、什麼是代理問題

「從生活中學管理」一直是我們寫書、教書的指導原則，大部分的財管理論都從生活常識來命名，代理問題 (agent problem) 也是如此。

㈠從旅行糾紛說起

出國旅遊過的人，難免會對有些旅行社 (travel agency) 感冒，主要是「浮而不實」，旅遊目錄上的地方很多都沒去，但特產店倒逛了不少。旅行社是幫我安排旅遊行程的代理人 (agent)，同樣的，公司內也存在著代理人不為主理人 (principle) 最大利益設想，反倒是慷他人之慨的剝削主理人，以達到圖利自己的目的，這便是公司代理問題。

㈡由諺語學財管

日常諺語中有不少，下列括弧內的便是代理人。

- 叫「鬼」拿藥單。
- 飼「老鼠」咬布袋。
- 外賊易躲，「內賊」難防。
- 借花獻「佛」。
- 死道友沒死「貧道」（布袋戲史豔文中秦假仙的座右銘）。

二、代理問題的種類

分類的目的是為了更瞭解狀況，如此才能對因下藥（不能說頭痛醫頭的對症下藥）。由圖 7–1 可見，我們把代理問題分成三大類。

1. 負債代理問題 (debt agent problem)。

2. 權益代理問題 (equity agent problem)。

3. 管理代理問題 (management agent problem)。

圖 7-1 負債、權益、管理代理問題

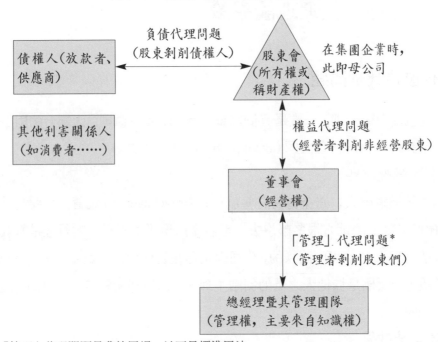

* 「管理」代理問題是我的用詞，並不是標準用法。

由表 7-1 中㈠剝削方式可見代理人怎樣「吃主理人的肉，喝主理人的血」。

㈠過度投資 (overinvestment) 時

當公司有閒錢時，經營者為追求成長，避免發放股利後財務資源變少，有時會去投資「高風險但不必然高報酬」、「甚至負報酬」的投資案，這就是「過度投資」。套句俗話：「男人有錢便會做壞事」，公司經營者何嘗不是；此情況財務學者稱為「自由現金假說」(free cash hypothesis)；「自由現金」是指未分配盈餘，也就是一般人所說的閒錢。

1985 年以來，德國戴姆勒克萊斯勒 (Daimler Chrysler) 汽車公司就是最佳的錯誤示範，它發現自己擁有 100 億美元的現金，財務長建議併購跟汽車無關的公司，並獲得大股東德意志銀行的核准，執行長反對此案並因而辭職。公司展開一系列的

表 7-1　權益代理問題種類

代理問題大類	主理人 (principle)	代理人 (agent)
一、負債	債權人	債務人 1.貸款時：借款戶 2.債券發行：發行公司
(一)剝削方式		1.冒貸、超貸 2.賴帳不還、捲款潛逃
(二)反制措施	監督 (monitoring) 1.貸款前：徵信，以避免逆選擇 2.貸款時：信用分配、貸款契約 3.貸款後：實地查核，追蹤資金用途、公司現況	自我約束 (self-bonding) 1.入流會計師簽證、信用評等、公司評等 2.財報透明、資訊公司
二、權益 (一)剝削方式		1.五鬼搬運、假公濟私、圖利自己 2.公司現金多時：過度投資 (overinvestment) 或投資不足 (underinvestment) 3.公司嚴重未達目標時：豪賭一下 4.自肥條款：高薪厚祿 同上述自我約束
(二)反制措施	1.代理理論：公司治理，偏重外部董事、監事 2.交易成本：薪資契約	
三、管理 (一)剝削方式		1.同上面 1～4 2.在職消費：慷公司之慨、借花獻佛
(二)反制措施	1.行政控制：內部控制 2.財務控制：薪酬契約	

　併購行動，從家電以至航空公司。結果恰如美國的越戰、蘇聯的入侵阿富汗，戴姆勒只好在有史以來的第一次困境中掙扎。更糟的是，就在經營者階層被各種不熟悉的業務搞得七葷八素之際，寶馬汽車 (BMW) 大舉入侵，威脅了賓士汽車在德國市場的領導地位。

　　所以，當你是「錢多多」公司的投資人，而董事會實質持股比率低時，不僅不要在股東會通過一個「在幾億元內授權董事會自行投資」的議案，而且在沒有大幅

成長機會時，最好採取現金股利，以免錢留在公司帳上，引誘董事會「犯罪」。

(二)投資不足 (underinvestment)

投資不足比較會出現在高階管理者，為求自保，比較傾向於提出「低風險、低報酬」的投資案。公司穩定賺錢，卻比較不會快速成長；股利政策傾向於發放現金股利，以免未分配盈餘太多，被經營者斥責為資金閒置。

解決之道則為績效跟薪資的連結，基本薪水的水準不要高到能讓高階管理者心滿意足，還得有點創業精神才能致富。

(三)自肥企業出狀況，主管照撈錢——平日領高薪，解雇時也獲優渥報酬

世界通訊公司 (WorldCom) 執行長艾伯斯 (Bernard J. Ebbers) 則是把公司當成自己的私人撲滿，不斷向公司借錢買進自家股票。迄今，艾伯斯已積欠公司 3.41 億美元。這當中包括公司替艾伯斯償還美國商業銀行的 1.98 億美元貸款，以及公司授予艾伯斯本人 1.65 億美元的信用貸款額度，則已動用了 1.42 億美元，而公司的信用額度利息僅 2.2%。雖然他曾表示其資產足夠支付欠債，但世界通訊的員工認為公司過於厚待他。

宣告破產的連鎖零售商凱瑪百貨 (Kmart)，對現任執行長康那威依舊大方。公司不但同意付給康那威一筆高達 650 萬美元的獎金，而且允諾康那威如果在 2003 年 7 月底之前持續工作的話，他向公司借支的 500 萬美元貸款可以獲得豁免。(工商時報，2002 年 2 月 27 日，第 5 版，謝富旭)

(四)在職消費

假公濟私的在職消費最常見的方式便是董事長（或總經理）一擲千金，例如出國包機（至少坐頭等艙）、住總統套房、買賓士 600 車、辦公室 50 坪……，用公司的錢讓自己享受得跟帝王一樣。

2002 年 2 月底，英國投資銀行柏克萊資產（管理）公司的六名銀行員傳出在倫敦高級餐廳一頓飯喝掉 44,000 英鎊（約 220 萬元）上等紅酒、白酒的奢靡行徑，以客戶交際為由報公帳，其中五人已遭到開除。(工商時報，2002 年 2 月 27 日，第 5 版，林秀津)

三、代理理論

美國學者詹森 (Jessen) 和麥克林 (Meckling) 是最早提出代理理論的人，在 1976 年的論文裡，以代理成本和監督成本的抵換關係來解釋公司權力分配的最佳決策。

四、為什麼談代理理論

㈠公司治理的重要性

全球愈來愈注重公司治理，一般認為亞洲的公司治理水準較低，因此股價往往比不上歐美國家。亞洲公司如果在公司治理方面多加強，不但可以提升其股價，而且也能提高知名度，給投資人更多的保障。

臺灣企業愈來愈國際化，赴海外發行美國存託憑證 (ADR)、海外轉換公司債 (ECB) 的需求愈來愈高，如果能更重視公司治理，可以更容易在國際資本市場上爭取到資金，因此這也是攸關臺灣國際競爭優勢的問題。

㈡為什麼財管中談代理理論

或許你會覺得奇怪，為什麼這個理應屬於一般管理（或策略管理）範疇的題目——尤其是所有權（股東）和經營權（董事會）間的權益代理問題，為什麼反而讓財務學者搶了頭采？

1. 負債代理問題本就屬於財管領域。

2. 解決管理代理問題的內控內稽是會計學者的專長，但是財管學者設計金融交易的內控制度也撈到一點邊。

3. 權益代理問題主要涉及資金募集。

代理理論是財管中的五大領域，其主要目的便在解決主理人（尤其是債權人、小股東）對代理人手腳不乾淨的疑慮，而願意慷慨解囊的拿出錢來。從這角度來看，就跟公司募資連上線了，也就是公司必須先去除金主對公司董事會操守有問題的戒心，才能拿到便宜、足量的資金。

難怪在企管七管領域中，惟有財管學者這麼全力、全面研究代理理論，至於一般管理（尤其是策略管理）則偏重權益代理問題，詳見拙著《策略管理》第八章公司治理。

五、安隆有夠壞

2001 年 12 月 2 日爆發美國營業額第七大公司安隆 (Enron) 破產、弊案。

(一)美國商學院活教材

多位美國商學院教授表示，他們把安隆醜聞案當做活教材，討論項目從美國證管會解釋「財務報表營收認列」規定的 101 號函到危機管理等，涵蓋所有課程。(工商時報, 2002 年 2 月 11 日, 第 6 版, 劉聖芬)

(二)一切都是謊言

2 月 2 日，堪稱為史上最大上市公司詐騙案之一的安隆公司董事會公佈一份厚達 218 頁的內部調查報告指出，2001 財務年度 (2000 年 10 月初至 2001 年 9 月底) 安隆獲利不但灌水金額幾近十億美元，而且 1990 年代末期風光一時的業績完全是捏造出來的假象。

由表 7-2 可見，安隆 1996 到 2000 年，營收成長 7.5 倍、純益率下跌 4.5 倍。

表 7-2　　1996 ～ 2000 年安隆公司財務資訊　　　　　單位: 億美元

年　度	2000	1999	1998	1997	1996
總營收淨利	1007.89	401.12	312.60	202.73	132.89
營業利益	12.66	9.57	6.98	5.15	4.93
調整數	(2.87)	(0.64)	0.05	(4.10)	0.91
合　計	9.79	8.93	7.03	1.05	5.84
稀釋後每股盈餘（美元）					
營業利益	1.47	1.18	1.00	0.87	0.91
調整數	(0.35)	(0.08)	0.01	(0.71)	0.17
合　計	1.12	1.10	1.01	0.16	1.08
每股股利	0.50	0.50	0.48	0.46	0.43
總資產	655.03	333.81	293.50	225.52	161.37
營業活動現金流入	30.10	22.28	18.73	2.76	7.42
資本支出及股權投資	33.14	30.85	35.64	20.92	14.83
紐約證交所股價（美元）					
高	90.56	44.88	29.38	22.56	23.75
低	41.38	28.75	19.06	17.50	17.31
12 月 31 日收盤價	83.13	44.38	28.53	20.78	21.56

資料來源: 美國安隆公司財務年報。

　　前述財務報表的數字，代表一個意義，即安隆公司在過去的五年內，業績呈倍數成長，可是獲利卻沒有成長，淨利的絕對數字雖有微幅成長，但跟營收成長的倍數相比，簡直不成比例。簡單來說，就是生意愈做愈大，盈餘卻未見比例成長。(工商時報，2002 年 2 月 4 日，第 4 版，林文義)

　　報告指出，安隆今天的失敗，董事會、法律顧問、會計師、員工自肥以及公司內部鼓勵走偏鋒的風氣均難辭其咎。

㈢大小錢都想賺

　　安隆董事會於 1999 年接受當時的董事長雷伊 (Kenneth L. Lay) 和總裁史基林 (Jeffrey Skilling) 的建議，破格拔擢法斯托 (Andrew Fastow) 擔任財務長；他同時還領導旗下數家合夥公司，處理合夥公司跟安隆之間的資產買賣交易事宜。董事會和總裁疏於監督法斯托的行為，而且對法斯托中飽私囊的情事不聞不問。

　　報告指出，法斯托在 2000 年的一筆交易中，對安隆旗下一家合夥公司投資 2.5 萬美元在兩個月內轉變成 450 萬美元的個人獲利。法斯托還買通了其他兩名員工加入交易，同一期間，該兩名員工以 5,800 美元的投資，分別獲利 100 萬美元。

㈣安隆員工吃得油光滿面

　　2002 年 2 月 26 日，紐約時報指出，已破產的能源集團安隆公司充斥著驕奢氣氛，只要是公司舉辦的活動或是致贈的禮品，一定秉持要更炫、更好的特色；在秘書節慷慨致贈員工 Waterford 名牌水晶禮品等。

　　光是驕奢不足以導致安隆的失敗，但反應出整個公司企業文化彌漫著好大喜功的氣氛，往年安隆一向以大手筆來慶祝各項節日。在一場安隆的家庭日戶外聚會中，安隆包下 85 公頃的太空世界遊樂園供員工使用。

　　安隆員工出差的待遇也是第一流，坐頭等或商務艙，住五星級豪華飯店，公司停車場盡是保時捷、法拉利和 BMW 等高級車。1990 年代初期，安隆招待客戶到科羅拉多的豪華滑雪休閒飯店度假，日後卻逐漸變成犒賞內部員工的手段，以 1999 年的一場會議為例，來自全球，超過 300 位副總裁級者群聚該度假中心，當時一個房間一晚要價 320 美元。(工商時報，2002 年 2 月 27 日，第 5 版，林正峰)

㈤外部控制功能失效？

　　安隆的法律顧問 Vinson & Elkins 曾經對安隆跟旗下投資公司交易的過程進行

調查，宣稱所有的交易完全合理而且沒有違法。Vinson & Elkins 把調查結果副本交予簽證會計師安達信公司 (Authur Anderson)，後者也沒有提出異議。

報告指出，安隆在揭露跟子公司的交易上，完全沒有交代財務長可能從中獲利的事實，也沒有交代交易的動機和目標。這種資訊揭露上的缺失，安隆本身、Vinson & Elkins 和安達信皆要負起責任。（工商時報，2002 年 2 月 4 日，第 4 版，謝富旭）

㈥美股掃到颱風尾

安隆破產引發的企業財報不實疑雲，擴大至 nVidia、IBM 等大廠（詳見表 7–3），導致美股震盪下跌並回測 2001 年 10 月的低點。（工商時報，2002 年 2 月 21 日，第 8 版，洪川詠）

表 7–3　安隆案後受害個股一覽表

繪圖晶片商 nVidia	傳聞該公司不當處理 360 萬美元的生產成本，SEC 正就其會計行為進行調查
IBM	股市傳言 IBM1 月中發布財報時，並未揭露銷售光纖事業給 IDS Uniphase 以取得 3 億美元用以降低營業費用的詳細資訊，有膨脹盈餘之嫌。2002 年 2 月 15 日股價下跌 4.6%
北電網路	財務長因違反公司退休金交易制度引咎辭職
電信設備製造商 Quost Communication	帳上 250 億美元的債務金額，再加上 S&P 近期調降其長期和短期債信等級，連帶拖累電信公司 AT&T 和 Sprint 修正
泰科 (Tyco) 工業集團	公司坦承過去 3 個會計年度，有 700 多件採購交易（總金額高達 80 億美元）並未對外公開，股市也質疑 Tyco 是否能夠協助償還旗下製造業子公司所積欠的 110 億美元債務
Rcliant Energy	旗下坦承會計作帳錯誤，該公司計畫重新發布修正 2001 年財報
World Communication	帳上高達 290 億美元債務，並坦承業務人員收受不當佣金

資料來源：富蘭克林投顧。

六、掏空公司資產被判刑

2000 年 9 月 19 日，國揚集團 61 億多元資產被掏空案，臺北地方法院判決，國揚前董事長侯西峰被依觸犯業務侵占罪判刑五年十個月。判決書指出，侯西峰及陳秀珍（董事長特助）二人，從 1997 年 10 月 20 日起至 1998 年 11 月 7 日止，在謝正雄（財務部經理）和劉淑慧（財務專員）的幫助下，趁調節銀行資金的機會，

不實際轉帳而轉開台支，把台支交付陳秀珍購買國揚、廣宇、福益等國揚旗下企業的股票、無記名可轉讓定存單，或支付銀行貸款、金主借款利息。

台 支

　　台支是臺灣銀行同業存款支票的簡稱，由於臺銀過去有「小央行」之稱，為方便銀行同業彼此調撥頭寸、委託收解，銀行可存放款項在臺銀帳戶並開立支票，銀行有業務需要時，也可以跟臺銀訂定透支額度，由同業存戶在透支額度內自由支用。

　　台支可分四種面額，面額在 10 萬元以下者是以淺藍色簽用；面額在 10 萬元以上、100 萬元以下者是用淺黃色簽用；面額在 100 萬元以上、500 萬元以下者則以淺紅色簽用；面額在 500 萬元以上者是用淺綠色簽用。

　　台支本意是用於銀行同業調度資金，但是台支不會退票的形象深入人心，使得民間對台支信賴度很高，常常會要求往來銀行開立被俗稱為「鐵票」的台支，用於支付大額款項例如購屋款，或是參與公共工程投標時的押標金等。(工商時報，2002 年 8 月 30 日，第 7 版，傅沁怡)

　　侯西峰等人持所買到的股票和存單向往來銀行質押借款，再購買國揚等股票。侯西峰等運用此方式讓國揚及其子公司交叉持股，藉以獲取暴利。至 1998 年 11 月 7 日，侯西峰已擁有八成國揚股票，而前後挪用國揚資金藉以護盤金額高達 288 億元。(工商時報，2000 年 9 月 20 日，第 6 版，張國仁)

七、怎麼解決代理問題

　　怕遭小偷，許多人在車上加鎖、在家中裝鐵窗甚至跟保全公司連線。同樣的，如何防止別人把手伸進你口袋的代理問題，學者專家可說挖空心思，但是作圖 (圖 7-2)、表 (表 7-1、7-9) 會讓你看得一目了然。

八、兩害相權取其輕

　　由圖 7-3 可見，預防、解決代理問題，或者說減少代理成本，主理人也得採取一些政策、付出監督成本 (monitoring cost)，反之，代理人為了證明自己清白，也會付出一些約束成本 (bonding cost)，例如會計師簽證費用、信評公司的信評費用。

　　末了，這就是一個兩害相權取其輕的問題，主理人也不能矯枉過正，否則「防弊之弊甚於原弊」。

圖 7-2　權益代理問題的解決途徑

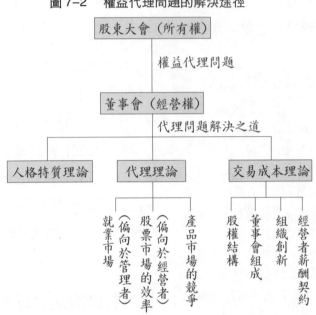

資料來源：伍忠賢，《創業成真》，遠流出版公司，1997 年 2 月，初版，第 105 頁。

圖 7-3　代理問題的管理程序

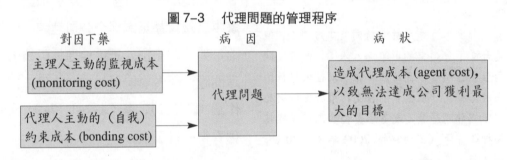

第二節　公司治理

公司治理 (corporate goverance) 是 2001 年來熱門的管理議題，討論如何使公司投資人和各利益相關者都得到合理、公平的對待，以確保各投資人的信任。因為唯有良好的公司治理，公司才有可能在資本市場上建立信賴取得資金，進而維持公司長期競爭力。

一、目的在預防權益代理問題

公司治理的基本精神強調,公司是屬於股東的,董事會的組成主要是以股東為主,公司經營應該透明化,為了維持公司的正常營運或專業能力,最好聘用「外部董事」,用以監督內部董事、管理階層或提供專業諮詢。董事會應有適當的權責,對公司的選拔、評估和獎勵,盡最大的努力和責任,並建立和維持企業的價值和倫理,如此的公司才能有持續的競爭力。

㈠內部 vs. 外部董事

董事也有大小之分,掌權、權力中心的稱為內部董事 (inside directors),俗稱公司派或內部權益人 (inside equiter)。

不掌權的、非主流董事的便是外部董事 (outside directors) 或外部權益人 (outside equiter)。在股權分散的上市公司,市場派便是外部董事之一,詳見表 7-4。

表 7-4　內部、外部董事的定義

	內部董事 (inside directors)	外部董事 (outside directors)
一、小董事會(5席以內) 二、大董事會(6席以上董事)	董事長 1.董事長 2.執行、常務或駐會董事 3.身兼管理職位的董事,例如英制公司常見董事總經理 4.由管理者升任董事	董事 又稱小董事,不參與公司經營的董事,常見: 1.專業機構投資人 2.公益董事

從小股東角度,管他是大董事、小董事,都是「肉食者謀之」的公司經營者,小股東當然是外部權益人。此外,持股 10% 的大股東 (controlling shareholder),不管有沒有擔任董監事,實質上也是公司經營者。

㈡OECD 等的定義

公司治理緣起於二次世界大戰後的美國,十幾、二十年後延伸到歐洲,直到近年才備受重視。調查顯示,外國基金投資人認為好的公司治理,至少有八點原則,例如董事會跟管理階層的權責分明、公正且獨立的董事會、外部董事要過半數等。

公司治理 (corporate governance) 的定義皆大同小異。英國金融時報 1997 年時指出，狹義上，公司治理是公司對股東的關係；廣義上，則是公司對社會的關係。

1999 年經濟合作發展組織 (OECD) 定義：公司治理指的是指導和控管公司的制度，其架構明定權責分配給公司內的不同參與者。

世界銀行總裁伍茶松 (J. Wolfensohn)：「公司治理是關於增進公司的公平、透明和責任。」

㈢簡單、具體的說

一個三權分立的公司有如國家，詳見表 7–5。那麼顯而易見的「公司治理」很像擁有政權的人民及其代表，透過憲法和各種監督，以避免治權（甚至行政權）獨大，而變成大野狼想來吃掉小紅帽。

表 7–5　公司跟國家三權分立的類比

公　司		國　家	
對　象	權利種類	對　象	權利種類
股　東	所有權	臨時國民大會、立法院	政　權
董事會	經營權	總　統	治　權
總經理等	管理權	行政院、考試院、監察院、司法院	行政權

在公司，公司治理講的是如何透過公司章程（公司的憲法）等各種機制，以避免大股東（擁有經營權的董事會）欺負小股東，即權益代理問題。

公司治理最重要的就是小股東是否受到公平的對待，例如財務等相關資訊是否透明、公司營運政策是否以股東權益為優先，避免企業資源被少數人掌控。企業擁有好的公司治理，將可以防堵企業交叉持股、高層舞弊等現象，保障小股東的權益。

＊錯誤說法

全球筆記型電腦製造龍頭廣達電腦公司，2001 年股東會時，選出東吳大學法律系教授潘維大出任外部董事，以便為廣達貢獻其法務專長。（經濟日報，2002 年 1 月 28 日，第 28 版，鄭秋霜）

這樣的說法是不通的，公司治理主要是要透過外部董事、監察人等來擔任羅馬時代的護民官或消費者保護法中的消費官，是替小股東來監督內部董事以免為非作歹。不是要找個人來擔任法務董事，以避免公司犯法，那是法務（室）主管和法律顧問的事。

㈣你我都是小股東

絕大部分人都只是小股東，人微言輕，公司治理的目的就是為了保護小股東，免受大股東剝削。

根據臺灣證券交易所對 538 家上市公司 2001 年股東人數統計資料顯示，股東總人數高達 2,362 萬餘人次，比臺灣地區人口還多。

臺灣股市幾乎可用「全民都是股東」形容，「股民」勢力蓬勃發展。其中，聯電「人氣最旺」，股東人數高達 76 萬人，居上市公司之冠。（經濟日報，2002 年 2 月 22 日，第 23 版，蕭志忠）股東人數前二十名的上市公司詳見表 7-6。

表 7-6   2001 年股東人數前二十名上市公司

公司代號	公司名稱	股東人數	公司代號	公司名稱	股東人數	公司代號	公司名稱	股東人數
2303	聯　電	766,363	1602	太　電	334,778	2311	日月光	251,430
2883	開發金	512,771	1303	南　亞	282,871	2815	中信託	233,823
2002	中　鋼	465,265	2371	大　同	281,373	2323	中　環	231,902
2306	宏　電	445,733	2882	國泰金	272,506	2801	彰　銀	226,061
2330	台積電	390,816	1407	華　隆	263,825	1605	華　新	217,296
2342	茂　矽	365,829	2344	華　邦	263,728	2802	一　銀	212,762
2337	旺　宏	345,887	1301	台　塑	251,448			

資料來源：臺灣證券交易所、上市公司。

二、誰最有嫌疑做壞事？

臺灣大學財金所教授李存修和輔仁大學貿易金融所教授葉銀華，收集 1999 年 7 月到 2000 年 12 月發生財務危機的 29 家上市公司為樣本；採用 Beaver 的 1：2 配對法，另選取 58 家上市公司為對照組。透過個案分析歸納發生財務危機公司的特性；以公司發生財務危機前一年和前二年之資料，分析股權結構、股票質押和董事

會組成等變數對於公司財務危機的影響。實證結果如下：

　　1.當上市公司控制股東 (controlling shareholder) 持股比率愈低、投票權和現金流量請求權差異愈大（股權結構變數），則公司治理機能愈差，因而導致公司財務危機機率愈高。

　　2.當家族成員董事比率愈高、董事長和總經理具有親屬關係，那麼公司財務危機發生的機率愈大。因此，當公司董事會家族化程度愈深，則代理問題愈嚴重。

　　3.當控制股東不是公司創業者，則發生公司財務危機的可能性愈大；此一結果可說明有許多借殼上市公司，最後導致財務危機的現象，也就是企業併購還沒有扮演有效能的治理機制。

　　4.董監事和大股東股票質押比率愈高，公司發生財務危機的可能性愈高。

　　簡單的說，在公司發生財務危機前一年和前二年，股權結構和董事會組成變數對於公司發生財務危機有顯著的影響，也就是公司治理機能較差時，公司發生財務危機的機率愈高；而且公司治理變數比財務績效變數更能解釋公司發生財務危機的可能性。（工商時報，2000 年 9 月 8 日，第 6 版）

三、臺、港、大陸三地狀況

　　臺灣的公司治理問題跟香港相當類似，大多數的知名公司都是家族企業，交叉持股盛行，管理者和外部董事比較不受重視。而大陸的企業則是國有為主，政府對公司經營的影響力過大，這些都是可以改進之處，詳見表 7-7。（工商時報，2002 年 1 月 29 日，第 4 版，洪川詠）

　　1.香港做得很好

香港官方已經把良好的「公司治理」列為公司申請上市的條件。

　　2.大陸做得不錯

　　對落實公司治理的要求，大陸官方似乎超越臺灣，主因為大陸向世界銀行等國際組織申請金援，國際組織會要求大陸公司符合國際標準，使大陸比較易於感受到國際潮流的要求。

　　2001 年大陸財政部就建議國務院，指出要改善證券市場，必須從落實公司治理做起。因此，2002 年 6 月起，就會要求上市公司董監事一半須由外部人士擔任。

3.臺灣推動新上市公司外部董事制

在公司制理方面，臺灣已經落後其他亞洲國家。因此，證期會2002年推動公司治理制度，引進獨立董事、監察人，以及訂定公司控制最佳實務準則。

表7-7　標準普爾對兩岸三地公司治理規範的看法

香　港	中國大陸	臺　灣
・專業團體對公司治理規範的認知相當高 ・主管機關承諾致力更進一步改革 ・由家族控制的公司為數眾多 ・一般公司僅以達到法令規定的最低標準為目標 ・投資人主要仍屬投機性質，且對企業規範議題的興趣不高	・財務資訊揭露程度低於國際標準 ・多數企業屬國有性質 ・欠缺法人股東 ・重視證券主管機關素質是改進的觸媒 ・大陸赴海外上市公司的行事作風將有助於加快改革的步調	・對公司治理規範的認知不高 ・上市公司多由家族掌控 ・少數股東的權益未受重視 ・法人股東少有涉入 ・管理階層的獨立性偏低 ・部分高科技公司擁有相對較佳的治理規範標準

資料來源：標準普爾公司。

㈠無名有實

政治大學會計系教授馬秀如說，臺灣以前不是沒有做公司治理，而是沒有這個名詞，例如銀行法規定銀行要做內部控制制度、上市公司要出內部控制聲明書等，都是公司治理的內涵。

臺灣大學管理學院院長柯承恩同意這個看法，他認為臺灣過去的公司治理做得太片斷或太零星，散落在不同的規範裡，「沒有共同的標籤」。當務之急應是「把它戴在一個大帽子下」，在一個很有系統的架構下討論，才能有焦點，並防止內容離題或窄化。(經濟日報，2002年1月28日，第15版，鄭秋霜)

㈡最佳實務準則

財政部推動上市公司建立公司治理制度，並已擬具「上市上櫃公司治理最佳實務準則」草案，將交由新成立的公司治理協會審查，逐步建立公司聘請外部董監事的制度，建全公司經營。(工商時報，2002年1月27日，第3版，林文義)

四、標準普爾的衡量

標準普爾於 2001 年起推出公司治理評等服務 (corporate governance scoring service)，先替歐、美多家企業評分，2002 年鎖定亞洲的臺灣、香港、新加坡、南韓和東南亞地區作為重點推動地區。

標準普爾公司治理和顧問服務董事拜恩 (Ian Byrne) 和夏威 (Xavier Chavee) 來臺拜訪知名上市公司和證交所，對臺灣公司治理的評估報告，可望在今年內出爐。

標準普爾對「公司治理」的定義為「公司跟股東 (financial shareholder) 的關係」，它可以分成四大部分，詳見表 7-8。

表 7-8　標準普爾信用評等評分標準

評分標準	檢驗項目
1. 公司股權結構和股東關係對公司營運的影響	企業年報是否揭露： 1. 股權所有人屬性 2. 各類股東持股比例 3. 各類股東行使投票權的規定和說明 4. 擁有公司股權超過 3% 的股東名單
2. 財務透明度和資料揭露水準	企業年報是否揭露： 1. 公司會計政策 2. 公司會計是否符合國際會計標準 (IAS) 或其他類似標準（例如美國的 GAAP） 3. 各類業績效率指標（ROA、ROE 等） 4. 全集團財務報表
3. 董事會結構和議事程序	企業年報是否揭露： 1. 董事會成員名單 2. 董事會各委員會名單 3. 董事會設有稽核委員會 (audit committee) 的具體證據 4. 董事酬勞和董事對公司貢獻的細節

資料來源: "Standard & Poor's Transparency & Disclosure Survey for International Investors".

依公司治理評分表（詳見表 7-8）上的這四大項目給予 1 到 10 的評分，得分愈高者表示該公司愈重視股東權益、愈負責、運作愈透明，小股東能夠得到更公平

的對待。全球投資人可以依據標準普爾的公司治理評分結果，瞭解投資在這家公司的風險有多高，能得到多大保障。

五、宏碁落實治理文化

泛宏碁集團將在旗下三十多家公司全面推動公司治理文化，未來旗下公司的董、監事會成員中，管理團隊代表將以不超過三分之一為原則，至於準上市、櫃公司母公司代表，則希望不超過二分之一。在新治理架構下，董事會將另設稽核委員會和薪酬委員會。基本架構是強調董監事會的紀律和獨立、公正，並將特別重視外部董事意見，為此，泛宏碁將增加各公司外部董事席次。（工商時報，2002 年 3 月 16 日，第 12 版，林玲妃）

 ## 第三節　公司章程的設計
——防止權益代理問題的公司憲法設計

在公司申請登記時，必備文件之一便是公司章程，許多公司覺得只要用會計師所提供的簡式公司章程應付一下便可；可惜此種「省事事省」的作法，往往導致「先禮後兵」的結局。

因此，我們建議採取先把醜話說在前頭的作法，多花一、二週時間把公司的遊戲規則（即公司章程）訂得清清楚楚，未來將會收「先兵後禮」的好結果；典範之一請見本章附錄富邦金融控股公司公司章程。

一、先小人後君子關係才會長久

「結婚不難，要讓婚姻幸福卻不容易」。

這句話也適用於合夥作生意，不管是怎樣的商業組織型態；如果在一開始，各股東能先小人後君子，把醜話講在前面，那麼以後的紛爭自然會減少許多。這也是財務學者中「交易成本理論」的支持者，主張可透過公司創新來降低代理成本的精義。

成立一家公司，各股東持股比例很少是平分秋色的；縱使有，董事長的職位也只有一個，永遠有人是當權派，有人是非主流派。以一向扮演非主流派的專業投資公司中的創業投資公司來說，為了確保自己這個少數股東的權益，在入股協議書對於表 7-9 中第一欄項目，大都會給予高度注意。針對這些焦點，在公司成立時，大部分會在公司憲法「公司章程」中加以規定，並且對於許多共識，也會以董事會附帶決議方式，成為公司的內規 (by-laws)；公司章程或內規皆是律師在替公司籌設進行「公司規劃」時的主要工作。

表 7-9　透過公司章程以解決權益代理問題

股東協議書 售點項目	公司章程項目	附帶決議與辦法
股權比例	股　份 股東會	超級多數條款，讓小股東擁有「敗事有餘」的能力
人事安排	董事會 (盈餘分配、預算、人事案)	董監事酬勞
	監察人	經營團隊分紅制度
	經理人	財務經理、會計經理任用
股權保障項目	1. 股本封閉或開放 2. 股權轉讓、出售 3. 股權變更時申報制	
經營約束項目	1. 營業項目 2. 轉投資佔資本額比率	1. 取得或處分資產處理程序 2. 背書保證作業辦法 3. 資金貸與他人作業程序
管理措施	會　計	1. 內部控制制度 (財報、營業報告書) 2. 簽證會計師 3. 企業內陽光法案 4. 企業內其他內規 (職業倫理)

二、人事安排——徒法不足以自行、人與制度是一體二面

董事會、監事會的人事安排將於第四節討論，此處僅討論小股東為預防經營者「作假帳」、「捲款潛逃」的二項安排，要使內部控制制度發揮作用，徒法不足以自行，因此當權派必須放棄由其自己人擔任下列職務：

(一)財務經理

一般公司支票上須蓋三級章，其中定有一級是財務經理，只要財務經理能克盡厥職，縱使是董事長要捲款潛逃也無法得逞。

以宏碁科技來說，1976 年剛創業時，因為沒有股東願意管理財務，因此施振榮請他太太葉紫華管理財務。等到宏碁發展到相當規模，大陸工程前董事長殷之浩入股宏碁時，施振榮便請殷之浩指派財務主管，此後，葉紫華便不再管財務了。

(二)會計經理

縱使財務經理跟董事會沆瀣一氣，只要會計經理能秉如椽大筆，那麼董事會的「外遇」（圖利他人）、「藏私房錢」（圖利自己）也將無所遁形。

縱使會計經理也跟董事會同一鼻孔出氣，只要簽證會計師公正客觀，至少在其「保留意見」中，會指出公司帳目可能蹊蹺之處。大部分中小企業（資本額 8,000 萬元以下）為了省錢，常選定個人會計師負責簽證，以求降低費用；有些不負責任的會計師甚至連機器設備都沒盤點過，更不用說大費周章地抽驗某些收支單據。

為了證明明人不做虧心事，董事會宜將公司財報簽證委由入流的（例如四大）聯合會計師事務所簽證。或許每年增加 20 萬元以上的簽證費用，但卻可證明自己的清白，就像作生意用的秤送交標準局檢驗、產品取得正字標誌一樣。至於究竟聘請哪種會計師較好，決策準則可詳見圖 7-4。

三、股權保障項目

針對股權保障的項目，主要是表 7-9 中的三項，不過此處想特別強調的是，當派權必須主動宣布把其股票設定由律師等受託保管，以免董事長等藉金蟬脫殼之計來「落跑」，如此才能顯示當權派跟公司共存亡的決心。雖然大部分公司並沒有真的印製股票，但形式並不重要，只要能表彰股權的權狀便可。

此外針對反對公司從事併購的股東，其得請求公司按當時公平價格收買其所持有的股份，「公平價格條款」(fair-price provision) 是保護少數股東的具體措施。

四、經營約束項目

一般公司章程第一章的重點有二，一是明列營業項目，一是轉投資比例不得逾

圖 7-4　公司未來財務決策跟簽證會計師的抉擇

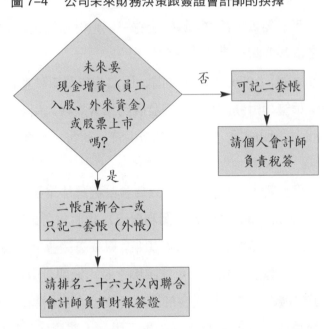

資本額的 40%。這兩點皆為避免當權派搞七捻三、撈過界，以致使公司面臨不可預期的風險。雖然公司法第 13 條已修正，只要公司股東會特別決議，便可不受轉投資比例的限制，縱使許多股份有限公司當權派股權比例超過三分之二，但仍不敢強渡關山，主因在於如果一意孤行，不顧小股東的權益，一旦小股東撒手，浮額亂竄，股價連帶走高不易，以後不僅增資價不高，而且甚至乏人問津。

1993 年 7 月，上市公司農林 5 億元的現金增資案為例，由於農林認為過去年度因買賣股票發生虧損，擔心投資人會怕認股將血本無歸而踟躕不前。因此農林承諾不再買賣上市公司股票，希望能減輕投資人「肉包子打狗」的疑慮。此例為上市公司現金增資案承諾不再買賣股票首例，可見螞蟻雄兵的小股東具有「水可載舟，亦可覆舟」的實力，連上市公司也不敢小看。

當然農林願意遠離股市，絕非空穴來風，1992 年 3 月 5 日聯合晚報第 13 版頭條標題「華隆集團轉套　農林成了冤大頭」，由新聞內容來看，當時身為華隆集團一份子的農林，常扮演墊背的籌碼，也就是華隆集團老闆把高檔套牢的股票轉給農林，令農林全體股東共同分擔此損失，難怪農林 1991、1992 年會發生巨額虧損，而且為食品類股之冠。

雖然農林董事會並沒有因上述行為而吃上官司，但卻擔心無法取信於投資人，只好金盆洗手，可見公司當權派仍不可能恣意而為。

五、管理措施

其他相關的管理措施主要為會計相關事務，至少包括下列二項：

㈠要不要記內帳？

由於稅法和管理會計的目的不同，連許多上市公司也都有記內帳，此本來是無可厚非。但是如果公司記二本內帳，那麼董事會的可信度將大打折扣。雖然第二本內帳的內容只有少數人知道，但是第二本內帳終歸是紙包不住火，終有一天會曝光。與其屆時無法自圓其說，倒不如一開始便不記第二本內帳。

㈡每月財務報表寄交股東

在美國管理學會出版的刊物《管理評論》(*Management Review*)，1993 年 2 月上有一篇 Donna B. Hogarty 寫的文章〈新公司絕不能犯的十大錯誤〉，其中一項便是「未能使投資人感到放心」。他強調如果創業家未能讓投資人（銀行或股東）隨時都知道最新的進展或缺乏進展，那麼縱使創業家一向誠實無欺，也會造成嚴重後果。如果投資人覺得創業家有所隱瞞，往往會有激烈反應，甚至撤回資金。

由上述可知讓股東知道公司現況的重要性，對於未公開發行公司，由於股東人數有限，因此公司宜在每月 10 日以前寄發公司上月簡明財務報表給各股東。該財務報表至少須由「會計經理、總理經」或「稽核室主任、董事長」等人簽署，以示負責；讓股東曉得公司盈虧的大致情況，如果有疑義也可透過監察人提出。

除了每月定期的財報外，對於「重大訊息」（由股東會、董事會另定）則宜在五天內知會所有股東。證期會從 1991 年 8 月起要求上市公司處分資產（除機器設備外）達到一定額度，須在二天內公告；此方式會令外部權益者覺得被上市公司尊重。

不論重大訊息的公開，或是內部控制制度標準的訂定，如果當權派擺出一副「取法其上（即證期會要求的標準）」的態勢，常能使許多小股東的疑慮不藥而癒。

上述這項工作屬於「投資人關係」(shareholder publicity) 的範疇，國外大公司常設有投資人關係經理負責，臺灣則由股務室、公關經理處理；不管由誰處理，至

少工作要有人做。

㈢美企業營運資訊公開，眾生平等

2000 年 8 月，美國證管會修改的一項法令，從 10 月 30 日開始實施，美國上市公司必須在同一時間向所有人揭露其營運資訊。一向對企業營運消息靈通而具有資訊優勢的華爾街分析師，從今爾後必須跟投資大眾平起平坐。

新規定禁止企業的獲利、營收預測，新產品資訊以及會對投資人決策造成影響的研究發展進度的消息作選擇性的揭露。

如果這些資訊要給人知道的話，它們就必須以公開的方式宣布。要是在不經意的情況之下洩露相關資訊，企業必須在二十四個小時之內或隔天股市開盤之前馬上正式宣布。(工商時報，2000 年 10 月 30 日，第 6 版，謝富旭摘譯)

㈣對未來的財測也要小心謹慎

「醜媳婦總得見公婆」、「誠實是最佳政策」、「早死早投胎」、「自首者無罪」，信手捻來四個俗語來強調公司財務透明中也宜家醜外揚，否則遮遮掩掩，反倒因透明度低以致讓投資人倒盡胃口。

2000 年 11 月 3 日，工商時報社論旁的小欄以「CEO 的良知」對一些上市公司董事長口誅筆伐，底下是全文。

㈤小和尚，你還有很遠的路要走

臺灣企業董事長普遍應該提升道德水平。這樣的指控，是非常嚴重的。臺灣企業主對營運前景報喜不報憂的作法，令人不敢苟同。

美國英特爾日前主動公佈獲利前景將不如預期，股價當天重挫三成；美國半導體廠 Altera11 月 1 日公佈獲利警訊，股價也重挫二成。國家半導體 (NS) 公司總裁，上周更主動對外公佈庫存問題，將導致公司下一季營收警訊，甚至對於上游庫存拉升的不查，對外道歉。當然，國家半導體公司股價當時呈現崩跌走勢。

反觀臺灣，5 月底，本報科技版專題報導 CD-R 產業出現警訊，多家公司祕密裁員。被點名業者，不斷對外公開否認，還刻意散播消息，指稱本報作空。由於看法跟部分投顧作多方向不同，當日 CD-R 類股大跌，投顧公司發動數百名會員打電話至本報，對肯具名、為自己文章負責的記者抗議。

但五個月後，CD-R 產業公司幾乎全面調降財測，精碟調降財測 35%、中環

85%、國碩74%、訊碟38%。證明本報觀察產業趨勢的精準。但從5月至今,曾經大幅宣稱CD–R景氣有多好的董事長,幾乎皆未出面提出警訊,這樣的董事長還有誠信可言嗎?

尤有甚者,一家半導體公司,股價今年拉升至百餘元,業界對其前景一片叫好,大股東的至親在高檔出脫持股,股市皆知,但近日股價已跌至30元左右,董事長幾乎不再露面。

許多產業可能一夕風雲變色,董事長看錯趨勢不是罪惡,但董事長叫好、不願看壞,等到事情已經蓋不住了以後,才調降財測,這種作法已涉欺瞞投資人的道德問題。(工商時報,2000年11月3日,第2版)

六、其他「內規」(或公司章程附帶決議)

除了內部控制制度的落實外,還有其他配合措施也須一併採取。以「經營約束項目」來說,證期會從1991年起要求上市公司須實施下列三項措施,以避免公司派剝削小股東權益。

1.取得或處分資產處理程序。

2.背書保證作業辦法。

3.資金貸與他人作業程序。

這些只是法定的要求,當權派如果想預先杜絕悠悠之口,還宜制定公司內的陽光法案,至少必須通過「高階主管財產申報規定」。此規定雖只能防君子而不能防小人,但至少可約束公司高階主管(協理級迄董事長)不敢公然中飽私囊,甚至得了便宜還賣乖。

公司借款給他人的處理

公司法第15條規定,公司資金除有下列各款情形外,不得貸與股東或任何他人,包括:

1.公司間或與行號間業務往來者。

2.公司間或與行號間有短期融通資金之必要者,融資金額不得超過公司淨值的四成。依經濟部函釋,「短期」係指一年或一營業週期(以較長者為準)的期間。至於40%的計算,應以融資金額累計計算。

2002 年 2 月 6 日，證期會以特急件方式，通知各上市公司，在資金貸與他人作業程序中，明訂資金貸予他人原因和必要性等項目：

1.資金貸與他人的原因和必要性，且因業務往來關係從事資金貸與時，應明訂貸與金額和業務往來金額是否相當的評估標準。有短期融通資金的必要者，則應列舉得貸與資金的原因和情形。

2.資金貸與總額及個別對象的限額，應按貸與原因，分列⑴有業務往來者；⑵有短期融通資金的必要者，分別訂定限額；子公司擬將資金貸與他人者，也應分別訂定上述限額。

3.已貸與金額的後續控管措施、逾期債權處理程序。

以上三項需經董事會通過、提報股東會通過。(工商時報，2002 年 2 月 7 日，第 17版，周克威)

第四節　公司治理專論：外部董事

警察二人一輛警車、公司業務代表合夥拜訪客戶等，這些都希望透過相互監督以致不敢收回扣。同樣的，在公司董事會中，加入外部董事 (outside director) 扮演反對黨，以監督內部董事 (inside directors)。

2002 年 2 月 22 日，證交所宣布新申請上市、上櫃公司須聘請兩席外部董事、一席外部監察人。這項新規定將有效發揮公司所有權、經營權分治功用，公司經營更不易脫序。(經濟日報，2002 年 2 月 23 日，第 16 版，蕭志忠)

如果發行公司送申請上市案時仍「執意」不增設外部董監事，則想要通過上市案時就要受到「不宜上市條款考驗」，除非獲得上市審議委員會三分之二以上委員通過。實務上言，即使通過，還是會要求其承諾上市後增設，否則上市案就過不了關，所以最終新上市公司還是要增設外部董監事。(經濟日報，2002 年 2 月 5 日，第 15版，蕭志忠)

一、各國情況

證期會強調，獨立董監事制度的設立在海外行之有年，例如美國、新加坡和香

港等，都施行外部董監事制度，詳見表 7-10。而且都是訂在證交所的審查準則中，沒有外界所稱違憲的疑慮。(經濟日報，2002 年 2 月 21 日，第 2 版，馬淑華)

表 7-10 各國獨立董事、監察人制度比較

國 家	法 源	資 格	人 數	兼 職	報 酬
美 國	交易所審核準則（密西根州制定公司法）	跟公司不具經濟關聯性者，具專業能力	約佔董事會成員之 50 至 70%	未限制	公司決定
日 本	商法特別法	過去五年來未為公司或子公司的董事、經理人或其他使用人	約佔監察人會成員之三分之一	未限制	公司決定
德 國	員工共同決定	員 工	約佔監事會成員之三分之一	未限制	公司決定
新加坡	交易所審核準則	獨立性（多為律師、會計師等專業人士）	每家至少三名	未限制	公司決定

資料來源: 證期會。

申請股票上市之公司依「有價證券上市審查準則」第 9 條規定，其董事成員不得少於五名，其中獨立董事不得少於二名；監察人不得少於三名。

1930 年起美國證管會就已建議，公開發行公司應該建置獨立董事。到 1977 年，紐約證交所在上市條件中規定上市公司應該設置稽核委員會，聘請外部董事。

立法承認外部董事，並對其資格與運作有較周延的規定，已經是 1998 年，密西根州在修改公司法後，給予獨立董事比較周延的法律授權。

韓國對外部董事的規定採最低比例要求，不得低於董事會人數四分之一。採行階段性規範，至 2002 年 6 月前，至少二名；2003 年底前應增至總人數三分之一。

二、誰是外部董監事

內部董監事通常是指具有員工、股東身分的經營層，獨立董監事則是指不具上述身分的專家學者、或是有經營專長的專業人士，一般也稱作外部董監事

㈠獨立董事、監察人的任職條件

1.董事、監察人符合獨立性認定條件，且申請日最近一年內沒有違反獨立性的情事。

2.董事、監察人必須具有五年以上商務、法律、財務或公司業務所須之工作經驗，且各須有一人為會計或財務專業人士。

3.擔任董事、監察人期間，法律、財務或會計知識進修每年達三小時以上，並取具證明。

4.董事、監察人兼任其他公司獨立董事、監察人不得逾五家。

(二)具下列情事者為利害關係人，不能擔任獨立董監事

1.公司之受僱人或其關係企業的董事、監察人或受僱人。

2.直接或間接持有公司已發行股份總額 1% 以上或持股前十名的自然人股東。

3.前二款所列人員之配偶或其二親等以內直系親屬。

4.直接或間接持有公司已發行股份總額 5% 以上法人股東的董事、監察人、受僱人或持股前五名法人股東之董事、監察人、受僱人。

5.跟該公司有財務、業務往來的特定公司機構的董事、監察人、經理人或持股 5% 以上股東。

6.為申請公司或關係企業提供財務、商務、法律等服務、諮詢的專業人士、獨資、合夥、公司或機構團體的企業主、合夥人、董事（理事）、監察人（監事）、經理人和其配偶。

(三)正確示範

2002 年 2 月 6 日，富邦金控 (2881) 舉行股東臨時會改選董監事，在九席董事席次中引進兩位外部董事，即台積電財務長張孝威和國際通商法律事務所資深合夥人陳玲玉。張孝威曾任中華開發總經理，兼具金融和科技專長，是很好的外部董事人選。這兩位目前並未在其他金融機構擔任任何職務，因此沒有競業限制問題。(經濟日報，2002 年 2 月 7 日，第 18 版，葉慧心、陳欣文)

(四)數字不會說話，人才會

證交所 2001 年底對 443 家上市公司進行問卷，調查資料顯示，在有效問卷 337 份中，受訪公司平均董事人數為 7 人，其中約有 68% 的公司設有獨立董事。平均獨立董事人數為 3 人，約佔所有董事人數的 43%。平均監察人人數為 2.4 人，約有 67% 的公司設有獨立監察人，且平均獨立監察人人數為 1.8 人，約佔所有監察人人數的 76%。(經濟日報，2002 年 2 月 21 日，第 2 版，馬淑華)

但是上市公司主管私下表示，外部董事大都是董事長認識的人，所能發揮的制衡效果有限，象徵意義重於實質。(經濟日報，2002 年 2 月 21 日，第 2 版，林茂仁、黃嘉裕)

三、讓異議董事有說話機會

證期會也要求證交所和櫃買中心研議有關設置獨立董監事及其實務上運作方式。證期會也將要求公司須在公開說明書中，特別揭露最近一年和截至年報刊印日止，董監事對董事會通過重要決議有不同意見且有記錄 (或書面聲明書) 的主要內容，讓公司決策過程更加透明。(經濟日報，2002 年 2 月 22 日，第 6 版，馬淑華)

四、那麼安隆公司又如何呢？

能源交易業者安隆公司倒閉事件引發各界質疑企業規範的執行問題，15 位可能面對官司的安隆現任和前任外部董事是否失職，也激起熱烈辯論。

往好處看，這些外部董事是遭到安隆主管以空口白話和充斥含糊數字的財務報表所蒙蔽。但從壞處想，他們怠忽職守、默許可疑的交易，並縱容安隆主管以秘密的合夥關係吸盡公司的血液。

外部董事來自美國和全球，其中包括 52 歲的香港恆隆集團董事長陳啟宗，他從 1996 年出任董事，是董事會融資和稽核委員會的成員，跟安隆並無明顯重大的外部關係。

代表現任所有董事的華盛頓律師艾格利斯頓建議他們不要單獨公開發表談話。他說，外部董事其實是事件的犧牲者，而不是掠奪者。他指出：「大多數外部董事有全職的工作，而且他們的本分就是外部董事而不是經營團隊。他們必須 (而且法律允許他們) 根據管理團隊、公司法務人員、外部法律顧問和會計師事務所的建議來作判斷。」

不過，由新董事鮑爾斯主持的內部調查在本月稍早提出一份內部報告，批評董事會未徹底質詢有問題的交易，且在核准後未善加監督。報告說：「董事會未察覺交給他們的部分特定資料的重要性。」(經濟日報，2002 年 2 月 20 日，第 3 版，吳國卿)

五、外部董事的配套措施

2002 年 3 月，證期會初步決定，大幅提高公司在公開說明書中的揭露範圍，並要求公司揭露公司董監事的專業背景、訴訟情況及和公司的利害關係，讓投資人瞭解這家公司董監事的獨立性。

此舉是為了要求公司能夠更充分揭露董監事與公司的利害關係、董事會議內容、決議過程、合併進度、海外募集情況，以及現金增資的運用情況，提高公司的財務透明度。

證期會也將要求公司須在公開說明書中，特別揭露最近年度和截至年報刊印日止，董監事對董事會通過重要決議有不同意見且有記錄或書面聲明書的主要內容，讓公司決策過程更加透明。

要求公司在公開說明書中，須記載公司組織系統、董監事及主要經理人的姓名、學經歷等，以及董監事是否具有五年以上商務、法律或財務等相關經驗。

證期會表示，為了推動獨立董監事制度，讓企業持有者和經營者分離，要求公司在公開說明書中，特別註明董監事跟公司是否有利害關係，以瞭解這家董監事的獨立性夠不夠。（經濟日報，2002 年 3 月 9 日，第 16 版，馬淑華）

第五節　內控制度

內控制度主要是為了避免管理代理問題，也就是防止內賊。像 2002 年 2 月，誠泰銀行某分行專員 10 分鐘內盜走金庫內 6,200 萬元現鈔，並於 2 小時內搭飛機飛香港，如入無人之地，可說是近年來內部控制失當的著名實例。至於高達 260 億元的愛爾蘭聯合銀行弊案，請見第八章個案。

金融交易風險極大，可能損失金額不小，因此針對金融交易，各企業無不希望透過內部控制系統予以防弊。尤其是金融交易中的衍生性金融商品交易，由於工具本身艱澀、交易策略複雜，不僅非財務人員難窺堂奧，許多財務主管也是丈二金剛摸不著腦袋，這些情況使得衍生性商品交易的風險管理更難做好。

壹、避免防弊不當造成新弊

尤有甚者，由於衍生性商品交易大都具有高度槓桿的特性，極易出現大賺大賠情況，甚至使百年企業霎時間傾倒。

一、血的教訓

1995 年 1 月，華僑銀行傳出高達 20 億元的衍生性金融商品投資虧損，震驚國內金融界。2 月，霸菱新加坡子公司傳出 9 億美元的巨額虧損，更是全球轟動。由表 7–11 可看出，僑銀、霸菱虧損的原因、金額和善後措施。

表 7–11　僑銀、霸菱事件的前因後果

爆發時間	公司	虧損金額	發生原因	善後處理
1995 年 1 月	華僑銀行	最大損失為 8,000 萬美元，已實現 300 萬美元	交易員以超出授權額度投資美國公債及操作利率交換等衍生性金融商品，卻未被及時制止	1. 1995 年 5 月總經理換人 2. 聘請王光生擔任顧問 3. 開發基金證信保基金總經理張鈞進入僑銀董事會，監督善後事宜
1995 年 2 月	英商霸菱	9.16 億美元	新加坡子公司總經理以超過授權額度操作日經 225 指數期貨，母公司內部控制管理不當	1995 年 3 月，以 10.06 億元出售給荷興銀行，霸菱 21 位高階主管（含董事長）被解僱

僑銀、霸菱事件的金額大，所以才能轟動一時，但這僅是冰山一角，由表 7–12 可見，從報章信手捻來，便可得到國內外 11 件由操作衍生性金融商品而造成巨大虧損的實例。

既然衍生性金融交易的風險頗大，基於孔子所說「危邦不入，亂邦不居」的道理，再加上少數專家（例如管理 22 億美元的基金經理傑佛瑞‧葛勒）認為：「長期投資不作避險比較好」。縱使這些人的看法是正確的，但短期投資仍須避險。避險只要運用得宜，因避險而帶來的風險其實是有限的、可以控制的；反之，不從事避險的代價則可能是昂貴的。如同斥資建水壩、堤防，必須擔心壩崩、潰堤，但至少

表 7-12　近年來操作衍生性金融商品重大虧損案

	時　間	公　司	虧損金額	虧損來源
國　外				
	1993	德國金屬工業公司	13.3 億美元	能源類期貨
	1994.2.	印尼達馬沙提投資	0.64 億美元	換匯交易
	1994.4.	美國寶鹼 (P&G)	1.57 億美元	利率交換
		美國艾爾化學	6 億美元	
	1994.11.	美國加州橘郡	17 億美元	
	1995.2.	日本昭和蜆殼	17 億美元	遠期外匯
	1995.5.	信孚銀行	1.57 億美元（含拉丁美洲呆帳）	衍生性金融商品
臺　灣				
	1995.1.	華僑銀行	0.6～0.8 億美元	遠期利率合約及美國公債
	1995.3.	第一銀行	5.3 億元	
		臺灣中小企銀	4.2 億元	
		農民銀行	2.3 億元	

比隨時處於洪汛威脅的陰影下生活要來得更好。

　　既然消極方面，必須採取衍生性交易來避險；積極方面，還想投機來牟利。無論哪種動機，共同關切的前題便是如何作好風險管理。

二、風險的種類和管理

　　除了期貨交易，期貨商會請客戶簽署「風險預告書」外，其他衍生性商品交易時，交易員皆不會告知客戶所冒的風險。縱使在美國，1995 年 8 月 17 日，證券業團體和紐約聯邦準備銀行公佈「無強制性的衍生性金融商品交易指導原則」，建議經紀商不必詳述衍生性金融商品交易的各項風險，除非投資人有特別要求。

　　尤有甚者，即使經紀商所提供的風險資訊也有可能不足或欺罔。以表 7-12 中所載，印尼的達馬沙提公司因為換匯交易賠錢，憤而控告信孚銀行提供的資訊不完全正確可信，訴訟終將纏訟多年，而虧損卻已造成；此案足以為投資人借鏡，應自求多福。

　　也就是投資人必須瞭解自己在做什麼，有關衍生性商品交易的風險和預防之

道，請詳見表 7-13。內部控制、風險管理的目的便為避免這些風險發生，而不是僅如一般期貨、選擇權書刊專注於市場、管理風險如何規避，但對於其他風險來源則置之不理。雖然信用風險、法律風險不常發生，但是像僑銀、霸菱事件，與其說是投資人誤判所產生的管理風險，實際上卻是上級監督不足所造成的營運風險。

表 7-13　衍生性商品的交易風險和預防之道

風　險	定　義	預防之道
法　律	由於政府的處置或法令的修訂,使得金融合約失效	
信　用	當買賣雙方或期貨公司無法履約時	避免與地下期貨公司或落後國家的期貨市場交易
營　運	不適當的管制、無效率的作業、人為過失、系統錯誤或詐欺行為所造成	1.稽核制定（內規） 2.標準作業手冊
市　場	價格波動方向與預期走勢相反,流動性風險也屬於市場風險一部分	聘請當地市場的風險管理顧問公司擔任諮詢投資策略：設定停損點
管　理	由於人員能力有限、判斷錯誤,所造成的投資損失	1.投資人員心理問題 2.投資人員能力問題：委由外界投資顧問公司處理

三、管理風險損失有限、營運風險損失可觀

管理風險所造成的損失往往是有限的,而營運風險導致的虧損可能是傾家蕩產的，美國聯邦準備理事會主席葛林史班所說的話作了最貼切的描述：「霸菱事件顯示，二十五年來製造虧損的生產力已經向前邁進一大步。二十五年前你不可能像今日單憑一個人在精密的科技協助下,可以如此快捷地下單成交,並且造成龐大的損失。」

誠如美國聯邦準備理事會前主席伏克爾所領銜的智庫「G30」1993 年的報告指出：「基本上，衍生性金融商品的風險其實跟金融市場本身並無二致，而且也沒有大小之分。只要有適當的法律結構管理,再輔以主管機構和衍生性金融商品的單位嚴加監督交易情況，衍生性金融商品的風險自然可以獲得控制。」也就是說，衍生性金融商品交易的風險,尤其是管理、營運風險,是可以控制、避免的。

　　如何預防僑銀、霸菱等事件在貴公司或您的部門中發生？便是本節的重點。

貳、風險管理的硬體面規劃

　　許多人在討論風險管理時，太把注意力集中在風險衡量此一技術層面，甚至進而爭辯哪一套軟體比較合適，但如同花旗銀行臺灣區總裁陳聖德所說：「內部控管是一種觀念，一種經營理念，而不在於是否擁有配備齊全的軟硬體設施」。內部控制如同品管，須要董事會的承諾和參與，否則任何的軟硬體將形成具文。

　　談到衍生性金融商品交易的風險管理，重點不在於戰術性的風險面，例如市場風險、法律風險、信用風險（包括交割風險）、變現力風險、操作風險，而在於策略性的風險面。

　　風險管理制度的設計，套用麥肯錫公司成功企業七項成功因素，便是指其中的「硬體」面，包括下列三個項目：

一、策　略

　　投資策略取決於投資目的，投資策略又可分為積極、消極，策略也連帶影響其組織設計和獎賞制度，由表 7–14 可看出三者的關係。

表 7–14　交易目的和組織管理的配合

目　的	避　險	牟　利
策　略	消極，一般是部分避險甚至完全避險	積極，可說是過度避險
組織設計	中央集權	地方或部門分權
獎賞制度	投資分析、交易人員中（高）底薪、低（或零）績效紅利、退休金	投資分析、交易人員中（低）底薪、高績效紅利和退休金

　　在實際運作上，許多公司在投資策略上可能採取混合積極型、消極型策略，尤其在出現明顯趨勢或得知可靠消息時；一個模範學生偶爾也會飆車或飆舞。

二、組織設計

(一)公司層級

一如任何內部控制，投資風險的稽核部門應該獨立於執行部門（總經理轄區），也就是直屬於董事會，隸屬於稽核部（室）。惟有當公司從事金融投資金額「顯著」時，此時便可考慮成立獨立的風險稽核部，尤其在金融機構最有必要，例如：

- 荷蘭的荷興集團有一個超然部門負責全球的資產風險評估和管理。
- 日本的富士銀行總行設有市場風險總合評估部門，由副總經理領導。

在公司（總體）層級的內部控制組織設計，至少有下列二大要項，詳見圖7-5。

圖7-5 金融投資內部控制的組織設計

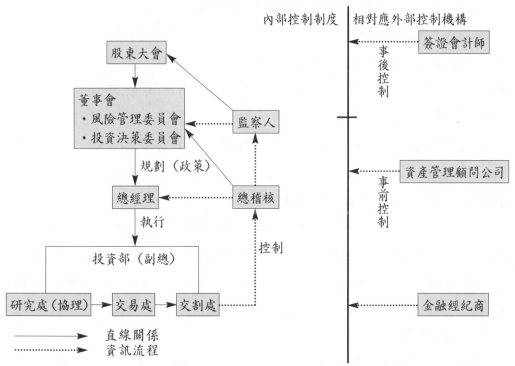

1.公司治理的設計

董事會對於投資風險的策略管理，可以把規劃、執行分別由二至三位董事組成投資決策委員會，而由另外二到三位董事組成風險管理委員會扮演監督的角色；以

免董事長或投資決策委員會跟執行部門連成一氣，此時縱使稽核部門超然客觀、資訊無誤，下情終歸被丟進垃圾筒而無法上達。

碰到董事長能力不足或行為不正時，所造成投資風險可能失控，風險管理委員會可以透過董事會導之以正。其成員宜由非負責經營的（在此例是投資決策委員會）的外部董事所擔任；一般來說，外部董事大都是金融業或專業機構（例如學者、會計師）所派任的法人代表。

要是連風險管理委員會也失靈，那麼只好冀望監察人能撥亂反正，以維護外部權益者的權益。

上述是總體（公司層級）的內部控制組織設計，此外尚有一些執行時的說明。

2. 外部控制機制的引進

當碰到像霸菱、彰化四信這樣董事會一手遮天的情況，為避免內部權益人剝削外部權益人、客戶情況發生，只好藉由要求企業及時公佈財務報表，以提供股東與公司利害關係人（例如金融機構）有關該公司從事投資的風險暴露情況。可惜，受限於財務報表的頻率最多一季一次，因此外部控制常是事後亡羊補牢的。

(二)部門層級

在部門層級的風險管理的組織設計，大部分公司投資部皆已採取交易、交割（即清算，back office）事務分別由不同人員（單位）處理方式；此方式的功能主要在避免人員捲款（包括有價證券）潛逃的風險。

有不少公司甚至仿效基金管理公司的方式，投資款項、有價證券皆由保管銀行保管；交易、交割人員可說只能碰到交易表單罷了。

至於有些人建議由會計部門來作風險控制的事，由於衍生性商品觀念複雜，會計部恐怕力有未逮，因此宜設專門部門、人員來負責。

1. 風險管理準則

風險稽核部人員應遴選資深交易員擔任，起草（金融衍生商品）投資風險管理準則，呈報董事會核定後，作為執行單位的指引（方針，guideline）。

2. 資訊來源

當稽核部缺乏風險（尤其是市場風險）的衡量工具（主要是分析軟體）時，此時便可採取外包方式，委由專業資產（或風險）管理顧問公司提供風險評估報告。

　3.報告頻率

　　由於衍生性金融商品、保證金交易大都採逐日清算制，即一旦帳上虧損，可能必須繳納維持保證金，否則會被斷頭。因此，稽核部對董事會（尤其是董事長）的報告，應該是逐日的，而不是只有在董事會開會時才提出，因為可能為時已晚了。

三、獎賞制度

　　再縝密的內部稽核系統都可能有其漏洞，內部稽核的新趨勢是融入行為科學，使被稽核人主動遵循準則。除了企業文化的耳濡目染外，最重要的則為透過獎賞制度以打消投資人員過度冒險（例如借同事的額度），甚至鋌而走險。

　　由表 7–14 可見，要讓投資人員像公務人員一般的獎賞方式，便須採取「中(高)底薪，低（或零）績效獎金」的獎酬方式。此方式的缺點在於，過猶不及的結果，可能會讓投資人員抱著「多作多錯」的消極心理，反而使避險成本（包括機會成本）無謂增加，也就是明擺著可以不用避險的也採取避險措施，或是採取昂貴的避險措施，例如選擇權、期貨。

參、風險管理的軟體面規劃

　　行為學派強調「徒法不足以自行」、「成事在人」，因此在制度學派規劃出規矩、方圓等硬體面後，仍有待下列軟體面措施來賦予血肉、生命。

一、共同文化

　　如何把公司的使命、倫理道德深烙在員工心中，一直是企業努力的課題。也就是讓員工心悅誠服遵守投資相關人員的倫理準則 (ethic code)，而且還樂於主動促使其個人、部門……，控制各項風險於最低，以追求公司、個人長期的福祉於極大。

二、用　人

　　找到守法且有能力的人來擔任投資、稽核人員，這是使整個制度順利運作的充分條件。

　　1.用人：透過用人前的個人徵信、測謊測驗，以降低聘用到品性不良交易員、

交割員和稽核員的機率。

2.知人：G30 報告中，便建議五大改善衍生性金融交易的措施，第五項為「對於交易員的心理壓力，必須定期做模擬測試」。此部分的目的便在於降低管理風險。

三、領導型態

集權跟分權組織設計下的領導型態截然不同，以美國第二大投資銀行摩根士丹利添惠來說，採取「合夥人」企業文化。一般管理者擁有極大的決策權限，跟上司的溝通管道十分方便，也可以參與認股。

四、領導技巧

在領導技巧方面，自從彼得‧聖吉的《第五項修鍊》大著推出，造成一股旋風，透過願景的共識、公司學習，再加上團隊精神，使公司能繼續成長。在此種內部環境下，威權、獎罰的權力漸淡，其他諸如專業、資訊、人際關係（精神）的權力來源所扮演角色則相對重要。

此部分主要解決交易員、投資決策委員會誤判所造成的管理風險。

附　錄

富邦金融控股股份有限公司章程

第一章　總則

第一條　本公司為擴大營運經濟規模及發揮綜合經營效益，依照公司法、金融控股公司法及相關法令之規定組織之，定名為富邦金融控股股份有限公司。

第二條　本公司設總公司於臺北市，並得視業務之需要於其他適當地點設立分公司。

第三條　本公司公告方法以登載總公司所在地通行日報行之。

第二章　股份

第四條　本公司資本總額定為新臺幣壹仟貳佰億元整，分為壹佰貳拾億股，每股面額新臺幣壹拾元，授權董事會視實際需要分次發行。

第五條　本公司股票概為記名式，由董事三人以上簽名蓋章、編號，經主管機關核定之發行簽證機關簽證後發行之。

第六條　本公司股份為數人共有者，其共有人應指定一人行使股東權利。

第七條　本公司股務之處理，依主管機關頒布之「公開發行股票公司股務處理準則」辦理之。

第三章　業務

第八條　本公司所營事業項目：H801011 金融控股公司業。

第九條　本公司之業務範圍如下：

一、本公司得投資下列事業：

㈠銀行業。

㈡票券金融業。

㈢信用卡業。

㈣信託業。

㈤保險業。

㈥證券業。

㈦期貨業。

㈧創業投資事業。

㈨經主管機關核准投資之外國金融機構。

㈩其他經主管機關認定與金融業相關之事業。

(十一)其他依法本公司得投資之金融相關事業。

二、對前款被投資事業之管理。

三、本公司得向主管機關申請核准投資第一款以外之其他事業。

四、經主管機關核准辦理之其他有關業務。

第十條　本公司以投資為專業，投資其他事業之總額，不受公司法第十三條本公司實收股本百分之四十之限制。

第四章　股東會

第十一條　股東會分常會及臨時會兩種，常會於每營業年度終了六個月內由董事會召集之；臨時會於必要時依公司法之有關規定召集之。股東常會應於開會前二十日，股東臨時會應於開會前十日，以書面郵寄通知各股東。

第十二條　股東委託代理人出席股東會時，應出具本公司印發之委託書，載明授權範圍，委託代理人出席，並於股東會開會五日前送達本公司。委託書有重複時，以最先送達者為準；但聲明撤銷前委託者，不在此限。

　　　　　除信託事業外，一股東以出具一委託書並以委託一人為限，一人同時受二人以上股東委託時，其代理之表決權不得超過股份總數表決權之百分之三，其超過之表決權不予計算。

第十三條　股東會開會時以董事長為主席，遇董事長缺席時，由副董事長代理之，無副董事長或副董事長亦請假或因故不能行使職權時，由董事長指定常務董事中一人代理之；董事長無指定時，由常務董事中互推一人代理之。

第十四條　本公司股東每股有一表決權，但一股東持有股份超過本公司已發行股份總數百分之三時，其超過部分按九九折計算表決權，零數不計。

第十五條　股東會之決議除法令另有規定者外，應有代表股份總數過半數之股東出席，以出席股東表決權過半數之同意行之。出席股東如有不足前項定額而有代表已發行股份總數三分之一以上之股東出席時，以出席股東表決權過半數之同意為假決議，並將假決議通知各股東，於一個月內再行召集股東會，對於假決議仍有已發行股份總數三分之一以上股東出席，並經出席股東表決權過半數之同意時，視同第一項之決議。

　　　　　法人股東代表人不限於一人，但其表決權之行使仍以其所持有之股份綜合計算。代表人有兩人以上時，其代表人行使表決權應共同為之。

第十六條　股東會除法令另有規定外，議決及執行之事項如下：

一、釐定及修改本公司章程。

二、選舉董事及監察人。

三、查核並承認董事會及監察人所造具之表冊及報告。

四、資本增減之決議。

五、分派盈餘、股息紅利及彌補虧損之決議。

六、其他依法令應經股東會議決之事項。

第十七條　股東會之決議事項，應作成議事錄，載明會議時日、地點、出席股東股數及代表股份總數、主席姓名、決議方法及決議事項，由主席簽名蓋章，連同股東出席簽名簿及代理出席委託書，一併保存於本公司。

第五章　董事及監察人

第十八條　本公司設董事九人至十五人，監察人一人至五人，均由股東會就有行為能力之股東選任之。全體董事及監察人所持有記名股票之股份總額，應符合「公開發行公司董事、監察人股權成數及查核實施規則」之規定。

第十九條　董事任期三年，監察人任期三年，連選得連任。

第二十條　董事缺額達三分之一時，應即召集股東臨時會補選之，其任期以補足原任期為止，但法人股東或其代表人當選之董事得因其職務關係隨時改派補足原任期。

董事缺額未及補選而有必要時，以原選次多數之被選人代行職務，以迄補選之董事就任時止。

第廿一條　董事組織董事會，由董事三分之二以上之出席及出席過半數之同意，互推常務董事三至五人，並依同一方式由常務董事互推董事長一人，必要時並得互推副董事長一人。董事長對內為股東會、董事會及常務董事會主席，對外代表本公司。董事長請假或因事不能行使職權時，由副董事長代理之，無副董事長或副董事長亦請假或因故不能行使職權時，由董事長指定常務董事中一人代理之；董事長無指定時，由常務董事中互推一人代理之。

第廿二條　董事會之職權如下：

一、各項重要章則之審定。

二、業務方針之決定。

三、預算結算之審查。

四、盈餘分配之擬定。

五、資本增減之擬定。

六、不動產買賣及處分之決定。

七、投資案之擬定。

八、本公司經理以上人員（含內部稽核主管）之任免。

九、子公司董事及監察人之指派。

十、其他依法令規定或股東會授權之事項。

第廿三條　董事會除法令另有規定外，由董事長召集之。其決議除法律另有規定外，應有董事過半數之出席，出席董事過半數之同意行之。董事因故不能出席時得以書面委託出席董事為代表，但每人以代表一人為限。決議事項應作成決議錄，由主席及記錄簽名蓋章保存之。

第廿四條　董事會休會時，由常務董事以集會方式經常執行董事會職權，由董事長隨時召集，除法令另有規定外，以過半數常務董事之出席，出席常務董事過半數之決議行之。

第廿五條　監察人得互推一人為常務監察人，常駐公司執行監察職務。

第廿六條　監察人除依法執行職務外，得列席董事會聽取報告及陳述意見，但不得加入決議。

第廿七條　本公司董事及監察人得兼任子公司之董事及監察人。

第六章　經理人

第廿八條　本公司設總經理一人秉承董事會決定方針，綜理公司一切業務，副總經理、協理、經理若干人輔佐之。

第廿九條　總經理、副總經理、協理及經理之任免，依公司法、金融控股公司法及相關法令之規定辦理。

第七章　會計

第三十條　本公司每年決算一次，以十二月三十一日為決算日期。

第卅一條　本公司每年度決算後，造具下列決算表冊，經董事會審議於送請監察人查核後，提請股東會請求承認。

一、營業報告書。

二、資產負債表。

三、主要財產之財產目錄。

四、損益表。

五、股東權益變動表。

六、現金流量表。

七、盈餘分配或虧損彌補之議案。

第卅二條　本公司決算如有盈餘，應先完納稅捐、彌補虧損，並提百分之十為法定盈餘公積金。如尚有盈餘時除提萬分之一以上、萬分之五以下為員工紅利外，餘由董事會擬定盈餘分配案，提請股東會核定之。本公司決算盈餘如有包括適用財務會計準則公報而發生之累積換算調整數、長期股權投資未實現跌價損失等之帳列股東權益減項金額，於分派股息前應先提列相同金額之特別盈餘公積，嗣後俟股東權益減項金額有迴轉時，再行轉列累積盈餘項下。未來公司股利政策依穩定、平衡之原則分派，除考量股東之獲利外，並應兼顧公司資本之累積及對公司營運之影響。依據本公司營運規劃，分派股票股利以保留所需資金，其餘部分得以現金股利方式分派，但現金股利不得少於全部股利總額之百分之五十。前述有關股利分配原則得視實際需要，經股東會決議調整之。

前項股利政策僅係原則規範，本公司得依當年度實際營運狀況，並考量次年度資本預算規

劃，以決定最適當之股利政策。

第八章　附則

第卅三條　本章程未盡事項悉依照公司法、金融控股公司法及有關法令之規定辦理之。

第卅四條　本章程訂立於民國五十年三月十六日經股東會第一次修正於民國五十年六月廿四日，第二次修正於民國五十三年六月十六日，第三次修正於民國五十三年八月廿八日，第四次修正於民國五十三年十月三日，第五次修正於民國五十四年三月廿六日，第六次修正於民國五十六年四月十五日，第七次修正於民國五十七年四月卅日，第八次修正於民國五十八年五月十日，第九次修正於民國六十二年四月廿四日，第十次修正於民國六十三年五月八日，第十一次修正於民國六十四年五月九日，第十二次修正於民國六十五年四月廿七日，第十三次修正於民國六十六年十一月八日，第十四次修正於民國六十七年五月廿六日，第十五次修正於民國六十八年四月卅日，第十六次修正於民國六十九年六月六日，第十七次修正於民國七十年四月十九日，第十八次修正於民國七十一年四月十五日，第十九次修正於民國七十五年五月廿三日，第廿次修正於民國七十六年四月廿七日，第廿一次修正於民國七十七年五月十一日，第廿二次修正於民國七十八年六月一日，第廿三次修正於民國七十八年十一月卅日，第廿四次修正於民國七十九年六月廿六日，第廿五次修正於民國八十年六月十八日，第廿六次修正於民國八十一年四月三十日，第廿七次修正於民國八十三年五月九日，第廿八次修正於民國八十四年五月十七日，第廿九次修正於民國八十六年四月廿八日，第三十次修正於民國八十七年五月十一日，第卅一次修正於民國八十九年五月十五日，第三十二次修正於民國八十九年九月六日，第三十三次修正於民國九十年五月廿二日，第三十四次修正於民國九十年十月廿六日。

富邦金融控股股份有限公司衍生性商品交易處理程序

第一章　目的

第一條　為建立本公司從事衍生性商品交易之作業程序，如強衍生性商品風險管理，落實資訊公開，爰制定本處理要點。

第二條　本處理程序依照財政部證券暨期貨管理委員會 (85) 台財證㈠第○一一六五號辦理。

第二章　交易原則及方針

第三條　本程序所稱之衍生性商品，係指其價值由資產、利率、匯率、指數或其他利益等商品所衍生之交易契約。

第四條　本程序所稱之交易契約，不包含保險契約、履約契約、售後服務契約、長期租賃契約及長期進（銷）貨合約等契約。

第五條　本公司從事衍生性商品之交易，以避險用途或其他經主管機關核准從事投資之商品為限。

第六條　本公司從事衍生性商品交易之避險策略：

　　　　一、設定交易之契約總額，以及全部與個別契約損失上限（即停損點）。

　　　　二、定期評估衍生性商品之損益與績效狀況。

　　　　三、嚴格評核交易對象之信用狀況與專業能力。

　　　　四、各項交易與相關作業皆依照金融控股公司法與相關法令辦理。

第七條　本公司從事衍生性商品交易之金額限制：

　　　　一、本公司從事衍生性商品交易應以被避險資產金額為總交易額度上限。

　　　　二、本公司從事衍生性商品交易損失上限（停損點）為已成交之全部與個別契約金額之 30%。

第三章　作業程序

第八條　本公司從事衍生性商品之權責劃分如下，各單位之作業人員不得互相兼任：

　　　　一、稽核單位：監督交易流程、交易記錄稽核與風險追蹤考核。

　　　　二、會計單位：會計帳務處理、公告及申報事項。

　　　　三、交易單位：交易執行、交易控管、交易對象評估及績效評估。

　　　　四、交割單位：交易確定、交割作業。

　　　　五、保管單位：交易合約、交易憑證之保管。

第九條　本公司從事衍生性商品交易時，董事會授權董事長之職權如下：

　　　　一、交易標的及商品種類名單之核定。

　　　　二、交易相對人名單及與交易相對人額度上限之核定。

　　　　三、核決各單項交易。

第四章　公告申報程序

第十條　本公司及子公司應於每月十日前依財政部證券暨期貨管理委員會之「公開發行公司從事衍生性商品交易處理要點」，將本公司前一月份從事衍生性商品交易之相關內容，併同該月營運情形辦理公告並檢附公告報紙及其他有關資料向財政部證券暨期貨管理委員會申報，並抄送相關機關。

第十一條　本公司應於每年二月底前將衍生性商品交易之稽核報告，併同內部稽核報告作業、年度查核計劃執行情形，向財政部證券暨期貨管理委員會申報。

第十二條　本公司應於每年五月底前，將衍生性商品交易程序異常事項改善情形，向財政部證券暨期貨管理委員會申報備查。

第五章　會計處理原則

第十三條　本公司衍生性商品會計處理政策之主要目標，係依一般公認會計原則暨有關法令，以完整的帳簿憑證與會計記錄，允當表達交易過程與結果。

第十四條　本公司於編製定期性財務報告（含年度、半年度、季財務報告及合併財務報告）時，應依財政部證券暨期貨管理委員會頒佈之「公開發行公司從事衍生性商品交易財務報告應行揭露事項注意要點」及一般公認會計原則規定辦理。

第六章　內部控制制度

第十五條　本公司從事衍生性商品交易之績效評估要領：

一、稽核單位應定期評估本公司從事衍生性商品交易之績效，監督其風險是否在本公司容許承受風險內，向不負交易或部位決策之高階主管人員報告。

二、交易單位每季應製作風險評估報稽核單位備查，報告內容應包含財務風險管理（即信用、市場、流動性、及現金流量等風險）。

三、交易單位應視持有部位之多寡與市場變動情形，每週至少評估一次，惟若為業務需要辦理之避險性交易至少每月應評估二次，其評估報告應呈送董事長或指定之高階主管人員。

第十六條　本公司從事衍生性商品交易涉及法律事項者，應諮詢法務人員或外部法律顧問。

第七章　內部稽核制度

第十七條　稽核人員應於進行稽核程序時編製查核工作底稿，定期瞭解衍生性商品交易內部控制之允當性，並定期編製稽核報告呈報董事會。

第十八條　稽核人員查核及測試之內容應包括：從事衍生性商品之政策、交易限額、交易程序、交割程序、評價作業、風險控管。

第十九條　稽核人員應對偏離市場價格之交易、異常交易量，及營業時間後、營業處所外之特殊交易加以審查，並就其對公司可能之影響出具報告呈閱。

第二十條　稽核人員針對衍生性商品交易之定期性稽核工作週期如下：

　　　　　一、開戶與帳戶管理、交易循環、保證金管理、結算交割作業、會計作業、財務及出納作業，每半年至少查核一次。

　　　　　二、電腦作業及資訊管理，每年至少查核一次。

第八章　附則

第廿一條　本程序經董事會通過，函報財政部證券暨期貨管理委員會備查後施行，並提報股東會，修正時亦同。

第廿二條　本程序於八十五年十二月十七日訂定。第一次修正於民國九十一年一月四日。

個案：黃世惠慶豐集團的公司重建

臺灣有很多對象可寫，我們喜歡挑消費品、服務業，因為一般人用得著，因此像台積電、國巨似乎就離遠了一些。

這次我們挑慶豐集團，主因是它曾因喜美 (Civic) 汽車、Honda 汽車、三陽機車、福斯 T4 商用車而聞名，而且旗下的金融服務業慶豐銀行、慶豐人壽（已出售）、金豪證券（已出售）也跟很多人息息相關。在 1995 年以前，並曾名列臺灣前十大集團企業，資產總額逾千億元。此外，1994 年時，我曾擔任旗下三陽投資公司副理，也有一絲絲的工作情誼。

慶豐集團董事長黃世惠先生

在此個案中，我們想凸顯二個重點：

1. 權益代理問題。

2. 財務危機管理。

一、戲說從前

企業歷史有時跟歷代歷朝很像，充滿著人性的弱點，因此歷史才會重演。雖然會增加不少篇幅，但是把它當成〈戲說乾隆〉來看，反倒覺得其樂無比。

(一)康熙 vs. 鰲拜

1942 年張宏嘉、黃世惠二人已故尊翁張國安、黃繼俊創立了三陽工業，創辦人還包括陳遠平等。其中，黃繼俊股權最多；黃繼俊已創立慶豐行，張國安、陳遠平等人曾擔任員工，三陽是老闆跟員工共同創業的成果。

到 1981 年黃繼俊病逝，黃繼俊和張國安，一為董事長，一為總經理，各安其位，相輔相成，彼此交誼深厚，黃繼俊臨終前，囑咐張要襄助其子黃世惠，合力辦好三陽。接下三陽董事長一職，當時黃世惠連國語都不會講，整個公司經營以張國安為主。（工商時報，2000 年 12 月 31 日，第 3 版，趙虹）

(二)康熙 vs. 吳三桂

根據三陽老幹部指出，種下張國安跟黃世惠不和的導火線，源自於（臺灣山葉前身）萬葉發表山葉兜風速克達型機車一炮而紅，但好光景過不了幾年，就因財務不支倒地。當時日本山葉曾找上黃世惠，探詢三陽工業跟山葉合作的可能性，但在張國安反對之下而做罷，日本山葉最後才找到功學社董事長謝文郁家族為合作夥伴，成立臺灣山葉機車公司。沒多久臺灣山葉獨領風騷，稱霸臺灣機車市場而取代三陽，讓兩人開始產生嫌隙。再加上張國安在外創立豐群集團，事業體愈來愈龐大。黃世惠在 1986 年 3 月 24 日，事先毫未告知就在董事會上宣布張國安

請辭三陽工業總經理，代之以最高顧問。（工商時報，2000年5月31日，第4版，趙虹）

張國安跟其子張宏嘉父子雙雙黯然離開三陽，此事，在張家眼中，視為遭到「出賣」。之後，兩個家族在事業上，分道揚鑣，張國安父子成立豐群集團，在流通業上，以萬客隆開基立業。

1997年4月6日，張國安罹患胰臟癌過世，豐群集團由張宏嘉掌舵。（工商時報，2000年2月31日，第3版，趙虹）

(三)工商時報的評論

三陽由極盛至今，有一些教材值得企業借鏡。

三陽生產本田汽車，在推出喜美國民車時，可說紅極一時，也使三陽本田成為臺灣知名品牌之一。但是隨著打造三陽盛世的張國安突遭撤換，加上董事長近年以子女替代管理者，使三陽的經營大受影響。

更要命的是，董事長遭大股東指責以高價收購自己家族經營的企業，而且還一狀告進法院。這也是本田不再信任董事長的主因，最後並造成本田宣布跟三陽分手。

公司董事長有權決定管理者的去留，但如果只是因私心撤換表現良好的管理者，又不能找到更適當的人接替，往往對企業的發展，造成相當的殺傷力。最著名的當然是王安電腦「傳子不傳賢」，使得高階管理者求去，加上幾次經營策略的錯誤，終使王安電腦在市場上消失。

至於被大股東控告掏空公司、圖利家族，則屬更嚴重的罪名，對經營者的信譽打擊更大。金融風暴期間的地雷公司，大多是本業經營不佳後，又挪移公司資金到股市護盤或是圖利經營者自己的企業。事發後經營者信譽掃地，再無翻身機會。

本田向三陽揮手道別，對扛著三陽本田這個品牌，在臺灣市場立穩腳步的三陽來說，當然是一重擊。企業界也應從中再看到一些值得警惕的教材。（工商時報，2002年1月12日，第2版，小欄「三陽的教訓」）

二、慶豐集團版圖

慶豐集團「不是一天造成的」，從圖7-6中左邊的汽機車業為主，逐漸向金融、電子等產業擴展。

轉投資有如錢坑

黃世惠締造的慶豐集團，在短短十多年內，把事業版圖從汽機車製造、銷售和營建，延展至金融、服務、半導體、畜產、天然氣和水泥等不同領域。只是企業擴張速度太快，經營績效又不如當初樂觀，加上慶豐集團缺乏可以讓黃世惠百分之百信賴的管理人才，每項投資案都得向外求才。許多海外投資還來不及回收，卻接連碰上亞洲金融風暴和臺灣多起地雷股事件，在旗下多家企業爆發財務危機前，就開始進行瘦身減肥，並找來國外知名企管顧問公司診斷。沒

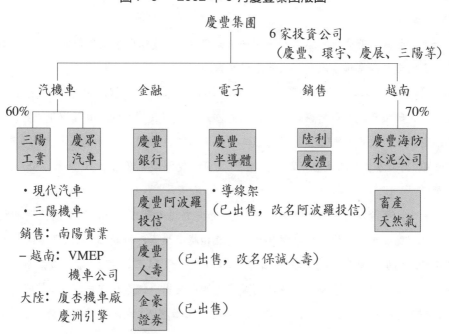

圖 7-6　　2002 年 9 月慶豐集團版圖

想到卻碰上老臣消極抵制，使得許多滿懷理想的年輕人，因有志難伸而相繼掛冠求去，也注定前一波企業再造宣告失敗。（工商時報，2000 年 12 月 31 日，第 3 版，沈美幸）

三、冰凍三尺，非一日之寒

過度多角化是慶豐集團的致命傷，反撲的速度非常快。

本業每況愈下

三陽在最大股東黃家的經營下，業務每況愈下，過去年營業額 300 億元、獲利十幾億元的公司，2001 年營收只剩 180 億元，獲利只有 1 億元。

2002 年，臺灣加入 WTO 後有負面影響的產業共有五大項，首當其衝的是汽車工業，現有整車廠 10 家、零組件廠 1,800 家。入會之後，因開放美、日、韓和歐盟等國汽車進口，將造成國產車佔有率下降、汽車產量和產值趨緩。預期 2009 年以後，進口關稅由 30% 降至 17.5% 以下，臺灣車廠可能只剩下 2 家。

四、張宏嘉控告黃世惠背信——安邦定國記

大部分權益代理問題起源於董事不和，來自小股東檢舉情況較少，三陽便屬於前者。

(一)以退為進

2000 年 5 月 26 日，豐群集團董事長張宏嘉家族，不滿三陽斥資 2,100 多萬美元，購入慶豐集團轉投資越南 VMEP、大陸廈杏兩家機車廠和慶洲機械公司股權，通知三陽請辭三席董事，

退出經營行列，豐群集團擁有三陽 17.5% 股權。

(二)事　實

黃世惠當年為了避免日本本田和張國安家族阻擾，以慶豐環宇投資和香港普力生名義，前進越南和大陸設置兩家機車廠和一家機車引擎廠。

2000 年 5 月 12 日，三陽董事會決定出資 2,100 多萬美元（約 6.7 億元），購買慶豐集團旗下的越南、大陸機車廠和引擎廠，以直接投資方式，產銷最擅長的 150 CC 以下車種。

越南製造出口公司 (VMEP) 是越南第二大機車品牌，2000 年達 4 萬輛以上，年產能 20 萬輛，佔地 40 萬平方公尺的廈杏廠，年產能 50 萬輛。慶洲機械廠佔地 16 萬平方公尺，年產 12 萬顆引擎。

三陽表示，臺灣即將加入 WTO，臺灣機車市場將進入戰國時代，買下兩個機車廠、一個引擎廠，可以結合兩岸三地，從臺灣接單、大陸和越南生產、行銷 SYM（三陽機車品牌）機車，期能為三陽創造更高利潤。（經濟日報，2000 年 5 月 14 日，第 11 版，黃嘉裕）

當時經濟日報記者黃嘉裕在上述新聞旁的小欄中提出一個合理懷疑：三陽收購（黃世惠家族的）海外機車廠和引擎廠，象徵三陽跟本田關係更上層樓呢？或者純粹為母公司慶豐集團「解套」？

三陽發言人林邊東解釋說，董事會對於斥資購入慶豐集團海外投資事業相當謹慎，還首度邀請二輪事業部（即機車）執行副總經理黃光武到董事會報告購買慶豐集團三家海外公司的成本效益。基於大陸、越南政府現階段並未再開放外人投資設置機車廠，三陽購入慶豐集團三家海外公司股權，是切入大陸、越南和東南亞市場最快的捷徑。未來四、五年，不管是獲利或營運，對三陽均有莫大幫助，也有獨立專業機構的鑑定投資報告做佐證，絕不是外界所說沒有經過縝密分析。（工商時報，2000 年 5 月 31 日，第 1 版，沈美幸）

從事發到昨日對簿公堂之前，黃世惠數度表示，臺灣機車市場規模太小且持續萎縮，如果不走出去，機會只會愈來愈小。況且慶豐集團投資三家公司，從設廠到通路佈建，以及品牌知名度建立，都是慶豐集團承擔投資風險、時間和財力，三陽收購，不需要從零開始，有利於三陽拓展海外市場。（經濟日報，2000 年 12 月 31 日，第 3 版，沈美幸）

(三)張宏嘉的告詞

2001 年 12 月 30 日，張宏嘉以三陽股東身分，向臺北地檢署控告黃世惠，以併購黃世惠主導的慶豐集團旗下海外三家子公司為名，行掏取三陽公司資金之實，以及把這三家公司的債務和持續發生的虧損，轉套給三陽，總額超過 41 億元，詳見表 7–15，涉嫌連續背信等罪。

張宏嘉在告訴狀中指出，黃家慶豐集團旗下慶豐環宇等公司，由於經營不善，長期虧損，並且積欠三陽 11 億餘元，為圖解套，竟把慶豐環宇旗下的三家海外子公司，高價轉賣給三陽。

表 7-15　張宏嘉、三陽工業的背信訴訟攻防戰

	三陽公司的說法	張宏嘉的說法
1.併購慶豐三家子公司	淨值 5.3 億元，以淨值 1.24 倍即 6.6 億元,三陽工業併購這三家子公司	按三陽工業公司 1999 年財報，這三家淨值 –4.75 億元
2.概括承受三家子公司債權		10.3 億元
3.提供貸款		三陽提供 VMEP1.6 億元貸款
4.提供背書保證		三陽提供 VMEP、PIL 公司向銀行背書保證 12.7 億元
5.逾期未收應收款	三陽工業將機車零件外銷至中國大陸廈杏及越南 VMEP 兩家機車廠貨款，三陽工業財務部和稽核室已經對慶豐環宇催收。但因大陸和越南對於外匯嚴格管制，匯出款不易，以致付款速度比較慢，但應不致於造成公司損失	三陽對慶豐環宇、Starplan 公司逾期未收應收款 11.9 億元
合　計		43 億元（含 6.6 億元）

資料來源: 趙虹，「張宏嘉告黃世惠連續背信」，工商時報，2000 年 12 月 31 日，第 3 版。

2002 年元旦，張宏嘉接受工商時報專訪，主要重點如下:

1.該做的都做了

三陽董事會前後開過兩次會，4 月底第一次討論這個併購案。在董事會中，對於此案，我曾以常務董事的身分，花很長時間告訴董事們，要併購別的公司，事前一定得請專家，從事業、財務、人事、行銷等層面，仔細評估，絕不能貿然行事。當時會中也作成決議，聘請專家評估，並要求總經理提出評估報告。

但是，在 5 月 12 日第二次舉行的董事會上，總經理劉義雄並未提出評估報告。黃世惠提供三家海外公司各家的資產負債表給每位董事，這份資料，事前未經三陽評估，內容是這三家公司在 1999 年底的淨值為 5.3 億元，公司收購價格為淨值的 1.24 倍, 6.6 億元，也就是三陽工業併購這三家公司的價格。

張宏嘉認為這些財務報表，由於沒有經過專家評核，內容未必正確，黃世惠也沒有說明交易價格為什麼是淨值的 1.24 倍。

因此，張宏嘉對於三陽此一海外收購案，在未經評估前便率然拍板定案，期期以為不可，

費盡口舌勸阻，但是，黃世惠不為所動。（工商時報，2000 年 12 月 31 日，第 3 版，趙虹）

其間，我又花了一個多小時的時間，告訴與會董事們，必須慎重其事。並再三強調，此案在未提出細部評估時，不宜輕率定案，可是此案最後仍強行通過。在大勢不可為的局勢下，我在 5 月底辭去三陽常務董事。不過，我們在從局內跳到局外後，還是不斷透過股東的身分，薦請三陽停止這些不當的交易，但負責經營的股東並未理會。

2.馬奇諾防線失守

在收購的過程中，我們也曾透過各種方式，希望能恢復三陽原狀，卻始終未能如願。三陽收購的這三家公司又持續發生虧損，造成三陽在資金外流之際，又必須負荷沈重的財務負擔。我們眼睜睜的看到這些情況發生，痛心至極，除了盡力制止外，還不斷透過監察人陳遠平企圖糾正董事會的相關行為，以求恢復三陽的常態。但是陳遠平也因為孤掌難鳴，在 2001 年 12 月初，辭去監察人。

3.只好使出殺手鐧

我們在失去制衡董事會最後一道防線後，唯一的辦法就是求助於司法，希望能恢復三陽的正常運作。（工商時報，2002 年 1 月 2 日，第 3 版，趙虹）

㈣調查局的看法

2001 年 12 月 12 日，黃世惠被張宏嘉指控涉嫌掏空公司資產乙案，臺北市調處以黃世惠涉及刑法背信罪嫌函送臺北地檢署偵辦。

市調處函送書對黃世惠投下關鍵性一票（七票對六票通過收購決議），是一種身兼「買方和賣方」球員兼裁判的行為，黃世惠參與表決已違反公司法利益迴避規定，觸犯刑法有關公司負責人受公司委託的責任，涉及背信罪嫌。

據指出，張宏嘉認為黃世惠以三陽公款解決自己在越南投資失敗的爛攤子，涉嫌掏空三陽公司。（工商時報，2001 年 12 月 31 日，第 5 版，張國仁、沈美幸）

㈤檢方提起之訴

2002 年 4 月 9 日，慶豐集團、三陽工業公司董事長黃世惠、常駐監察人陳乾元，涉嫌把海外子公司投資虧損轉嫁給三陽公司，被臺北地檢署提起公訴，檢方並向法院具體求刑黃世惠有期徒刑五年，陳乾元有期徒刑四年六個月。

檢方指出，黃世惠並且把自己的月薪水從 18 萬元調高到 100 萬元，種種行為都證明已造成三陽公司損害，而以觸犯刑法背信和證券交易法罪嫌，把黃、陳二人提公訴。（經濟日報，2002 年 4 月 10 日，第 3 版，高年億）

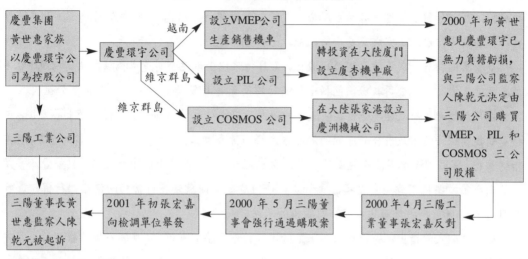

圖7-7　黃世惠涉嫌背信流程圖

資料來源：臺北地檢署。

五、淪為財務危機管理

過度多角化再加上擴展過速、高度舉債，以致於失血過多，終於有一天撐不住，送進急診室急救，這是大部分集團企業（像東帝士、林學圃、侯西峰等）的最佳寫照，慶豐集團也是其中一員。

(一)申請紓困

2000年6月，慶豐爆發財務危機，很少曝光的黃世惠上電視向大眾說明原因，主要是慶豐半導體一年虧損50億元、慶眾汽車10億元。

在財政部的協助下，納入政策紓困企業，慶豐36家關係企業中6家投資公司，以及鼎豪實業、慶澧、豐達、慶眾汽車、陸利和慶豐半導體6家公司在銀行團紓困名單中。紓困協議主要是2000年7月迄2001年6月，僅付現三個百分點利息給銀行、其餘四個百分點掛帳。

(二)償債作法

紓困只是止血，但要想身體復原，則有待自己好起來，這便是第十六章公司重建的運用，來看看慶豐集團怎麼做。

1.先把周邊事業處置掉

2000年5月間，紓困之後，也以每股11元賣出手中持有的越南慶豐畜產公司三成股權。此外，慶豐人壽也早在2000年底賣給英國保誠集團，後來改名為保誠人壽，慶豐阿波羅投信公司改名為阿波羅投信。

2.斷尾自救

2001 年 8 月 21 日，慶豐集團召開債權人會議時表示，希望能在 9 月份順利找到買主，2001 年底前，可以如願賣掉慶豐海防水泥公司股權。債權銀行才同意 2000 年 7 月迄今，利息掛帳可以等慶豐海防水泥廠完成交易手續，分二十四期償還。

慶豐集團持有七成海防水泥公司股權，1 月時跟瑞士水泥公司達成協議，決定以 9,000 多萬美元讓售海防水泥公司股份，包括中華開發轉投資近 12% 海外投資公司股權部分在內。

惟日前越南政府改組，慶豐集團熟識的越南政府高層官員紛紛下臺，新政府上臺之後，堅持慶豐集團跟海防市政府合資成立的海防水泥公司係臺灣第一家核准投資水泥業的企業，具有指標意義，況且瑞士水泥已在越南的南部設立水泥廠，為了避免形成市場壟斷，只能賣給臺灣或越南企業，堅持不肯同意這項讓售計畫。使得慶豐集團無法履行當初向債權銀行保證，在 2001 年 6 月底前，讓售海防水泥公司股權的承諾。

慶豐集團主管指出，慶豐集團為了讓債權銀行瞭解整個事件，7 月間安排債權銀行委託安侯建業會計師事務所會計師馬國柱，專程飛往越南，跟當地官員會面，實地瞭解情況。8 月間，配合黃世惠以工商協進會中越委員會主任委員身分帶隊前往越南考察，馬國柱又再度前往越南查核海防水泥公司財務帳冊，確定 2000 年海防水泥公司獲利至少 1,000 萬美元，待董事會敲定股利分派方式，準備把股利匯回臺灣，繳納掛帳的利息，並跟越南投資計畫部長陳春價等人會面。(工商時報，2001 年 8 月 24 日，第 16 版，沈美幸)

(三)棄俥保帥

在三陽跟本田關係亮起紅燈時，為了維持三陽的存續，從半年多前，黃世惠跟高階主管組成危機小組，積極尋找新合作對象。

黃世惠要在短時間內，找到在質和量可以取代本田的品牌，來養活三陽和南陽實業合計近 5,000 名員工並不容易。加上在臺灣具有發展國產車潛力的品牌都早已名花有主，同屬慶豐集團的慶眾汽車代理的現代汽車，就成為挽救三陽最快的途徑。顧不得慶眾汽車負債近 40 億元，決定把現代汽車代理權轉移給三陽，以免讓慶豐集團僅剩的獲利來源企業，也淪為紓困對象。

(經濟日報，2002 年 1 月 17 日，第 36 版，陳信榮)

慶眾汽車在 2000 年底取得南韓現代汽車代理權後，雖然推出國產的中大型房車 XG2.0，但銷售成績並不理想。2001 年連同進口車一共只賣了 1,400 輛，平均每月銷售量僅 100 多輛。

現代汽車對於慶眾的銷售成績並不滿意，加上慶眾財務狀況不理想，常無法開出信用狀，以致進口車輸入受影響。而且慶眾並未因增加現代汽車業務增加太多人手，仍是由原福斯 (VW)T4 商用車的行銷人員兼職，讓現代汽車頻頻要求改善，就連原定在 2001 年第三季上市的國產 XG3.0 房車，也延後至今尚未推出。

為解決慶眾的困擾，危機小組主動向現代汽車提出，由三陽取代慶眾成為現代汽車總代理，

認為以三陽和南陽在汽車市場第五大的本事，可以讓現代汽車也登上市場第五大位置，獲得現代汽車的認可，雙方初步決定在 2002 年 1 月中簽訂合作意向書，2 月正式簽約。

紓困企業的慶眾在喪失現代汽車代理權後，就剩下原來的福斯 T4 商用車一款產品，按原來跟德國福斯簽訂的契約，能繼續生產至 2010 年。

慶眾高層表示，2001 年新車銷量 4,700 輛，其中福斯 T4 3,200 多輛，現代汽車比重不大。現代汽車產品獲利不高，因此少了現代汽車對慶眾的業務影響有限，應該也不會因此大幅裁員。

南陽實業和原慶眾十家經銷商併賣的方式，銷售現代汽車產品。（經濟日報，2002 年 1 月 15 日，第 36 版，陳信榮）

三陽跟南韓現代 (Hyundai) 簽訂合作備忘錄，現代汽車原總代理慶眾汽車股東原則同意代理權移轉至三陽。

三陽將在 9 月和 12 月推出 Elantra 和 Sonata 國產新車，同時傾向繼續委託慶眾汽車代工生產 XG 車款。（經濟日報，2002 年 2 月 8 日，第 31 版，陳信榮）

六、尋找楊家將

一部「楊家（女）將」的連續劇一再重拍，凸顯出人才的可貴。而慶豐集團在跟時間競跑時，愈可見艾科卡逆勢挽救美國克萊斯勒的彌足珍貴。

(一)公司實質上是銀行的

慶豐集團 300 多億元的債務中有 286 億元列為紓困貸款，7% 的利率中五個百分點掛帳，剩下的二個百分點利息，黃家就依靠三陽配發的股利支付。

2000 年三陽獲利 10 億多元，黃家按持股比例六成以上換算配股，勉強可以支付當年 5.72 億元的利息。2001 年初步結算獲利約 1 億元。張宏嘉認為，黃家和慶豐集團 2002 年中可能無法還利。

(二)債權銀行擬接管三陽

三陽結束跟日本本田合作關係後，傳出部分債權銀行醞釀串聯接管三陽。張宏嘉表示，為了讓三陽有機會走出困境，他願意協調債權銀行接管。（經濟日報，2002 年 1 月 22 日，第 6 版，陳信榮、黃秀義）

(三)留一手自保

2002 年 1 月中旬，黃世惠為了爭取債權銀行同意，讓慶豐環宇和慶眾等十二家公司繼續展延貸款，同時也避免債權銀行把持有近六成三陽股票斷頭殺出，已提出以海防水泥公司的現金股息，支付慶豐集團掛帳的利息，已獲得華南銀行等多家主要債權銀行善意回應。同意把已經展延至 6 月底的貸款，再展延一年。

華南銀行等認為慶豐集團申請紓困十二家企業，繳息一切正常，原則上不會抽銀根。（工

商時報，2002 年 1 月 16 日，第 14 版，沈美幸）

㈣慶豐銀行賣不掉

2000 年 12 月 28 日，黃世惠請財政部牽線，想讓合作金庫來合併慶豐銀行，藉此可以止漏、套現 (cash-out)。當時宣示在計算出換股比例後，預定在半年內即 2001 年上半年完成合併。儘管雙方成立合併推動委員會，但一直未能完成評估作業。根據第一號備忘錄，是由雙方各推一家經對方認可的會計師事務所，核算雙方資產的每股淨值。但是從媒體報導無法得悉談不攏的原因，就這樣無限期的拖走。

慶豐集團主管表示，慶豐銀行跟合作金庫洽談合併案，日前因合庫高層人事異動而暫時擱置，隨著新人走馬上任可望重新復談。（工商時報，2001 年 11 月 19 日，第 16 版）

2002 年 2 月 5 日，此案宣告破局。（經濟日報，2002 年 2 月 6 日，第 7 版，應翠梅）

㈤售股股價談不攏

2001 年 8 月，本田技研主管拜會工業局官員時，曾就來臺設廠、購入三陽汽車廠和三陽股票等多項方案，彼此交換意見。工業局官員向本田主管表達，汽車市場處於飽和衰退狀態，政府並不贊同本田前來設廠，購入三陽股票一事，又卡在債權銀行不願意低價賣出三陽股票；本田才重新提出把三陽切割而只購入新竹的汽車製造廠的議案。（工商時報，2001 年 8 月 24 日，第 16 版，沈美幸）

日本本田技研工業株式會當年以美國本田汽車公司名義，投資三陽工業而取得 12.52% 股權，這二十年來皆希望向黃家購買持股，以主導經營。

但是黃世惠反對賤賣資產，黃家持有三陽六成股票質押在債權銀行，係從每股 60 元一路向下質押，最低質押價格 26 元，本田技研承接總價可能會超過 40 億元。然而股價才 5 元，本田當然不願當冤大頭；12 月時，本田向黃世惠購買持股案終於破局，雙方關係也就絕裂。（工商時報，2002 年 1 月 16 日，第 14 版，沈美幸）

㈥本田「不跟你玩了」

日本本田 (Honda) 在 2001 年底確定跟三陽談不下去後，就召開記者會，宣布 2002 年 6 月終止技術合作契約。

㈦慶豐再提紓困案

財務危機中的慶豐集團，債權展延期限於 2002 年 6 月 7 日到期。為繼續爭取銀行團的支持，據悉，慶豐集團已提給銀行團一份五年償債計畫，表示五年內將陸續償還一半本金，第六年一次清償另外一半本金。至於付息計畫部分，把貿易事業群和控股事業群分開處理，前者至 2004 年 6 月 7 日為止年息為 5%，利率條件為付息 2%、掛帳 3%。（工商時報，2002 年 7 月 19 日，第 8 版，邵朝賢）

◆ 本章習題 ◆

1. 作表整理去年上市公司重大（三種）代理問題事件。

2. 找三個上市公司例子說明過度投資。

3. 找三個上市公司例子說明投資不足。

4. 詳細作表把安隆公司三種代理問題分門別類。

5. 以表 7–1 為基準，以模範公司（例如台積電）為對象，簡單記載其各項作法。

6. 以表 7–4 為基礎，找 10 家（新上市）公司區分其內部、外部董事、監事。

7. 試著找到標準普爾公司的公司治理評分表。

8. 以表 7–9 為基礎，餘同第 5 題。

9. 以表 7–13 為底，找花旗、建華、玉山等模範銀行，看看他們如何做好金融交易內控。

10. 以圖 7–4 為例，餘同第 9 題。

第三篇

權益融資

第八章

股票上市

鴻海不管颱風、不管下雨，都是要賺錢。

——郭台銘　鴻海精密工業公司董事長

工商時報，2002年6月11日，第4版

學習目標：

股票上市是權益募資的關鍵，可以說是財務主管的「終生大事」，能順利上市，財務長地位扶搖直上，本章從我的實務經驗出發，教你如何快速順利讓公司股票成功上市。

直接效益：

股票上市一直是會計師事務所、綜合券商承銷部開課的熱門科目，看完本章就八九不離十了，大二的學生照樣可以很強，重點是看誰的書。

本章重點：

- 馬跟兔子的矛盾。§8.1 一
- 股票上市、不上市的市值。表 8-2
- 股票上市的好處。表 8-3
- 公司股票不上市的理由和解決之道。表 8-4
- 上市、上櫃一般類和第二類股條件。表 8-5
- 不宜上市、上櫃條件。表 8-6
- 股票發行、交易市場用詞。表 8-7
- 未公開、公開發行公司。表 8-8
- 大陸股市上市條件。表 8-9

前言：有錢好辦事

股票上市可說是財務主管所碰到對公司最重大的貢獻，一旦上市，權益資金源源不斷，此外發行公司債等直接融資也都「大大唉方便」，整個資金成本大幅降低、資金量數倍甚至數十倍增加，可說是「有錢好辦事」。

雖然臺灣很多公司皆已上市，未來可上市的不太多，但是隨著臺灣企業全球化程度愈來愈高，跨國上市（例如全球存託憑證 GDR、美國存託憑證 ADR）、地主國子公司當地（例如上海 A 股）掛牌或海外上市（例如香港），機會愈來愈多，一年至少 50 件以上。

由於臺灣股票上市制度很完備，很有美國紐約證交所 (NYSE) 的影子，站在「舉一反三」的學習正遷移的原理來看，瞭解臺灣的上市規定，接著再來看歐美股市上市規定，則只是大同小異。

◆ 第一節　股票上市的好處

臺灣已有 610 家以上上市公司，300 家以上上櫃公司，興櫃股票很快會到達 100 家，股票上市已變成普通常識 (common sense)，很多人在上市公司上班，甚至 500 萬人的股友，皆會把股票上市的好處告訴家中子弟。

雖然如此，但是我們還是假裝你不清楚，詳細的把股票上市的優點跟你「講清楚，說明白」，看完本節你大概會說：「聽你講了，我瞭解」。本節也是我們說服一些老闆把公司股票上市的臺詞。

一、馬跟兔子的矛盾

財管中有個很生活化的舉例，也就是馬跟兔子的矛盾 (horse and rabbit paradox)，也就是外表看起來很難判斷馬跟兔子哪一個身材比較大，但是擺在一起，勝負立現。套用股市投資人常舉的例子：「撐死的青蛙永遠比餓死的駱駝小。」

二、只見毫末，不見輿薪

有位同事問我：「A 基金公司業務代表來找我，說他們手續費、管理費都比別人便宜，是很值得投資的。你可不可以給我個意見？」我用表 8-1 來舉例，A 公司

業務代表的說法是假設淨值上漲率一樣，投資人只要挑費用便宜的去買便會多賺。但是業務代表的假設並不符合事實，A 基金淨值上漲率 10%、B 基金 20%，這部分（收入）是馬；而申購手續費、管理費等是兔子（即成本、費用），再大的兔子（例如巨兔，14 公斤）也不會比最小的馬（例如迷你馬，70 公斤）大。最後來看報酬率，A 基金「瘦馬減掉小兔子」報酬率 6.35%，B 基金「胖馬減掉大兔子」報酬率 16.25%，還是遙遙領先 A 基金。

表 8-1　以基金來說明馬跟兔子

	A 基金	B 基金	
淨值上漲率	10%	20%	馬
− 申購手續費	1.5%	2.0%	兔子
− 管理費	1.4%	1.6%	
− 銀行保管費	0.15%	0.15%	
= 報酬率	6.35%	16.25%	

由此看來，英文中馬跟兔子的矛盾跟中文「只見毫末（即兔子），不見輿薪（即馬）」相同。「馬跟兔子的矛盾」指出，看事情不能只看兔子，還得看馬。

馬跟兔子的矛盾也凸顯出貨幣化（或數量化）的重要性，有二個方案，A 方案優點有三、缺點有二，B 方案優點有二、缺點有四，看似 A 方案比 B 方案優點多一個、缺點少二個，A 方案似乎較佳。如果是這樣下決策，那麼用「作文課」的方式，很容易把 B 方案優點膨脹；重點在於採淨現值法（報酬率）來評高下。

三、一個活生生的例子

英文教科書中對「馬和兔子的矛盾」來形容很多公司只知逃稅的（蠅頭）小利，卻不見股票上市資本利得的大利，可說是「小事聰明，大事糊塗」(penny wise, pound fool)。以我朋友的公司來舉例，這也是我「百聞不如一見」的目擊現場，時間是2001年的仁武公司，詳細資料請見表 8-2。

(一)超級巨兔

仁武公司稅前實賺 2.9333 億元，但為了少繳營所稅，因此透過漏開、低開發

表 8-2　股票上市、不上市的市值

市值 ＼ 內外帳	逃稅（外帳）	不逃稅（內帳）
(1)稅前盈餘	2,666.67 萬元	29,333 萬元
(2)＝(1)×25%	666.67 萬元	7,333.25 萬元
(3)＝(1)－(2)稅後盈餘	2,000 萬元	22,000 萬元
(4)EPS=$\dfrac{(3)}{1,000萬股}$	2 元	22 元
(5)公司價值　＝股價×股數 股價：		
・股票上市前 EPS × 6 ×	2×6×0.1=1.2 億元	22×6×0.1=13.2 億元
・股票上市後 EPS × 20 ×	－	22×20×0.1=44 億元

（表中標註：(2)與(1)之間「兔子　逃稅 6,667 萬元／年」；(5)中「馬　12 億元」「42.8 億元」）

已知：股本 1 億元，股數 1,000 萬股。

票方式，減收營收，把稅前盈餘「減肥」到 2,666.67 萬元，只剩實賺的十分之一，只需繳稅 666 .67 萬元，稅後盈餘 2,000 萬元。

如果誠實納稅，由表第 3 欄可看出，需繳 7,333.25 萬元營所稅，比外帳 666.67 萬元，多繳 6,667 萬元的稅，可說是一筆很大的數字。

㈡迷你馬

該公司 2001 年想擴大營運但缺錢，但對於募資，投資人最多只願出價每股 15 元。林董事長向我訴苦，批評投資人「不識貨」、「趁人之危」。我向他解釋，以公司外帳 2000 年賺 2,000 萬元，股本 1 億元情況，每股盈餘 2 元，未上市公司本益比假設 6 倍，股價 = EPS × PER = 2 × 6 = 12 元，別人出價 15 元，本益比 7.5 倍，可說已超過行情，很看得起仁武公司了；整個公司權益價值才 1.2 億元，只比股本多 2,000 萬元。

反之，如果誠實納稅，由低到高，股票價值將會成長 10 倍甚至 30 倍。

　1.迷你馬

外帳情況，每股盈餘 22 元，當股票未上市時，套用 6 倍本益比，股價 132 元；再乘上股數，股票價值 13.2 億元，整整比逃稅時 1.2 億元多 10 倍。

　2.高頭大馬

要是把股票弄上市，以 20 倍（電子股）本益比來計算，股價 440 元，市值 44

億元，整整比逃稅時 1.2 億元多 35.6 倍。

(三)因小失大

由這個活生生的例子來看，林董事長只要誠實繳稅，股票價值增加 12 億元或 10 倍，這至少須逃稅五十五年（年金現值表，利率 10%、期數 545 時，值 9.9471），此處使用 10% 作為權益必要報酬率，請見第九章的最低水準 =R_f + 8%=2.125% + 8%=10.125%。因為年金表中沒有這麼細的數字，只好採取四捨五入法去套用 10% 這個數字。

要是早知道辛苦逃稅五十五年，才能抵得過一次誠實納稅的收獲，很多老闆都會「搥心肝」。更何況，誰能每年逃稅 6,667 萬元而不被國稅局逮到呢？夜路走多了，總會碰到鬼。

(四)改變所有的錯──二帳合一

讀者文摘上有句名言：「種樹最好的時機有二，一是二十年前，一是現在。」二十年前種的樹，現在便可以砍伐作建林。這句名語跟「往者已矣，來者可追」、「臨淵羨魚，不知退而結網」的道理一致。

林董事長在我的苦口婆心，吃了悶虧（別人出價每股 15 元想認股）情況下，接受我的建議，延聘資誠會計師來負責財務簽證，雖然每年多花 50 萬元簽證費用，但跟增加 12 億元（迷你馬）、42.8 億元（高頭大馬）相比，這費用可說微不足道。

羅馬不是一天造成的，要想把營收由逃稅時的 2 億元，內外帳合一的調到實際的 20 億元，得花好幾年。因此公司也只能在 2003 年股票上市。雖然比誠實申報狀況慢了二年，但「來得晚，總比不來」的好。

四、這好處很多

創作型歌手蔡振南跟一位黑人拍的飲料廣告,其中有一句很有名的廣告詞:「這好處很多」。同樣的，股票上市的好處主要是衝著財務目的，但相關好處也很多，詳見表 8–3。

(一)財務優點

「錢不是萬能，但沒有錢萬萬不能」、「有錢好辦事」，這些俚語都在形容「有錢真好」，因著股票上市，讓小公司能快速大量募集資金，以致「小卒也會變英雄」，

例子不勝枚舉。幾個有名例子。

    1. 統一企業 vs. 光泉牧場。

    2. 統一超商 vs. 萊爾富。

表 8-3　股票上市的好處

好處來源	對公司	對股東
一、財　務		
（一）數　量	股票上市後便合格的可以從資本市場募集資金，金額大、速度快	
（二）成　本		
1.股　票	D（股利）/P（股價），或本益比 20 倍，即 5%	本益比比未上市時高一倍（以上），部分原因來自變現力折價消失，所以股東財富有鍍金效果
2.舉　債	因有直接融資的優勢，銀行等會主動降低貸款利率	
二、營　業	因股票上市，媒體常會有新聞報導，例如新產品上市，大大增加公司曝光率，公司廣告費用可望減少，營收可望增加	
三、人力資源管理	員工分紅配股是臺灣電子業成功複製美國矽谷經驗的主因之一，微才、留才、激勵、配股、員工（現金增）認股扮演「有錢能使鬼推磨」效果，股票得上市，股票才值錢，員工才肯拚命	

此外，像全球第二大被動元件的國巨電子、CD-R 的榜首錸德、最大民營公司鴻海精密，都是股票上市後才「一暝大一寸」。

（二）人力資源

「人往高處爬」、「向錢看」，要想打贏人才爭奪戰，待遇是很重要的，光一個前股王聯發科技，2002 年員工分紅配股，平均每人分到值 2,560 萬元的股票。重賞之下必有勇夫，其他公司只能「人撿剩」，更何況是未上市公司只能用二軍甚至「小聯盟的球員」。

第二節 破解股票上市的缺點

總會有人講一些股票上市的缺點，看似振振有辭，其實「狗屁不通」，詳見表 8-4。簡單說明如下：

表 8-4　公司股票不上市的理由和解決之道

股票不上市的理由	舉　例	解決之道
一、無法享受逃稅的好處	Δ 42.8 億元　　　　大馬 Δ 12　億元　　　　迷你馬 $-6,667$ 萬元 $\times$ 10 年　　兔子 　　　5.333～22.933　億元	馬跟兔子的矛盾是不存在的 滿載而歸，勿惦漏網之魚 逃稅往往會「夜路走多了，會碰到鬼」
二、經營權稀釋	國產汽車張朝翔兄弟陸續買回持股，持股比率高達 98%	大部分上市公司其實是股票上市的家族企業 (family business)
三、賤賣財產：股票初次上市 (IPO) 時，公開釋股 10%，本益比 10 倍	上市利得 　$(22 \times 20 - 22 \times 6) \times 0.1$ 億股 $=$ 30.8 億元 上市損失 　$(22 \times 20 - 22 \times 10) \times 0.01$ 億股 $=$ 2.2 億元	淨上市利得 $=$ 30.8 億元 $-$ 2.2 億元 $=$ 28.6 億元
四、其　他 　1.開股東會時被小股東 K 　2.無法作善事	台　塑 奇　美	派總經理當擋箭牌，笑罵由他 盈餘分配可透過股東會決議而達成

一、無法享受逃稅好處

「妻不如妾，妾不如偷」，這是形容男人偷腥的貼切寫照，但用在企業逃稅上也不適用，如同前段所說，逃稅的利益跟誠實納稅（不管股票有沒有上市）相比，微不足道，逃稅的老闆看似聰明，實則聰明反被聰明誤。

二、經營權稀釋

股票初次上市 (initial public offering, IPO) 得把股權 10% 拿出來公開釋股，之後，每次現金增資，也是一樣，而且其中 10～15% 還需提供給員工認購。久而久之，大股東持股從 100% 降至 90%，再日趨稀釋，但這只是表面。

(一)上市後購回

大股東可以在股票上市後逢低購回，以 1998 年 10 月本土型金融風暴中的地雷股國產汽車 (2205) 來說，股本 100 億元，董事長張朝翔兄弟三人，在 1996 年 1 月股票上市後，陸續以質押方式，槓桿操作買回持股，持股比率高達 98%，名為大眾公司 (public company)，實則「私人公司」(private-held company)。

光由董監事持股比率看不出董監事持股多少，很多人皆透過人頭、投資公司，甚至外資（做成假外資）來避人耳目。難怪美國的標準普爾公司、很多學者把臺灣（甚至亞洲）的股票上市公司視為家族企業 (family business)。

(二)夠用就好

只要持股超過三分之二（即 66.7%），那麼連公司收購合併等重大決議事項也可以通過，簡單的說，每年一次的股東大會只要三位大股東（公司董事至少三人）出席便「無堅不摧」。要喝牛奶不必開牧場，同樣的，擁有百分之百的所有權 (ownership) 對大股東來說是資金的閒置，只要持有 66.7% 便凡事可成！

三、異哉，有所謂賤賣祖產？

有些小氣財神的老闆，憋不下股票上市時得賤賣資產這口氣，因而玉石俱焚的不願把股票上市。他們的說法詳見表 8-4 中第 3 點，假說股票初次上市時承銷價依 10 倍本益比去訂定，蜜月期後股價 (seasoned stock price) 本益比 20 倍，以此例股本 1 億元，共 1,000 萬股，拿出 100 萬股公開申購。看來，蜜月期讓中籤投資人賺到，賺了 2.2 億元。

(一)消極來說

釣魚也得魚餌，因此這 2.2 億元可視為魚餌，但釣到魚卻值 28.6 億元，可說是花小錢賺大錢，再一次印證「馬跟兔子矛盾」的道理。

(二)積極來說

2002 年許多新股上市，本益比都盡量拉到跟行情相近，大股東毫沒有賤賣祖產，讓中籤戶免費分享公司辛苦奮鬥的果實。更棒的是，2000 年，全年股市重挫43.9%，只有 3 支新股沒有跌破承銷價，真可應了「偷雞不著蝕把米」這句俚語，此時，大股東反而是「貴」賣祖產。

四、其他 543 理由

很多老闆頭腦不見得樣樣清楚，有時一個觀念轉不過來，再怎麼樣就是不聽勸。以股票不上市這檔事來說，偶爾可見的理由如下：

(一)脫褲子給你看

食品股中的休閒食品霸主聯華食品 (1231) 董事長李開源很貼切的描寫股票上市的缺點：「脫褲子給人看」。尤其是經營績效差於見人時，季報、年報逼得你「醜媳婦總得見公婆」。好像小學生習字拿個丁而被公佈在公佈欄一樣。

知恥近乎勇，愛面子有時也是好事，以此情況來說，可勉強套用動機強化假說，怕丟臉，反而兢兢業業，竟然沒出事。

偶爾有些老闆認為股票上市，財報公開，無異門戶洞開，讓對手可以一窺財務能力、主要客戶。其實，無需股票上市，對手也可以透過徵信社去查出你的往來銀行等財務能力，從你的業務代表套出大客戶名單。除此之外，上市公司公開揭露的資訊很有限，還不足以「動搖國本」。

(二)是可忍，孰不可忍?

每年一次的股東大會，一些職業股東、小股東總會揶揄董事長一、二句，甚至黑道也會來鬧場。很多脾氣大的董事長（如台積電的張忠謀、台塑的王永慶）有時難免按耐不住。但也犯不著為了「小不忍」而放棄股票上市，解決之道如下：

1.讓總經理作擋箭牌

除了少數問題外，有關營運方面，儘可能的找「指定代打」，主要是總經理，其次是財務副總，讓他們替董事長「擋子彈」。

2.笑罵由他

小股東天南地北發言，只要在發言時間內，也只能「笑罵由他」，董事長只能

要求自己「不要跟他一般見識」。

㈢無法做善事

　　奇美集團董事長許文龍旗下有奇美、奇美食品、奇美醫院、奇美電子等事業，一向堅持股票不上市，但是 2002 年 8 月 26 日，奇美電子以 63 元掛牌上市 (經濟日報，2002 年 8 月 27 日，第 3 版，夏淑賢)，卻打破股票不上市的慣例。據聞，他不喜歡股票上市的原因是，如此一來，盈餘無法隨意分配，尤其是拿去做善事。

　　這樣的說法只能說給沒常識的人聽，只要持股比率逾 66.7%，想把公司賣掉都可以，何況只是在公司章程中加上一條「慈善條款」或是每年股利分配加上樂捐事項呢？

◆ 第三節　股票上市實務

　　股票上市對股東有「點石成金」的魔效，對上市公司也有「飛上枝頭當鳳凰」的神效，因此必須有公司董事長的承諾，才能整合公司上下以符合上市申請。一般公司，大都由財務部來負責申請股票上市，少數是會計部。

一、knowing you, knowing me

　　就跟向銀行貸款、考駕照、競選里長等事情一樣，總得符合一些規定的資格一樣，臺股股票上市 (上櫃，以後簡稱上市，除非想明指) 的資格請詳見表 8-5。比香港、新加坡等區域金融中心稍微嚴謹一些，但比紐約、東京等保障投資人的全球金融中心則寬鬆較多。

㈠上櫃二類股已接近「金大班的最後一夜」

　　第二類股票市場是政府為鼓勵新興科技產業能夠及早參與資本市場,特別訂定寬鬆的掛牌條件，期以吸引網路、電子科技等新興科技廠商申請掛牌。

　　但寬鬆的掛牌條件對企業的經營業績也未嚴格要求，投資人買股票的風險較高、參與投資的意願降低，使得第二類股票的交投一直無法有效放大，政府政策美意也因此大打折扣。

表 8-5　上市、上櫃一般類和第二類股條件

項目	上市		上櫃一般類		上櫃第二類	
	一般	科技事業	一般	科技事業	一般	科技事業
設立年限	五年以上	無限制	三年以上	無限制	滿一整年	同一整年
資本額	最近一年均達 3 億元以上	申請上市時達 2 億元以上	5,000 萬元以上	同左	3,000 萬元以上或淨值 20 億元以上	未規定
獲利能力	1. 最近一年決算無累積虧損及合併財務報表營業利益和稅前純益占資本額之比率 2. 最近二年均達 6% 以上;或最近二年平均達 6% 以上,且最近一年較前一年佳;或最近一年平均達 3% 以上	未規定(但淨值二審收資本額 2/3)	1. 最近一年達 4% 以上,且其累積虧損沒有 2. 最近二年平均達 2% 以上;或 3. 最近二年平均達 2% 以上,且最近一年的獲利能力比前一年為佳	未規定	未規定(但需無累積虧損)	未規定
股權分散	1. 記名股東 1,000 人以上 2. 1,000~50,000 股股東 ≧ 500 人且佔 20% 股份或或滿 1,000 萬股	1. 記名股東 1,000 人以上 2. 1,000~50,000 股股東 ≧ 500 人	1,000~50,000 股之記名股東或或滿 500 萬股	記名之記名股之記名股東 ≧ 300 人且佔 10% 股份	1,000 股以上記名股東 ≧ 300 人	
推薦證券商家數	1 家		2 家以上		2 家	
股票集保對象	公開發行且輔導 24 個月以上	董事、監察人和持有 5% 以上股份之股東	公開發行且輔導 12 個月以上	董事、監察人及持有 10% 以上股份之股東	公開發行至少輔導滿 6 個月	董事、監察人、持有 5% 以上股份的股東和以專利權或專門技術出資而在公司任有職務,並持有 0.5% 或 10 萬股以上者
集保總數	董事、監察人、持有 5% 以上股份的股東和以專利權或專門技術出資而在公司任有職務,並持有 0.5% 或 10 萬股以上者	董事、監察人、持有 5% 以上股份的股東和以專利權或專門技術出資而在公司任有職務,並持有 0.5% 或 10 萬股以上者	董事、監察人、持有 5% 以上股份的股東和以專利權或專門技術出資而在公司任有職務,並持有 0.5% 或 10 萬股以上者	董事、監察人、持有 5% 以上股份的股東和以專利權或專門技術出資而在公司任有職務,並持有 0.5% 或 10 萬股以上者	董事、監察人、持有 5% 以和以專利權以上股份的股東和以專利權或專門技術出資而在公司任有職務,並持有 0.5% 或 10 萬股以上	
集保年限	1. 個別持股 50% 2. 總計二申請已發行股份總額 (1) 3,000 萬股以下:30% (2) 3,000 萬股~1 億股:20% (3) 1 億股~2 億股:10% (4) 超過 2 億股:5%	個別持股 50%	1. 個別持股 50% 2. 總計二申請已發行股份總額 30% 或 6,000 萬股	總計二申請時已發行股份總額 30% 或 6,000 萬股	總計二申請時已發行股份總額 50% 或 6,000 萬股	
查核方式	期滿二年領回 20%,以後每半年再領回 20%		期滿二年領回 20%,以後每半年再領回 20%	同左	期滿四年領回 20%,以後每半年再領回 20%,集保期間所辦理的增資也應集保	
信用交易	原則上進行實地審查		同左		原則進行書面審查	
股務機構	可申請進行交易		同左		無	
	在交易所所在地自設或委託股務代理機構辦理		在櫃檯買賣中心所在地自設或委託股務代理機構辦理		由專業股務代理機構辦理	

第二類股票掛牌家數僅 15 家，惟後續申請掛牌的家數已有一段時日持續掛零，相對於上市、上櫃和興櫃股票市場，第二類股票市場可說是「後繼無人」。

櫃檯中心表示，第二類股票申請的條件遠比上櫃條件寬鬆，但其中除了建興電子 (8008) 因營運狀況佳，吸引法人和散戶買盤，帶動交易量外，其他個股的交投情形並不活絡；根據統計，2002 年初迄至 5 月 9 日止，第二類股票市場的成交值僅 369 億元，抵不上集中市場一天成交值。

櫃檯中心已向證期會做出報告，初步瞭解證期會傾向同意廢除第二類股票市場，至於廢除的時程及如何廢除，櫃檯中心已擬訂方案，並呈報給證期會核定。建議比照管理股票的管理規則，對第二類股票市場訂定「落日條款」，公告第二類股票市場在 2004 年以後廢除，在這期間，第二類股票上櫃公司可依規定申請轉上市或轉上櫃。櫃檯中心表示，第二類股票市場 15 家公司，已有 3、4 家公司申請轉上櫃，預料一旦廢除第二類股票市場，衝擊應該有限。(經濟日報，2002 年 5 月 20 日，第 23 版，何淑貞)

㈡興櫃股票

2002 年 1 月，櫃檯買賣中心推出興櫃股票，以方便未上市（上櫃）股票募集資金，預估最多時 2,000 家公開發行公司將會有 700 家掛牌，讓公開發行公司也有機會享受股票市場募資的好處。

㈢發行公司申請條件

1. 發行主體：已申報上市或上櫃輔導契約的公開發行公司。

2. 交易標的：普通股票。

3. 推薦證券商家數：2 家以上。

4. 股務處理：委託在櫃檯買賣中心所在地的專業股務代理機構辦理。

㈣推薦證券商資格

1. 具備證券承銷商、櫃檯買賣證券經紀商和櫃檯買賣證券自營商資格。

2. 符合證券商管理規則第 23 條的規定。

3. 跟發行公司不得屬同一集團企業且沒有證券商管理規則第 26 條所列情事。

4. 資本適足率達 200% 以上。

5. 需已跟發行公司訂有申請上市或上櫃輔導契約。

6.自行認購的股份：發行公司已發行股份總數 1% 以上且不低於 10 萬股，但 1% 如超過 50 萬股，則至少應自行認購 50 萬股。

㈤不宜上市條款才是「路上的石頭」

股票上市的資格很容易達成，很多公司都是卡在「不宜上市條款」，常見的是表 8-6 中的三項：

第 1 項：跟轉投資公司間關係複雜，即財務透明度低。

第 3 項業務未獨立：例如單一客戶佔營收比一半以上。

第 5 項重大非常規交易：尤其看似圖利關係人的非常規交易，常見的低價售貨給關係人企業。

表 8-6　不宜上市、上櫃條件

上　市	上櫃一般類股	上櫃第二類股
1.遇有證交法第 156 條第 1 項第 1 款、第 2 款所列情事，或其行為有虛偽不實或違法情事，足以影響其上市後的證券價格，而及於市場秩序或損害公益之虞者	1.遇有證券交易法第 156 條第 1 項第 1 款至第 3 款所列情事者	1.同左
2.吸收合併他公司尚未屆滿一完整會計年度者。但存續公司和被合併公司合併前的獲利能力符合上市規定條件者，不在此限	2.最近一年內吸收合併他公司者。但存續公司及被合併公司合併前的獲利能力均符合上櫃規定條件者，不在此限	2.無
3.財務或業務未能跟他人獨立劃分者	3.同左	3.無
4.有足以影響公司財務業務正常營運的重大勞資糾紛或污染環境情事，尚未改善者	4.同左	4.同左
5.有重大非常規交易，迄申請時尚未改善者	5.同左	5.同左
6.申請上市當年已辦理及辦理中的增資發行新股併入各年決算資本額計算，不符合上市規定者	6.申請上櫃當年已辦理和辦理中的增資發行新股併入最近一年決算資本額計算，其獲利能力不符合上櫃規定條件者	6.無
7.有無息或低於通常利率水準的非金融機構借款，經設算利息支出後，不	7.有無息或低於通常利率水準的非金融機構借款，經設算利息支出	7.無

符合上市規定條件者	後，其獲利能力不符合上櫃規定條件者	
8.有迄未有效執行書面會計制度、內部控制制度、內部稽核制度，或不依有關法令和一般公認會計原則編製財務報告等情事，情節重大者	8.未依相關法令及一般公認會計原則編製財務報告，或內部控制、內部稽核和書面會計制度未經健全建立且有效執行，其情節重大者	8.同左
9.所營事業嚴重衰退者	9.公司營運狀況顯有重大衰退者	9.無
10.申請公司於最近五年內，或其現任董事、監察人、總經理或實質負責人於最近三年內，有違反誠信原則的行為者	10.公司或申請時之董事、監察人、總經理或實質負責人於最近三年內，有違反誠信原則的行為者	10.同左
11.董事、監察人和持股超過其發行股份總額10%之股東，於申請上市當年及其最近一年內，有大量股權移轉情事者	11.申請上櫃當年及其前一年董事、監察人及持股超過10%股東有大量股權移轉情形者	11.無
12.申請公司的董事會或監察人，有無法獨立執行其職務者	12.無	12.無
13.其他因事業範圍、性質或特殊狀況，證交所認為不宜上市者	13.其他因事業範圍、性質或特殊情況，櫃檯買賣中心認為不宜上櫃者	13.同左

＊已上市但不宜上市就該下市

　　2002年5月22日證交所公告，味王股票(1203)終止上市案，已經由證期會准予備查，預訂在7月2日終止上市。但味王公司能檢送符合規定的各期財務報告，並在7月2日以前至少8個營業日向證交所提出申請，在證交所報經證期會核准後，可免除終止上市措施。

　　味王公司表示；味王公司未能在規定期限內重編並補行公告2000年相關財務報表，是因為簽證會計師以「部分董事屢次質疑持有泰國味王股數等資訊不正確，公司董事會也未能詳加確認並答覆該等質疑事項，本會計師無法再採用其他替代查核程序予以查證」等理由，出具保留意見的查核，且簽證會計師之後並未更新原出具保留意見的查核報告。

　　味王公司在會計師出具保留意見的查核報告後，充分配合會計師的查核作業，協調查核對象，對協助獲取足夠和適當的證據資料，為瞭解除會計師的疑慮，味王

公司也已更正泰國味王公司長期投資股權比率,相關財務報表也由董事會出席董事一致通過, 並把重編後的相關財務報表委請會計師重新查核。

味王公司表示, 可是簽證會計師遲至改善期限前二日才以「截至目前受限於種種查核範圍限制, 仍尚無法獲取足夠且適切之證據予以釐清」為由, 認為原出具保留意見的查核報告, 並沒有更新的必要, 造成味王公司在停止上市買賣滿六個月後, 仍無法依規定補公告財務報表, 且面臨終止上市的命運。(經濟日報, 2002 年 5 月 23 日, 第 22 版, 何世全)

㈥初級、次級市場

股票發行的普通常識用詞, 在報章上常見到, 但是用詞不一, 以致連很多報紙在翻譯外電時也都譯錯。由表 8-7 可見, 股票掛牌時稱為新股上市, 等於是汽車的新年份車上市。至於新股上市後, 則在次級市場買賣, 等於是汽車的中古車市場。

同一車型 (例如冠美利 Camry) 每年也有新款、改款車上市, 對股票來說, 則是指現金增資股, 還是歸類為發行市場。

表 8-7　股票發行、交易市場用詞

功　能	發　行	交　易
1.學　名 　英　文	初級市場 primary market	次級市場 secondary market
2.俗　稱	首次掛牌 (initial public offering, IPO)	
以汽車市場舉例	新車 2002 年成交 35 萬輛	中古車成交 75 萬輛

二、計畫上市

許多公司皆採取計畫上市, 一點時間都沒耽誤到, 出乎大家意料的, 計畫上市的首要竟然是「內外帳合一」, 而不是聘請「四大、七中、十五小」的入流會計師來負責簽證。因為兩帳合一並不是「昨非今是」的「一蹴可及」, 內大外小的營收想調整到內外合一, 可得花個三、五年, 才能調整到上市條件。

㈠公開發行

公司法已無強制公開發行規定, 公司補辦公開發行多係準備上市買賣。因此,

對首次補辦公開發行公司，除需訂定內部控制制度，並有效執行等規定外，還應檢具股票公開發行說明書，以利投資人瞭解公司的財務、業務狀況。

㈡沒魚蝦也好

很多人打棒球，不貪圖打全壘打，而是先求上壘再求盜壘得分；同樣的，以股票上市為目標來說，有很多公司採取下列步驟：

1.先上興櫃，成為興櫃股票。

2.再升格為上櫃股票。

3.最後升格為上市股票，從上櫃滿一年便可申請轉上市，跟直接申請上市的輔導期二年都一樣，證交所也不會再重覆進行實地查核。所以上櫃比較像地方法院，著重證據審；轉上市比較像向高等法院上訴，高院偏重適法性問題。

證交所把興櫃、上櫃、上市的任督二脈打通，對上市公司沒有時間浪費問題。而且可以先在興櫃、上櫃市場先做好現金增資以擴大營運，進而達到股票上市的目的，真可用「幼稚園（二年）－小學（六年）－國中（三年）」的十一年制一貫教育來形容。

㈢人話比較容易懂

財管中有些英文字看似沒有生字，但硬照字面翻譯，可說是不懂實務，像把 private company 譯為私人公司、public company 譯為大眾公司。由表 8-8 可見這二個英文字的正確涵意，公開發行公司中文分為四類，如同金字塔般，一級（或跳級）往上爬，先得公開發行，才可以申請興櫃或以上。

㈣計畫上市的典範

計畫上市的典範之一是上櫃股的訊連科技，公司成立於 1995 年 6 月，資本額才 50 萬元，但卻能在 2000 年 10 月上櫃，可說「一天都沒有浪費」。能夠如此快速上櫃，一方面是實至名歸，但有備而來也很重要。訊連的總經理、老闆娘張華禎，曾在京華證券(元大京華證券前身之一)承銷部任職且擔任過菁英證券債券部協理，對於股票上市有第一手的親身經驗。因此，輪到作自己公司時便得心順手。

表 8-8　未公開、公開發行公司

發行狀況	未公開發行公司 (private company)	公開發行公司 (public company)
中分類	108.7 萬家公司	3,000 家 上市公司 (listed company) 600 家以上 上櫃公司 (OTC company) 300 家以上 興櫃公司,即準上市上櫃公司,最多會到 700 家 未上市（上櫃）公開發行公司 2,000 家

三、等不及便借殼上市

有許多不宜上市的公司（主要是營建公司），1997 年起便採取借殼上市方式來一圓上市夢，像侯西峰入主國揚實業、亞瑟，1999 年主機板地下教父蔣東濬入主精英電腦等。「借殼」這個字套用寄居蟹換殼時借用另一隻蟹的殼，當時，如果採取暴力相向的，在企業併購情況下稱為敵意併購 (hostile takeover)。

借殼上市的另一適用時機為搶時間，也就是先求上壘，然後再現金增資以轉投資母公司，甚至把母公司合併掉，來個偷龍轉鳳的母子公司巔倒。

四、大陸股票上市

美商麥肯錫顧問公司新出爐大陸的證券承銷和經紀市場研究,大陸股市在過去十年來的快速發展,股票的發行是亞洲第三大、股市成交量在日本除外的亞洲股市 (Asia ex-Japan) 排名第二大、營收第一大。

　　大陸過去十年來股票大量發行，市值 5,820 億美元，約等於 2000 年的臺灣 GDP 的兩倍，股票發行公司中大型類股是在海外掛牌為主，大陸掛牌的是以中型股為主，並以 A 股為主，以 2000 年來看，A 股的平均市值是 1.4 億美元。

　　大型股以在香港和美國掛牌為主，主因有二：一是大陸資本市場的胃納無法吸收 10 ～ 20 億美元的大量釋股計畫，二是海外掛牌的無形益處，這些包括名聲、引進國外的公司治理、取得外幣資產。

　　物以稀為貴，大陸 A 股的本益比高，近來吸引愈來愈多發行公司從海外轉回大陸，期望在 A 股掛牌上市，股票承銷到次級市場交易，兩個市場間存在很大套利空間，吸引散戶蜂擁而入，這可從大陸股票認購率可達 200 倍，遠高於新興市場的水準，可見一斑。

　　大陸首次掛牌承銷市場，由十大中國券商掌控 80% 的承銷規模，海外承銷市場是由華爾街知名券商掌控或合資券商才可以取得主辦承銷商的資格。

　　大陸證監會透過嚴格的監控，主導大陸股票的發行、證券市場的發展，但這些管制逐漸鬆綁，例如 1999 年取消首次掛牌發行的最高本益比 15 倍限制，股票海內外發行從申報到上市的時間，承銷費率、股票發行承銷的方式，大陸管制比其他亞洲和國際嚴格。但是預期證監會在審核、訂價、承銷方式將會愈來愈自由化，詳見表 8-9；簡單的說，大陸證券規定有濃厚的臺股色彩。

　　展望到 2005 年大陸新發行的股票金額約 2,000 億美元，約佔日本除外亞洲股市的一半發行量，相當於今日英國發行的規模。(經濟日報，2002 年 4 月 4 日，第 10 版，白富美)

　　倍利證券董事長黃顯華指出，大陸 2002 年加入世界貿易組織 (WTO) 後，承諾五年內全面開放市場，因此在 2006 年以前，臺商想要在大陸掛牌上市的難度仍高。不過，大陸可能在 2006 年以前，開放約 10 家以內的臺商企業在大陸「試點」上市。鴻海、華映和台塑等產業龍頭公司，率先獲准的機率極高。依照作業時程估算，最快 2005 年可望出現首宗臺商大陸 A 股上市案。(經濟日報，2002 年 5 月 26 日，第 1 版，夏淑賢)

　　黃顯華指出，臺商在大陸上市，固然優點很多，但是也必須留意負面衝擊。因

表 8-9　大陸股市上市條件

A 股	B 股
1. 股票經國務院證券管理部門批准已公開發行	1. 所籌資金用途符合國家產業政策,符合國家有關固定資產投資項目的規定,符合國家有關利用外資的規定
2. 實收資本額人民幣 5,000 萬元以上	2. 發起人認購總額不得低於已發行股數總額的 35%
3. 公司設立經過三年以上,且近三年連續出現盈餘	3. 發起人出資總額不少於人民幣 1.5 億元
4. 票面人民幣 1,000 元以上股票的持有股東人數為 1,000 人以上,公開發行股數不得低於已發行股數的 25%;或實收資本額超過人民幣 4 億元的股份有限公司,公開發行股數不得低於已發行股數的 15%	4. 取得國務院證券委員會和證監會核准,且股票正進行公開發行
	5. 實收資本額在人民幣 5,000 萬元以上
	6. 公司設立經過三年以上,且近三年連續出現盈餘
5. 過去三年以內沒有違法情事發生,且在財務報表上沒有任何虛偽記載	7. 票面人民幣 1,000 元以上股票的持有股東人數為 1,000 人,而且公開發行股數,不得低於已發行股數的 25%;或實收資本額超過人民幣 4 億元的股份有限公司,公開發行股數不得低於已發行股數的 15%
	8. 過去三年內沒有違法情事發生,且在財務報表上沒有任何虛偽記載
6. 由一至兩名證交所會員(即推薦券商)推薦	9. 由一至兩名證交所會員推薦
7. 符合國家機關所公佈法律、法規、規章或證交所的規則等條件	10. 符合國家機關所公佈法律、法規、規章或證交所的規則等條件

資料來源:金鼎證券、日盛證券。

為臺商一旦在大陸上市,臺灣上市櫃的母公司可能就形成控股公司化,享有的本益比會被壓縮,外資券商的投資評等也可能調降。(經濟日報,2002 年 5 月 26 日,第 2 版,夏淑賢)

中共持續放寬上市門檻,關閉上市大門的 B 股也可望在 2002 下半年或 2003 年重開大門,並將通過新法,縮短 B 股上市輔導期,以及開放 B 股全數公募,對臺商是一大利多。尤其較早前往大陸投資、已有三年盈餘紀錄的臺商,如果繳稅紀錄良好,沒有逃漏稅問題,光明正大申請 B 股上市的機率大增,至於有逃漏稅困擾的臺商,則可能嘗試繞道借殼上市。

　　除了燦坤已經在大陸 B 股掛牌，其他可能在大陸當地掛牌上市的臺商企業，包括統一、台塑、宏碁、勤美、台達電、大霸、楠梓電、全友、裕隆、中華、寶成、建大、羅馬、台玻等，其在大陸跟當地企業合資或獨資的投資事業，都有當地掛牌的計畫。(經濟日報，2002 年 5 月 28 日，第 10 版，夏淑賢)

個案：聯合愛爾蘭銀行弊案

外匯交易員魯斯納

2002 年 2 月 6 日，愛爾蘭最大的聯合愛爾蘭銀行 (AIB) 驚傳惡棍外匯交易員虧空 7.5 億美元（合 262.5 億元）弊案，這是 1995 年期貨交易員李森搞垮英國霸菱銀行後金額最高的金融交易弊案。

聯合愛爾蘭銀行說，該行美國巴爾的摩子公司「全第一金融公司」(Allfirst) 的交易員魯斯納 (John Rusnak) 企圖以假交易，隱瞞實際交易的巨額損失。魯斯納疑似購買不實的選擇權交易，藉此抵銷其他外匯交易損失。

聯合愛爾蘭銀行執行長巴克利 (Michael Buckley) 說：「我們不知道魯斯納是否侵吞款項⋯⋯」。

此案爆發後，各界再度擔心全球金融體系風險控管的問題，並且懷疑聯合愛爾蘭銀行經歷這件弊案後，是否能夠維持獨立經營的地位。

弊案傳出後，震撼全球金融市場，聯合愛爾蘭銀行股價 6 日重挫 23%，市值銳減 24.4 億美元。但該行表示，該行並無倒閉之虞，損失僅限於全第一金融公司，且該行仍可維持盈餘，不能跟霸菱案混為一談。

該行坦承，目前還搞不清楚魯斯納的操作手法，但該行控管系統顯然出了問題。魯斯納暗中動手腳可能已一年多，但該行一直到一周前才發現有問題。

多位專家指出，銀行控管系統將再度成為矚目的焦點。銀行業一向希望能矯正霸菱案中凸顯的許多安檢漏洞。分析師說，如果經營良好又保守的聯合愛蘭銀行都會出現安全漏洞，那麼幾乎每一家銀行都可能有漏洞。

因為霸菱弊案服刑六年半的李森 (Nicholas W. Lesson) 說，他對金融界的漏洞到現在還沒有堵住，深感驚異。（經濟日報，2002 年 2 月 8 日，第 1 版，馮克芸）

⚡ 充電小站

闖禍者／魯斯納個人檔案

為聯合愛爾蘭銀行闖下鉅額虧損大禍的魯斯納，1965 年次，在聯合愛爾蘭銀行旗下的 Allfirst 公司工作已達七年，年薪約 8.5 萬美元。1990 年代初期，魯斯納即在 Chemical 銀行擔任外匯交易員，日後 Chemical 銀

一、你還記得霸菱事件嗎？

本案模式頗類似 1995 年霸菱銀行爆發的嚴重虧損事件，當時霸菱新加坡子公司總經理李森，因操作授權額度外的衍生性商品交易失利，造成 10 億美元的重大損失，導致霸菱銀行被迫出售給荷蘭 ING 集團。

2 月 7 日，英國金融時報專欄作家蓋伯

行被摩根大通銀行收購，魯斯納才改投效 All first 麾下。

魯斯納在公司並不是明星交易員，僅是 Allfirst 公司內兩位外匯交易員之一，兩人合計一年為公司帶進的獲利不到 1,000 萬美元。根據同事說法，魯斯納是個顧家男人，並積極參與當地教會事務。雖然他涉嫌如此鉅額的假交易詐欺案，但家居生活非常平凡，對於薪水相當滿足，並未展現百萬富豪的豪奢生活。

過去幾年來他唯一較令人注目的事發生在 1997 年，當時巴爾的摩地方報紙專訪他，魯斯納接受訪問時信心昂然，採訪中途甚至打斷記者的訪問，進行數筆 500 萬美元的套利交易，在轉手間立即幫公司賺進 5,000 美元。（工商時報，2002 年 2 月 8 日，第 8 版，林正峰）

(John Gapper) 撰文指出，魯斯納跟李森都是利用職務之便，以假造或未經正式授權的方式，進入金融市場建立交易部位，期望在獲利後，神不知鬼不覺地把原始部位平倉，然後把所獲利潤飽入私囊或最起碼擴大自己的獲利績效。

只不過往往事與願違，投資蒙受損失，兩人只得用假造的交易契約向公司套取現金，同時再假造更多的契約來遮掩損失，並希望翻本或填平虧空，但雪球愈滾愈大，終至紙包不住火。

蓋伯表示，前述行員都是透過操作衍生性金融商品來營私舞弊，但其所屬銀行的高階主管，卻顯然並不熟稔這些金融工具。以霸菱銀行的李森而言，他所假造的選擇權契約，不僅獲得該銀行總行的經理核准，而且都經過職司外部監察的會計師事務所簽核。魯斯納運用的選擇權和期貨契約，也有異曲同工之效。

另一個盲點就是現金支出的管控，魯斯納因為不像李森那樣是個紅牌營業員，而且虧空的累積速度也很平緩，所以直到 2001 年年底，當他突然要求大筆現金時，財務主管才察覺事有蹊蹺。（工商時報，2002 年 2 月 8 日，第 5 版，李鏘龍）

二、歹事是這樣的

巴克利的說法，造成重大虧損的交易主要為美元兌日圓的交易。魯斯納藉由假選擇權契約來掩護高風險匯率交易，未依規定替公司進行避險操作，結果造成公司重大損失。

聯合愛爾蘭銀行在聲明中指出：「外匯交易明顯是以正常方式進行，但用來避險的外匯選擇權交易卻是作假，進入公司系統時被動了手腳。」

選擇權專家指出，如果交易員捏造假選擇權契約，當銀行必須支付選擇權的權利金時便會察覺異狀。問題是近年來外匯選擇權越來越受歡迎，這些選擇權提供更具彈性的操作，買進選擇權時不必支付權利金，除非選擇權到期或觸及特定價格才會要求繳付權利金。外匯選擇權讓匯率避險更便利，但也更方便用來製造假交易，因為買進選擇權時不必立即繳交權利金。

雖然交易員可以藉由未到期來掩蓋假交易，但選擇權契約照理會經過銀行管理部門的審核，以及配合選擇權賣方的確認。一位交易員表示，除非內控有嚴重誤失或者文件遭到偽造才

可能有此問題，但整個過程牽涉的文件繁複，需要頗為精密的操作。（工商時報，2002 年 2 月 8 日，第 5 版，林正峰）

三、如入無人之地——匪夷所思

Allfirst 金融公司此次損失，相當於該公司外匯交易業務年獲利的 75 倍。金融圈對本案的損失規模和隱藏時間之久大感吃驚，凸顯該公司的內控有嚴重瑕疵。

聯合愛爾蘭一直被視為歐洲最保守的銀行之一，但該銀行內控制度未能察覺這麼大的虧損交易已經嚴重傷害其信譽。Commerzbank 證券銀行分析師布朗 (Piers Brown) 表示，聯合愛爾蘭未能提早察覺問題是很不尋常的，因為這似乎不是什麼精密策劃過的事件。（工商時報，2002 年 2 月 8 日，第 5 版，林秀津）

依本案的損失規模來反推，分析師估計魯斯納操作的部位超過 10 億美元，事件爆發後，外匯交易員認為一家小型銀行在外匯市場進行如此大手筆的交易，卻能不驚動他人實在匪夷所思。一位跟魯斯納有業務往來的交易員表示，魯斯納交易相當積極，他們以為他是替多位客戶進行集中下單。（工商時報，2002 年 2 月 8 日，第 5 版，林正峰）

四、總是放馬後炮？

聯合愛爾蘭銀行高層表示，正調查這些非法交易如何能成功掩蓋，公司懷疑有其他員工涉案，Allfirst 財務部五位職員已遭停職。

◆ **本章習題** ◆

1. 請再舉一個「馬跟兔子的矛盾」的例子。

2. 以表 8-2 為基礎，以聯發科技等舉例。

3. 以表 8-3 為基礎，以最近上市一家公司為例，來說明股票上市的好處。

4. 以表 8-4 為基礎，分析光泉牧場公司（即光泉牛奶的生產廠商）為何不股票上市？

5. 跳蚤市場屬於初級或次級市場，為什麼？

6. 為什麼很多公司董監事帳面持股比率很低，照樣穩坐釣魚台當董事呢？

7. 以表 8-5 為基礎，說明上櫃一般類比上市條件寬鬆多少？

8. 以最近三個（或去年一年）上市被退件案例來分析被退件原因。

9. 為什麼 private company 不能譯為「私人公司」？

10. 拿表 8-9 跟表 8-5 臺股上市條件相比較一下，哪個地方比較寬？

第九章

權益資金成本

　　領導變革大師科特 (John P. Kotter) 跟競爭力大師波特齊名，科特在「哈佛商業評論」發表過許多經典文章，譯成 25 種語言，全球總發行量超過 200 萬冊，科特昨天首度來臺訪問，將與臺灣企業菁英分享他三十多年來在成功的組織、領導人的研究成果，他的至理名言是：「成功方法 75 至 80% 靠領導，20 至 25% 是靠管理。」他主張的領導風格是有一群領袖的共同領導，而不是標榜英雄式的個人領導。

　　領導的品質很重要，關鍵不只在企業的執行長個人，而是在有多少人可以具備優良的領導能力，因為好點子未必是來自於企業總部，而可能來自國外某個負責業務的人，跨國企業最重要的就是要如何來動員這些資源，匯集各方智慧，不是單靠單一領導者，而是靠一群有共同願景的領導者，來執行各項計畫。

——經濟日報，2002 年 5 月 8 日，第 5 版，白富美、張瀞文

學習目標:

權益資金成本是財管中爭議性最高的議題，也是最重要的題材，學會了對融資、投資決策皆有很大助益。

直接效益:

資本資產定價模式 (CAPM) 是研究所碩士班入學考試必考題，唸完第一～三節，作本章習題，讓你輕鬆容易 high-pass，這部分補習費可以省下來了。

本章重點:

- CAPM 跟生活活動比較。表 9–1
- 以台積電舉例說明 CAPM。§9.1 二㈡
- CAPM 拆字說明。表 9–2
- 無風險利率的衡量方式。表 9–3
- 股市報酬率的衡量方式。表 9–4
- β 跟比重相類比。表 9–5
- 系統風險和公司特有風險。表 9–7
- 學期分數跟投資組合的貝他係數。表 9–8
- 市場模式。§9.2 四
- 套利定價模式。§9.2 五
- CAPM、APT 的理論、計量上偏誤。表 9–9
- 伍氏權益資金成本。§9.4

前言：有破壞才有建設

如果你覺得財務管理、投資學等課程中，已經把權益資金成本估算方式「講清楚，說明白」，因此就想將本章跳過，那你可能會錯失好戲。在第一節中，我們先採取令狐沖所學獨孤九劍中的「破劍式」把資本資產定價模式 (CAPM) 全盤否定，不破無以立。並在第四節中提出「大大唉好用」的伍氏風險調整的權益必要報酬率，進而推衍出事業部的權益報酬率。

🔹 第一節　資本資產定價模式快易通

資本資產定價模式 (capital asset pricing model, CAPM) 可說是僅次於選擇權定價模式 (option pricing model, OPM)，第二普遍使用的財務模式。主要在預估股票等風險性資產的必要報酬率 (hurdle rate)。以股票來說，這主要在於計算出權益必要報酬率，進而計算加權平均資金成本，或單獨作為淨現值法的折現率，用於計算權益的價值。

本法是由夏普 (Sharpe, 1965)、林特納 (Lintner, 1965)、莫辛 (Mosszn, 1966) 幾乎在同一時間不約而同，君子所見略同的提出，並因此而拿到諾貝爾經濟學獎。財管學者也才拿過三次（詳見表 0–2），可見本法的重要性。

一、CAPM 長得什麼樣子

資本資產定價模式吸引人之處，在於邏輯簡潔有力，投資人購買一項風險性資產（例如股票），希望至少要有「無風險利率」的報酬率，至於額外所冒險的預期報酬率，則由風險數量（即貝他係數）乘上風險價格（即預期市場報酬率減無風險利率），二者相乘的結果便是第 i 種證券的風險溢價。這可由資本資產定價模式的公式看得一清二楚。

Merton(1973)CAPM:

$$E(R_i) = R_f + \beta_i [E(R_m) - R_f]$$

最低　　風險　　風險價格，稱為市場風險溢價
報酬率　數量　　(market risk premium)

其中 E(R) 代表預期報酬率

　　i 代表第 i 項風險性資產

　　R_m 代表（股票）市場報酬率

　　R_f 代表無風險利率，一般為長期政府公債利率，臺灣習慣用銀行一年期定存利
　　　率來衡量

　　β 代表貝他係數，是這條迴歸方程式中自變數的估計係數

　　簡單的說，由此模式計算出的證券預期報酬率，可說是投資人投資該股票所希
望得到的「必要報酬率」，對股票發行公司來說，這便是權益資金的成本。

二、CAPM 再簡單不過

　　許多人學 CAPM 是靠死背的，考完就還給老師了，但是如果知道原理，一輩
子都忘不了。

　　由表 9-1 可見，CAPM 的精神跟拍寫真集、水、電、電話費的道理很像，都有
個基本費，超過的部分再加價；當然，你會說，邏輯上 β 值有可能是負值，那不就
是減價了？是的，不過這樣的「補漲股」（大盤漲，它跌；大盤跌，它漲）很少。

表 9-1　CAPM 跟生活活動比較

活動	基本費	加價 數量	加價 單價
寫真攝影	1 萬元（36 張）	2 張	500 元
寄信	5 元（100 公克以內）	(200–100) 公克	×0.04 元
水、電、電話	200 元	2 分鐘	×12 元
CAPM	R_f	β_i	$(R_m - R_f)$
舉例	2.125%	2	(15% – 2.3%)

(一) CAPM 緣自於生活

　　以表 9-1 中的寄信來說，平信重量 100 公克以內一律 5 元，超過 100 公克部
分，每 1 公克加收 0.04 元或每 100 公克加收 4 元。

　　寫真攝影等也是同樣道理，再往下看 CAPM 更可見「學術始終來自人性」的
道理。

(二) 以台積電舉例

舉例最容易讓人搞清楚新奇、複雜觀念，以台積電 2003 年情況來看看。

1. 假設 β 等於 2

用目前資料套入 CAPM，其中只有二個數字要估計，假設貝他係數 2、股市報酬率 12%，那麼台積電 2003 年預期股票報酬率 ($E(R_i)$) 如下式：

$$2003 \text{ 年 1 月} \quad R_{2330} = 2.125\% + 2(12\% - 2.125\%)$$
$$= 21.875\%$$

2. 驗證一下

2001 年台積電董事長張忠謀說：「世界級晶圓代工廠股東權益報酬率應該在 20% 以上」。

3. 為什麼你喜歡以台積電為例

臺灣股市 600 支股票，市值約 9.3 兆元，台積電市值 0.92 兆，約佔 10%，可說以一當百（100 支傳統股市值都抵不上）。因此，它最具有代表性，此外，董事長張忠謀知名度甚高。所以用台積電來舉例，比較容易一呼百應。

㈢說文解字

從化學式很容易瞭解物質的性質，例如水是 H_2O，把水分解可以得到氫、氧。核子潛艦便是拉進海水靠水分解以取得氧氣供官兵呼吸，把氫排出艦外。

同樣道理，財務管理中有一些模式，你可以把它當成物質，而各個英文縮寫各當成像氫、氧這樣的化學元素。由表 9-2 來看 CAPM，便容易瞭解它的本質了。

表 9-2　CAPM 拆字說明

簡寫	原字	中譯	說明
C	capital	資本	資本 (capital) 跟資產負債表中的資本一詞相同，一開始 CAPM 只用於普通股，後來擴展到所有有風險資產 (risky asset)，如債券、外匯
A	asset	資產	
P	pricing	定價	投資學中喜歡用 pricing，例如 option pricing model (OPM)
M	model	模式	經濟學者譯為模型，企管學者比較常用「模式」一詞

三、無風險利率 (R_f)

無風險利率 (risk-free rate) 可說是投資人不用費力都可以「穩賺不賠」的投資報酬率，跟工作時的每月基本工資（15,300 元）很像。

㈠美、臺的無風險利率

由表 9–3 你會發現美、臺投資人和學者對無風險利率的衡量方式（或稱代理變數，proxy）都不一樣，主要是美國實證結果，在所有利率中七年期政府公債 (TB) 殖利率跟國內生產毛額 (GDP)、股價指數相關程度（或迴歸方程式）最高，在臺灣，則是銀行一年期定期存款利率。可見，美國人比較偏向長期投資，臺灣股市散戶佔七成，習慣短線進出，六個月以上就算「長期」投資了。

表 9–3　無風險利率的衡量方式

地　區	無風險利率	現　況	說　明
美　國	七年期政府公債殖利率	2.7%	1. 實證研究，各利率中以一年期定存跟 GDP 相關程度最高 2. 實務界人士也用一年定存利率，但有些用第一銀行取代臺銀
臺　灣	臺灣銀行一年期定存利率	2.125%	

㈡為什麼找臺銀

銀行快 100 家，那麼定存利率該以誰馬首是瞻呢？道理是「西瓜偎大邊」才有代表性，銀行體系 18 兆元存款中，臺銀市佔率 10.5%，存款、放款都是第一名；因此連中央銀行每月編印中央銀行統計月報也該以臺銀存款利率作為代表。

知其然，以後播臺主換人了，你在運用時，也知道與時俱進，如此才是「給他釣竿，而不只是給他魚吃」而已。

四、股市報酬率 (R_m)

股市報酬率可說是傻瓜投資人的報酬率，因為不用問明牌、作功課，只消「全都買」（可買指數型股票基金來代替）就可跟（加權）指數同進退。

此外，R_m 也代表充分分散時股市的報酬率。

股市報酬率 (market return): R_m

　　這個字大家皆稱為市場報酬率，但非常不妥，英文書中的市場得看上下文，在外匯市場時，則是指匯率。為了精準起見，全書我們皆依情況清楚加上股市、債市、匯市等。

　　由表 9–4 可見，股市報酬率有二種衡量方式，但不要以為事前方式只有一年，有些可長達十年，例如美國暢銷名著《未來十年好光景》(中譯本由聯經出版)，預測 2010 年道瓊指數 36000 點，以 2002 年的 9000 點來看，漲 3 倍。套用附錄二，期數十年，漲 3 倍，利率 12%。看起來不難，而且比過去十五年的股市平均報酬率 14% 還低。但是，美國投資大師華倫·巴菲特 (Warren Buffet) 提出「以往 (1994 ～ 1999) 動輒 20% 報酬率的好日不再，大家得接受 7% 的日子」。難怪二位作者被罵吹牛！(工商時報，2002 年 8 月 11 日，第 10 版，林國賓)

表 9–4　股市報酬率的衡量方式

衡量方式	事後 (ex post)	事前 (ex ante)
背後假設	歷史會再重演，時間數列計量稱為回復均值 (mean-reverting)，例如臺灣股市長期報酬率 12%	歷史不會再重演，所以鑑古無法知今
用　法	用過去十甚至十五年股市（指數）平均報酬率實證時，常以過去五年移動平均報酬率	以 2002 年為例，2001 年 12 月 31 日收盤 5331 點，券商預估 2002 年大盤漲到 7000 點，漲幅 31%

第二節　CAPM Part II 和 APT

　　為了怕一節太厚，我們把資本資產定價模式拆成二節來說明，此外，在第五段中，也介紹套利定價模式。

一、β 是什麼意思？

　　水比較重還是鐵比較重？這樣問不精確，1 立方公分的水跟 1 立方公分的鐵哪個比較重？前者 1 公克，後者 4 公克，所以用水當標準物（類似天平的砝碼或時間中的格林威治時間），相同體積鐵的重量是水的 4 倍，所以說鐵的比重 4，鐵比水

重，所以會沉到水底。

β 就是股票的風險比重，跟前述比重的道理一模一樣，又可見財務管理常常從生活、其他學門借用觀念，詳見表 9-5。

表 9-5　β 跟比重相類比

領　域	標準物	比較上
物　理	水	鐵比重 4
股票市場	大盤（加權指數）	該股（如 2330 台積電）、投資組合（如股票基金）

(一)β 怎麼來的？

我們把貝他係數放在最後來講，原因在於怕一開始便說，你會被一些統計觀念給嚇得腿軟，而不想弄懂 CAPM 了。

此外，我們在第九章才來談 CAPM，此時在統計課你該已學過變異數了，財管的書可不必越俎代庖，否則就撈過界了。

$$\beta_i = \frac{Cov(R_i, R_m)}{Var(R_m)}$$

Var(R) 又可寫為 σ_R，σ 唸成西格瑪，$Cov(R_i, R_m)$ 則可寫成 σ_{im}。用人話講一下，$Var(R_m)$ 是大盤報酬率的「波動幅度」，$Cov(R_i, R_m)$ 是第 i 支股票報酬率（如台積電）跟大盤報酬率的「共振」。

比喻來說，$Var(R_m)$ 可說是地底地震，而 $Cov(R_i, R_m)$ 可說是地面建築物的振幅。以 3 級地震來說，臺北市新光站前大樓 50 樓的振幅可能是 4 級，搖得比地面還凶。

(二)為什麼用希臘字？

有許多人常常會把 β 寫成 B，只要知道迴歸方程式係數（或稱參數）的命名規則便不致把「馬涼當成馮京」了。

為了容易分辨起見，在迴歸方程式設定時，變數 (variable) 用英文字母、係數 (coefficiency) 用希臘字，係數是待估計的，如下二式：

估計前　$Y = \alpha_0 + \beta_1 X_1 + \beta_2 X_2 + \beta_3 X_3 \cdots$

估計後　$Y = 14000 + 0.7X_1 + 1.5X_2 + 2.1X_3$

許多學者桌墊下皆有一張希臘字的音標（發音唸法），α（阿爾發）便是英文中的 A，β（貝他）便是英文中的 B。

㈢注意用報酬率來算

表 9-6 把 Var、Cov 的計算式子列表說明，特別強調由於權益溢價 (R_m-R_f) 中用的是股市報酬率。所以在衡量相對風險量（β）時，Var、Cov 衡量的對象皆是報酬率，而不是水準值（例如大盤指數、台積電股價）。

用報酬率來算變異數不僅 CAPM 如此，OPM 等也是如此，所以有必要特別強調。

表 9-6　貝他係數的分子、分母

變異數	公式	說明
Var(R_m) 變異數	$\dfrac{\sum(R_m-\overline{R}_m)^2}{n-1}$	以 2001 年來說，280 個營業日 (n)，R_m 的平均數 $(\overline{R}_m)$ 即大盤上漲幅度 17%，R_m 是每天大盤報酬率
Cov(R_i, R_m) 共變異數	$\dfrac{\sum(R_i-\overline{R}_i)(R_m-\overline{R}_m)}{n-2}$	第 i 支股票報酬率每天跟大盤報酬率的互動，把某期間加總再求其平均數

㈣耍　帥

如果你舉一反三的話，由表 9-4 的道理，你假如用預測股市報酬率，那麼兵隨將轉，變異數等似不宜由歷史資料來估計，而是用 GARCH 等方法來預測。

二、β 進階篇

㈠台積電 $\beta=2$ 怎麼來的？

已知 2002 年 Var(R_m)=0.4, Cov(R_i, R_m)=0.8，求解 β_{2330}=？

解：

$$\beta_{2330}=\frac{0.8}{0.4}=2$$

一般來說，Var(R_m) 常在 0.4 ~ 0.8 間。

電子股波動幅度比大盤大，所以 β 大都大於 1。

㈡大盤的 $\beta=1$

水的比重 1，也就是「水就是水」；同樣的，大盤的貝他係數就是 1。

$$\beta = \frac{\text{Cov}(R_m, R_m)}{\text{Var}(R_m)}$$

$$= \frac{\text{Var}(R_m)}{\text{Var}(R_m)}$$

$$= 1$$

再代入 CAPM 公式驗證一下

$$R_m = R_f + \beta_m (R_m - R_f)$$

$$= R_f + 1 \times (R_m - R_f)$$

$$= R_m$$

(三)系統風險

台積電的 β 為 2，這代表公司特有風險 (corporate specific risk) 比股市、系統風險 (systematic risk) 高一倍。

對投資人來說，如果擔心「單戀枝頭一枝花」的風險太高，則可隨機買七種以上股票，尤其是買指數型股票基金，便可透過多角化來分散一、二家公司特有風險，只剩下不可分散的系統風險——通俗的說可用「要死大家一起死」來形容。

在此我們想特別說明系統風險這個字，看起來很有學問，其實只是包裝美麗的生活用詞罷了，如表 9–7。

表 9–7　系統風險和公司特有風險

英　文	一般中譯	我的中譯	說　明
systematic risk 或 market risk	系統風險或市場風險	股市風險	系統指的是全體，在股市即為「覆巢之下無完卵」，可說是 R_m 一項
specific risk	公司特有風險	公司（或投資組合）風險	個別股票的風險，可說是 β_i

(四)鳳毛麟爪

CAPM 得用電腦跑迴歸，經常（常見的是每天）用新資料（至少每天 R_m 皆不同）來更新貝他係數，可用李宗盛 1999 年的歌「最近比較煩」來形容。但在第三

●充電小站●

系統 (system)

　　美國人超喜歡（可說「爛」）用 system 一詞，系統是指一個可以獨立運作的單位，一個細胞是系統，鼻、肺和氣管等合稱呼吸系統。在此處，系統常指全體，例如臺股 2000 年大跌 43.9%，報酬率 −17%，少輸就是贏。

　　當年，泛亞銀行擠兌，財政部長說：「沒有系統風險」，不會發生全面性擠兌，也就是這只是個案。

節中，我們會說明 CAPM 大錯特錯，因此實務跟隨者寡。美國著名投資刊物《價值線》(Value Line) 有把各重要股票的貝他值列出。

三、那投資組合的 β 該怎麼衡量？

　　你很少單買一支股票，甚至買了股票型基金（多支股票的投資組合），那麼投資組合的貝他係數該怎麼估算呢？答案是各支股票貝他係數值的加權平均。

　　1.先談加權平均

　　為了怕你不懂「加權平均」(weighted average)，我們先用一個生活中常遇到情況來說明，為了簡單起見，假設你這學期只修二門課，詳見表 9–8；學期分數簡單平均 82.5 分 ($\frac{80+85}{2}$)，但是統計學比重佔 0.6 ($\frac{3}{2+3}$)，而這科你又拿 85 分，把總分數拉高了，加權平均學期分數 83 分，這便是學期成績單上分數計算方式。

表 9–8　學期分數跟投資組合的貝他係數

學　科	課程 1	學分	比重	分數	課程 2	學分	比重	分數	加權平均
學期平均分數	財　管	2	0.4	80	統　計	3	0.6	85	83 分
投資組合	股　票		持股比例	β			持股比例	β	
投資組合貝他係數	台積電	–	0.85	2	聯華食品	–	0.15	0.6	1.79

　　2.再來說投資組合

　　不吹毛求疵的說，以表 9–8 中二支股票組成的投資組合，你有 10 萬元，花 8.5 萬元買一張電子股龍頭台積電，花 1.5 萬元買一張食品股績優生聯華食品，加權平均 β 值為 1.79。

　　縱使吹毛求疵，結果也差不到那裡：

$$\beta_\rho = w_i\beta_i + w_j\beta_j + \rho_{ij}w_iw_j\beta_i\beta_j$$

以此例來說

$$= 0.85 \times 2 + 0.15 \times 0.6 + (0.2 \times 0.85 \times 0.15 \times 2 \times 0.4)$$
$$\doteqdot 1.79$$

也就是台積電、聯華食品相關係數 0.2，上式最後一項的值微乎其微，可以略而不顧。

四、市場模式

在跑迴歸時，權益風險一項處理稍嫌麻煩，於是又有方便型 CAPM 稱為市場模式 (market model) 的推出，其推導過程如下，也就是市場模式可說是 CAPM 的實證版。

懂得計量經濟學的人，當可發現 <9–1>、<9–2> 式在理論上、實證上皆不是同一件事。只談其中一點，市場模式只有一個變數 (R_m)，而 CAPM 有二個變數 (R_f、R_m)，邏輯上來說，後者的解釋能力較高。

$$\text{CAPM} \quad R_i = R_f + \beta_i(R_m - R_f)$$
$$= R_f - \beta_iR_f + \beta_iR_m \cdots\cdots <9\text{--}1>$$

用 α_0 取代 $R_f - \beta_iR_f$

$$市場模式 \text{ (market model)} = \alpha_0 + \beta_iR_m \cdots\cdots <9\text{--}2>$$

五、套利定價模式

CAPM 僅用股市報酬率，無風險利率二個變數（市場模式僅用前者）便妄圖解釋股市這個錯綜複雜的現實，難怪在 1974 年就被宣布第一次死亡（詳見第三節二㈢）。美國學者 Steven Ross (1976) 便提出套利定價理論 (arbitrage pricing theory, APT) 想取代 CAPM。

(一) APT 內容

APT 的原理很簡單，便是「以多取勝」，背後假設「複雜的事背後沒有簡單解釋」，上窮碧落下黃泉的找一缸子能解釋股票報酬率或股價行為 (price behavior) 的變數。

實證常常採取下列方式，因為各股差異，所以沒有標準型。

套用迴歸分析，市場模式是單變數迴歸（或稱簡單迴歸）、CAPM 是二變數迴歸，APT 是多變數迴歸（或稱複迴歸），道理簡單得很。至於有人把 APT 又稱為多因子模式 (multi-factors model)，就跟香港人照 Strawberry 字音硬譯為「仕多啤梨」一樣，它是草莓。照意譯來說，宜譯為多變數迴歸方程式，這樣就簡單明瞭了。

40 多種變數
一、總體變數 (macroeconomic
　　factors)
　(一)實體面（工業生產指數、
　　進出口……）
　(二)貨幣面（如 M_{1b}、利率等）
二、金融（面）變數
　　國內外股價指數

多變量分析
───────────▶
群集分析

濃縮成 4 ～ 6 類變數，再來跑迴歸分析

套利定價理論

$\bar{R}_2 = 0.70$
（模式解釋能力 0.7，即僅能解釋因變數七成）

(二)嘩眾取寵

學者也只是凡人，有著人性弱點。Ross 把他的方法取名為「套利定價模式」，實是貪圖投資人、學者都喜歡「套利」（賺沒風險的超額利潤）這個字。就跟一般生活中，人們喜歡升官發財一樣。

APT 跟套利無關，縱使 Ross 認為 APT 的結果是對的（例如理論上台積電 2002 年該漲 40%），而到了 2002 年 12 月 26 日，台積電才漲 29%，這時便可說台積電「股價低估」、「股價未充分反應」，此時宜逢低買進，但他還是沒把握「穩賺不賠」，縱使事後證明 APT「十賭九贏」，但並不符合套利 (arbitrage) 的定義。

套利例子：上市公司以 2.0% 舉債成本發行一年期票券 1 億元，立刻以 2.125% 固定利率存進銀行一年期定存，轉手間安安穩穩便套利賺了 12.5 萬元，不過得一年後才收成！（工商時報，2002 年 8 月 29 日，第 9 版，劉佩修）

㈢作起來很難，效果有限

至今，運用 APT 而模式最高的判定係數（即模式解釋能力）才七成，如同前述所說，事前 APT 預估台積電會漲 40%，但事實上只漲了 30%。而且更討厭的是，這七成還不是永遠低估或高估，也就是也可能出現 APT 預估台積電股價漲 21% 情況。

實證起來又麻煩（每支股票量身定做迴歸方程式），而且也只有七成（以內）準，APT 雖然比 CAPM 準，但頂多只能說「五十步笑百步」。

第三節　資產定價模式無用論

一談到資產風險高低和「風險溢價」（即負擔風險所要求比無風險利率多的部分），所有書都一股腦的大談特談資本資產定價模式和套利定價理論，鑑於這二種方法皆有其嚴重缺點，所以本書以此為基礎來討論如何建構股票投資組合。但由於這二個方法甚囂塵上，所以我們以第三節來說明這二種方法的錯誤之處。

一、自己不會生（育），牽拖厝邊

支持 CAPM 的學者，替 CAPM 背離現實找了一缸子理由，主要的原因是股市不夠完美：

1. 股市投資人不夠理性，也就是對資訊反應不夠快，稱為效率市場假說（efficient market hypothesis, EMH），直接說：「股價是錯的」、「股價無法反映出公司基本價值」。

2. 股市有交易成本（證券交易稅、券商佣金）。

這些都是托詞，以第 2 項臺灣狀況來說，證交稅只佔售股金額 0.15%，而券商佣金各為買、賣金額 0.1425% 以下，簡單的說，買賣交易成本只佔金額的 0.45% 以內。而 CAPM 跟現實差距七成，舉例來說，CAPM 預測台積電 2002 年會漲 9%，而事實上漲 30%，交易成本的比重實在很低。套用 2002 年 2 月 6 日，聯華電子公司董事長曹興誠表示，臺南科學園區旁養雞場的惡臭，趕走他原擬在南科設立 12 吋晶圓廠。2 月 7 日，經濟部官員覺得理由「相當荒謬」、「牽強」。（經濟日報，2002

年 2 月 7 日，第 3 版，陳秀蘭）

　　回到第 1 點，我們先承認股市效率性低；但你就不會「將錯就錯」嗎？縱使我們依他們的說法，找一段期間（例如 2002 年 7 ～ 8 月）或找幾支股票，股價忠實反映公司股票價值，也就是符合半強式效率市場假說（semi-strong EMH，基本分析無法獲得超額報酬）；用這「實驗室情境」來作，CAPM 的解釋（現實）能力照樣不超過三成。

　　套用 2002 年 2 月樂透彩券前四期三峽神桌報明牌槓龜例子來說，自己無能，卻偏怪號碼球重量不均（指稱 39 號號碼球較重，已抽中 4 次）。

　　就跟南部有很多報明牌槓龜的神像被賭徒棄置一樣，一個 1965 年提出的簡單方法，歷經四十年的改良，對現實股票報酬率的解釋能力仍停留在一、二成，那不如丟銅板來得準 ── 以大樣本、公平銅板來說，正反面出現機率各五成！

二、資本資產定價模式已死二次了！

　　資本資產定價模式在美國已於 1970、1990 年代二次被宣布死亡，在美國學術圈中的光環也漸褪去，接著我們來看這巨星殞落的原因。

㈠教科書上說的缺陷

　　教科書上指出 CAPM 未考慮下列變數，所以難怪解釋能力有限。

　　1.假設借款、放款的利率相同。

　　2.未考慮物價上漲。

　　3.交易成本，例如券商手續費、證券交易稅。

㈡資本資產定價模式的致命傷

　　1.跟現實不符

　　縱使把前述學者建議的解釋變數納入 CAPM 中，模式的解釋能力仍然低於 50%，因為上述變數有些是常數（例如交易成本），或是變化很少（例如消費者物價指數波動範圍大抵為 0 至 4%），詳見表 9-9。

表 9-9　CAPM、APT 的理論、計量上偏誤

模式、理論	實證上偏誤	計量上設定誤差
一、資本資產定價模式 (CAPM)	Sharpe、Lintner & Mossin(1965) 提出 $E(R_i)=R_f + \beta_i [E(R_m) - R_f]$	
1. 系統風險（β） 2. 風險平減後報酬率 3. 投資組合的貝他係數 4. 投資組合績效，如 Jensen's、Sharpe's α	1. 實證的判定係數低於50%，即模式遺漏很多重要變數，詳見 Ross(1977) 2. 投資組合內各證券的正（或負）相關或增強（或減弱）投資組合的貝他係數，因此投資組合貝他係數絕不是組合內各證券貝他係數的加權平均	只有二個自變數 (R_m, R_f)，卻想解答一個複雜的價格行為，難怪解釋能力很低，實證判定係數（即模型解釋能力）低於30%
二、套利定價理論 (APT)	任一證券（風險性資產）的（預期）報酬率為一群變數的線性函數，例如 Ross(1976)	
	實證的判定係數低於70%，即模式尚遺漏不少重要變數	1. 假設函數型是線性 2. 因限於自變數來源（如總體變數）大都為月資料，所以只能做到月模式

　　資本資產定價模式解釋能力僅有三成，股價行為中有七成是模式無法解釋的，殘酷的說，此模式可說是跟實況不符，誰能夠憑十分之三張藏寶圖而挖到寶藏？APT因為解釋變數多了，所以解釋能力也有六、七成，但仍有三、四成是月球黑夜的一面。

　　2. 計量上

　　撇開遺漏掉重要變數這個模式設定誤差 (specification error) 不說，資本資產定價模式、套利定價理論皆是一次線性模式，但現實生活是動態的，而且模式可能是非線性的。

　　資本資產定價模式在方法論上最大的問題是它是建立在股市至少符合半強式效率市場假設，所以市場組合（例如美國道瓊 500 或臺灣的加權指數）是最佳投資組合。可惜，大部分的股價指數皆不是最佳投資組合，難怪 Roll & Ross (1984) 主

張藉此所計算出的貝他係數可說毫無價值可言。

即然這二個模式皆有所長，於是學者 Wei (1988) 主張：套利定價理論聯結資本資產定價模式，應可收截長補短之效。實證結果，模式對證券平均報酬率這一因變數的解釋能力提高了，但幅度有限，所以跟隨的人不多。

㈢ Beta 死第一次

1960、1970 年代一連串文獻使資本資產定價模式在實證上很站不住腳，甚至出現無法自圓其說情況，例如低貝他係數股票的報酬率竟高於高貝他係數股票的報酬率。

複雜的問題往往沒有簡單的答案，尤其是股價可說是金融資產中最難捉摸的，想用幾個簡單變數便想一窺廬山真面目，想法太天真 (naive) 了。

尤有甚者，資本資產定價模式並無法進一步推論該股股價高估或低估。例如當該股預期報酬率小於零時，而貝他係數又大於 0 時，此時惟一可能是預期市場報酬率將為負的，也就是指數將下跌，那可能是大盤漲過頭了；連帶的，個股也就跟著下跌。追根究柢、打破沙鍋的問下去，如何預測大盤超漲、泡沫經濟來了呢？這恐怕不是資本資產定價模式能夠回答的！

此外，當計算出的第 i 種股票預期報酬率小於無風險利率時，怎麼會出現這種不符合邏輯的事情呢？

貝他係數的第一次被宣布壽終正寢，可說是在 1976 年另起爐灶提出套利定價模式的 Steven Ross，他在 1977 年專文批評的文章，可說是宣讀了資本資產定價模式的訃文。

㈣ Beta 死了第二次

雖然被宣布第一次死亡，但 CAPM 的魅力仍然無法擋。到了 1992 年財務管理大師 Fama & French (1992) 的一篇實證研究提出，研究期間幾乎長達三十年 (1965 迄 1990)，結果很簡單：「貝他係數跟長期平均報酬不相關」。遭此重擊，後續不少文章支持這二位大師的主張，甚至用「Beta 死第二遍」來形容資本資產定價模式的難堪處境。

後續雖然有些學者想嚐試挽回局面，例如美國普林斯頓大學教授 Grundy & Mechiel (1996)，但效果有限，CAPM 的氣勢已弱。

㈤連夏普都不買自己的帳

讀過大二《財務管理》書的人都會記得資本資產定價模式是夏普等三人在 1960 年代發展出來，夏普也因此獲得 1990 年的諾貝爾經濟學獎。

但是如果唸書多一點敏感，那你可能會聯想為什麼夏普不忠於自己，即夏普指數為什麼分母不用貝他係數（也就是跟崔納指數一模一樣）。當然說法之一是，這二個指數是同時推出，但至少可見夏普覺得分母用標準差比貝他係數更有意義。

㈥實務界隱含拒絕貝他係數

由夏普指數成為全球最普遍使用的共同基金績效評比方法，而不是崔納指數，隱含的指出實務界並不認同資本資產定價模式的適用性。

三、資本資產定價模式勝出之因在於簡單

雖然財務學者們都知道美國著名學者 Ross (1977) 對資本資產定價模式的批評，但是至今的普及率還是超過套利定價理論，原因依序如下：

㈠標準化

就跟化學、物理實驗強調在「常溫、常壓環境」一樣，資本資產定價模式在這方面就比套利定價理論更標準化，因為不同產業的上市公司，其套利定價理論的自變數至少有一個會不一樣，例如冠德公司股票預期報酬率，自變數之一為營建業生產指數，但是華碩公司時，則需換為電子業生產指數。如果研究對象為投資組合時，則自變數更改為工業產值或工業生產指數；但是如果研究對象的產業產值資料不存在或衡量誤差很大呢？

相較於套利定價理論這個多因子模式，資本資產定價模式可說只有一個變數（即預期的市場報酬率），是單因子模式，而且幾近於標準，例如研究個股股票，九成以上會以證交所所發布的加權指數為計算股票市場報酬率的基準。

㈡簡單化

資本資產定價模式的貝他係數可推論該股票（或投資組合）係高（大於 1）、中（等於 1，即跟大盤指數的風險一樣）或低風險。但是套利定價理論的自變數至少有四個，每個係數皆是個小貝他係數，那該如何推論該股票的風險程度呢？是把這些小貝他係數全部加總還是單挑其中一些呢？

四、貝他係數的迷思

雖然資本資產定價模式漏洞百出,但學術、實務界仍對它情有獨鍾,這種認知失調的景象,有些學者在 1970 年代便稱之為「貝他迷思」(Beta myth)。

㈠跟著流行走

不少學術論文採取資本資產定價模式作為研究方法,原因是要想在美國學術期刊、學術會議上發表論文,又不得不入鄉隨俗。而一個 1965 年的老方法,為何還能流行這麼久呢? 套用諾貝爾經濟學獎得主 Milton Friedman 的比喻。

有天某甲在回家的路上,看到某乙在一盞路燈下的草地上很認真的找東西,甲就走過去想要幫忙。他問乙在找什麼,乙答說找鑰匙;他接著又問鑰匙是不是掉在附近,乙答說鑰匙實際上掉在五十公尺以外的草地。甲就問:「那你為什麼在這裡找?」乙說:「因為這裡才有路燈。」原來乙是一位經濟學家。

這個例子在說明,不少學者為了便於模式推導,往往把複雜的實況過度簡化了;所以所推導出的模式頂多只能說是一幅粗糙的地圖,方向也許無誤,但經緯度等內容都有待補強。

資本資產定價模式的情況又何嘗不是有些財務學者在路燈下找鑰匙呢?

㈡錯誤資料真分析

臺灣有家投信公司規定貝他係數大於 2 的股票不能納入投資組合中,以免風險太大。

如同美國老牌的股票投資雜誌《價值線》(*Value Line*) 刊載主要各股的財務資料外,也附帶刊出貝他係數;臺灣有些專業投資刊物也把臺灣各股貝他係數刊出,以供投資人參考。

這些可說是「假戲真作」一個粗糙的模式計算出的結果,這樣的結果不僅不值得參考,甚至不用浪費時間去看。

五、以前人的信仰,現代人的迷信

或許你會覺得迷惑,既然 CAPM (含 APT) 錯得離譜,那麼為何財管、投資學、投資組合管理等教科書都以此為基礎,九成以上的中英文學術論文、博碩士論文都

以此作為事件研究法 (event study) 計算超額報酬 (abnormal return) 的方法？

對於看慣 "L.A.Law"、"The Practice" 等美國律師影集的人，大抵也可以提出一些合理懷疑 (reasonable doubt) 來說明為何 CAPM 還能大行其道，詳見表 9–10。

表 9–10　盲從 CAPM 的合理懷疑原因

原　因	猜測想法
1. 權威崇拜	Sharpe 等人拿到諾貝爾經濟學獎，評審委員應該不會頒錯獎吧
2. 迫於無奈	學術論文大都採取此「標準」處理方式，不「同流」的話，投稿就會槓龜，教授升等就泡湯了
3. （學術）惰性	「存在就代表合理」、「大家都這麼作，應該錯不了」……

第四節　伍氏權益資金成本

一、隨機折現率

隨機折現率 (stochastic discount factor) 並不是新奇觀念，「隨機」主要運用於利率，所以順勢一揮用到折現率也就理所當然。由於資本資產定價模式盛行，而要作到「隨機」，也就是貝他係數並不是固定值，而是與時俱進（即是時間的函數）。最近的文獻，例如加拿大多倫多大學教授 Ken & Zhou(1999) 的方法，也仍是在比薩斜塔上加東加西罷了！

二、緣　起

權益必要報酬率的期間結構 (term structure of hurdle rate) 觀念跟利率「期間結構」很像。我們第一次看到以這題目為主的文獻是美國加州大學洛杉磯分校 (UCLA) 財金系教授 M. J. Brennen (1997) 在《財務管理》(*Financial Management*) 季刊上的一篇重要文章。由於他以市場模式為主，雖然方法不對；但卻給了我們靈感。

但如何預測利率期間結構呢?

三、遠期市場也無能為力

　　理論上,當遠期市場、選擇權、期貨、資產交換等衍生性商品市場存在時,其價格應可作為未來即期價格的不偏估計式。可惜的是,以利率來說,下列問題使得其參考性七折八扣。

　　1.市場不存在,如利率期貨。

　　2.縱使存在,遠期利率協定、利率選擇權期間大都為一年期以內,利率交換大都有行無市,成交價不連續,比較缺乏參考價值。

　　3.縱使沒有前項問題,但今天的三年期利率交換利率往往不是三年後現行利率的不偏估計值。

四、學者如何預測利率期間結構

　　有關利率期間結構的預測有採取事前(先驗)、事後(實證分配)的二種設定方式,以後者比較符合實況。例如荷蘭 Groningen 大學商業和經濟系教授 George J. Jiang (1998) 採取無母數方式來設定即期利率的動態過程,尤其是擴散過程 (diffusion process),他以美國三個月、十年期國庫券為研究對象,研究期間 1962 年 1 月到 1996 年 1 月共二十四年;結論支持不預先限制動態過程各項係數值(或函數型),比較符合不拘於一格的實況。

　　對利率期間結構的研究,大都停留在動態模式的推導,反而實證文獻不多,所幸,美國德州大學商研所財務管理教授 Chapman & Pearson (2001) 的文章,執簡御繁的說: 光是短天期利率(以一月期倫敦銀行同業拆款利率來作代理變數)就可解釋長期利率(國庫券)九成的變動。剩下的只是如何捕捉短天期利率的行為罷了,他採取最普遍使用的連續模式的函數型:

　　$dr_t = \mu(r_t)dt + \delta(r_t)dW_t$

　　其中

　　r_t: t 時短天期利率 (short rate)

μ：飄移函數 (drift function)

δ：擴散函數 (diffusion function)

W：布朗寧運動 (a Brownian motion)

剩下便是去帶資料實證，求出 μ (r_t)、δ (r_t) 的係數值，那就可預測短天期利率的變動了。

五、我們怎麼預測資金成本期間結構

利率預測本不容易（尤其是轉折點），更何況是利率期間結構，何況大部分人缺乏利率期間結構預測所需的計量能力，因此，由表 9–11 可見，我們取巧之處在於不預測各天期的利率水準，而且先從現況出發，來看中長期利率比短期利率加碼之處；包括三項：

1.預期物價上漲。

2.變現力加碼（即凱因斯所稱的流動性溢價）。

3.預期倒閉（或違約）風險加碼 —— 當公司債信在 A（含）級以下時。

表 9–11　資金成本期間結構

	一年	二年	三年	四年	五年
(1)預期倒閉風險加碼(AA 降至 BBB)	0.15%	0.25%	0.35%	0.45%	0.55%
(2)預期物價上漲和變現力加碼	–	0.10	0.20	0.30	0.45
		價差來自			
臺灣銀行一年期定存利率 2.125%		2.225 −2.125	2.325% −2.125%		
		0.10%	0.20%		
(3) = (1) + (2)	0.15%	0.35%	0.55%	0.75%	1%
(4) = 20% + (3) 資金成本期間結構	20.15%	20.35%	20.55%	20.75%	21%

(一)物價上漲、變現力風險溢價

　　其中第 1、2 項不易分解，這二項我們可用指標銀行（以存款金額第一的臺灣銀行為代表）一年期定期存款利率來作為短期無風險利率，2002 年 9 月時 2.125%。二年期利率比一年期高 0.1 個百分點，三年期則高 0.2 個百分點。

　　無風險利率期間結構基本上有三種衡量方式：

　　1. 以代表性公債為主：根據到期年限 1997 年 12 月 19 日後，公債分為四種：一至五年、六至十年、十一至十五年、十六至二十年，各類別代性公債分別為央債 89 之 1 期、央債 89 之 6 期、央債 89 之 7 期、央債 89 之 9 期。

　　2. 以公債指數：大華證券的中央公債指數和富邦流通公債指數兩者指數組成成份和計算方式不同，均可供債市參與者作參考。

　　3. 前三年用存款利率、三年以上用公債利率：上述不採取預期物價上漲率來作為「物價上漲風險溢價」(inflation risk premium)，隱含著 1930 年的費雪方程式 (Fisher equation) 不存在，即名目利率等於實質利率加上物價上漲率。最近的實證是美國喬治城大學經濟系教授 Martin D. Evans (1998)，主要反映著物價上漲率不易預測。

(二)公司風險溢價

　　此處倒閉風險溢價 (default risk premium) 僅考慮了公司風險中的財務風險，未考慮經營風險，實因後者不易估計，所以用倒閉風險溢價作為公司風險的下限。

六、長期的預期報酬率

　　長期的預期報酬率究竟應該取算術或幾何平均數呢？答案是，這不是二選一的問題，美國 Kent 州立大學教授 Indor & Lee (1997) 用舉例方式（學術味濃一些的稱為模擬），證明 Bleeme (1974) 所提出的期間加權的算術和幾何平均數 (horizon-weighted average of the arithmetic and geometric averages)，比較不會有序列相關偏誤。我們不想文縐縐的討論其公式，但簡單的說，一、二年內，預期報酬率以算術平均數來代便可，但十年以上，則以幾何平均數為宜。

◆ 本章習題 ◆

1. 已知下列情況

貸款利率 R_d=5%　　　　　　　資產 A 100 億元

臺灣銀行一年定存利率 R_f=2.125%　　負債 D 40 億元

股市報酬率 R_m=12%　　　　　　權益 E 60 億元

台積電本益比 PER_{2330}=40×

股市本益比 PER_m=30×　　（×代表倍數）

營所稅稅率 T=25%

得分	3分 公式	2分 計算過程	2分 結果	3分 解釋
一、E(R_e)				
(一)基本報酬率	$R_f + 8\%$	$2.125\% + 8\%$	=10.125%	
(二) CAPM 方法	$R_f + \beta_i(R_m - R_f)$	$2.125\% + 2(12\% - 2.125\%)$	=21.875%	
(三)伍氏方法	$\dfrac{PER_i}{PER_m} R_m$	$\dfrac{40}{30} \times 12\%$	=16%	
二、加權平均資金成本 (WACC)	$\dfrac{D}{A} R_d(1-T) + \dfrac{E}{A} R_e$	$\dfrac{40}{100} \times 5\%(1-25\%) + \dfrac{60}{100} \times 20\%$	=13.5%	

2. 已知台積電股價 (Ps)

2002.1.2　　　100 元

　　12.18　　110 元　　期間沒有除息、除權（含現金增資）

　　12.31　　？元

假設伍氏方法有效的話

(1) $E(R_e)=20\%=\dfrac{TR - TC}{TC}$ 或 $\dfrac{P_t - P_{t-1}}{P_{t-1}}$

$$= \frac{? - 100}{100}$$

$$? = 120 \text{ 元}$$

(2)預期還有多少報酬率？

$$=\frac{120-110}{110}$$

$$=9.1\%$$

3. 已知 2330 台積電股本 1,668 億元，2002 年 E(EPS)=2.5 元，股價 P_s=100 元

求：

(1)E（盈餘）=?

$$E(EPS)=2.5 \text{ 元} = \frac{盈餘}{股數} = \frac{X}{166.8億股}$$

盈餘 =417 億元

(2)本益比 (PER)=?

$$=\frac{P_s}{EPS}=\frac{100元}{2.5元}=40\times \text{ 或倍}$$

第十章

股利政策和資本形成

新力公司成功的關鍵，同時也是任何在商業、科學與技術上成功的關鍵；就是絕不追隨別人。

"The key to success for Sony, and to everything in business, science and technology is never to follow others."

——盛田昭夫　日本新力公司創始人之一

Masaru Ibuka　　Cofounder of Sony

學習目標:

股利政策是權益募資（即資本形成）的核心之一，如何把理論運用於實務，則是本章的貢獻。

直接效益:

股利政策理論是碩士班入學考的焦點，我們在圖 10-1、表 10-3 中完整整理，讓你易懂、易記。資本形成規劃一直是企管顧問公司、會計師事務所開課的重點，本章第三～五節把實務重點整理出來，這方面的訓練費可以省下來了。

本章重點:

- 股利的型態。§10.1 一(一)
- 影響公司股利政策的總體、個體環境因素。圖 10-1
- 股利政策理論。表 10-2
- 配股以提高股本的資金來源和法令依據。圖 10-4
- 未分配盈餘轉增資的租稅規劃。圖 10-5
- 四種情況下股票價格決定方式。表 10-11
- 增減資順序依缺點比較。表 10-13

前言：三年之病，求七年之艾

資本形成就是公司自有資金來源，到底是自給自足（如盈餘轉增資）還是伸手向股東要錢（即現金增資）比較合適，這是本章第一、二節股利理論的重點。

在實際執行時，第三節盈餘轉增資、第四節現金增資，都是實務現況。第五節是減資的做法。這三節使本章大大脫離「象牙塔」、「書生論政」的缺點。

公司資本形成跟開車很像，有需要時，大都維持前進，即表 10-1 中的增資；但也有可能衝過頭了，得倒車一下，即減資（減少資本額）。最後，還有一種情況是股本不變，但透過一變二（或三、四等）的股票分割 (stock split) 方式把股數增加，在其他情況不變下，把股價拉低。

表 10-1　影響資本額的方式

對資本額影響方式	減　資	不　變	增　資	
	庫藏股 (treasury stock)	股票分割(stock split)	股票股利 (stock dividend)	現金增資 (equity financing)
說　明	請參考表 10-8，比較庫藏股跟股票購回 (stock repurchase) 的不同	一股變三股，股數增加，資本額不變時，股價等比例下跌，以降低股價，以免股價居高不下以致「價」高和寡，藉此以吸引更多投資人，以免股價出現變現力折價情況	1. 盈餘轉增資 2. 資本公積配股 (1)盈餘轉積 (2)土地重估增值 (3)股票溢價發行 (4)低價取得資產 現金股利 (cash dividend) 公司配發給普通股股東的股利稱為普通股利 (ordinary dividend)	同左，但也可以低於面額發行

◆ 第一節　股利政策理論快易通

投資人買股票所賺到的錢，除因股價上漲所賺取的資本利得外，還包含股利 (dividend)。股利是公司支付給股東的報償，其支付的來源主要是公司的保留盈餘。

一、股利是什麼?

去銀行存款，銀行會付給你利息；同樣的，投資人買股票，也是希望賺「股」票的「利」息。

㈠股利的型態

股利的型態分為以下三種:

1. 定期現金股利

公司按季或按年從盈餘中提撥現金發放者，能夠發放定期現金股利的公司，常須具備獲利穩定的條件，例如台塑企業即是；但獲利穩定的公司未必都會定期發放股利。

2. 額外股利或特別的股利

額外股利 (extra dividend) 或特別的股利 (special dividend) 是相對定期股利來說，屬於「定期」之外再行發放的股利。由於是「額外」、「特別」的，因而以後也許不會再以相同名義發放。

3. 清算股利

當公司破產被清算，變賣所有資產、還清所有債務後，以所剩下的現金拿來支付的股利便是清算股利 (liquidating dividend)。這或許是身為公司股東的投資人最不願意拿到的股利，跟員工拿到資遣費的感覺一樣。

以上所介紹都屬於現金股利，另外尚有一種股票股利 (stock dividend)，來自盈餘轉增資、資本公積轉增資，即將帳面上的保留盈餘或資本公積（為公司盈餘外之財源中所提存之公積，如資本公積 (paid-in capital)、資產重估淨增值、資產處分的溢價收入等等）以過帳的方式移轉給股東的形式股利，如每 1,000 股普通股配給 200 股新普通股。領到股票股利的股東其持有股數增加，但由於股票股利按原持股

比例配發，所以股權結構不會改變，股東的財富也沒有改變。

(二)股利政策

對一個公司來說，發放股利到底對公司有何好處？而又應該發放多少呢？決定把多少盈餘當作股利發放給股東、多少盈餘保留下來再投資的相關決策，便是股利政策 (dividend policy)。

二、股利政策理論

股利政策理論的重點主要在探討股利政策是否會影響公司價值,延續著第五章資金結構是否會影響公司價值的爭論一般,在股利政策理論中也有兩派立場相反的學者,一派以米勒和莫迪格里亞尼為首,主張股利政策不會影響公司價值,則股利無關論；另一派則主張股利政策會影響公司價值,即股利有關論,知名學者主要有高登 (Gordon)、杜蘭 (Durand) 和林特納 (Lintner) 等人。

三、股利政策無關論

1961 年,米勒和莫迪格里亞尼 (M&M) 認為股利政策並不會影響公司價值或是資金成本,所以任何一種股利政策所產生的效果都可由其他形式的融資取代,此稱為股利政策無關論 (dividend irrelevance theory)。

M&M 根據下列假設發展出股利無關理論:

1.沒有稅：投資人對於是否收到現金股利或資本利得沒有偏好。

2.沒有交易成本：如果投資人對公司所發放的現金股利不滿意時,他可在不須負擔任何成本的情況下將股票賣出,把資本利得轉換成當期所得。

3.沒有證券發行成本：如果公司發行新證券不必負擔發行成本時,它就不必考慮把多少盈餘保留下來再投資。此時,股利支付成為公司剩餘資金的分配而已。

4.公司有一既定的投資政策。

如同第五章 M&M 的資金結構無關論,上述 M&M 的假設一樣是個理想狀況,跟現實有很大差距。但如同經濟學中的完全競爭一樣,先有個標竿,再來看實況差異,去修正烏托邦。

(一)不影響資金成本

一般認為會影響公司價值的財務決策共包括投資決策（如資本預算決策）、融資決策（如資金結構政策）和股利政策等三種。雖然在大部分的教科書裡，這三項議題常是個別介紹，但是這三項決策之間卻是互相牽連的，例如：

·投資決策影響股利政策：公司執行的投資案將決定未來的盈餘水準和可發放的股利多寡。

·融資決策影響投資決策：公司的資金結構會影響其資金成本的大小，進而影響公司可接受的投資機會多寡。

·股利政策影響融資決策：如果股利固定發放，那麼當公司有投資案時，勢必會影響公司內部權益資金的金額，進而決定是否進行融資。

公司的價值完全視其投資決策的成敗而定（即 EBIT 的多寡），因此股利無關理論是源自資金結構無關論。

(二)投資人自有對策

如果公司不按照股東的意願來發放股利，但上有（股利）政策，下有對策，由表 10-2 可見，投資人總有因應之道，不過此處，並未考慮投資人的個人所得稅或機構投資人的營所稅。

表 10-2　投資人自行調整公司股利

公　司	現金股利	股票股利
一、投資人偏好	股票，尤其是投資人不缺錢、看好該公司時	現　金
二、投資人的因應之道	把現金股利加碼買進公司時	用股票股利（等）向銀行質押借款，稱為自製現金股利 (homemade dividend)

四、股利有關理論

考慮現實複雜因素後，股利的確會影響公司獲利，此即股利有關理論，我們由大、中、小（下一節）三個角度來說明。

(一)一個圖勝過千言萬語

拉個遠鏡頭看全景，以避免以井觀天，由圖 10-1 可以看見公司股利政策受二個環境影響。

圖 10-1　影響公司股利政策的總體、個體環境因素

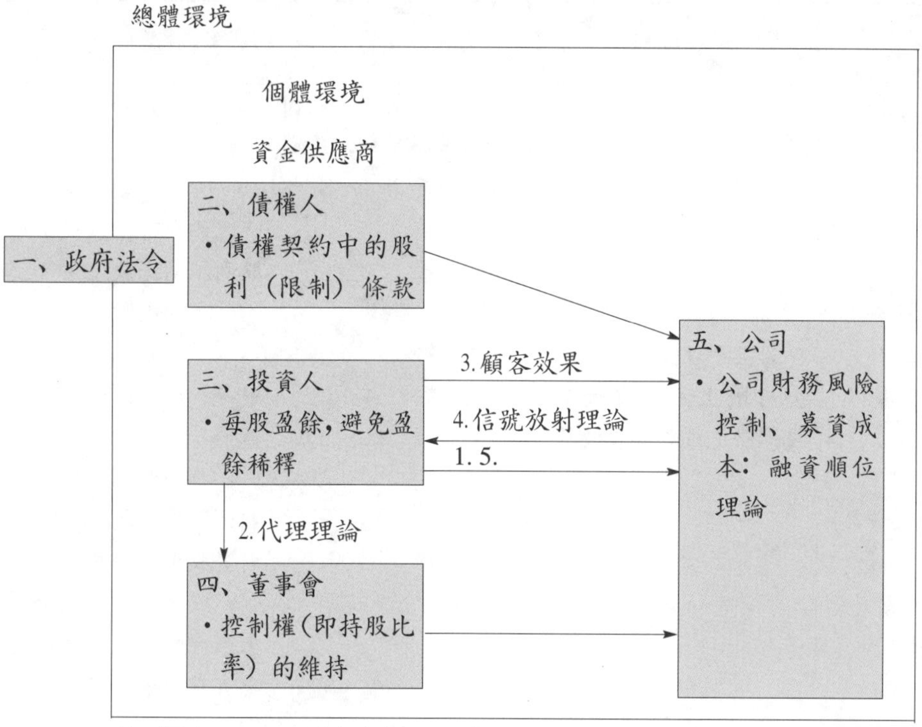

總體環境

個體環境

資金供應商

一、政府法令

二、債權人
・債權契約中的股利（限制）條款

三、投資人
・每股盈餘，避免盈餘稀釋

四、董事會
・控制權（即持股比率）的維持

3.顧客效果
4.信號放射理論
1.5.
2.代理理論

五、公司
・公司財務風險控制、募資成本：融資順位理論

註：圖中 2.、3.、4.請參考表 10-3 中三、2.、3.、4.。

1.總體環境（俗稱大環境）

政府法令（尤其是衝著公司股利發放）會限制公司的經營，甚至連對公司有經營自主權的股利發放，有些國家政府也會透過成文的法令、不成文的道德說明，想引導公司的作為。

2.個體環境

套用麥克・波特的五力分析，至少資金「供應商」皆會想去影響公司的股利政策，以求對自己有利，這至少包括三種人：債權人、董事、小股東。

最後，公司基於財務風險控制、募資成本的考量，對股利政策也有一定影響。

㈡近　景

圖 10-1 只能看全景，但缺乏血肉，因此我們用表 10-3 讓你像劉嘉玲的 SK-II 廣告一樣「你可以再靠近一點」。

表 10-3　五種利害關係人對股利型態的偏好

股利政策　利害關係人	現金股利	平衡股利	股票股利
一、政府 (證期會)		✓，以避免每股盈餘因股本擴大而稀釋，造成指數欲振乏力	
二、債權人			✓，甚至訂定 (現金) 股利限制條款
三、投資人			
1.風險偏好	一鳥在手理論		
2.代理理論	公司帳上不要有太多錢，以免被董事會敗掉		
3.稅率差異 (即顧客效果)			✓，股票股利對個人獲利比較少，可以少繳稅，引發股市「除權行情」
4.資訊內容或信號放射			✓，股票股利代表公司未來有好的投資案，需要有點錢來以備不時之需
四、董事會的考量			✓，比較不需要再現金增資，可避免董事會持股比率被稀釋
五、公司的考量			
1.融資順位理論			✓
2.資金結構			✓，降低負債比率
3.盈餘穩定性	✓		

註：✓表示「支持」。

㈢記得牢的要訣

　　表 10-3 的記憶口訣很簡單，先記二軸 X 軸 (列，即股利政策)、Y 軸 (行，即利害關係人)，表中內容只要記現金股利一欄便可，因為現金股利跟股票股利的優缺點正好相反。而現金股利政策，四個理論的支持或反應順序是「○×○××」，也就是只有政府、代理理論支持現金股利，其他三個理論皆不支持。

　　這樣子記東西很容易，我們透過這個例子來做示範，說明我們如何作圖作表以

便記憶。尤其是財務管理中有許多三（或四）種政策（例如股利政策），而有四種以上理論嘗試解釋。一般作法是單獨談每一個理論，但縱使唸到博士班都很難背得住。書的作者如果能為讀者設想，會收到「教學相長」的效果，至少對我來說，都是為了讓學生不致「因木失林」、「迷失在理論叢林」中，才會想去做圖表，利人利己，自己也受益，把一團毛線理清楚。

以考研究所、就業考試來說，除了記得牢外，還得寫得快，像表 10–3 這樣的作法，可避免你重複寫，例如你先寫代理理論，會寫出「支持現金股利，不支持股票股利政策」。但到了第二個理論信號放射理論時，前述的「不支持現金股利，支持股票股利」還得再寫一遍，全題答完，「現金股利政策、股票股利政策」至少須各寫十次，可是依據本表只需一次，省掉很多書寫時間。尤其在很多基本能力的測驗，問題受限，無法出太難的，只好透過問題多或答案長，來篩選出有慧心巧思的人；所以答題技巧很重要，不只是實力而已。

五、股利作業實務

股利發放是由公司的最高決策階層董事會作成盈餘分配案，並經股東會決議通過。當股東會表決通過發放股利的議案後，便可開始規劃股利的實際發放作業。台積電公司決定 2002 年對每一股普通股發放 1 元的股票股利，則其支付程序將如圖 10–2 所示：

圖 10–2　一般公司的股利支付程序

本圖表示台積電公司股東會於 5 月 8 日，宣布 7 月 15 日發放股票股利，並決定以 6 月 14 日為股東登記基準日；但因作業上的方便，公司法規定在登記日前 4 天為除權日。只有在除權日前 1 天完成交易、過戶手續的股票持有人，才能成為享有股利領取權的股東。

1.宣告日

宣告日 (declaration date) 指當股利發放的議案送至股東會後，由股東會予以表決；如獲出席過半數股東同意表決通過，則可宣布發放股利。台積電於 5 月 8 日召開股東會通過股利發放的議案後,即可宣布「發放每股 1 元的股票股利」的決議——在 7 月 15 日把股利支付給在 6 月 14 日登記為公司股東的人士。

2. 登記基準日

公司在登記基準日 (record date) (即 6 月 14 日) 結束後，會終止股票所有權的移轉作業 (即不能過戶)，並且印出當天的股東名冊，作為在 7 月 15 日時支付股票股利的依據。

3. 除權日

除權日 (ex-dividend date) 是登記基準日往前算起的第 4 個工作天 (國內公司法的規定；在美國僅 2 個工作天)，這是為了避免在登記基準日當天買進股票的人數過多，造成登記作業上的困擾所規定的。在除權日以前已完成股票交易並且過戶的買方，才享有分配股利的權利；要是交易和過戶發生在除權日當天及以後，那麼股利仍歸股票賣方所有，除權日是領取股利的權利和股票分開的時點。在本例中，除權日為 6 月 10 日，如果投資人想獲得該公司 1 元的股票股利時，必須在 6 月 9 日當天或以前購買股票並完成過戶手續才行。

由於在 6 月 10 日當天購買台積電公司股票的投資人已領不到該期的股利，所以不會有投資人願意以約當於 6 月 9 日收盤時的股價來購買。此時股價將從原先水準減少 10%，稱為除權日的開盤參考價；如台積電由原先股價 90 元降為除權價 81.82 元。

4. 支付日

當股東名冊在 6 月 14 日登錄作業完成後，即確定股利發放對象。支付日 (payment date) 是指公司在 7 月 15 日時,會把股利存入已列名於股東名冊上的股東的股票存摺，完成整個股利發放作業。

🔷 第二節　股利政策的影響因素

所有書都分開討論股利理論、實務，令人有兩者不相干的錯覺，但「理論始終

來自實務」，自然沒有「關起門來做皇帝」的理論。

此外，影響股利政策的因素至少有十項，縱使同一家公司，今、明年的股利型態也不同，因此沒有「放諸四海皆準」的魔術公式。接著，我們依據圖 10-1 的內容，詳細說明五大因素對公司股利政策的衝擊。

一、政府法令

政府為了避免上市公司「用股票換鈔票」，2001 年開始干涉公司的股利政策，強調「現金股利、股票股利」均衡發展的股利政策。

過去幾年的高配股公司中，有不少是高公積配股而不是高盈餘配股，而一般投資人也不管這些，反正只要是高股票股利公司就好，根本不去理會是盈餘配股還是公積配股，所以這一類公司的除權行情一樣炒得很熱。

證期會為了避免這些高公積配股的公司的盈餘被稀釋，所以在證券交易法施行細則中特別規定公開發行公司未來的資本公積配股以 1 元為上限。(經濟日報，2002年 3 月 5 日，第 38 版，投資人)

㈠平衡股利

「均衡一下，波蜜果菜汁」，這是水果蔬菜汁耳熟能詳的廣告詞，同樣的，常見的平衡一下的是平衡型基金 (balance fund)。2000 年，財政部開始推動上市公司採取「二個恰恰好」的平衡股利政策 (balance dividend policy)，例如現金股利 1.2元、股票股利 1 元，二者不見得需相同，但差距不應太大，以避免公司股本因股票股利而過度膨脹。

2001 年因為全球不景氣，加上九一一事件衝擊，造成上市公司獲利大幅縮水，自然衝擊各公司配發股利的能力。

2001 年上市公司配息金額首度超過配股金額，而且股票股利配發金額創五年來新低，比 2000 年減少逾 51%。(工商時報，2002 年 7 月 15 日，第 3 版，朱紀中)

㈡揭露規定

2002 年 3 月，證期會初步規定，要求公司在公開說明書中特別增列公司股利政策、執行情況，以及當年度擬分派的無償配股，可能對公司營運績效和每股盈餘

表 10-4　　1997 ～ 2001 年上市公司配發股利總額　單位: 億元

	配息總額	配股總額	上市公司總家數
2001 年	1360.54	1155.39	584
2000 年	1844.94	2377.30	531
1999 年	1130.85	2299.55	462
1998 年	1484.93	1731.14	437
1997 年	1055.06	2564.03	404

註: 2001 年仍有部分公司還沒正式公佈股利。

資料來源: 臺灣經濟新報。

的影響; 採行折價發行的企業，也必須在年報封面上以顯著字體註明。

　　證期會要求公司在現金增資或發行公司債等公開說明中,資金運用分析應記載事項中，說明資金來源、發行價格、交換價格或認股價格的訂定方式，另須列明資金貸與性質，有短期融通資金必要的原因、資金貸與總額限制等。(經濟日報，2002 年 3 月 9 日，第 16 版，馬淑華)

二、債權人的債權保障規定

　　債權人為了維護自己的權益,也會在債權契約中加上許多限制公司發放股利的條款。

㈠股本損害限制

　　股本損害限制 (capital impairment restriciton) 為保護債權人的權益,公司法規定公司的股利支付不得超過公司資產負債表上保留盈餘科目的餘額。

㈡財務危機限制

　　財務危機限制 (insolvency restriction) 是指當公司陷入財務危機或面臨破產之際，負債已大於資產，如果再發放股利，將有損債權人的清算利益。所以公司法規定，已陷入財務危機的公司不可以支付現金股利。

㈢股利限制條款

　　當公司在訂定債券、租賃和特別股契約時，通常也訂有股利發放的限制條款，用以約束發放股利的金額和時機; 在償債或贖回等指定用途基金的契約中，也會列有限制股利支付數額的條款。有些甚至規定公司流動比率、利息保障倍數及其他和

安全性有關的財務比率必須達到某一水準後，才可以支付現金股利。因此公司在決定是否發放股利時，得先考量目前的營運狀況是否符合限制條款 (restrictive covenant) 的要求才行。例如聯華電子在發行甲種特別股時便在契約中規定，如果普通股盈餘轉增資配股（即股票股利）超過每股 1.5 元，特別股股東對此議案具有否決權。

三、顧客效果——投資人的偏好

「武大郎玩夜鷹」這個俚語說明人各有所好，股票是一種金融商品，但跟一般商品一樣，每人各有其所好，以滿足自己的需要。

對投資人來說，投資人投入本金，買入股票，跟買樂透彩券的性質比較像，希望一圓發財夢。公司想把股票賣個好價錢，跟百貨公司一樣，不僅得「民之所欲，常在我心」，而且更須投其所好。一般來說，可從下列四個因素來觀察股東偏好和股利政策間的關係，也就是把公司當成股票的賣方，把投資人當做客戶，公司設定的股利政策會吸引特定的投資人前來購買該公司股票，此稱為顧客效果 (clientele effect)，此處把股票當成商品、把投資人當顧客。

(一)風險偏好：落袋為安

我媽常跟我說：「錢到手才是真的賺到」，背後顯出許多買方開芭樂票（即支票跳票）。同樣的，從成語「朝三暮四」也可推論，在理性情況下，猴子比較喜歡「朝四暮三」，先拿先贏。

戈登認為投資人都是風險規避者，比較喜歡定期且立即可收現的現金股利，而不是不確定的資本利得。因此在投資人推估公司價值時，會提高低股利支付公司股票的必要報酬率，來補償遠期現金流量的風險，導致該公司股價下跌，這理論又稱為一鳥在手論 (bird in the hand theory)，因為資本利得就如同停留在樹林中還沒被抓到的兩隻鳥一樣，永遠比不上一隻握在手中的鳥——現金股利。因此，戈登認為董事會應提高股利支付率才能提高公司價值。

(二)顧客永遠是對的

2002 年 5 月 31 日，光碟三劍客之一的利碟 (2443)2002 年原擬不配發股利，5 月 30 日股東會應股東們要求，由資本公積轉增資配發股票股利 0.5 元，並計畫在

第四季發行轉換公司債 3 億元，以充實營運資金和償還銀行貸款。

2001 年營收 34.14 億元，營業虧損 8,456 萬元，稅前盈餘 2,395 萬元，稅後純益 2,895 萬元，每股稅後純益 0.09 元。2002 年財測目標 40 億元、營業利益目標 2.61 億元、稅後純益 2 億元，每股稅後純益 0.56 元。(經濟日報，2002 年 6 月 1 日，第 19 版，李國彥)

(三)代理問題：錢不要被公司敗掉

很多人都知道這個腦筋急轉彎問題的答案：

問：「鐵在空氣中會怎樣？」答：「生鏽。」

問：「銅在空氣中會怎樣？」答：「長銅綠。」

問：「金在空氣中會怎樣？」答：「被偷走。」

這個現實的情況在公司裡也照樣適用，要是公司裡有閒錢，此稱為自由現金(流量)假說，可能讓一些把持不住的董事會心生歹念，進而想染指的據為己有，這便是第七章所說的 (權益) 代理問題。

為了避免「有錢，男人就會做壞事」，因此很多婦女每天只給丈夫一點零用錢搭車、吃中飯。同樣的，小股東傾向於接受現金股利，以免公司帳上一堆錢，以致被董事會五鬼搬運進自己的荷包，或是拿去「賭博」(即過度投資) 的敗掉。

如果以後因投資需要錢，再向股東現金增資，雖然一來一往間，現金股利多花一些股務代理成本，現金增資也得付資金募集費用，但頂多 1% 以內，總比被董事會「整碗捧去」好吧！

公司發放現金股利之後，如果因投資案而需要較多的資金，就必須向銀行借款、發行債券或發行股票來籌募資金，當公司對外融資，資本市場的相關人員便會注意公司的舉動，對公司的董事會具有監督的效果，因此公司便節省下了可觀的監督成本 (monitoring costs)。

(四)稅率差異

由於現金股利，股東須立刻納入個人所得稅去繳稅，而股票股利問題比較輕一些。所以不管大、小股東，在美國、臺灣皆比較喜歡股票股利，詳見表 10-5。

但是光從稅率差異 (tax differential) 來解釋公司股利政策，未免太「只見毫末，不見輿薪」，因為一再除權，股本膨脹，盈餘稀釋，股價走低，其結果可能是「小

事聰明，大事糊塗」(penny wise, pound fool)。

表 10-5　個人股東的股利收入稅負規定

股利型態	現金股利	股票股利
臺　灣	1998 年兩稅合一後，視為財產交易所得，不可適用儲蓄投資特別扣除額 27 萬元優惠；簡單的說，當年得立刻繳稅，最高稅率 40%	依面額作為財產交易所得，持有上市公司股票，資本利得免稅
美　國	同上，平均稅率 39.60%	出售持股時才課稅，稅率 28%

(五)除權行情——投其所好的股利政策

　　每年 3 到 6 月為公司的股東會旺季,過去幾年臺灣股市走多頭時每年通常都會有「除權行情」,有不少公司常常會搶著打響第一波除權行情,且高配股的公司(特別是股票股利)通常是法人所推薦的投資標的,所以當公司董事會宣布配股政策後,這些高配股公司的股價通常都會有一波漲勢,而且在除權前也還會有另一波漲勢,因此除權行情已成為了臺灣股市每年的重頭戲。

　　股票股利的來源有二大類,一類為保留盈餘(盈餘配股),另一類為資本公積(公積配股)。保留盈餘為公司當年和以前年所賺來的錢,所以以股票股利的方式發放給股東倒沒有太大的問題。資本公積的來源:現金增資所產生的溢價、公司受贈資產,此一部分並不是因公司盈餘所產生,跟公司的獲利能力沒有太大關聯性。

　　由於投資人多數偏愛股票股利,所以上市公司為迎合投資人也大部分均以股票股利為主,現金股利為輔。而高盈餘配股的背後雖然代表公司過去的獲利良好,但卻無法保證未來也能夠維持高獲利水準。

　　有許多公司曾風光一時而實施高配股政策,進而導致盈餘成長速度跟不上股本膨脹速度,以致於後來每股獲利能力嚴重被稀釋致使股價大幅滑落,即使配股後持股平均成本降低,投資人卻仍然處於虧錢的情形。

　　高額的股票股利可以產生較多的「股子股孫」,可使投資人平均持股成本降低,假設公司能獲利不斷地成長,則高配股政策的確是可行的,例如 1997 年投資人買到一股 890 元天價的華碩,到目前為止可能還是賺錢的。但要是獲利突出僅是一時性的,則高配股可能反倒是公司股價下跌的徵兆,例如 2000 年買到 999 元一股天價的禾伸堂,2002 年就是賠錢了!

㈥資訊內容或信號放射效果

如同資金結構改變的信號效果一樣,在資訊不對稱的不完全市場下,投資人無法得到這些內線資訊作分析,只好用股利金額的變化作為可信的信號,來解讀公司董事會對公司前景的看法。股利的增發可當作一種傳達給投資人的正面資訊,即董事會預期未來盈餘會增加;而股利的減發則是隱含未來盈餘狀況不佳的訊息,未來要過苦日子啦! 由於影響股價的原因是股利政策的資訊內容,而不是股利本身支付金額的多寡,因此最佳股利政策不存在。

四、董事會的考量

由於新股發行時,法令規定有 10～15% 必須保留給員工認購,此將稀釋股東的持股比率。董事會為了避免控制權被沖淡,在盈餘轉增資、現金增資皆可以達到增資目的時,會傾向接受股票股利。

五、公司的考量

站在公司資金供需的考量,不考慮其他人士的因素,到底要發股票或現金股利,大抵依圖 10–3 的決策流程。前二者情況是適發股票股利,把盈餘留在公司手上;後二者適合現金股利,自己沒好的用錢計畫,就不要「留來留去留成仇」,乾脆退還給股東 (現金股利可視為對股東投資的償還)。

圖 10–3　公司角度的股利政策決策流程

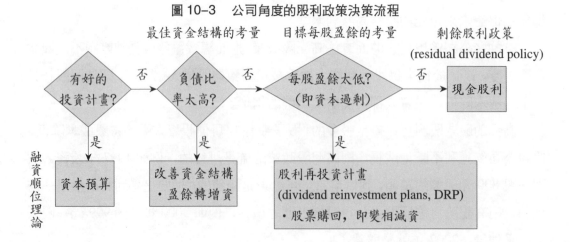

㈠投資機會（成長前景）和融資順位理論

當公司未來有好的投資機會時，依據 1960 年代的融資順位理論，公司會傾向
於手邊留點錢以求迅速掌握商機，為了讓手邊有點錢，因此會傾向於發放股票股利，
由表 10-6 可見保留盈餘對公司的好處。

表 10-6　融資順位理論支持股票股利

順序 優點	1.保留盈餘	2.舉　債	3.現金增資
1.時效	立刻，因為錢早已在口袋中	一～三個月	三～六個月
2.募資成本	○	○	發行成本 (floatation cost) 佔發行金額 1 ～ 3%
3.財務風險管理	股本較大，資本適足度高，可減低財務風險	提高財務風險	同「保留盈餘」

1.成熟產業

由於電腦逐漸邁入成熟期，2002 年預估只有 7 ～ 9% 的成長率，其主要元件主
機板產業成長空間有限，業者對股票股利分配愈來愈保守，或傾向發放現金股利，
華碩和技嘉因為股本分居主機板廠商第一大和第二大，分別是：198 億元和 46 億
元，所以技嘉現金股利佔股利比重超過 60%；華碩更是全數配發現金股利，打破近
十年來以股票股利為重的趨勢，詳見表 10-7。(經濟日報，2002 年 5 月 6 日，第 19 版，
姜愛苓)

2.看華碩怎麼說

股市對華碩公司股利分配猜測有多種版本，一般多預期現金股利和股票股利平
均分配，但沒想到華碩董事會在考量近 200 億元的股本後，為避免股本繼續迅速膨
脹，決定 2001 年度盈餘全部以現金股利發放，不考慮分配任何股票股利。投資人
長期對華碩高配股（股票股利）的期待，卻在 2002 年落空。

華碩主管表示公司股本 198 億元，是主機板廠商中股本最高的，比技嘉和微星
股本多出三至四倍，更比精英股本多出六倍。龐大的股本的確對華碩每股盈餘形成
不小壓力。

表 10-7　主機板廠商 2001 年每股獲利和配股

單位：元

廠　商	每股純益	股票股利	現金股利	合　計
精　英	10.6	5	0.5	5.5
微　星	10.17	3.5	1	4.5
華　碩	8.19	0	4	4
技　嘉	7.01	1.5	2.5	4
捷　波	4.63	2.5	1	3.5
建　碁	5.34	2	1.5	3.5
友　通	3.03	0	2	2
陞　技	2.38	1.5	0.2	1.7
承　啟	1.53	1.3	0.2	1.5
磐　英	1.52	1.2	0.3	1.5
佰　鈺	0.45	0.5	0	0.5
梅　捷	0.45	0	0	
環　電	−0.24	0	0	
浩　鑫	−1.53	0	0	
映　泰	−3.17	0	0	

資料來源：各公司。

　　2001 年華碩稅前盈餘 163 億元，是技嘉、微星的三倍、是精英的四倍，但是將近 200 億元的股本卻讓華碩的每股稅後純益 8.19 元，表現只能算中上，不能如願拿下第一名。

　　華碩手中多現金在業界著稱，截至 2001 年底止，約當現金和短期投資近 400 億元，如果加上 2002 年前二月的現金流入，扣除預計發放 80 億元現金股利計算，現金餘額 300 億元。(經濟日報，2002 年 4 月 5 日，第 13 版，姜愛苓)

　3.鴻海的做法

　　個人電腦概念股 2001 年配股較往年大幅滑落，鴻海 (2317)2001 年配股 3 元，創七年來新低，為避免股本膨脹稀釋每股獲利能力，配發股票股利已逐年降低，包括 1.5 元股票股利和 1.5 元現金股利。

　　2001 年首度登上民營製造業龍頭的鴻海，全年營收 1,441.34 億元，稅後純益 130 億元，每股純益 7.04 元。

雖然鴻海獲利逐年攀升，不過也面臨股本膨脹恐將影響每股獲利能力，近年來鴻海在配股政策上也逐年降低股票股利，提高現金股利的比重。

1994年配股達4元、1995年5元、1996年至1999年配股均為4元，2000年配股3.5元，2001年配股3元。（經濟日報，2002年5月6日，第18版，林信昌）

㈡改善資金結構

站在最佳資金結構的考量，在公司成熟期之前，負債比率往往偏高，惟有把盈餘留下來以充實股本，改善資金結構。

㈢盈餘穩定性

盈餘的穩定性 (earnings stability) 對股利政策能否有效維持，有很大的關係。對許多大企業來說，即使一年年績效不好，也不願降低支付股利的水準；在此前提下，除非公司過去盈餘水準十分穩定，否則通常不會願意支付比較高的股利。正因為公司歷年的盈餘均保持相當穩定的水準，董事會才有信心去預測並相信公司未來的前景，並把此一信心反應在高股利支付的政策上。

1.美股苦於股本膨脹

2002年3月10日，紐約時報報導，受到近期數據顯示美國經濟已經開始復甦激勵，股市投資人預期股價也將隨著企業獲利水漲船高。不過報導指出，由於許多公司在股市泡沫期間發行過多新股，因此即使復甦腳步亮麗，每股獲利成長可能依然令人失望，進而打擊股價表現。

為了衡量股票數量膨脹佔大型股的比例和危害程度，摩根證券公司首席投資專家蓋伯瑞斯 (Steve Galbraith) 把標準普爾五百大企業近來的股票分割、選擇權給予，以及為併購其他公司所支付的股票列入計算。

他表示，許多公司在股市熱潮期間把其每股的獲利稀釋到最大，因為他們並不認為增加股票等同於增加借據。在股價高漲之際，股東不會去注意股本膨脹的情況，但是到了空頭市場期間，他們才發現必須支付在多頭市場時累積的帳單。

蓋伯瑞斯發現，從1998到2001年，光是選擇權和收購通訊公司的股票數量每年就因此平均增加16.5%，而且公用事業公司也約達8%、資訊科技公司5.7%。

雖然現金增資股發行腳步已經開始減緩，但是許多科技公司已經充斥著將會稀釋企業每股獲利的股票膨脹問題；例如，從1997到2001年，思科系統的股票從31

億股成長到 73 億股。

　　股票分割是大型股股票數量大幅提高的主因，1997 到 1999 年，標準普爾五百大企業的股票分割次數接近四百次。多年來，股票分割一直是股票未來收益的利多，1995 到 1999 年，已分割的股票在接下來十二個月的漲幅超過 40%。但是在 2000 年，企業在分割一年後平均跌幅 26%。

　　選擇權是股票膨脹的另一個禍首，雖然許多公司自誇他們透過選擇權計畫來酬謝員工，但是高階主管才是主要的受益者。據 Pearl Meyer & Partners，全美二百大企業給予執行長的選擇權方案有一半以上至少價值 1,000 萬美元，該年執行長六成的酬勞來自執行股票選擇權。（工商時報，2002 年 3 月 11 日，第 2 版，陳虹妙）

　2.股票購回

　　當公司逐漸邁入產業成熟期，獲利漸減，但股本仍居高不下，每股盈餘還是欲振乏力。美國等國實施股票購回 (stock repurchase) 讓公司可以把資本額開倒車，而不是「只進不退」。

　　至於臺灣實施的庫藏股跟美國股票購回目的比較不一樣，詳見表 10–8。

表 10–8　臺灣、美國實施庫藏股制度的動機

	臺　灣	美　國
一、名稱	庫藏股 (treasury stock)	股票購回 (stock repurchase)
二、目的	1.作為員工認股的股票來源	1.同左
	2.穩定公司股價，尤其是公司認為股價被低估時	2.作為減資，以減少股本，進而在其他情況不變下，提高每股盈餘
	3.同右 2	

●充電小站●

- treasurer：出納
- treasury：國庫，（英美）財政部
- treasury securities：國庫證券，大都由財政部發行
- teasury stock：庫藏股，公司買回股票大都放在金庫 (treasury) 中

　3.元京證第七度實施庫藏股

　　2002 年 5 月 22 日，受臺股跌破 5500 點前波低點影響，外資大舉賣超元大京華證券 1.5 萬張，造成元大京華證券以 20.1 元跌停收盤，因股價已超跌偏離合理價格，元大京華證券召開常務董

事會決議,宣布實施第七次庫藏股,預定買回股份5萬張,每股買回價格設定在14.1元到38.2元之間。

元大京華證券表示,該公司收盤價20.1元已跌破每股淨值21.44元,股價已明顯有超跌的情況出現,所以才決定進場買回自家股票。

4.日本的股票購回

受到日本和美國汽車銷售市況熱絡,以及日圓貶值激勵,日本第一大車廠暨全球第三大車廠豐田汽車2001年度獲利大幅成長,詳見表10-9,這是該公司有史以來最好的表現。

該公司同時宣布,基於策略目的,它將買回1.7億股,或6,000億日圓的自家股票。至2002年3月底,豐田股票為36.5億股。(工商時報,2002年5月14日,第7版,陳虹妙)

表10-9　豐田汽車的營收獲利

	2000年度 (1999.4～2000.3)	2001年度 (2000.4～2001.3)	%
營　收	13兆日圓	15兆日圓	12
淨　利	4,710億日圓	6,160億日圓	31

5.美國公司的股票購回

獲利不佳,現金成為稀有的奢侈品,使得美國企業買回自家股票的意願大不如前。2002年首季的數據卻顯示,有意啟動庫藏股機制而買回自家股票的美國企業家數已經銳減。

湯姆森金融 (Thomson Financial) 證券資料公司首席市場策略師皮特森 (Richard Peterson) 表示,在1990年代末期及2000年,美國企業買回自家股票的金額每季平均高達400億美元,但是2002年首季卻銳減至不到200億美元。他預期第二季將進一步萎縮,可能只剩下120億美元。

最近美國股市的疲軟則更加深對企業,特別是科技產業負債比率是否太高的疑慮,此時企業如果認為把多餘資金用來償債對其最為有利,其實是相當合理。

證券營業員們表示,那些仍有意買回自家股票的大多是資本額龐大的績優企業,目的則是為抵消員工履行股票選擇權而可能產生的股權稀釋效應。(工商時報,2002年5月16日,第7版,李鏵龍)

㈣剩餘股利政策

「行有餘力則以學文」、「倉稟足而後知榮辱」這些孔子的智慧是剩餘股利政策 (residual dividend policy) 的最佳註腳，也就是圖 10-3 中的盈餘，再一一填滿下列二者：

　　⑴挹注投資計畫所需資金。

　　⑵充實股本，改善資金結構。

之後，如果還有剩，才用來發放現金股利，可說「吃不完的，才拿來曬（成）乾」。

1.變現力考量

由於現金股利須以現金支付，如果公司持有的現金愈多，支付股利的能力愈強，變現力考量 (liquidity consideration) 不成問題。要是公司在銀行戶頭中的現金不多，支付現金股利當然會受到限制。通常不景氣時，公司獲利變差，阮囊羞澀情況下，便無力支付現金股利了。

近年來，美國許多的公司均設立了股利再投資計畫 (dividend reinvestment plans，簡稱 DRPs)，此計畫的精神在於將股東所收到的現金股利再投資於「所屬公司的股票」上。股利再投資計畫有兩種類型：

2.從次級市場購買已流通在外的所屬公司股票

股東的所屬公司可委請銀行成為受託人，由其將所有再投資用的資金，拿到公開市場購買已流通在外的公司股票，然後銀行再按照每個股東的出資比例，把購得的公司股票分配給參加股利再投資計畫的股東。此舉相當於股東把股利再投資於所屬公司的股票上，但是由於受託人大量購買的緣故，使得平均每位股東負擔的交易成本，將遠較股東個別購買時所負擔的交易成本低，所以有其特殊的利益在。

3.購買所屬公司新發行的普通股

原則上此類計畫跟上述相同，但是再投資的對象換成新普通股。這對股東有何好處呢？通常參加此種計畫的股東不必負擔任何額外費用，並可以低於市價 5% 的價格來購買新股票。這 5% 的折扣，應是因為採用此類計畫來銷售新證券而不必負擔發行成本，可以把所節省的金額跟股東分享。

股利再投資計畫唯一缺點在於股東雖收到股票，但仍須以一般所得來課稅。除

訊連科技小檔案

5203 訊連科技

設立：1990 年 8 月 　上櫃：2000 年 10 月

電話：86671298 　承銷價：188 元

發言人：蔡明鋒（協理）

基本資料

董事長：黃肇雄

總經理：張華禎

會計師：蔡金拋、王照明（資誠）

公司：臺北縣新店市民權路 100 號 15 樓

股務辦理：臺北市南京東路 3 段 225 號四樓
（元大京華 27149888）

股東人數：3087 人（2000.12）

從業人員：112 人（2000.12）

營運資料

主要事業：影音播放軟體產品 96%、通訊串流軟體產品 2%、其他 2%（2002.3）

外銷：71%（2000.12）

非有更好的理由說服股東把股金再投資到公司股票上，否則股東在增加稅負支出和不能分散風險的雙重考量下，未必會接受此計畫。凡此都是董事會在選擇進行股利再投資計畫時必須要注意的。

六、訊連科技的資本形成

訊連科技以 50 萬元股本起家，一開始時只能算是臺灣大學資訊工程系教授黃肇雄的工作室。直到 1995 年，他太太張華禎從趨勢科技公司副總經理職位離職，回家相夫教子，「夫妻同心，其力斷金」，公司業績才起飛。由表 10-10 可見其股本由 1995 年的 1,000 萬元，跳到 1996 年的 1 億元，可說是醜小鴨變天鵝的關鍵年，重點是美國 AT&T 投資 6,000 萬元。

表 10-10 訊連科技公司的資本形成

業績	期末股本	營收（百萬）	每股（元）	盈利（百萬）	每股（元）	純益（百萬）	每股（元）	平均本益比	分派（元）現金	分派（元）盈配	分派（元）資配	現金增資（%）	溢價（元）	每股淨值
1994														
1995	1	6	60.0	0	0.00	0	0.00		–	–	–	0.90 億	**	−0.09
1996	10	7	7.0	−2	−2.00	−1	−1.00		–	–	–			8.15
1997	10	35	35.0	15	15.00	14	14.00		–	–	–	0.60 億		22.41
1998	70	100	14.3	55	7.86	45	6.43		0.71	2.00	5.00	–		25.49
1999	119	210	17.6	61	5.13	52	4.37		–	5.00	1.23	詢 0.3 億	210.0	18.90
2000	200	491	24.6	187	9.35	151	77.5	31.0	–	5.00				18.71
2001	353	602	17.0	149	4.22	154	4.36	35.1	–	2.50	1.00			30.74
2002 預估	487													

※溢價欄位內之"＊"，表當年有一筆以上現金增資。

◆ 第三節　盈餘轉增資

公司股本的來源有許多是來自盈餘、股本溢價等自有資金轉增資，這部分考慮的重點包括下列各項：

一、資本形成的重要來源

由公司自有資金轉成股本，對股本形成的健全有非常正面的助益，換句話說，證期會、投資人會比較偏好企業的儲蓄轉增資，而不是現金增資。

不過就股東來說，尤其是原始股東，比較關切的是，公司成立以後的股利政策，因為這牽涉到投資人究竟何時可取得現金股利，並藉以做其他用途，此即股利的顧客效果。

此外，盈餘轉增資並不像現金增資般會造成股權結構的重新調整，此因公司現金增資時，缺錢的股東因放棄認股，以致持股比率將會被稀釋。

最後，股本擴大，同時也可能使公司閒置資金增加，基於「有錢時會亂花錢」的自由現金假說，因此在考慮股利政策時，不應留太多閒置資金在公司帳上來試煉經營者的操守。

二、盈餘、資本公積轉增資的法令

公司發放股票股利以便「增資」（即轉作資本）的來源計有：

1. 保留盈餘。

2. 公司法第 241 條

   ⑴股本溢價，計有下列四種情況，「溢」價是指超過股票「面額」（每股 10 元）：

   ①設立或增資發行新股。

   ②公司債轉換發行新股。

   ③特別股轉換發行新股。

   ④認股權憑證轉換發行新股。

⑵受贈所得。

法令的規定，詳見圖 10-4。

圖 10-4　配股以提高股本的資金來源和法令依據

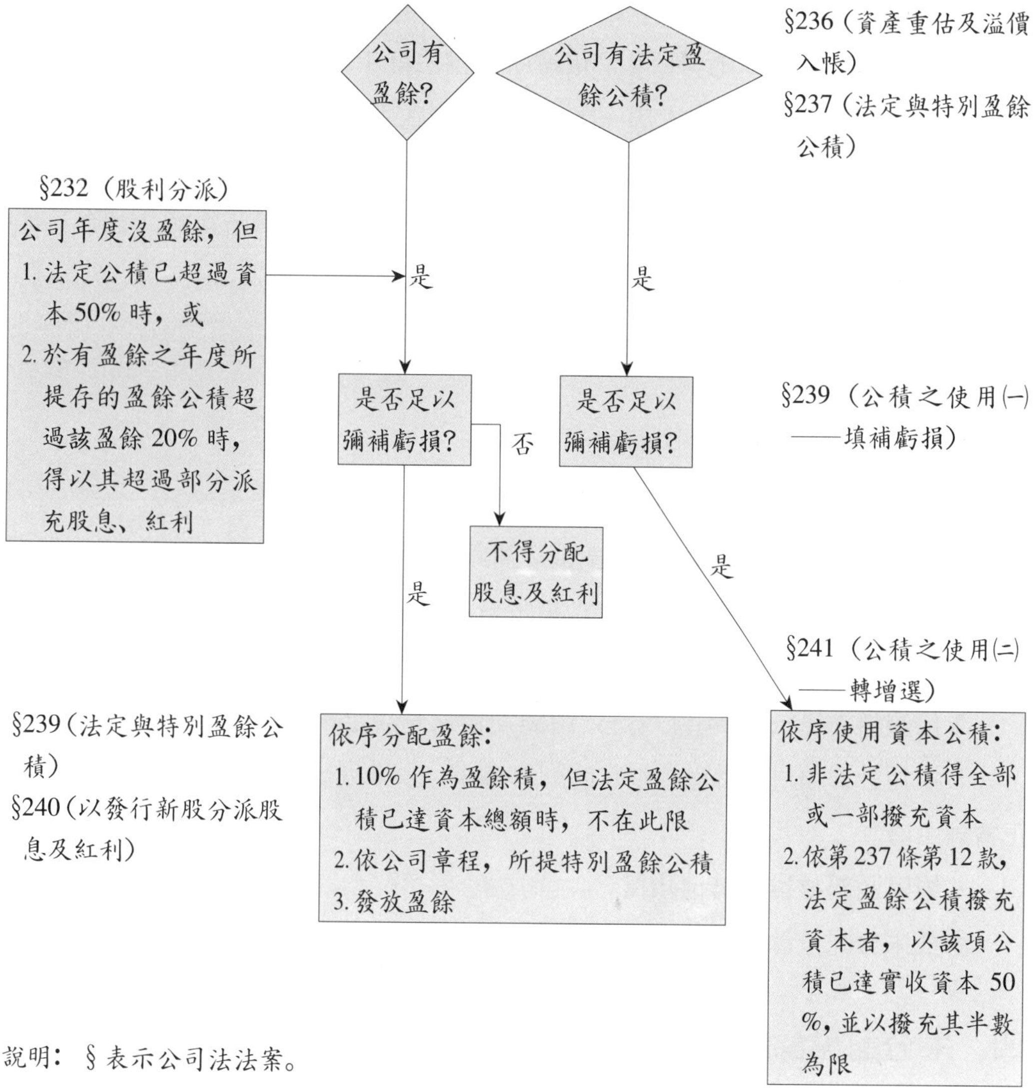

§236（資產重估及溢價入帳）

§237（法定與特別盈餘公積）

§232（股利分派）

公司年度沒盈餘，但
1. 法定公積已超過資本 50% 時，或
2. 於有盈餘之年度所提存的盈餘公積超過該盈餘 20% 時，得以其超過部分派充股息、紅利

公司有盈餘?

公司有法定盈餘公積?

是

是

是否足以彌補虧損?

否

是否足以彌補虧損?

§239（公積之使用⑴——填補虧損）

不得分配股息及紅利

是

是

§241（公積之使用⑵——轉增選）

§239（法定與特別盈餘公積）

§240（以發行新股分派股息及紅利）

依序分配盈餘:
1. 10% 作為盈餘積，但法定盈餘公積已達資本總額時，不在此限
2. 依公司章程，所提特別盈餘公積
3. 發放盈餘

依序使用資本公積:
1. 非法定公積得全部或一部撥充資本
2. 依第 237 條第 12 款，法定盈餘公積撥充資本者，以該項公積已達實收資本 50%，並以撥充其半數為限

說明：§ 表示公司法法案。

三、未分配盈餘的歸戶和數額

公司有巨額盈餘時，必須決定究竟是發放股利或轉成股本，否則將會被國稅局強制分配歸戶，並依實際歸戶年度稅率，課徵所得稅，即針對未分配盈餘超過一定資本額的部分加課 10% 的營所稅。依據所得稅法第 4 章第 76 條之一規定，公司未分配盈餘累積數超過實收資本額一半以上者，應在下一年內，利用未分配盈餘辦理增資，增資後未分配盈餘保留數以不超過本次增資後已收資本額一半為限。

前面所指的「未分配盈餘」是指經國稅局核定的營利事業所得額，減除下列各項的餘額為準：

1. 當年應納的營利事業所得稅。

2. 彌補往年虧損。

3. 依股東會決議應分配的股利。

4. 依公司法規定提列的法定盈餘公積。

5. 依臺灣跟外國所訂的條約，或依臺灣跟外國機構就經濟援助或貸款協議所訂的契約中，規定應提列的償債基金或對於分配盈餘有限制者，其限制部分。

6. 該公司章程規定應分派董事、監事、職工的紅利。

7. 依證券交易法第 41 條規定，由證期會命令規定提列的特別盈餘公積。

8. 損益計算項目，因超越規定的列支標準，未准列支，具有合法憑證和能提出正當理由者。

9. 經財政部核准的其他項目。

對於未分配盈餘的處置方式和租稅規劃詳見圖 10-5。

四、未分配盈餘的減肥

舉例來說，公司資本額 100 萬元，未分配盈餘 200 萬元，因是否照法令處理，而有下列二種不同的結局：

1. 遵循法令作法

以 50 萬元未分配盈餘來增資，資本提高至 150 萬元，未分配盈餘減為 150 萬

圖 10-5　未分配盈餘轉增資等租稅規劃

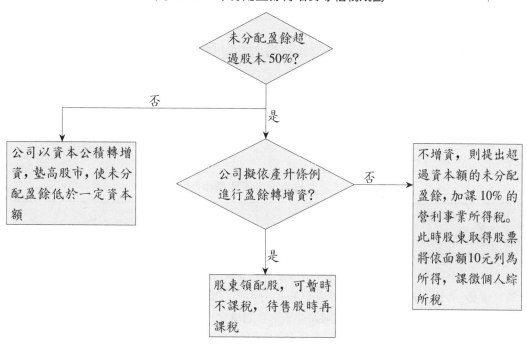

元，便沒有超過產業升級條例的上限。

　2.敬酒不喝、喝罰酒的做法

　公司沒有限期辦理增資或分配，那麼國稅局會把公司未分配盈餘全數分配給股東。如此一來，股東稅負提高，公司可用資源減少，對公司、股東可能都是壞消息。

五、盈餘增資股的股份

　目前盈餘增資，其股價皆以面額計算，以某上市公司去年盈餘 2 億元為例，盈餘轉增資配股，將可增加 2,000 萬股股票，公司實收資本額也將增加 2 億元。

　至於未來發展方向，證期會考慮跟隨美國會計制度，把盈餘和股本溢價轉增資按時價轉到股本，以避免企業股本膨脹過快。以前例為例，如果改以時價發行後，該股股價 50 元，則 2 億元盈餘在股市場中等於 400 萬股股票的市值，所以公司只需增加股數 400 萬股，公司資本額只增加 4,000 萬元；另外 1.6 億元則全數轉成股本溢價，並由公司視需要逐年辦理增資。

　實施「兩稅合一」的稅改方案，其中對保留盈餘加徵 10% 的稅，但是不再限

制保留盈餘的數額。

 # 第四節　現金增資時的相關事宜——兼論股價評估

公司現金增資是最常碰到的籌資方式，情況也比較多；首先是必須符合法令，其次是籌資前置時間要足夠，以免急驚風碰到慢郎中，最後是股價評估要合理，後二者詳見表 10-11。

表 10-11　四種情況下股票價格決定方式

公司生命週期	公司創立時	公司已成立		
		虧損時	盈餘時	將上市時
適用情況	經營團隊過去有足以說服人的績效	當公司未來有展望，且由可信賴會計師簽證	有可信賴會計師簽證	股票半年內將掛牌上市
認股價格	面值（再加 1～3% 的投資銀行費用）	淨值（頂多再加點「商譽」，即未來獲利機會）	（未來）淨現值法計算出權益價值	1. 本益比法打折 2. 承銷價打折
募款前置時間	一般須耗時六個月	1. 得被迫向民間借款前的三個月 2. 每股淨值只剩 7 元	1. 周轉金缺款二個月前 2. 產能不足持續三個月以上	一個月

一、遵循法令

發行現金增資股，首先必須在法令上沒有問題，這包括禁止、限制二項。

㈠禁止公開發行新股的法令

對於想發行新股的公司，要是有下列情況，依公司法第 270 條的規定，不准發行新股。

　1.連續二年有虧損者；但依其事業性質必須有比較長準備期間或具有健全的營業計畫，確能改善營利能力者，不在此限。

　2.資產不足抵償債務者。

此外，縱使證交所已核准公司發行新股，但是依公司法第 271 條，如果發現其

申請事項，有違反法令或虛偽情形時，證期會得撤銷其核准。

㈡公開發行新股的限制

要是公司想發行特別股，則依公司法第 269 條，在下列情況下，公司不得公開發行具有優先權的特別股。

1.最近三年或開業不及三年的開業年度課稅後的平均淨利，不足以支付已發行和擬發行之特別股股息者。

2.對於已發行的特別股約定股息，未能按期支付者。

二、公司虧損時

公司虧損時才想找外來資本，恐怕不是很容易的事，尤其當公司產業處於成熟期時，至於產業處衰退期的公司則更難找到投資人了。

許多此類公司原本在更早階段便應引進外來資金，但是往往因為下列因素以致耽誤了。

1.敝帚自珍，不願跟人分一杯羹。一旦面臨業務未達目標，因財力有限，很可能出現藍字倒閉情況。

2.找不到外來投資人，因此只好自食其力。

在公司虧損時，因需錢孔急，此時縱使別人願意投資，其結果常是「賤賣」，即「急賣沒好價」。投資人認股價格常是依每股淨值（甚至還打折）為基準，惟有在少數情況下，會把目標公司未來獲利機會（一定打折）列入考慮。

以上市公司的現金增資案來說，證期會採取的方式：

「承銷價不得低於市價六成，而市價係三十日平均價扣除無償配股的權值而得。」

未來發展的趨勢是「現金增資採時價發行，市價跟發行溢價價差希望在 15% 以內」，證期會希望此舉能防止公司董事會以股票換鈔票、假借現金增資塑造炒作題材。

三、賺錢情況下現金增資

對於賺錢情況下進行的現金增資，此種個案吸引力較強，尤其是二年內股票可

能上櫃、三年內股票可能上市的公司。

　　但是這類公司在招攬外來資金時，常犯了大頭病，在認股價格方面常以同類上市公司的股價來比較，讓許多有興趣者知難而退。其實，股票市場每天交易量有限，並不足以代表現金增資股票或公司全部股票的價值，因此「成交就是合理」這句話完全站不住腳。更不要說有些股價被操縱，其本益比不僅遠高於大盤，甚至比同業平均還高。

　　與其訴諸繁瑣的淨現值法來計算公司股票的價格，可能你自己說得很明白，但投資人搞不清楚。我們建議採取下述幾種作法：

㈠市價法打折

　　找到上市公司中相同 (identical) 或至少是可比較的 (comparable) 公司，依美國 Willamette Management Associates 公司總裁 Pratt (1989) 所提出的未上市股股價頂多是已上市同類公司股價打六折，這扣掉的四成便是因未上市股票的變現力折價 (liquidity discount)。

　　除了上市價格外，有些人還會拿盤商交易價來比較，連上市集中交易市場價格都不足為準了，更不用說未上市股的盤商交易價了；因為此價格更可以操縱，而且有時甚至比上市後的價格還要高。因此市價法只能當做參考，不能奉為圭臬。

㈡本益比還本期間法

　　1.當股票不上市時

　　針對投資人要求的還本期間（一般常要求三年），再加上未來預估的每股盈餘，便可求出每股股價。例如：

$$未來三年平均每股盈餘 5 元$$

$$投資人必要還本期間三年$$

$$認股價格 = 3 \times 5 = 15 元$$

$$或還本期間 = 3 = \frac{15}{5}$$

　　至於「還本期間」因人而異，但是時常可見的作法如下：

　　1.不宜超過五年，五年以上的預測常不易把握，因此許多人願意接受的還本期

間為五年以內。

2.比標會利率高，標會比未上市股票投資好的地方，在於「只要想標，隨時可標」，也就是變現力較高。那麼如何由標會利率反算出未上市股票必要還本期間？例如：

標會利率 15%

變現力折價折扣率 60%

$$未上市公司必要報酬率 = \frac{標會利率}{變現力折價}$$

$$= \frac{15\%}{60\%} = 25\%$$

$$還本期間 = \frac{1}{0.25} = 4\ 年$$

換句話說，要是此類股票報酬率低於 25%，大概不容易獲得自然人、保守型法人的青睞。

㈢簡易淨現值法的運用

固定資產金額相對於未來獲利機會價值微不足道的公司,則宜採取淨現值法來計算股價。其方式：

股票價值 = 固定資產重估淨值 + 未來五（或十）年正常盈餘折現值

權益帳面價值 = 公司價值 − 負債

至於究係採未來五、七或十年的盈餘，則視雙方合議而定。但實務上，因為對未來預測數字的準確性爭議頗大，因此有時也採用歷史資料代替，例如表 10–12。

由上述公式，已知公司：

固定資產重估增值 1.5 億元

負債 2.5 億元

求得：

公司價值=1.5 億元 + 6.3023 億元

=7.8023 億元

權益價值=7.8023 億元 −2.5 億元

　　＝5.3023 億元

表 10-12　　ABC 公司五年盈餘及加權平均折現　　　　　　　單位：億元

	1999 年	2000 年	2001 年	2002 年	2003 年（預測）	
(1)盈餘	1	1.2	1.5	1.7	2	
(2)權數						
a. 簡單平均	0.2	0.2	0.2	0.2	0.2	
b. 加權平均	$\frac{1}{15}$	$\frac{2}{15}$	$\frac{3}{15}$	$\frac{4}{15}$	$\frac{5}{15}$	
(3)折現率	11%	11%	11%	11%	11%	
(4)盈餘折現值	0.6593	0.8782	1.2174	1.5315	2	＝6.2864
(5)加權後盈餘折現值 ＝(4)×(2)						
a. 簡單平均	0.13186	0.17564	0.24348	0.3063	0.4	＝1.25728×5 ＝6.2861
b. 加權平均	0.04395	0.1171	0.0243	0.4084	0.6667	＝6.30225

註：當年為 2003 年，採預測值。

四、股票將上市時——盈餘倍數法的運用

　　對於公司未來三年股票可能上市的情況，由於有資本利得可期，因此發行者(目標公司現金增資或大股東老股釋出）可稍微調高認股價格。然而對於股票將上櫃公司，我們並不如此建議，此因：

　　1.櫃檯交易市場之成交量仍低，每支股票的日成交量幾乎在 50 張以內，年周轉率甚至未達 0.5 倍；也就是變現力仍差。

　　2.上櫃公司之盈餘波動性大，且由於股票上櫃所要求的公司年資較短，盈餘預測準確性可能較低。

　　因此本文僅討論股票將上市（含上櫃後上市）的情況，我們建議採取的認購價格計算方式：

　　（相似公司本益比打六至八折）

　　此因上市核准還不是十拿九穩，所以只能比同產業相似公司本益比再打個六至八折。舉例來說：

電子業相似公司本益比　　15 倍

準上市公司變現力折扣率　　60 ～ 80%

目標公司平均每股盈餘　　3 元

則可計算出該準上市公司股價為：

=15×0.6×3=27 元 ～ 15×0.8×3=36 元

至於採樣期間並沒有一定的標準，我們常用的方式：

1.相似公司本益比的採樣期間，合理的方式是當目標公司還須三年股票才能上市，那麼參考用的相似公司本益比，則採認股價格基準日往過去取三年的平均值；有時是為了省麻煩起見，也有採過去三個月、一個月的。要是同產業的相似上市公司有很多家時，不妨採相似程度（產品、銷售地區、股本）較類似的三家，據以計算相似上市公司平均本益比。不要光挑對自己有利的相似上市公司來作參考公司，以免認股價格談不攏以致好事成空。

2.目標公司平均每股盈餘的取樣期間，可以採過去三年跟當年度的預測值，也就是涵蓋四年。臺灣的景氣循環已縮短為 2.7 年，世界景氣循環平均為十年來看，採四年平均頗站得住腳。

有些投資人(包括外國法人)覺得光靠上述認股價格公式仍不足以保障其投資，而股票發行公司又不願意賤賣持股。此時，實務上大都採下列二種方式處理：

1.未上市時發行公司向認購者買回

至於附買回的價格大抵採取下列方式：

$$\left[\text{認購價格} \times (1 + R)^i \right]$$

　R：約定的保證收益率，常為無風險利率（例如一年期定存利率）再加證券投資風險
　　溢價（常為 8 個百分點）。2002 年 9 月，R_e=2.125% + 8%=10.125%，表 10-12 中
　　以 11% 表示

　i：複利期數，一般為每一年複利一次

2.上市時蜜月期間內補價差

對於公開承銷前，當時（即特定人認購）依承銷價認股的投資人，基於 2001

年時新股上市約只有五家公司在蜜月期間沒有跌破承銷價。因此準上市公司大股東在跟認購者簽訂「股票買賣契約」時，應認購者要求，常會採取「如果上市後二個月平均股價低於認股價格，則出讓人應補足其價差」。

由於事前無法確定認股價格（常為承銷價）是否守得住，而認購者也擔心出讓人股票上市後不履約賠償，出讓人常採取下列措施讓認購者放心。

　　⑴部分（例如 10%）認股金額寄存在律師處，等到股票上市蜜月期後，再依狀況，以決定是支付給出讓人或退還給認購者。

　　⑵出讓人提供折合 10% 認購金額的股票寄存在律師處，處理方式跟⑴相同。

五、是否辦理資產重估？

誠如前述「淨現值法」一段中所提，不論何種階段的公司皆希望在股價評估時也考慮固定資產的現行價值，也就是固定資產應該重新估價，而不是依歷史成本、帳列價值來估價。

雖然政治大學會計系副教授康榮寶等（1995 年）認為，以上市公司來說，資產重估價提供資訊優勢的大股東可能從事投機行為，因此可移轉資訊劣勢小股東的財富。他們主張為了避免逆選擇的代理問題出現，在股市半強式效率市場假說成立時，才宜恢復資產重估價。

本書並不是為研究目的而寫的，不過上述歸納臺灣實證結果的主張，可能有些投資人體會到這問題，而對於無法信服的現金增資案興趣缺缺。

資產重估增值的法令計有：

‧所得稅法第 61 條。

本法所稱的固定資產、遞耗資產和無形資產遇有物價上漲達 25% 時，得實施資產重估價；實施辦法和重估公式由行政院訂定。

‧獎勵投資條例第 42 條。

‧商業會計法第 45 條（資產重估）。

商業除土地以外的固定資產、資源性遞耗資產，和攤銷性的無形資產，於躉售物價指數比該資產取得年或其上次重估年同項指數有 25% 的增減時，經財政部及其事業主管機關之核准，得以該年終了日，作為重估價基準日來重估。

前項資產重估價實施辦法，由行政院訂定。

・營利事業資產重估價辦法

依此辦法第 8 條規定，資產重估依不同情況有四種計算方式，不過大部分新公司適用下列公式：

$$資產重估價值 = （上次重估價值 - 上次重估後之折舊準備）×（重估年度物價指數 / 上次年度物價指數）$$

六、如何判斷售股價格是否公道？

其實判斷你售股價格公不公道的方式非常簡單，可說不需要會計師、鑑價師的精算，只要你願意雙向報價。即：

1. 今天你報一個售股價格，例如 50 元。

2. 一段期間後（例如二年），你是否敢依前述售價，再依「獲利能力價金條款」(earn-out clause) 所訂出來的「公式價格」(formula price) 買回二年前售出的股權。

要是你敢雙向報價，那代表這個價格比較可能是公道的，至於合不合理，則必須依前述鑑價方法來判斷。

◈ 第五節　以退為進的減資方式──減資或不減資

當公司經營到累積虧損已侵蝕到股本時，此時似乎只有現金增資才能健全財務結構。如果碰到要找新股東來入夥的情況，對於股價的認定常採淨值法；然而對於持股比率的認定可能就有爭議。爭端來自新股東希望公司先減資以彌補虧損，把地補平後，新股東進來才不會去填窟窿。不過在此之前還是必須先瞭解法令對減資的規定。

一、減資的條件

公司進行減資適用的時機如下：

1. 公司虧損達實數資本額二分之一時，且股本仍足以充抵累積虧損時。

2.減資後的資產仍足以償還負債者。

二、減資的適用時機

虧損的公司並無法隨時進行減資,依據經濟部 1982 年商字第 33548 號解釋令,公司當年發生的損失,不能在當年辦理減資以彌補虧損,而須在次年才能辦理減資。

以1995年8月發生的國際票券風暴案為例,被職員盜領而造成的損失高達 102 億元,但因限於前述之行政命令,所以國票無法於當年立即辦理減資;國票董事會只好於 1996 年 2 月通過減資三成。

三、先減資或先增資?

實務上常見的是「先減資再增資」,以免新股東覺得吃虧而不認股了,詳見表 10–13。

不過,當不適合「先減資再增資」的情況,也只好被迫採取「先增資後再減資」的方式。不適合「先增資後減資」的法令限制為公司法第 270 條的規定,也就是公司有下列情形之一者,不得公開發行新股。

1.連續二年有虧損者,但依其事業性質,須有較長準備期間或具有健全之營業計畫,確能改善營利能力者,不在此限。

2.資產不足抵償債務者。

表 10–13　增減資順序依缺點比較

	先增資再減資	先減資再增資
影響		
1. 舊股東	對舊股東有利	對舊股東不利
2. 新股東	(1)對新股東不利,因認股價格至少為 10 元 (2)須依持股比率分 10 年攤提投資損失	對新股東有利,因每股淨值提高,提高認購增資新股的吸引力
3. 公司適用情況	累積虧損仍有遞延抵稅效果,不因減資沖抵而消失 公司不適用先減資再增資時,即股本不足充抵累積虧損時	一般常採取此方式

四、「先增資，後減資」對新股東的影響

「先增資後減資」的方式主要適用於當公司已沒有餘力「先減資再增資」時，只好先增資進來，併同原股本才足以打銷累積虧損，讓業主權益恢復正值。

由表 10-14 可見二種「增資再減資」方式對於新舊股東的影響。

表 10-14　二種股分下增資再減資比較　　單位：萬元

	已知情況	現金增資每股 10 元時	現金增資每股 20 元時
原資本額	2,000		
虧損	1,500		
現金增資	2,000		
減資後股本	2,500		1,500
舊股東持股比率		50%	33%
新股東持股比率		50%	67%
新股東必須認列的投資損失		750	995

五、增資後的處理

採取增資的方式，在增資時還有二條途徑可供選擇，一是不減資、一是減資；至於其優缺點詳見表 10-15。

表 10-15　增資後是否減資的優缺點比較　　單位：萬元

	不減資	減　資
原資本額	2,000	2,000
增　資	2,000	2,000
累積虧損	1,500	1,500
新資本額	4,000	2,500
淨　值	2,500	2,500
未來盈餘分配	有盈餘時，須先彌補虧損，再提撥法定盈餘公積後才能分配（公司法第 232 條）	無左述問題
租　稅	累積虧損仍獲遞延抵稅	
貸　款	每股淨值 6.25 元，比較上不了檯面	每股淨值 10 元，較好看

六、減資的幅度

　　站在新舊股東能達共識的角度來看,減資幅度應以能反映每股價值為佳,最常用的即為每股淨值。

　　以上市公司來說:

　　1.三富汽車減資新股於 1996 年 1 月 24 日上市買賣。其減資之新股換舊股比率、減資後新股上市參考價詳見表 10-16。

　　2.國際票券董事會通過的減資決議,並經 2 月 22 日的股東大會通過,先減資三成,使股本調降到 78 億元;再現金增資 22 億元,每股溢價發行金額約 15 元,希望使公司實收資本額恢復至 100 億元。

　　1995 年來,減資幅度最大的公司為長榮航空,1989 年成立至 1994 年底,累計虧損 69 億元,為了改善財務結構,於 1995 年時減資 63 億元,再現金增資 33 億元,股本從原 180 億元降為 150 億元。

表 10-16　減資後新股上市價格的計算

	減資前	減資後	計算方式
股本	32 億元	22 億元	—
換股比率	—	0.6875	$=\dfrac{22}{32}$
新股上市參考價	1996.12.19 舊股最後交易日收盤價 5.8 元	1996.1.24 新股上市參考價 8.43 元	$=\dfrac{5.8\,元}{0.6875}$

資料來源:整理自楊明治,「三家減資新股明起上市買賣」,聯合晚報,1996 年 1 月 13 日,第 19 版。

七、減資所須具備的文件及程序

　　增減資的程序一般有四個步驟,全程約耗時二個月。

　　1.股東大會決議

　　減資係變更公司章程的大事,屬於特別決議事項,也就是必須有「三分之二股東出席,出席股東過半數通過」(公司法第 277 條)。股東大會決議下列事項:增資、減資金額、修改公司章程(例如資本額)。

　　2.召開董事會

董事會遵照股東大會之決議，予以辦理增資、減資相關事宜，例如減資基準日、增資基準日（比前者慢一天）等。

3.公　告

以登報方式，向債權人宣告增減資事宜，以讓債權人們有機會確保其債權。

4.向主管機關申請（屬公司登記事宜）

在董事會後十五天內，公司必須向主管機關（例如經濟部商業司）提出增減資的申請，備妥下列文件（公開發行公司的現金增資另依公司法第 268 條規定）。

- 股東大會決議。
- 董事會決議。
- 二個基準日的資產負債表。
- 二個基準日前一日的試算表。
- 增資證明，例如支存款對帳單、存摺影本。
- 新股東的明細表、自然人股東身分證影本、法人股東公司執照。
- 向債權人公告的登報。

僅單純減資者，依公司法第 433 條（減資登記）規定，應備妥下列文件：

1.修正的章程及其修正條文對照表。

2.關於減少資本的股東會議事錄。

3.減少資本後之股東名簿，公開發行公司得免送，但應送董事、監察人、管理者和持股逾 5% 的股東名冊。

4.公司法第 406 條（設立登記之程序）第三項規定的文件。

最後，公司法第 279 條（減資之程序）載明：

「因減少資本換發新股票時，公司應於減資登記後，定六個月以上之期限，通知各股東換取，並聲明逾期不換取者，喪失其股東之權利；發行無記名股票者，並應公告之。

股東於前項期限內不換取者，即喪失其股東之權利，公司得將其股份拍賣，以賣得之金額，給付該股東。」

八、減資的實際作法

2001 年的不景氣，造成 2002 年有 2.75% 上市公司進行減資，幅度不大，但是家數卻很多。

㈠減資的目的

業績成長速度無法趕上大幅擴增的股本，導致部分經營不佳的公司每股淨值逐年下滑，甚至逼近跌破每股 5 元淨值的下市門檻。企業為確保上市資格，2001 年 12 月到 2002 年 5 月已有高達 22 支上市公司決議透過減資，降低累計虧損，進行股本瘦身以提升每股盈餘。而在減資題材下，市場預期每股淨值可望回升，股市也視為短多激勵反應，股價多以上漲回應。

㈡以前種的惡因

從減資股發現，多數減資的公司其股本過度膨脹多來自於辦理現金增資，也就是一手向股東要錢，卻無法創造更佳的經營績效。直到虧損累累，最終辦理減資，受損的是當初認購現增股的長期持股投資人。

表 10-17 中 22 支減資股中，股本中來自於現增比例最低的有清三的 22.3%，最高如嘉畜的 85.7% 和益航的 83.7%，現增募集佔股本比例逾五成的公司也高達 9 家。

企業爭相減資源於股本過度擴張，嚴重稀釋每股盈餘，或是護盤失利造成巨額虧損，影響企業正常營運。以往減資股多屬於傳統產業或是地雷股，但是 2002 年也有多支電子股提出減資計畫，包括力捷、全友、佳錄、清三等。

此波上市公司減資比率以華隆 76% 最高，華隆打算把股本由 243 億元大幅減至 58.4 億元，減資後每股淨值由原來的 2.56 元提升至 11 元。此外，櫻花建、亞瑟、力捷減資幅度也達到七成以上。櫻花 2001 年透過減資，每股淨值回升至 10 元票面之上，2002 年並重新獲得信用交易資格，櫻花減資成功也連帶推動關係企業櫻花建辦理減資。

㈢投資人的反應

投資人對減資題材的偏多效應，在上市公司逐漸發酵，尤其是對於已淪為低價股的公司，更具有減資誘因。

表 10-17　2001 年 12 月～2002 年 5 月上市公司減資概況

單位：億元

公司名稱	減資前股本	減資後股本	減資比例	年初以來漲幅
華　隆	243.46	58.4	76.0%	17.82%
櫻花建	11.05	2.76	75.0%	−2.42%
亞　瑟	35.08	9.6	72.6%	66.67%
力　捷	42.95	12.8	70.2%	−18.64%
嘉　畜	56.5	18.5	67.3%	49.44%
全　友	45.4	20.56	54.7%	6.81%
名　軒	19.91	9.95	50.0%	168.97%
晶　華	43.13	21.56	50.0%	19.48%
凱　聚	35	17.5	50.0%	−4.61%
臺灣櫻花	37.8	18.9	50.0%	9.36%
國　揚	58.33	30	48.6%	163.70%
益　航	44.16	22.96	48.0%	32.48%
佳　錄	29.39	15.71	46.5%	98.07%
源　益	8.13	4.45	45.3%	296.77%
台　芳	6.48	3.62	44.1%	135.29%
南　港	26.08	14.87	43.0%	40.04%
中　紡	90.85	54.5	40.0%	124.51%
中聯信託	160.76	100.22	37.7%	50%
宏　和	33.38	22.16	33.6%	97.84%
聚　隆	16.87	11.5	31.8%	300%
清　三	8.44	6.01	28.8%	80.56%
大魯閣	20.78	17.03	18.0%	−21.15%

近半年來提出減資或是 22 支上市公司中，2002 年以來股價漲幅超越加權指數多達 18 家，約有八成，漲幅達一倍以上者更有名軒、國揚、源益、台芳、中紡 5 支。

相較目前盤面上績優上市公司，股本多來自於盈餘轉增資，倒如台積電現增比例（現金增資佔資本）僅 4.54%、聯電為 11.27%、台達電 12.53%、華通、鴻海甚至僅有 7.03% 和 2.94%；傳統產業股方面，統一、遠紡、台玻股本來自於現增比例更僅有 3.04%、11.82% 和 3.37%，顯示上述公司經營者面對投資和股本擴張時，多是量力而為，絕不輕易胡亂投資，搶著向投資人要錢，這也是這些公司持盈保泰的

主因。（工商時報，2002 年 6 月 2 日，第 2 版，陳國瑋）

㈣減資退還股款

在減資股中，以晶華酒店董事會決議減資，並退回股東每股達 5 元現金最為不同。由於賺錢的投資案不易找，部分公司考量資金運用效益，只好辦理減資把帳上現金退回給原股東，這是新減資原因。除了晶華外，台達電轉投資的達創科技，目前也決議辦理減資，由原 8.09 億元股本，大幅縮減至 1 億元，台達電也可取回投資成本 5.4 億元現金。

個案：全球最大企業沃爾瑪百貨沒有代理問題

創立四十年、在全球擁有 4,150 家連鎖商店的沃爾瑪百貨公司（Wal-Mart，工商時報譯為威名），以逾 2,200 億美元的 2001 年營收，超越石油業巨人艾克森美孚公司，登上財星雜誌全球 2001 年營收最高企業排行榜首。

總部設在阿肯色州班頓維爾的沃爾瑪公司，共有 120 萬名員工，操控其後勤作業的電腦功能之強大僅次於五角大廈。

證券分析師說，沃爾瑪最值得注意的成就是，一家不從事生產的企業營收竟然能在長期以來由績優製造商支配的排行榜上奪魁。芝加哥大學商學策略管理教授貝茲說：「這是個指標，顯示美國已

山姆・沃爾頓

轉型為服務經濟。」服務業自 1995 年起才列入財星五百大企業排名中。（經濟日報，2002 年 1 月 25 日，第 12 版，吳國卿）

一、沒有權益代理問題

仍把自己視為小鎮商店，這種特性可能是沃爾瑪百貨最強的長處。

儘管規模如此巨大，但這家全球第一的零售商堅持出身小鎮的質樸勤儉風格，它的創辦人沃爾頓（Sam Walton）1962 年在鄰近班頓村的小鎮創辦事業，當時他選擇小市鎮，主要是因為凱瑪百貨（Kmart）和施樂百百貨（Sears）等零售業者當時支配了大城市的市場。沃爾頓的這項決定成為沃爾瑪百貨邁向成功的基石。由於缺乏客戶、員工與供應商，它必須從零開始，跟員工分享利潤、跟供應商建立夥伴關係，同時以親切的服務與經常低價來吸引客戶。出身鄉下的沃爾頓極為節儉，他規定公司主管出差必須八個人睡一房，雖然他一度成為全美巨富，但他開的是一輛舊貨車，搭飛機坐的是經濟艙，他死後 10 年，節儉仍然深植沃爾瑪百貨企業文化。他曾寫道，公司每浪費 1 塊錢，就等於從客戶口袋挖走這錢。到今天，儘管公司市值高達 2,520 億美元，公司執行長史考特開的是福斯公司的金龜車，出差時仍跟他人共住一室。沃爾瑪的小鎮價值觀有助強化它跟員工及供應商的關係。員工們感覺自己是為嚴格但慈祥的長輩工作，大多數員工持有公司股票，分享企業利潤。

沃爾瑪的後勤經理杜克還利用他手下 6,000 名貨車司機留意各個店面的庫存問題，這些司機大多持有公司股票，因為他們能積極參與業務，年流動率只有 5%，遠低於業界高達 125% 的平均水平。（經濟日報，2002 年 1 月 12 日，第 9 版，王寵）

二、不拿回扣，沒有管理代理問題

沃爾瑪百貨的採購單位很會和供應商討價還價。這些單位一再向新增供應商宣示，它們不

接受賄賂，只要你壓低價格。一位來自波多黎各的電腦供應商嘆道，沃爾瑪可以把原是葡萄的供應商榨成葡萄乾。

不過供應商一旦獲沃爾瑪接納，就被當成自家人，供應商可直接取得即時資訊，瞭解它們提供的產品在各個不同店面銷路如何。這樣一來，供應商可以及早規劃生產線，進一步壓低價格。對於像寶鹼 (P&G) 這樣的重要供應商，沃爾瑪甚至在總部為它提供專用辦公室，樹立零售商、供應商密切結合的典範。

沃爾瑪的這些努力沒有白費，不到 40 年，就佔有美國零售市場六成和美國消費者總支出的 7 到 8% (汽車和大型家電除外)，它的單一店面營收成長高達業界平均值的五倍，過去十年的稅前盈餘以每年 15% 的速率成長，到 2000 年達到 93 億美元。執行長史考特宣稱，未來要透過積極開設新店、跨足食品業和金融服務業來創造成長。

沃爾瑪百貨員工也享有相當大的自主性，透過掃瞄器傳遞的銷售資訊，店面的部門經理可以獨立作業，迅速調度庫存，沃爾瑪調動庫存的速度是同業平均水準的兩倍。任何一位小員工只要發現其他商店提供較低價格，他就有權調低公司同一商品的價格。

◆ 本章習題 ◆

1. 以一家公司為例，說明其恆常、偶發的股利。

2. 以圖 10-1 為基礎，以一家公司過去三年的股利發放為例來說明。

3. 以圖 10-1 為基礎，以主機板業前三大公司為對象，分析其某二年股利政策的差異。

4. 以一家公司為基礎，計算其除權、除息後的股價。

5. 資本公積配股的租稅、處理，請以一家公司為例來說明。

6. 以圖 10-5 為基礎，找一家公司為例，分析其未分配盈餘轉增資的租稅規劃。

7. 以表 10-10 為基礎，分析一家新上市公司的資本形成的過程。

8. 以表 10-11 為基礎，四種情況各找一個例子來計算其股價。

9. 以表 10-13 為基礎，以一家最近減資的公司看其著眼點。

10. 以一家最近剛減資的公司為例，計算其減資前後股價。

第十一章

選擇權定價理論
——在股權、債權結構規劃的運用

　　人類發展經驗中，對於經濟成長的來源，向來以為在於增進生產力、開拓市場，這些部分實際上多是私人投資、企業營運即可獲得。但是，面對當代的新工業環境，從基礎科學發掘創新創意，才是競爭優勢的真正來源，這部分由於困難度高、前景不明，應該由政府政策上經費投入，並主導全國的創新環境的塑造。

　　政府研究經費放進早期技術研究 (early stage VC)，塑造適合技術開發人員、具有冒險精神的企業家的研究環境，能夠讓實驗室裡的創意，逐漸形成適合產業的應用技術，進而成為新興產業的前導。

——布蘭斯坎 (Lewis Branscomb)　美國哈佛大學講座教授

　　行政院海外科技顧問

　　工商時報，2002 年 7 月 23 日，第 4 版

學習目標:

花 20 分鐘, 由淺入深的弄懂任何具有訂金性質的「選擇權」怎樣評價。

直接效益:

在財務管理書中, 介紹選擇權觀念最直接的目的, 便是透過「可轉換」(convertible)、可收回 (callable) 等買權、賣權, 作好權益、負債規劃。甚至財務部人員一輩子不會購買外匯、利率、商品、股票等選擇權, 但會常有機會在募資時用到選擇權的觀念。

本章重點:

· 槓桿倍數。§11.1
· 權利金理論價值曲線。圖 11-1
· 選擇權定價模式的限制。§11.2
· 權益結構。§11.3 一
· 權益槓桿比率。§11.3 二
· 可轉換可贖回參加特別股。§11.3 三(一)
· 負債結構規劃。§11.3 四
· 衍生性權益工具 (equity kicker)。§11.3 四
· 附買回協議。§11.3 六
· 選擇權觀念在經營管理的功能。§11.3 七
· 轉換特別股規劃實務。§11.4
· 股利發放限制條款。§11.4 二
· 轉換特別股的參加權。§11.4 三
· 收回條款。§11.4 五

前言：不要模糊焦點

所有財務管理的書大都會用一章來說明選擇權，大三投資管理課程再炒一次冷飯，尤有甚者，大四選擇權或衍生性金融商品、財務工程課程又再舊話重提。真是令人氣得要說一句話：「你煩不煩」。

小和尚唸經，有口無心；反之，我們就想出在以募資為主的大二財管課程中，學選擇權定價理論的目的一方面是為大三墊底。但是它也有獨立的目的，尤其是以後不再唸投資管理等進階財務管理課程的人，那就是如何懂得選擇權的基本精神，然後運用在公司經營管理甚至個人生活中。這麼一來，選擇權理論在財管中便找到適當位置，不會令人有突兀之感，孤軍懸在那裡。

◆ 第一節　選擇權定價模式快易通

本書中並沒有必要介紹選擇權定價模式，但為了讓你可以明瞭它只是市價法的精密加工型，所以不得不言簡意賅的介紹。

一、最常見的選擇權：訂婚、預售屋

光看「選擇權定價理論」，首先「選擇權」三個字便可能讓你不知所云，「定價」看起來一定是很難的事，至於「理論」則常是很高深的學問，弄得許多人望而怯步，再加上老師「說得很清楚，你聽了很模糊」，有許多財金碩士畢業後，對選擇權仍停留在「玄而又玄」的認知。

不先談這理論，其實選擇權來自生活，而且很常見。

(一)以預售屋為例

預售屋是房地產投資客的最愛，因為可以「以小搏大」，例如付 20 萬元的訂金便訂下一間房子，屋款還得繳 480 萬元，可以說：

1. 總價 500 萬元。
2. 槓桿倍數 25 倍 ($\frac{500}{20}$)，也就是用 1 塊錢作 25 塊錢的生意。

當今天交屋時，房屋市價 500 萬元，你頂多願意付 20 萬元做訂金。然而一年後交屋時，由於房價可能往上漲，所以訂金就不止 20 萬元，還得加上「活得愈久，

「領得愈多」的時間價值，就跟樂透彩券一張 50 元一樣，週二、五開獎後一旦槓龜，立刻成為廢紙，但在此之前三天，卻有機會中 1 億元。

	權利金價值		房 屋		尾 款 (分期付款)
1. 今天到期時的預售屋價值	20 萬元	=	500 萬元	−	480 萬元
2. 一年到期的預售屋價值	45 萬元	=	20 萬元	+	25 萬元
	理論價值		基本價值		時間價值

　　選擇權定價理論的功用在於算出時間價值，再加上基本價值 (intrinsic values)，便是權利金的理論價值 (theoretical values)。

圖 11-1　選擇權權利金的理論價值曲線

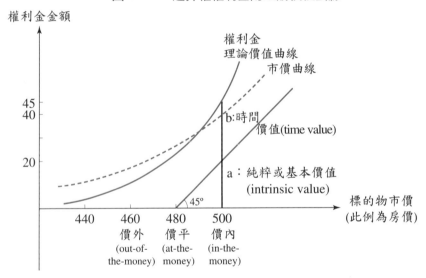

(二)畫個圖來看看

　　選擇權理論價值曲線千變萬化，也是令很多人對此題材敬而遠之的原因。以最基本的買進商品權利的買權來說，這並不難懂：

　　1. 先找出價平點

　　選擇權在價平時，當場履約時可說不賺不賠，其他二個情況詳見下列說明：

標的證券市價		履約價格	
S	>	X	價內 (in-the-money)，履約便有賺
	–		價平 (at-the-money)，不賺不賠
	<		價外 (out-of-the-money)，履約便賠
500	>		
480	–	480	
460	<		

2.劃出基本價值的 45 度線

在價平點（此例 480 萬元）劃一條 45 度直線，套用國一數學的觀念，此時 X、Y 軸是一比一關係（即此直線斜率為 1），當市價 500 萬元，比 480 萬元增加 20 萬元，反映在 Y 軸也是 20 萬元。

3.再標出理論價值曲線

最後從電腦軟體的計算，一一算出在各種標的證券市價（此處為房價）下，購屋契約的時間價值，基本上是一條曲線，左邊向 0 趨近，當房價到 400 萬元，一年內要漲二成到 480 萬元機率微乎其微，此時權利金趨近於 0，也就是幾乎不會有人對此購屋契約有興趣。

4.那權利金市價曲線呢？

奇怪，怎麼還有一條權利金市價曲線，而且還跟理論價值線不同。這是因為選擇權定價模式有先天限制：

⑴價內時高估，即理論價值高於市價，源自於模式在價內時「樂觀」特性。

⑵價平時，模式才準，此時理論價值等於市價──在其他情況不變下。

⑶價外時低估，即理論價值低於市價，源自於模式在價外時「悲觀」特性。

(三)訂婚也是選擇權

男方花點小錢（6 小件禮再加上個訂婚戒子），便取得跟女朋友結婚的權利，把她變成「死會」，降低女友兵變的機率。至於訂婚請二桌，依習俗是由女方付錢，但有可能男方出錢，那頂多也只要 4 萬元（以凱悅飯店一桌 2 萬元來算）。

當然，除非碰到像美國影星茱莉亞·羅伯茲主演「落跑新娘」這樣悔婚的，否則「訂婚」可說是男方的結婚選擇權，標的物是「結婚」，把女方說成標的物有點

不敬。

㈣所有訂金都是選擇權

　　這麼說來，所有的預購（例如預購書、到統一超商預購禮品）、預售都含有選擇權性質。而金融商品中的選擇權（臺股中只有買權的認購權證）只是金融選擇權罷了，但卻「霸佔」了這個名詞。

二、靠太近，反而看不清楚

　　「模糊的近照」起因於相機太靠近人，以致沒有足夠距離把影像呈現出來；這是「靠太近，反而看不清楚」的生活實例。在財務理論中，最令人肅然起敬、使用最廣的模式則為選擇權定價模式 (option pricing model, OPM)——因係 Black & Scholes (1973) 提出基本型，因此又常稱為 B–S OPM，其餘大都只是其附帶考慮一些條件而局部修正，稱為 B–S derivatives。甚至有些財務金融碩士還摸不清選擇權定價模式的真義，只因公式太複雜。

三、取巧的處理方式

　　如何從迷宮中找出路？下述是我們取巧的作法，也適用於所有的語義（或學派）叢林。

㈠鳥瞰全局，化繁為簡

　　我的博士論文是有關於在 B–S OPM 中放寬一個假設（即以預測標準差取代歷史標準差），可說是拿顯微鏡來看鑑價方法，以致看不清楚其地位。必須拉個遠鏡頭看它最核心的公式，才會恍然大悟：原來它只是市價法的精密加工罷了！簡單的說，光是標的證券價格一項便佔選擇權理論價值的八成以上，報酬率標準差的影響力不到一成，而無風險利率的影響力可說微不足道。至於剩下的市價怎麼加工？那是技術問題，犯不著「愈描愈黑」、「失去焦點」，如同技術分析指標中最常用的相對強弱勢指標 (RSI)，99.9% 的人皆只會用，而無法寫出其公式；至於如何計算，那是電腦軟體的事。

$$利潤 = 收入 - 成本\cdots\cdots <11\text{--}1>$$

Black & Scholes (B–S)（歐式）選擇權定價模式

$$\underset{\text{理論價值}}{\frac{權\ 利\ 金}{}} C = \underset{\text{股價}}{S} \underset{\text{股價機率分配值}}{N(d_1)} - \underset{\text{履約價格}}{X} \underset{\text{現值}}{e^{-rt}} \underset{\text{機率分配值}}{N(d_2)} \quad\cdots\cdots <11-2>$$

仁寶權證（2002.1.4. 經濟日報 21 版）2002 年 1 月 3 日收盤價 17.50 元，理論價值計算：

$$19 = (47.10 - 0.4) N(d_1) - 33.81 e^{-rt} N(d_2) \quad\cdots\cdots <11-3>$$

仁寶股票收盤價最新履約價（證權行情表上的結算價到期日 2002 年 10 月 30 日），在標的證券價格方面，我們以仁寶收盤價減去現金股利現值「0.4 元」（此部分大抵為過去五年平均值），為了簡化起見，此處不計算其到預估除息日的現值。

$$\underset{\text{(call premium)}}{選擇權價值} = \underset{\text{(intrinsic value)}}{基本價值} + \underset{\text{(time value)}}{時間價值（又稱為外部價值）} \cdots\cdots <11-4>$$

$$17.50 = 47.10 - 0.4 - 33.83 + 4.63$$

$$\underset{\text{(actual price)}}{市\ \ 價} = \underset{\text{(theoretical value)}}{理論價值} - \underset{\text{(pricing error)}}{定價誤差} \quad\cdots\cdots <11-5>$$

17.50 元 = 19 元 − 1.5 元

註：原本想用 2002 年 9 月 2 日行情來舉例，可惜絕大部分皆在價外，幾無時間價值。

財務管理中定價模式的精神其實很單純，由 <11-1> 式便可看出，資產的價值來自於其能創造的利潤，而這又取決於（預期）收入減掉成本（如買股票的成本）。

用這樣的精神來看選擇權利金的「理論價值」的計算——即選擇權定價模式，那就顯得一目了然了。「選擇權」是指你可以用「履約價格」(exercise price 或 strike price) 去取得「標的證券」(underlying securities) 的權利，我們由 <11-2> 式便可看得清楚，重點在於股價、履約價格，其餘項目只是基於未來股價的機率分配（以股價報酬率標準差衡量）、折現率來調整罷了。

由 <11-1> 式可看出我們以 2002 年 1 月 3 日統一 08（或標示為統一 08）權證為例，其標的證券為仁寶電腦，權證收盤價 17.50 元，由 <11-2> 式可看出這包括二部分：基本價值（可視為屆期日時的價值，其他書稱為實質價值）和時間價值，基本價值隨時可算出，所以選擇權定價模式要計算的是時間價值。

㈡就近取譬

選擇權最生活化的化身便是股市中的認購權證,因此,對於箇中老手來看第三節,一定會覺得「就近取譬,真是易學易懂」。

第二節　選擇權定價模式的限制

有些人把選擇權定價模式神化了——Black、Scholes 榮獲諾貝爾經濟學獎也是主因之一,以致人們只是跟著流行使用,殊不知它有三個不同程度的固有瑕疵,而嚴重錯誤的甚至會誤導你。

一、開近光燈,能照多遠?

選擇權定價模式最大的問題來自於佔模式解釋能力八成以上的「標的證券價格」(一般為股價),但因一日股價不具有長期代表性,因此依單日(或某時點)股價所算出的選擇權的價格(在認購權證等買權時,即買權權利金),其代表性不高,有如汽車近光燈無法看清更遠的距離。

㈠這個太離譜了

選擇權的權利金跟付訂金(例如總金額 5%)取得預售屋的「登記權」是一樣的,而具有以大搏小的精神(比例為 20 倍),因此其價格變化幅度也是股價的 n 倍。例如 2000 年 3 月 21 日,大盤由低檔急拉而上,重登 9000 點大關,上下震盪逾 600點, 多檔個股開盤後由跌停急拉到漲停,上下震幅達 10% 以上的個股達 260 支,震幅最大的權證為南亞中信 03, 個股的震幅可說是小巫見大巫。由這個例子,可以看出選擇權權利金「上沖下洗」的豪誇本性,但用此來看實質投資,豈不「太誇大了」?

這樣來解構選擇權定價模式是不是清楚、簡單多了?

㈡大同小異,萬變不離其宗

選擇權定價理論是財務管理領域中的顯學,各種定價模式推陳出新,一如過江之鯽,連專攻選擇權定價的學者都可能吃不消。但從大的來看,這些「改良」可分為二大部分,詳見表 11-1;然而,千萬不要被複雜的公式、圖形弄得頭暈目眩,

以美式選擇權基本型來說，對市價約有九成的解釋能力，後續在模式本身的改良只是「畫蛇添足」，彌補 10% 的不足罷了。

表 11-1　選擇權定價模式的二大改良、發展主軸

類比於自然科學 類比於研發	基礎研究：製程技術	應用研究：產品技術
說　明	模式本身改良： 1.計算準確性，以避免系統性偏誤， 　尤其是： 　(1)隨機標準差 　(2)隨機無風險利率 　(3)除息值的預測（美式選擇權時） 2.計算精確性 　以差分方程式來設定函數 3.計算效率 　以節省電腦計算時間	附條件（或特殊情況）求解： 1.價差型、重設型選擇權 2.實體選擇權 3.奇異選擇權

至於基本型選擇權的產品改良，可衍生出各式各樣的情況，但萬變不離其宗，跟銀行的基本放款利率一樣，大部分企業貸款依此小幅加碼、減碼，但不會離太遠。同樣的，附條件選擇權的理論價值也是在基本型選擇權理論價值加加減減罷了，卻也八九不離十；說句「反智」的話，縱使沒用修正過的選擇權定價模式來鑑價，只憑經驗，往往「雖不中，亦不遠矣」。尤其是複雜情況（例如多重重設型權證）下的選擇權定價，可能缺乏現成軟體可用；難道 Black & Scholes 1973 年推出選擇權定價模式以前，具選擇權性質的證券(研究重點在轉換公司債)的定價就停擺了嗎？

㈢那麼把預測股價取代現行股價呢？

依「80:20」原則，提升選擇權定價模式長期解釋能力應從「股價」下手，例如以一年內預測高點（以台積電為例，2003 年為 800 元）來計算台積電股票買權的價值。

二、戰術層級的偏誤——系統偏誤

羅盤到了南北極會受磁場影響而失去準頭，同樣的，選擇權定價模式也只有在

價平時比較準確（跟股價差距在 10% 以內），但其他情況則呈現「內高外低」的系統性偏誤 (systematic error)。依 Hull & White(1987) 的實證結果來說，當股價和「股價報酬率標準差」（或簡稱波動性）正相關時，價內選擇權的理論價值高估，有凸鏡的放大效果；價外選擇權的理論價值低估，有凹鏡的縮小效果。如果二變數負相關時，則出現「（價）內低（估）（價）外高（估）」現象。

由 <11-5> 式你可以看出，理論價值和市價（實際成交價）是不一樣的，即理論價值比市價高 10%（19 元除以 17.50 元，<11-5> 式），也就是模式出現定價誤差，無法完全解釋市價。

所以美國、加拿大、多倫多選擇權市場，理論價值跟選擇權市價（在臺灣為認購權證價格）總有顯著差距。但不能由此推論市場無效率，反之，Gibson(1991) 認為問題出在定價模式上。

三、戰技上的錯誤──實務人士用隱含波幅，可是大錯特錯

實務人士使用「隱含波幅」（即隱含標準差）來代入選擇權定價模式以計算理論價值，其作法是已知選擇權市價（因變數）、其他自變數時，倒推求得波動性；即類似 $X + 2 = 5$，那麼 $X = 3$ 一樣。

但是選擇權定價模式本來就有系統性偏誤，硬靠「標準差」這項目來撥亂反正，將會使得這數字被扭曲、每期上下波動很大（伍忠賢的博士論文，1997 年，第 22～24 頁）。就近取譬，1998 年 4 月我車左前輪向右彎，所以方向盤必須往左打 15 度才能校正、車子才會走直線。這種人為校正，久而久之對輪胎、軸承皆會損傷，只好花 1000 元把它修好，這就是一個「系統性偏誤」的情況。

2000 年 4 月 11 日，國巨股價再度攻上漲停板，股價站上 58.5 元。不過，以國巨為發行標的的相關權證，例如元富 06、元大 15，卻因為隱含波動率已高，權證價格並未因現貨價格漲停而大漲。實來證券衍生性金融商品部表示，這兩支權證價內外程度分別為價內 30.94% 和價外 9.74%，隱含波動率分別為 77.54% 和 91.35%。
（經濟日報，2000 年 4 月 12 日，第 19 版，夏淑賢）

這是一個報載使用隱含波動率所造成的錯誤，即標的證券股價大漲，而權證價格表現不如影隨形。

這個課題看似有點博士班課程的味道，然而我們特別挑出來談，只是再一次強調「盡信書不如無書」，不能人云亦云，美國人、有些學者作錯了，不明究理的跟進，那就成為以訛傳訛了。

第三節　選擇權運用於權益、負債結構規劃

本節以數字例子來說明選擇權（附買回權）在權益結構規劃上的運用，在此之前，有必要說明權益槓桿比率以計算創業團隊所需出資額度。

一、權益結構

權益結構 (equity structure) 依拆字法是權益、結構二個詞的組合，這樣來看就簡單多了。只是它不像資金結構、負債結構那麼常見。

由表 11-2 便可見權益結構的意義，而更可見股權結構只是其中一項，更精準的說應該說股東結構 (shareholder structure)，也就是 48 億元普通股中各股東的持股比例，像台積電。

表 11-2　示範公司的權益結構

	金額	%
業主權益	60 億元	100%
轉換特別股	6 億元	10%
普通股	48 億元	80%
資本公積	3 億元	5%
保留盈餘	3 億元	5%

＊台積電的股東結構

台積電的股東結構請見表 11-3，如此可見台積電最大股東是荷蘭的飛利浦公司，持股比率「約」26.85%（17% 加上 9.85%）。

股東結構的用途在於分析公司股權分散程度，以及誰是第一、二、三（等）大股東，一般來說，公司由第一大股東當家作主。

表 11-3　台積電股權結構

荷商飛利浦	17%
行政院開發基金	15.10%
臺灣飛利浦	9.85%
張忠謀	0.59%
曾繁城	0.18%
⋮	
小　計	100%

二、權益槓桿比率

　　對於不想獨資而進行的合資案,公司發起人須由所需總資金來倒推所需入股金額。但這並不只是資本結構問題,以圖 11-2 第二圖來舉例,假設 1,000 萬元的資本額能支撐起 1.5 倍的負債 1,500 萬元,即負債比率 60%,這是一般新設公司負債比率的上限。

　　但是最初的問題是,想當老闆的公司發起人願意拿多少錢出來別人才會願意跟進呢? 這個我稱之為權益槓桿 (equity leverage) 問題,一般來說,發起人持股比例最好高於 30%,縱使是借錢、賣房子也要拼老命達到此標準。否則以技術入股、乾股方式,是無法說服其他投資人心悅誠服地掏出錢來的。在圖 11-2 中第一小圖來看, 權益槓桿有二種解釋:

圖 11-2　權益、負債槓桿比率

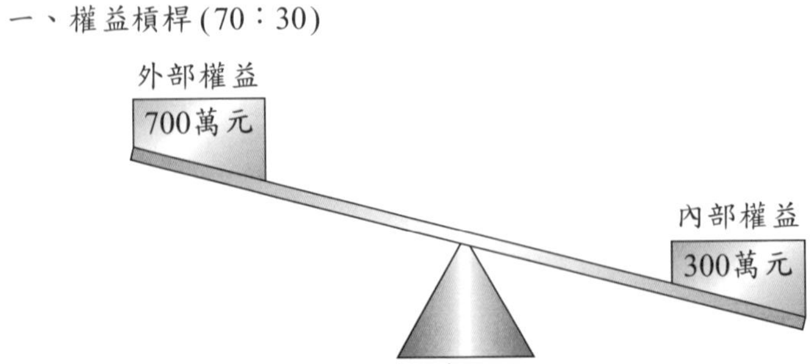

一、權益槓桿 (70:30)

外部權益
700萬元

內部權益
300萬元

二、財務槓桿 (60：40)

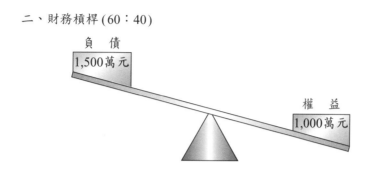

負　債
1,500萬元

權　益
1,000萬元

　　1.就上市公司來說：董事會（即內部權益者），持股宜超過 30%。

　　2.就未上市公司來說：因為董事會以外的小股東所佔股權比例微不足道，因此內部權益者縮小範圍專指董事長和執行董事，而外部權益者可說是董事、監察人。

　　在創業家只能拿出 300 萬元，希望向金主（財務投資人，financial investors）募集 1,500 萬元的案例中，我們建議把選擇權的觀念融入權益、負債結構之中，使創業家跟金主在兩情相悅下，攜手走上合作之途。

三、權益結構的規劃

　　一旦邀金主以持股方式來投資，這麼一來錢少的創業家的持股比例卻有被稀釋之虞，以例子來看，如果權益金主都以普通股入夥，則以持股比例來看，創業家只佔 16.67%($\frac{300}{1800}$)，顯然公司的控制權就落入了權益金主手中。

　　為了避免這樣的情形發生，創業家想把 1,500 萬元分成兩部分，500 萬元為普通股，另外 1,000 萬元則屬於特別股，如此一來創業家的持股比率就是提升為 37.5% ($\frac{300}{800}$)。

　　但如此創業家還是不能放心，因為在公司逐漸發展擴大之後，這樣的持股比率仍無法完全控制公司，所享受經營成果也有限，所以創業家自然希望能逐漸提高本身持股比率。就權益金主來說，特別股可能無法完全滿足其投資的期望報酬率，這時選擇權的觀念就有其妙用了。

㈠特別股權益結構設計

　　在這裡採用可轉換可贖回參加特別股（convertible redeemable participating preferred ordinary shares，簡稱 CRPPOS）的運用。

1.創業家擁有收回權

　　站在創業家的立場，莫不希望能隨著公司的成功，而逐漸贖回特別股，以減輕股利的負擔；因此，可讓創業家擁有收回權。此時創業家就相當於向權益金主買入了一個買權（認購權證、員工選擇權）。換句話說，金主扮演認購權證的發行人 (writer)，負擔了履行讓創業家用現金買回特別股的義務，詳見圖 11–3。

圖 11–3　買權在特別股結構規劃的應用

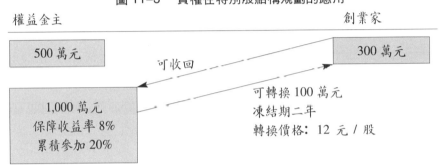

2.金主擁有轉換權

　　站在金主的立場，除了願意接受特別股 8% 的保障報酬率外，也要求能跟普通股一樣，一起分享公司的盈餘（即參加特別股）。而參加盈餘分配的條件，便是在公司賺錢時，金主可享受兩成的盈餘。

　　權益報酬率 30% 時，金主就其參加部分可獲得 9.2% 的收益率：

$$(30\% \times 1800 - 8\% \times 1000) \times \frac{20\%}{1000} = 9.2\%$$

　　再加上特別股的權益報酬率，則金主特別股部分可得 17.2% 的收益率 (9.2% + 8%)。除了享受利潤外，金主還可以把特別股轉換為普通股（可轉換），這相當於金主向創業家買入一個買權，依約定比例（一般為一比一）把特別股轉換成普通股。

(二)股權結構規劃

　　如前述創業家並不滿意目前所持有的股權比例,而希望買進金主持有的 500 萬元普通股，來增加其持股比例，詳見表 11–4。

表 11-4　選擇權觀念在資本結構規劃上的運用

權益結構、資本結構設計	對創業家的好處		對金主的好處	
	持股比率	其他好處	持股比率	其他好處
一、特別股轉換、收回權設計 1.創業家持股300萬元 2.金主持股500萬元 3.特別股1,000萬元	37.5%，比權益金主1,500萬元完全以普通股持有時，持股比例僅16.7%高	1.可透過超級多數條款，否決公司重大營運案 2.可收回特別股，以增加普通股的收益	62.5%	特別股在約定條件下可轉換為普通股
二、普通股的買、賣權設計 1.創業家可依公式價買回權益金主的持股。 2.權益金主可依公式價格買回賣給創業家的部分或全部股票	提高持股比例，以享受公司經營的成果	當股權超過50%時，取得公司經營權	降低持股以獲利了結	只要持股超過20%，仍受超級多數條款的保護，避免創業家的代理問題
三、負債結構的轉換權設計 1.創業家300萬元 2.抵押負債500萬元 3.信用負債1,000萬元	100%，對公司有完全控制權，享受經營成果	享受比較高的財務槓桿，也適用於舉債買下(LBO)等情況	0%，負債比率高達83.3%	次級債權人有權： 1.在借款公司賺錢時，以債換股以享受高報酬 2.在借款公司重整時，以債換股，進而入主公司，以確保債權

　　1.創業家向金主買回股票

　　站在創業家的立場,希望能以公式價格買進股票,也就是向金主買進一個買權,可行的方式至少有下列二種:

　　⑴認股選擇權計畫:也就是允許創業家以約定價格(即買權的履約價格)購買公司股票。當股票市價大於約定價格,那麼創業家所得到的報酬愈大,創業家為了提高報酬,自然會更加賣力提高公司經營績效。

　　⑵紅利認股選擇權計畫:上述的方法在股市不振、公司盈餘成長無法充分反

映在股價上時，選擇權的價值會降低，甚至為零，因此，也就有了「績效股」的產生。換句話說，當創業家達到公司既定績效目標，公司將給予約定數量的股票以資獎勵。

2.金主向創業家買回股票

金主為防創業家故意作帳，製造假象來買回股票，因此提出制輪的反制措施。也就是金主出售持股給創業家後，一段期間內，公司的績效沒有達到應有的標準，則金主可以依同樣的價格把股票買回，這可說是金主買進了一個買權，詳見圖11-4。

圖11-4　買權在普通股結構規劃上的運用

創業家、金主可以有權依同一公式價格向彼此買回股票，可說兩相扯平，誰也沒佔誰便宜，因此無須大費周章的引用選擇權定價模式，來評估這方給予另一方買權時，應收取多少權利金。

3.金主向創業家買進一個賣權

由於未上市股票次級市場幾乎不存在，金主在入股時，往往希望能有依公式價格賣回普通股給創業家的權利，以免資金被套牢；這樣的設計，就好像金主向創業家買入一個賣權。如此金主等於預留一條退路，這也是一項吸引金主入股的誘因，詳見圖11-5。

圖11-5　賣權在普通股結構規劃上的應用

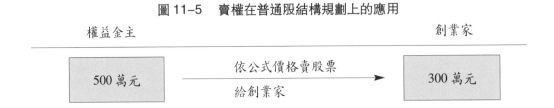

從創業家的角度來想，創業家也樂於賣一個賣權給金主。創業家提高持股比率的原意，在於取得公司五成以上的控制權，甚至使否決權失效，讓公司的經營方向由自己掌握，同時增加享受自己努力的經營成果。

四、負債結構規劃

除了邀金主入夥外，也可以利用負債的方式來募集這 1,500 萬元資金，其方法分成兩部分來進行：

1.高級負債：1,500 萬元中的 500 萬元來自抵押貸款。

2.衍生性權益工具（選擇權的運用）：剩下的 1,000 萬元只好來自信用貸款，由於負債權益比為五比一，對於信用放款者的風險太高，如果貸款利率調高至 20%，縱使借款公司敢借，但可能被債息所拖垮；那時，信用放款者將血本無歸，成為最大受害者。

在既期待又怕受傷害的情況下，只好透過「半債半股」的「衍生性權益工具」(equity kicker)，主要是轉換公司債、附認股權證公司債或認股權證，例如前二者票面利率 8%，放款者額外取得可用 11 元來認公司股票的權利。轉換價格的另一種設計為 9 元，但是避免放款者立刻就可以認股，有一年凍結期的限制，認股比率可商議，詳見圖 11-6。

圖 11-6　選擇權在負債或資金結構規劃的應用

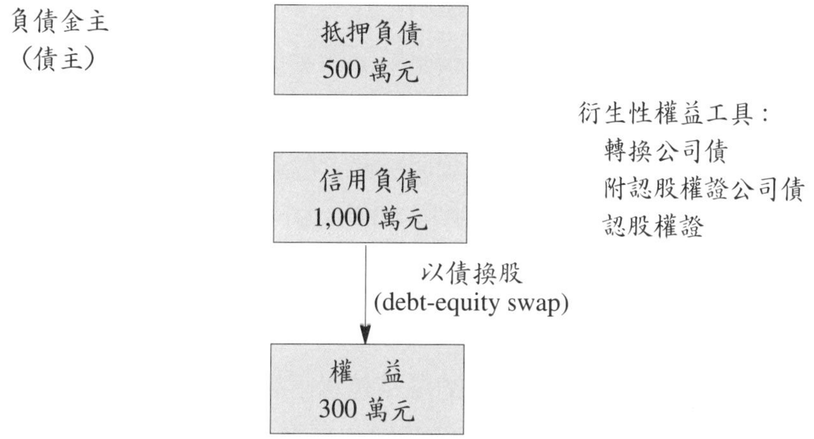

放款者取得認股權利有「進可攻，退可守」的雙重好處，在進可攻部分，如果

借款公司大賺，放款者可以以債換股，享受較高的權益報酬率；在退可守部分，要是借款公司虧損，放款者可透過以債換股，入主公司，整頓公司以求反敗為勝。否則，無論借款公司重整、清算或倒閉，信用放款者都可能是首當其衝的最大受害者。

上述三種股權結構規劃的創意方式，對於創業家、金主的缺點彙總於表 11-5，以收一目了然之效。

表 11-5　選擇權觀念在公司經營管理的運用

目　的	作　法
1.保障小（或外部）股東權益	當大股東通過重大決議而跟小股東利益不一致時，小股東有權運用選擇權向大股東買進持股，藉以保障小股東權益
2.激勵經營者或員工	給予經營者、員工認股選擇股，當公司賺得愈多，股價上漲愈多，經營者、員工可出售認股選擇權或執行選擇權認股，以落實辛苦耕耘的果實
3.反制敵意併購	公司給予「白馬騎士」（外部權益者）一項權利，當公司面臨敵意併購時，白馬騎士可執行認股權利，認購公司的「庫藏股」或現金增資股，以成為公司的新經營者，藉以讓敵意收購者知難而退

五、附買回權觀念運用實例──中華開發公司是個中翹楚

有關選擇權觀念在募資方面的應用，1990 年 12 月 29 日，宏碁電腦把 4.96 億元德碁半導體公司股票，依面額轉讓給中華開發公司，便是一個很好的示範。

　1. 宏碁附買回

此交易其實是「票（債）券附買回交易」的應用，也就是從 1996 年 12 月 31 日起，宏碁有義務以一年為一期，平均分為五期，向中華開發買回德碁股票。但中華開發有權主張延後賣回部分（或全部）股權，宏碁至遲不得超過 2000 年 12 月 31 日買回。

宏碁向中華開發買回德碁股票的價格是以下列二者中較大者為準：

　⑴中華開發機動調整的基本放款利率加碼年息二個百分點，並按年複利計算。

⑵買回當時德碁的帳面股權淨值。

此外，在下列情況下，宏碁得要求提前買回：

⑴德碁有宣告重整、清算、解散、破產或其他喪失債信情事。

⑵1995 年 1 月 1 日至 1996 年 12 月 31 日止的期間內。

在宏碁售股給中華開發期間，德碁因盈餘和資本公積轉增資而配發股票，則該配股的買回條件比照前述處理原則。

財務會計準則仍缺乏附「得買回條件」的股權移轉會計處理規定，因此依財政部證期會 1991 年 9 月 21 日台財證㈥第 02738 號函指示，按融資方式處理，轉讓面額 4.96 億元視為本金，列入「應付關係人長期借款」科目。

　2.中華開發賣回後附買回

宏碁同意在德碁股票上市前,中華開發有權買回已賣回給宏碁的部分(或全部)德碁股票。

六、「附買回協議」運用注意事項

有股票上市打算的公司在使用「附買回協議」時應注意證期會的法令規定，交易所在 1995 年 8 月經證期會核准修訂「股票上市申請書」和「聲明書」，增列申請上市公司的董事、監事和持股一成以上大股東，跟他人訂有投資附買回條件協議等相關資料，應主動提供揭露並加以說明。但是揭露事項是否有異常而有不宜上市的情事，則由證交所進行評估。

證期會表示,股票申請上市公司主要股東跟他人訂有投資附買回協議的類型共有五種:

　1.承諾對方參與業務經營，並獲選任董、監事若干席位。

　2.保證公司股票應於一定期限內達成上市，或上市時股票承銷價為何，要是沒達到上述標準，售股人依協議價格買回售股。

　3.承諾公司股票未上市前的年度業績、盈餘目標應達到特定標準，及買受人得於一定期限後以約定價格要求售股人買回。

　4.雙方約定符合法令上市標準時，售股人（公司）應即申請辦理股票上市，買受人（承銷商）應盡力予以協助，並取得優先承辦公司股票上市案件。

5.買回協議終止，為立協議人經他方書面同意，或該公司達成上市後把其股份全數轉讓後失去效力。

以第 2 項來說，1993 年 8 月 25 日，中華開發公司跟剛上市申請遭退件的偉聯運輸董事長彭蔭剛簽約，內容如下：

(1)彭蔭剛轉出 300 萬股給中華開發認購，每股 40 元，總價 1.2 億元。

(2)三年內保證公司上市，萬一上不了市或經營有其他不利的變化，則中華開發隨時可要求彭蔭剛加計利息買回 300 萬股。

(3)為了表示彭蔭剛的誠意，他質押偉聯 60 萬股給中華開發，以降低中華開發的風險。

七、選擇權觀念在經營管理的功能

選擇權這個觀念用在認股方面，依目的不同而有不同的用途，表 11–5 是常見的幾種運用方式，舉例說明如下：

(一)作為外部股東自保方式

以本文所介紹的例子來說，宏碁 1989 年跟美國德州儀器合資成立德碁時，宏碁持股 76%，德儀持股 24%。在合資協議書中有一條規定：德儀如果認為合作對象（即宏碁）已無合作必要，或是德碁經營權受到威脅時，德儀有權要求宏碁以一定的價格讓出一部分德碁股權給德儀，使德儀可持有德碁 51% 的股權，以掌握經營權，此項選擇權有效期間為德碁成立後五年內（1996 年 1 月 15 日為屆滿日）。

(二)作為激勵工作

對於經營者、管理者、員工的貢獻，股東常會採取「分紅入股」、「認股選擇權」的方式予以激勵。以使美國克萊斯勒汽車公司反敗為勝的艾科卡來說，當他從通用汽車跳槽到克萊斯勒當董事長時，他不支薪，卻取得以每股 9 美元認購克萊斯勒股票 2,700 萬股的權利 (right)，當時股價為 7 美元。惟有股價爬升超過 9 美元，艾科卡所擁有的認股權才有價值，除非老天（股市大多頭）幫忙，否則他必須自求多福以免做白工了。

(三)作為抗拒敵意併購的工具

前述德碁的情況是兼具(一)、(三)二項目的條款，至於單純只為本目的而設計的例

子如下：

1985 年 6 月，全美第五大航空公司的環球航空（TransWorld Air Line，簡稱 TWA），為了抗拒併購大王 Carl Ichan 的艾肯集團的併購，TWA 特別給予德州航空以每股 19.625 美元購買 TWA640 萬股的權利。

第四節　轉換特別股規劃實務

轉換特別股股東為了保障自己的權益，跟貸款、債券發行一樣，總希望發行公司簽訂轉換特別股發行契約有一些保護條款，常見的例如：

一、轉換公司債是延後現金增資

員工股票選擇權是延後支付的薪資，套用這個道理，由表 11-6 可見 2001 年起流行的零息轉換公司債，本質是延後 (deferred) 的現金增資，只是時點不確定罷了！本處用轉換公司債以說明轉換證券——轉換特別股和轉換公司債。

表 11-6　二種轉換公司債的本質

種　類	本　質	舉　例
一、轉換公司債 　（convertible bond, CB）		
1.附息轉換公司債	SB　　＋　　call （純粹債券）　（買權） 往往透過資產交換，分解為債券和認購權證，跟 WB 一樣	2% + 20 元
2.零息轉換公司債	0　　＋　　call 擺明就是「延後」(deferred) 的現金增資，把純粹債券部分全部攤到轉換價格中	0% + 22.65 元 開發金控溢價 比率 22%
二、附認購權證公司債 　（bond with warrant, 　或 warrant bond, WB）	可拆解成 SB(straight bond) 和 Warrant	

發行零息轉換公司債以取代現金增資的原因有二：

(一)價　格

轉換公司債的轉換價格是溢價發行，總比現金增資以時價（過去三十、六十天均價中較低者）打折划算。

㈡時　機

在價內時投資人才會轉換，直接換成普通股。以溢價比率 20% 來說，常需一年投資人才有利可圖。對發行公司來說，在需錢孔急情況下，零息轉換公司債等於：

⑴第一年　零息（zero-coupon）公司債

⑵第二年　現金增資

1.開發金控公司

這對現金增資效益要到第二年、第三年才顯現出來，像開發金控公司在 2002 年 5 月 31 日的海外轉換公司債 5.75 億美元，開發金控說，此次發行 ECB 所募得的資金將全數認購子公司開發工銀辦理的普通股現金增資股份，以及一般投資業務、償還外幣負債並強化財務結構。（工商時報，2002 年 6 月 1 日，第 3 版，洪川詠等）

2.中華映管公司

2002 年 5 月 31 日股東大會中，中華映管公司為提高 TFT-LCD 面板產能規模，已決定籌建 4.5 代和 5 代面板廠各一座；華映董事長林鎮源預估，未來三年資本支出高達 633 億元，2002 年下半年資本支出金額即達 180 億元，2003 年將提高至 280 億元。為籌措龐大建廠資金，華映籌備發行 3 億股海外存託憑證，以及募集 2.5 億美元海外轉換公司債。股東會通過在 6 億股額度內，再辦理發行海外存託憑證及現金增資。

TFT-LCD 面板產業景氣持續復甦，為掌握市場需求，幾乎臺灣所有面板廠均趕搭這波全球投資 5 代廠風潮，投下巨資，大舉擴廠。中華映管更是一口氣推出籌建兩座新的面板廠計畫，一座為 4.5 代廠、一座為 5 代廠，首座 4.5 代廠已於五月初動工，預計 2003 年 6 月可量產，規劃月產基板 7.5 萬片。（工商時報，2002 年 6 月 1 日，第 3 版，陳國瑋、田媛）

套用炸彈舉例，現金增資是即丟即爆的炸彈，轉換公司債是不定時炸彈，跟歌星齊秦的成名曲之一「大約在冬季」的「大約」比較像。

㈢半債？半「股」！

難怪轉換公司債行情表在工商時報（第 28 版）、經濟日報（第 21 版）都是放

在股票行情表中，跟熊貓一樣，是熊不是貓，同樣的，轉換公司債（尤其是零息轉換公司債）是披著羊皮的狼，本質上是股票。

㈣零息轉換公司債的時空背景

2001 年起全球不景氣，利率走低，美國一年期定存 1.7%、臺灣 2.125%。一般轉換公司債定價時，利率大都是中長期利率的一半，簡單的以一年期利率來舉例，美國是 0.95%、臺灣 1.15%，薄的幾乎跟衛生棉的廣告詞「幾乎不會感覺它的存在」。那麼索性剔除，轉到轉換價格的溢價。

二、股利發放限制條款

股利發放限制條款又稱「反稀釋條款」，例如聯華電子在發行甲種特別股時規定，特別股股東對於普通股盈餘轉增資配股若超過 1.5 元時，具有否決權。此點限制，終因聯電 1994 年盈餘大幅成長以致變得綁手綁腳，終於 1995 年 5 月 4 日股東臨時會予以廢除。

三、轉換特別股的參加權

在廢除反稀釋條款後，特別股股東也希望有捨就有得，這個得便是特別股可參與部分無償配股。首開先例的是中環，1993 年 8 月，中環開先例修改其甲種特別股發行條件。

1. 特別股享有被選舉權。

2. 若普通股配股逾 2 元以上，則特別股可跟普通股股東共同享受盈餘、公積配股權。例如中環普通股配 10 元，則特別股可配 2 元，再加固定股息 1 元。中環此舉的目的在於解決轉換特別股股性趨冷的問題。中環開先例，不少上市公司有樣學樣，前述聯電便是一個例子。

至於修改轉換特別股的發行條件，程序上僅需普通股股東會、特別股股東會通過，無須送證期會和經濟部商業司審核。要是公司通過反稀釋條款，則投資人須計算轉換特別股可折算成多少普通股以分享除權，即計算約當股數。

四、轉換特別股、公司債適用時機

法令上規定只有發行公司才得以發行轉換證券,一般中小企業的作法大都把轉換證券票面收益率的部分,會計登帳作成股東往來的利息支出。機構投資人基於守法的考量,對於未上市公司投資,不太願意接受轉換證券的安排。

此外,基於已上市的甲種特別股股性趨冷的另一原因為不准轉換(或稱冷凍)期間太長,以致轉換特別股股東在公司大賺時變成二等股民,因此第一種改善作法,為縮短冷凍期間或在冷凍期間內某一天開放轉換特別股得轉換為普通股。

五、發行公司收回條款

發行公司為了減輕特別股股利此一(稅後)固定支出,甚至為了防止因參加、轉換而造成盈餘、經營權稀釋,因此跟投資人在「轉換證券發行契約」中訂定收回條款,即在一定條件下,發行公司有權依公式價格贖回轉換證券。

六、特別股

多數銀行還是以發行特別股為首選,台新銀行指出,銀行特別股除了具有保本、收益固定的特性,法人投資者的股利不計入所得課稅,免繳 25% 的營利事業所得稅,兩稅合一實施後,特別股股利含有抵稅權,可分配給股東抵繳綜合所得稅,使得投資收益變相增加。

以台新銀甲種特別股為例,股利是發行價格的 5.75%,法人投資者在扣除 25% 的營所稅後,實際收益約為 7.67%;自然投資人計入台新銀提供的抵稅權約 24% 之後,實際收益約為 7.1%,比 2000 年銀行定存利率 5% 高出近 2 個百分點,對大額投資人來說,不但收益提高,還可節稅。

特別股的變現力風險高於公司債,因為特別股的交易成本比較高,不但要課 0.3% 的證券交易稅,還要加收券商手續費,公司債沒有手續費、交易稅,所以特別股次級市場可用「有行無市」來形容,投資人買進之後,除非有事先約定可轉換成普通股,多半是持有直到期滿。

彰銀表示,特別股屬於固定利息的股權產品,性質偏向債券,投資人在乎的是

利息報酬，而不是發行價格。大華證券也指出，由於特別股通常限定不得轉換為普通股，特別股發行價格高低跟發行股數成反比，只要募足銀行所需資金即可，也就是說銀行以較低價格發行特別股，發行股數就會增加。（經濟日報，2000 年 8 月 30 日，第 7 版，黃登榆）

表 11-7　銀行發行特別股比較表

銀　行	台新銀		大眾銀	中信銀	彰銀
項　目	甲種	乙種			
發行總額	30 億元	40 億元	15 億元	100 億元	60 億元
發行年限	3 年期	6 年期	5 年期	6 年期	6 年期
利　率	按發行價格的 5.75%	按發行價格的 6.05%	按發行價格的 5.9%	按發行價格的 6.12%	按發行價格的 6.1%
是否得參與普通股的盈餘及資本公積的分派	否	否	是（但不包含普通股現金增資溢價的資本公積）	否	否
轉換權	不得轉換為普通股，自發行日起滿三年依發行價格強制贖回	不得轉換為普通股，自發行日起滿六年依發行價格強制贖回	自 1999 年到 2004 年每年 12/1 到 12/15 辦理轉換，第五年可選擇按面額贖回，或依轉換比率辦理轉換	不得轉換為普通股，期滿時換發行價格贖回	不得轉換為普通股，期滿時換發行價格贖回
轉換比率	無	無	1：1	無	無
每股發行價格	10 元	10 元	10 元	40 元	40 元
承銷方式	公開申購配售	詢價圈購	洽特定人認購	詢價圈購	詢價圈購

資料來源：大華證券。

◆ **本章習題** ◆

1. 臺灣股市一般認購權證的槓桿倍數大概多少？（可用一支認購權證來舉例）

2. 用 Excel 或其他可拿到的軟體，計算一支價內、價平、價外認購權證，看看選擇權定價模式是否有系統偏誤，而且是什麼型態？

3. 找一支發行轉換特別股的上市公司，計算其權益結構，權益槓桿比例。

4. 把上市公司轉換特別股發行條件做表整理，分析其異同。

5. 以一家有發行轉換特別股（最好也有發行轉換公司債），分析其過去五年的資本形成過程（即為何會採取轉換證券來募資）。

6. 同上，但把研究對象鎖定在發行（含海外）轉換公司債的上市公司。

7. 找一家附買回協議的案例，看看其內容怎麼訂，對誰比較有利？

8. 以表 11–5 為基礎，把上市公司的案例填入。

9. 詳細分析一支可轉換、可參加特別股的報酬率。

10. 找一支中途收回轉換特別股或公司債的案例，分析其收回效益。

第四篇

負債融資

第十二章

負債融資規劃
——以票債券發行為主

平心而論，錢財人人都想要，而且是多多益善，但是，君子愛財取之有道，更何況，一個人的一生，在他所追求的各項事物中，有些無形的東西，論其價值與永恆性，更勝於錢財，例如人格、聲譽、形象、感情等，一個人捨去這些，一味的去追求錢財，無異是捨本逐末，因小失大，是最沒有智慧的人。我在這方面，有過不少的經歷。

統一公司的經營觸角，遍及很廣，時時都有生意機會，許多大買賣，只要我睜隻眼閉隻眼，把股東的利益放在最後，轉眼間，個人就能得到天文數字的好處，可是這三十多年來，我不曾做過一件對不起股東和自己良心的事。

我不是個唱高調或自鳴清高的人，多年來，每回在面對利誘，自己不過是貫徹一個基本的理念，也就是一個人的一生，名譽是最要緊。

對一個大公司的老闆而言，公司愈大，機會愈高，賺的錢也愈多，在巨額金錢的誘惑下，稍稍把持不住，就會鑄下大錯，一錯再錯的結果，就是身敗名裂，對一個生意人而言，這是最糟糕的一筆人生交易。

——高清愿　統一集團總裁

工商時報，2002年7月3日，第35版

學習目標：

負債融資是財務部的基本職責，如何達到又要快又要求好，這便是第十二、十三章的學習目標。

直接效益：

台積電等大型上市公司財務長看了本章會很驚訝：「怎麼把我們日常在做的工作，這麼有系統的整理、舉例出來」。是的，讀完第十二、十三章，再加上一些個案研討，你可以擔任上市公司財務部融資主管了！

本章重點：

- 負債融資管理流程。圖 12-1
- 舉債方式、種類跟還款來源。表 12-1
- 貸款的分類。表 12-2
- 不同商業組織型態的貸款種類、型態。表 12-3
- 營業現金流量 (EBITA)。§12.2 二
- 利息、還款保障倍數。表 12-5
- 營業現金流量的取樣期間。表 12-6
- 計算舉債能力。§12.2 二(五)
- 聯合貸款相關費用。圖 12-2
- 轉換公司債發行相關機構和費用。表 12-8
- 資金來源和募集方式。表 12-9
- 融資方式和途徑的費用、時效、彈性比較。表 12-12
- 商業本票發行費用。表 12-15
- MMI、NIF、MOF。§12.5 二

前言：不見輿薪，只見毫末

坊間有許多財務課程，討論如何取得銀行貸款或發行票券，甚至租賃，但大都有「見樹不見林」之憾。甚至連教科書也缺乏系統說明如何擬定負債決策，先把策略訂好，至於像「銀行往來關係」這樣的課程只屬於戰術甚至戰技層級，策略對了（例如應該借抵押貸款而不要租賃），戰術稍微出入一點並無大礙（例如找哪一家銀行貸款），要是只見毫末而不見輿薪，那損失可大了！

第一節　負債融資全面觀

企業負債融資的管理流程詳見圖 12-1，負債融資管理流程和第十二～十三章架構如下。

圖 12-1　負債融資管理流程和第十二～十三章架構

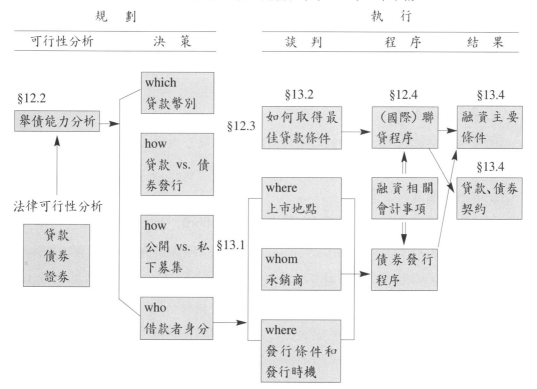

借款公司先書面作業以搜索可行的融資方式和範圍，依序如下：

一、舉債三個情況

車子有新車、中古車之分，同樣的，融資也可分為第一次、第二次，而公司融資也有同樣情況，但是動機卻大不相同。

㈠第一次舉債

第一次舉債大都是為了取得資金以挹注擴大營運，又依期間可分為二種：

1.短期融資

大都是為了營運周轉金，也就是購料、進貨、雇工等，常見的融資方式是發行票券或銀行信用貸款。

2.中長期融資

借三年貸款大都是為了添購機器設備等生財器具或買地蓋廠。

㈡借新還舊

借新還舊常出現在下列二種情況：

1.積極的降低利率。

2.被動的展期。

循環性定期貸款 (revolving term loan) 屆期，雙方再議利率後，新約換舊約。

不管上面哪個動機，舉債方式不同，說法也不同。

⑴貸款時稱為借舊還新。

⑵債券發行時稱為換券操作 (refunding operation)，也就是發行新公司債（例如三年期利率 3.5%），把未到期的舊公司債（例如票面利率 4.2%）贖回，也就是舊公司債「功成身退」(retired)，前提是債券契約中要有收回條款 (call provision)。用 "call" 這個字，跟買權的 call 是同一個字，也就是債券發行公司在發行時，順便取得一個買權，可中途還本還息收回公司債，當然也得付出相當權利金代價，只是這權利金隱含在較高的票面利率中，以補償投資人屆時可能的不便、再投資風險。

㈢借長還短的改善負債結構

你常會看到許多公司發行三年期公司債的目的是為了取代票券發行，把原本40億元負債中，短長債比重由四比六，調整為三比七（即短債12億元、長債28億元）。一般稱為改善財務結構，但精準說法是改善（或健全）負債結構。

二、舉債幣別的決策

當海外利率低（例如瑞士法郎、日圓），且在舉債期間無相對升值之虞，則宜舉借外幣資金；否則宜舉借臺幣資金。一旦外幣貸款利率走高或匯率走強，外幣貸款吸引力下跌，只好進行幣別轉換，柿子挑軟的吃，貸款挑弱勢貨幣。

有關「負債幣別」(debt denomination) 的決策，美國佛羅里達州 Atlantic 大學教授 Medura & Fosberg (1990) 認為，最主要的影響因素是國家特定（即匯兌）風險、專案特定（即該投資案現金流量）風險，至於公司營所稅、金融市場不完全二項並不重要。

三、直接 vs. 間接融資

公司直銷 (direct-marketing)、產地直銷強調可以節省通路費用（難聽的用詞「剝削」），所以商品售價較低。

同樣道理，貸款證券化方式的發行票券（一年以內）、債券（一年以上），直接向債權人募資稱為直接融資 (direct financing)，此字不宜譯為直接金融。但由於只有公開發行公司才能發行票債券，所以108萬家企業只好乾瞪眼——臺灣有109萬家公司，其中僅3,000家公開發行（包括上市600家、上櫃300家）。

由表12-1可見二種舉債方式、還款來源的分類，如果你注意看，還是可以發現我們連表中縱欄（Y軸）、橫欄（X軸）都隱含著座標軸的觀念，以縱欄來說，可說是舉債成本（例如5%），由低往高往上排列，貸款成本最高，同理可推橫欄。

㈠殺價殺到眼紅

2002年1月，銀行貸款利率4.625%左右，但在債券型基金的補券需求和證券商積極搶標下，29日開標的新光三越五年期、10億元公司債利率2.77%，低於市場預期。而30日投標的台灣塑膠公司債，發行利率也在3%以下。（經濟日報，2002年1月30日，第7版，李淑慧）

表 12-1　舉債方式、種類跟還款來源

舉債方式 ＼ 還款來源	資　産 (asset based)	獲　利 (cash-flow based)
一、貸款 (loan 或 lending)：間接融資	抵押貸款	信用貸款
二、貸款證券化：直接融資		
(一)公司債 (corporate bond)		
1.金融業稱為金融債券		
2.非金融業稱為公司債	有擔保公司債 (secured bond)	無擔保公司債 (debenture bond)
(二)票券 (bill)	以交易型商業本票 (CP$_1$) 為例，屬於自償性票券	以融資型商業本票 (CP$_2$) 為主

　　由這二個例子可看出直接融資比間接融資便宜三成左右，由此可見融資方式決策的重要性。

　　1.融資方式的抉擇：即究竟採直接融資（即票債券發行）或間接融資 (indirect financing)，在第三節中比較這二種方式的成本。貸款屬於私下募集方式，時效性比公開募集的債券發行佳。

　　2.融資方式的限制：一般來說，債券發行的公開發行公司也須符合法令、債信的規定。

　　3.公開或私下募集：一般來說，公開募集比較便宜，但速度較慢，而且僅限於公開發行公司才有資格採取此方式，詳見第四節。

(二)票券、債券

　　因此，你就不會覺得奇怪，為什麼美國人用舉債 (debt raising) 這個字，因為舉債可採取銀行貸款、票債券發行方式。都是借錢，只是債權人不一樣，所以用負債 (debt) 這個字，跟資產負債表右邊那個負債一模一樣。

　　末了，債券也不是什麼新觀念，可視為下列二者之一：

　　1.貸款證券化。

　　2.借據 (IOU, I owe you) 票據化。

　　持有公司債的投資人 (bond holder) 只是比持有借據的債權人多一些合法的保障罷了。因此，當台塑公司發行面額 10 萬元的公司債 1 萬張，等於台塑簽了 1 萬

張借條，向債權人們借了 10 億元。

㈢銀行貸款的種類和慣例

銀行對不同性質貸款的授信程序也略有不同，首先由表 12-2 可看出貸款的分類。

表 12-2　貸款的分類

期間 / 抵押	短期貸款 （一年以內）	中期貸款 （一～三年或五年）	長期貸款 （五年以上）
一、抵押貸款 (asset-based loan)，又稱：			
1.主順位貸款		1.資產抵押 (asset-backed) 　⑴不動產質押 (collateral) 　⑵動產抵押 (mortgage)	
2.高級貸款 (senior loan)		2.高級循環負債 (senior revolving debt)	高級定期負債
二、信用貸款 (cash-flow loan) 又稱：			
1.次順位貸款 (subordinated loan)	1.橋樑貸款 (bridge loan)	1.銀行承兌額度 2.NIF 額度	1.高級附屬負債 (senior subordinated debt)
2.次級貸款 (junior loan)	2.透支額度 3.信用狀額度		2.專案融資 (project loan)

1.橋樑貸款 (bridge loan)

橋樑貸款的用途在於提供借款公司銜接取得長期資金之前周轉用,跟橋連接二地的功用一樣，所以稱為橋樑融資 (bridge financing)，又稱為過渡性貸款。

橋樑貸款的期間可短至三天（即墊款），最多可長至二年。在美國，其利率常為國庫券（或聯邦基金）利率再加 0.75 至 4 個百分點，借款公司為了避免到時再融資資金無著，常會藉下列各式以確保自己不會違反橋樑貸款契約：

⑴滾期條款 (rollover provision)：並且已明載橋樑貸款屆期後，如果借款公司還續借，續借的利率如何計算；此時短期的橋樑貸款將搖身一變為中長期的次級負債。

⑵在橋樑貸款簽約前後，借款公司便尋求其他銀行提供再融資的承諾。

橋樑貸款的貸款契約條款比高級貸款契約條款鬆,以免用力太重而動輒使借款

公司因違約而面臨財務危機，面臨裡外吃緊的壓力。況且，一般情況下，橋樑放款者 (bridge lender) 也可透過協助借款公司銷售再融資債務，取得新債以償還舊債，如此也不會太執著非得把橋樑貸款訂得嚴格得透不過氣來。

2.美國的銀行貸款慣例

一般來說，在美國短期（一年內）信用資金的主要提供者為商業銀行，借款公司常須維持補償性餘額，常見的天期是九十天。借款公司開立本票以作為還款的擔保，雖然可以無限期滾期借下去，但一年最少須還款一次。至於其他國家慣見的透支 (overdraft)，在美國並不普遍。

中長期放款方式為定期貸款 (term loans)、信用額度 (line of credit) 二種。

3.動產質押公司債

1999 年 11 月 27 日，光華投資公司 10 億元的五年期公司債開標，票面利率5.79%，由金華信銀證券擔任主辦承銷商。這是證期會通過股票擔保公司債發行辦法後，第一家發行股票擔保公司債的公司。

證期會日前通過股票擔保公司債發行辦法，根據規定，發行公司發行股票擔保公司債，應提供債券本金和利息 1.5 倍價值的股票為擔保品，一旦擔保品價值跌至債券本金和利息的 1.2 倍以下時，受託機構將要求發行公司補足擔保品。(工商時報，1999 年 11 月 29 日，第 8 版，朱佩瑛)

4.不動產抵押貸款愈來愈不吃香

由於股票和房地產市場不振，建華銀行總經理盧正昕認為，銀行對於貸款的貸放標準，會傾向於以自償性的貸款，譬如企業的應收帳款作為貸款的核貸準據。企業仰賴不動產抵押，作為向銀行借貸的依據，將漸漸式微。(工商時報，2001 年 7 月 10 日，第 4 版，張令慧)

四、身分不同、貸款種類也不同

股份有限公司和非公司型態商業組織，貸款種類也不同，詳見表 12–3。當然，股份有限公司比商號（包括個人工作室）在貸款方面擁有更多優勢，例如可選擇票券發行、債券發行、機器設備抵押貸款、租賃。

表 12-3　不同商業組織型態的貸款種類、型態

組織型態 貸款種類	非公司型態 （商號）	公司型態
一、抵押貸款	1.房貸 ・一般 ・首次購屋 ・理財型 2.青年創業貸款	・房貸（不適用首次購屋） ・機器設備貸款、租賃 ・票券發行 ・債券發行
二、信用貸款	・小額信貸 ・標會 ・有價證券質押 ・保單貸款	・透支 ・信用額度 ・開信用狀 (L/C)

所以考慮負債資金可能來源時，要先看看你的事業是怎樣的商業組織型態。當然，縱使是股份有限公司也得債信良好才能借得到錢，對於新設立一年以內公司，很難取得信用貸款。

第二節　舉債能力分析

「沒有三兩三，怎敢過梁山」，舉債之前，借款人總得掂掂自己的斤兩，衡量能借進多少錢，稱為「舉債能力分析」(debt capacity analysis)。

上一節曾說明抵押貸款是以資產負債表中的資產基礎負債（asset-based debt，簡稱資產融資），信用貸款的還款來自損益表中的獲利，所以又稱為現金流量基礎負債（cash-flow based debt，簡稱現金流量融資）。接著說明這二種舉債基礎可能借進多少錢。

一、資產基礎的舉債能力分析

在計算可用於支持償還貸款的淨資產價值時，有二點值得注意：

(一)商譽極可能被放款者剔除

「併購溢價」（即併購金額超過賣方總資產帳面價值部分）如果太高，那麼抵押貸款金額將很有限；甚至連信用貸款時，銀行也會把借款公司的商譽從總資產中

減除。如此一來，在同樣負債比率情況下，借款公司並不能以資產總額來估計可貸金額 (loanable amounts)。

(二)抵押資產價值打折

就以抵押貸款來說，墊款比率 (advance rate) 會把資產抵押成數往下壓，就以常見的資產來說：

1. 應收帳款價值的 70 ～ 80%。
2. 存貨價值的 30 ～ 60%。
3. 機器正常清算價值 60 ～ 75%。
4. 房地產公平價值 65 ～ 75%，例如 1995 年 12 月，臺中精密機械公司跟荷蘭銀行簽訂的「票券發行融資工具」(NIF) 契約，額度 10 億元，中精機便是拿土地為擔保，擔保成數約七成。

一般來說，銀行大都不願接受舊機器作為抵押品；此時，只好求助於租賃公司。

二、獲利基礎的舉債能力分析

在高負債比率情況下，由於資產支持融資 (asset-based financing) (即抵押貸款) 金額有限，常須輔以現金流量支持融資 (cash-flow lending)，即信用貸款。此時借款公司的財務風險頗高，因此現金流量放款者 (cash flow lender) 在核放貸款之前，總要對借款公司進行風險評估，以瞭解在悲觀情況下借款公司是否還有還款能力。以美國 Heller 財務公司來說，其舉債（買下）融資部門採利息保障倍數作為判斷借款公司「還款能力」的衡量工具。無論是抵押貸款或信用貸款，銀行注重的還是借款公司的現金流量能支持多少負債本息，借款公司可用一些財務比率以粗估自己的舉債空間。

最常用的財務比率為營業淨利倍數 (operating income multiple)，也就是有多少的營業淨利 (net operating income)，能夠支持多少的負債本息；即利息保障倍數 (interest coverage multiple)。

營業現金流量是指稅前息前分攤前盈餘 (EBITA，earning before interest, taxes and amortization)。其中「分攤」(amortization) 是指商譽等無形資產的會計分攤和折舊，這些科目並沒有真正的現金支出，因此當然是公司償債能力的資金來源。同

理，對於非現金利得也須加以扣除。EBITA 是來自營業現金流量，由於債權人有優先受償的權利，因此每年營業淨利便成為償債能力的保證。

㈠營業現金流量

由表 12–4 示範公司的損益表，我們用最簡單（營收 100，立即可以把損益表各項目化為百分比）例子來說明稅前營業現金流量觀念。

表 12–4　示範公司2002 年損益表

營收	100	
－ 營業成本	60	
・原物料		
・製造費用（含折舊）		3
・直接人工		
毛利	40	
－ 管理費用		
－ 銷售費用		
（稅前）營業淨利	20	
＋ 營業外收入	1	
－ 營業外支出（40E×5%）	2	
（稅前）盈餘	19	
－ 營所稅	4.75	
稅後盈餘	14.25	

1. 稅前營業現金流量 (EBITA)

$$稅前營業現金流量 = 稅前營業淨利 + 折舊 + 商譽分攤$$
$$22 = 20 + 2$$

2. 稅前息前分攤前盈餘 (EBITA)

$$稅前息前分攤前盈餘 = 稅後盈餘 + 營所稅 + 利息費用 + 折舊 + 商譽分攤$$
$$= 14.25 + 4.75 + 2 + 2$$
$$= 23$$

這二者差別是 EBITA 不小心把營業外收入納進來了。

(二)利息保障倍數

利息保障倍數 (interest coverage multiplier 或 debt service ratio) 的公式如表 12-5 所示，一眼就可看出跟速動比率的精神一樣，也就是公司有賺多少錢可以還利息錢，銀行願意接受的魔術數字至少是 4（倍）以上。因為：

1.付了利息，公司總得還有賺頭，可以去支付必要的資本支出，以備買新機器，此外還可能應付一些營業外支出。

2.縱使上述項目金額不大，但是，4 倍可說有個「底」(cushion)，否則萬一借款戶營運七折八扣，至少不會還不起利息。

表 12-5　利息、還款保障倍數

	利息保障倍數 (interest coverage multiplier)	還款保障倍數 (debt payment multiplier)
公　式	$\dfrac{稅前營運現金流量}{利息} > 4$	$\dfrac{稅前營運現金流量}{利息 + 還本}$
舉　例	$\dfrac{22}{2} = 11 \times$	$\dfrac{22}{2 + 1.11} = 7.07 \times$

×（乘號）：代表倍數。

對銀行來說，收回利息只是最低標準，還得收回貸款本金，因此跟利息保障倍數一樣，又有還款保障倍數 (debt payment multiplier) 的觀念，詳見表 12-5 右欄。

(三)營業現金流量的取樣期間

跟計算本益比一樣，有用歷史盈餘，也有用預測盈餘，（投資）股票看未來，邏輯上應該注重預測盈餘，只是茫茫無所從時，只好以古鑑今的用歷史盈餘。但又怕犯了「一葉落而知秋」的錯誤，所以常用過去三（或五）年平均值。

同樣的，營業現金流量取樣也是如此，詳見表 12-6。銀行在計算借款公司的營業現金流量倍數時，其營業現金流量大都為借款日後一年的預估金額，為佐證此金額的可信性，還常參考借款日前一年的實際金額，尤其是賣方公司在不景氣時。

但光由一年來判斷常易犯一葉落而知秋的錯誤，因此必須針對自由現金流量的循環性、趨勢性（成長性）加以修正。

表 12-6　營業現金流量的取樣期間

說明 ＼ 取樣期間	過去三年 （事後，ex post）	未來三年 （事前，ex ante）
一、說　明	大都採取此定義，因為過去是未來的基礎	而且每年都要達到標準，否則很容易事先就發現此貸款會成為催收款
二、適用對象	傳統產業或成熟期高科技公司	導入、成長期公司

㈣預估營業現金流量

針對當年（例如 2002 年）營業現金流量的預估，至少有下列二種預估假設：

1.基本情況 (base case)

它並不像字義所說的「最可能情況」，而是夾雜著樂觀的看法。

2.合理最差情況 (reasonable worst case)

這就是最可能的情況，公司執行常有九成把握可達到此目標水準。

要是基本、合理最差情況的預估數字相差太遠，那麼千萬要小心，這種獲利波動（營運風險）太大的公司，銀行常會「小生怕怕」。

反之，經歷過幾個經濟循環的經營團隊所作的預估較值得信賴，如果預估數字能被銀行接受，那麼借款公司對自己的預估數字，又可增加一層信心。

㈤計算舉債能力

接著以示範公司為例，分析最多可借到多少無擔保負債。

1.每年還息上限

$$\frac{22}{x} \geqq 4$$

所以　　$\frac{22}{4} = 5.5 \leq x$

也就是每年還息不可超過 5.5 億元

2.利息怎麼算

僅為舉例起見，在最簡單情況下，貸款利率 5% 表示貸款 100 元，每年利息 5 元。那麼借 1 億元，每年利息 500 萬元。

3.信用舉債金額

此上述還息上限 5.5 億元來說

$$Y \times 500 \text{ 萬元} \leqq 5.5 \text{ 億元}$$

那麼　　$Y \leqq 110 \text{ 億元}$

(六)敏感分析

上述只是單一情況（表 12-7 中打 * 處）下的估計，而且也只是預估值，情況不會一成不變。如果利率上升或下降、公司獲利能力改善或惡化，那麼又可借到多少錢。這種在可能情況附近摸索的方式稱為敏感分析 (sensitive analysis)，詳見表 12-7。

表 12-7　信用貸款的敏感分析

利率 EBITA	4%	4.5%	5*%	5.5%	6%
17.6	110	97.78	88	80	73.3
19.8	123.75	110	99	90	82.5
22*	137.5	122.2	110	100	91.67
24.2	151.25	134	121	110	100.83
26.62	166.38	148	133.1	121	111

當然還有更進一步的計算最可能利率、獲利方式，但本書只談到這裡就夠了。

(七)負債比率會卡住你

示範公司
資產負債表

總資產 100 億元	負債 40 億元 業主權益 60 億元

$$\text{負債比率} = \frac{40\text{億元}}{100\text{億元}} = 40\%$$

↓ 信用貸款
舉債到頂

總資產 170 億元	負債 110 億元 業主權益 60 億元

$$\text{負債比率} = \frac{110\text{億元}}{170\text{億元}} = 64.7\%$$

假設銀行願意接受借款公司的負債比率上限是 60%，那麼還可再借多少錢?

$$\frac{40億元 + x}{100億元 + x} = 60\%$$

得到 x=50 億元，驗算一下

$$\frac{40 + 50}{100 + 50} = 60\%$$

第三節　貸款或債券發行──貸款、債券的融資費用

　　就跟買汽車一樣，一般來說，價格雖然不是惟一的考量因素，但通常是最重要的考量因素。跟買汽車一樣，車款並不是惟一的成本; 負債融資無論採取貸款、債券方式, 除了利率外, 還包括一堆令人眼花撩亂的費用, 接著我們將分別詳細說明。

　　惟有瞭解融資的總成本，才能無誤的挑選最便宜的融資方式、放款公司。

一、聯合貸款的費用

　　貸款是企業長期負債資金的主要來源, 以 2000 年來說, 聯合貸款 (syndicated loan) 金額為 550 億美元、共 140 件, 佔企業負債的 32%, 可見聯貸方式的重要性。此外, 國際聯貸對國內聯貸之比為一比四, 但是這不包括臺灣全球企業海外子公司在當地的聯貸。

　　聯合貸款時, 除了利息成本外, 借款者還須支付一堆「銀行費用」(bank fees),這些費用詳見圖 12–2。

　　貸款的費用為全部成本觀念, 也就是說貸款利率中已包括借款公司所應負擔的費用, 除了貸款利率外, 可能還包括下列數項; 當然, 如果貸款利率已包含這些費用, 那麼此貸款利率稱為「全部利率」(all in rate); 這跟去遊樂區玩,「一票到底」的意思一樣。

圖 12-2　企業為取得聯合貸款所須支付的銀行費用

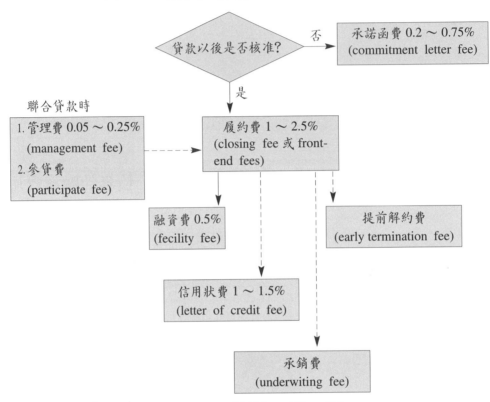

資料來源：　1. 整理自 Reed & Edson, *The Art of M&A*, pp.133 ～ 134。
2. 林宗成，〈國際聯合貸款與併購融資〉，《產業金融》68 期，1990 年 9 月，第 14 ～ 15 頁。

㈠預約費

　　碰到聯合貸款時，銀行跟借款公司已越過初步接洽階段 (initiation stage)，而進入比較深入的洽商。此時，主辦行跟其他聯合銀行接洽後，會開立「預約函」(engagement letter) 給借款公司，說明在銀行承諾放款前，有關此貸款交易仍有待檢討、解決之處，甚至包括主辦行可能的放款額度。預約費 (engagement fee) 跟後面談及管理費最大差別是，縱使此筆貸款交易後來告吹，借款公司也須繳付此筆費用給銀行，所以可說是取消契約的費用 (cancellation fees)。

㈡承諾函費

　　無論借款公司的貸款是否被核准，有些情況銀行在發出承諾給借款公司時，會向借款公司收取承諾函費 (commitment letter fee)。以 2002 年 9 月發行的票券發行

融資工具（Note Issuance Facility，NIF）來說，承諾費率為 0.2%，這是年利，但每天計息，每月底支付。

以書面方式約定貸款承諾則稱為「正式貸款承諾」，可分為三類型：

1.循環信用承諾（revolving credits commitment）。
2.定期貸款承諾（term loan commitment）。
3.備償融通承諾（stand-by commitment）。

承諾費的計算方式跟貸款利率相似，通常由三個部分組成：

1.基準費率（base fee），以承諾貸款的未動支餘額為計算基準。
2.附屬融資費用（supplementary facility fee）。
3.補償餘額（compensating balance requirements）。

㈢履約費

履約費（closing fee）又稱訂金費（front-end fees），這是當貸款契約開始履行時，借款公司應付的費用；費率的高低視下列情況定：貸款速度、貸款複雜性、銀行團的家數和貸款風險程度。尤其短期放款者因時間短，較少像長期放款者那樣有機會透過利率來賺錢，所以履約費會收得較高些。

㈣管理費、參貸費

聯合貸款時，又有二項額外費用，其一是管理費（management 或 angency fee），以酬謝主辦行（arranger）順利安排聯合貸款各項事務。這項費用是持續的費率（on-going rate），依貸款總額的某比率按月或按季支付，不像承諾函費、履約費只消付一次費便可；其二是參貸費（participate fee），是借款公司付給參貸（銀）行（partic-ipants）的費用。

㈤融資費

融資費（facility 或 commitment fee）類似稅制中的空地稅，銀行針對借款額度未動用部分收取融資費，以促使借款公司充分利用貸款，許多情況下為每季付費一次。如果借款公司實際動用此信用額度，所須支付的貸款費用稱為撥款費用（draw-down fee）。

㈥信用狀開狀費

在貸款額度內，借款公司向銀行申請開立信用狀時，當然須另付信用狀開狀費

(letter of credit fee)。

(七)承銷費

當聯貸案中包括發行債券的多重選擇融資方式時，針對債券發行部分，借款公司須支付承辦行承銷費 (underwriting fee)。

(八)提前終止費

由於借款公司提前還款 (prepayment)，會使銀行團遭遇再投資風險，因此有些銀行為降低借款公司提前終止貸款契約的意願，往往會在貸款契約中加上提前終止費 (early termination fee) 的規定。不過此提前還款溢價 (prepayment premiums) 的懲罰性利率，可以在貸款契約中加以規避，尤其是當貸款利率是浮動利率時，借款公司提前還款，銀行如果能立刻又放款出去，其實所承受的再投資風險並不大。

不過學者如 Grabbe(1991) 把「前置成本」(up-front cost) 用來指現金開銷 (out-of-pocket expenses)，至於其他各項貸款有關的費率則屬於期間成本 (periodic cost)。

在貸款的過程中，有時為加強或補強借款公司的信用程度，會有提供抵押品或質押品的安排，則會再度發生估價費、抵押品設定費等作業相關費用，其間律師費、會計師費當然仍是難以避免的重要費用。

二、債券融資費用

債券融資的費用涵蓋二階段費用，一是債券發行期間的發行費，一是發行後迄屆滿日的維持費，詳見表 12-8。

🔹 第四節　債券發行決策──公開或私下募集

當決定融資方式後，接著便須決定究竟是採公開發行 (public offering) 或私下募集 (private placement，簡稱私募) 方式來融資。由表 12-9，可知不管是負債或是權益融資，由於目標市場 (即投資人) 不同，所以融資工具也跟著不一樣。

表 12-8　轉換公司債發行相關機構和費用

機　構	功　能	服務費用
1. 承銷商 (underwriter)	承銷以外，可兼任再銷、tender agent	0.6 ～ 1.5%
2. 再銷商 (remarketing)	將收購進來的債券再銷，一般由資深承銷商擔任	0.125 ～ 0.5%（又稱 dealer fee）
3. 賣回商 (tender)	收受與持有收購來的債券直迄再銷，通常由資深承銷商擔任	包括在再銷費用中
4. (參考利率) 指數編製機構	編製和發行利率指數	0 ～ 25,000 美元
5. 付款代埋人 (paying)	記錄、支付本息給債券持有人	初次費用 5,000 ～ 10,000 美元，以後每年 5,000 ～ 15,000 美元,視交易數目而定
6. 受託機構 (trustee)	監督交易各方依約行事、通常並擔任付款機構	同　上
7. 變現力	提供資金給未能立即再銷的收購來的債券	0.125 ～ 0.75%
8. 信用支持	強化債券發行人還本息的信用	0.375 ～ 1.5%

資料來源：Ronald W.Forbes, "Innovations in Tax-Exempt Finance"，摘錄自 J. Peter Williamson, *The Investment Banking Handbook*, John Wiley & Son, Inc., 1988, p.363.

表 12-9　資金來源和募集方式

融資來源＼募集方式	負　債		負債—債券	權　益
	主順位負債	次順位負債		
公開募集（簡稱公募）		負債證券化:票據(如商業本票)、垃圾債券	CB、附認股權證公司債	轉換　　股票　特別股　　換股　認購權證　存託憑證
私下募集（簡稱私募）	聯合貸款（中長期）股東借款商業授信、租賃	同上聯合貸款（短期：橋樑貸款）		

一、債券的分類

在以麵食為主的大陸東北，水餃有百餘種，以因應不同客戶的口味。同樣的，債券也有很多種，主要也是為了同時兼顧債券發行公司跟投資人的口味，詳見表12–10，抓住這衣領來提衣服就方便多了。

表 12–10　債券的分類

分類方式	臺灣常見	臺灣較少
一、幣　別	臺　幣	外幣，有些有幣別轉換條款（外國公司在美發行美元債券稱為洋基債券，以日圓計價稱為武士債券
二、抵押品	有擔保公司債	無擔保公司債
三、利　率	固定利率債券 1.單　利 2.複　利	浮動利率債券 (floating rate note, FRN) 1.參考利率 2.指數連結債券 (index-linked bond)
四、年　限	一年以內稱為票券 (bill)，或稱短券；二～七年稱為中券 (note)，也有發行3.5年	八年以上稱為長債 (bond) 或長券，但很少超過十五年
五、付　息	一年一次	半年一次 過程中不付息稱為「零息票債券」(zero-coupon bond)
六、還　本	屆期一次還本	每年陸續還本，在到期日前發行公司可中途贖回的稱為可收回債券 (callable bond)
七、面　額	10萬元、50萬元、100萬元、500萬元	
八、最低發行金額（以公司債為例）	5億元	3,000萬美元

(一)不同券別，滿足不同投資人

券別 (tranche) 這個字很抽象，但是用個例子就很清楚了。1998年6月，台塑

公司發行 40 億元無擔保公司債，由大華證券主承銷，共分為 6 種券別，是針對不同特性投資人所設計，詳見表 12–11。

表 12–11　台塑無擔保公司債發行條件

發行日期	券別	金額（億元）	期限（年）	票面利率（%）	付息還本方式	承銷商
1998.6 月中	甲券 丁	10 5	5	7.5	一年付息，一次還清	大華
	乙券 戊	5 5	6	7.56	同上	同上
	丙券 己	10 5	7	7.62	同上	同上

資料來源：許瑛欣，「台塑 40 億元公司債、敲定了」，工商時報，1998 年 4 月 30 日，第 13 版。

(二)中途還本的例子

分期還本的情況約佔十分之一，舉二個例子看看：

1. 1998 年第一季發行的中鋼 87–1，50 億元，滿三、四、五年各還三分之一。

2. 長榮航空公司 10 億元公司債，第二、三年各還本五成。

(三) TIBOR 作為臺幣資金的參考利率

過去英國金融市場舉世知名，倫敦金融業隔夜拆款利率 (LIBOR) 遂成為全球金融業的重要利率指標。近年隨著新加坡和香港在國際金融市場的地位攀升，SIBOR 和 HIBOR 之名也不脛而走。1998 年 6 月，遠東百貨發行五年期公司債 20 億元，依據不同投資人的需求，分成甲、乙、丙三券。甲券延續以前遠紡發行的固定和浮動利率混合型債券精神，前三年採 7.5% 的固定票面利率計息，後二年則開臺灣先例，創新採用金融業隔夜拆款平均利率作為利率指標，加碼 90 個基本點。財務部經理張宗元指出，我們會發行首三年固定票面利率，後兩年浮動利率的公司債，很明顯的應是對近三年利率看漲，三年後的利率看跌。

至於乙、丙二券則分別為票面利率遞增型和票面利率遞減型，遞增型利率從第一年至第五年分別為 7.36%、7.41%、7.46%、7.51%、7.56%；遞減型則從首年 7.54% 逐年遞減，第二年為 7.49%，依序為 7.44%、7.39% 和 7.34%。

遠百公司債由中信證券取得主辦承銷權，中信證券指出，利率遞增型和遞減型債券可滿足機構法人著重優先實現高收益；或者今年收益已高，著重刻意把收益遞延到未來年度的投資人需求。(經濟日報，1998 年 5 月 21 日，第 6 版，楊麗君)

二、二種舉債、融資方式的優缺點

「成本、成本、成本」是常見的募資三大要件，但有時「飢不擇食」時效反而比較重要，把二種舉債、融資方式優缺點整理於表 12-12，說明如下。

表 12-12　融資方式和途徑的費用、時效、彈性比較

方式 ＼ 途徑	公開募集　　＜　　私下募集		優　點
一、貸　款 ∨	III 銀行費用 0.3～2%	I 1.自己辦 或 2.中介費用 1～4%	·金額 ·違約成本較低
二、債　券 (不含垃圾債券)	IV 發行費用 0.3～3%	II 發行費用 1～3%	
三、適用情況 1.公司資格 2.時　效 3.彈　性	上市公司，也只有此才可發行轉換 公司債 慢 低	1.貸款：一般 2.債券：公開 快 高	

>: 表示總成本大於。

1.依融資總成本高低排序如下：私下募集貸款、私下募集債券、公開募集債券、公開募集貸款（例如聯合貸款）。

2.依彈性來看：私下募集的彈性較高，因債權人少，可以跟債務人當面磋商，俟後修改契約的速度也較快，也就是交易成本、監督成本比較低。此外，債券公開募集常涉及證期會規定的有效期間限制,例如海外轉換公司債發行核准有效期間最多只有九個月，即三個月須募集成功，可申請再延長六個月一次。

3.依融資金額來說：貸款比較有彈性，金額可高於債券，台塑六輕計畫聯合貸款金額高達 1,400 億元。

4.依違約嚴重來分：貸款情況下，借款者違約，還有寬限期，甚至重新談判償債方式，但是債券發行就比較硬梆梆的。

5.借款者身分的決定。

三、公開 vs. 私下募集

要是舉債金額大，而且借款公司知名度高、債信良好，有一個月的耐性等待，再加上債券市場配合，萬事俱備，發行公開募集債券 (public placed bond) 以籌措資金似為最佳選擇。如果上述條件缺一，那麼便應該考慮私下融資，至於公開、私下融資優缺點，適用情況為何，請見表 12-13，而這跟公司考慮是否股票上市類似。

表 12-13　公開和私下募集優缺點比較

融資成本	公開募集	私下募集
1.發行成本 (flotation 或 issue cost)	1.證管會登記費 2.受託人 (trustee) 費 3.上市 (listing) 費 4.投資銀行費 5.印刷費	全免或大部分全免，當自行募集時無須承銷費
2.負債關連成本 (1)破產成本 (2)負債代理成本	高 較高 較低	低 較低 較低
3.變現力折價	低	高，最多時比公開發行證券折價31%
4.財務等資訊公開	要	免
5.發行速度	較慢	較快、彈性大
適合發行對象	1.大型公司 2.發行金額大，有規模經濟，尤其是發行成本的分攤	1.中型公司 2.發行金額小

資料來源：整理自 Easterwood & Kadapakkcm, "The Role of Private & Public Debt in Corpotate Capital Structures", *Financial Management*, Autumn 1991, pp.49 ～ 51.

影響企業決定公開或私下募集的因素，除了外顯成本（即發行成本）外，其餘皆為隱含成本，不容易量化，但其重要性可能不會比外顯成本低。

(一)發行成本

隨著「證券化」的逐漸盛行，連負債融資也不能免俗；負債證券 (debt securities) 佔負債融資工具比重水漲船高，傳統貸款的比重則逐漸降低。而一般債券的發行成本 (flotation cost) 皆屬全部成本，例如發行金額的 1%。

(二)舉債關連成本

「舉債關連成本」(leveraged-related cost) 包括破產、負債代理成本二項，表現在融資利率中的違約風險溢價 (default risk premium) 上。因此當貸款違約風險（即破產成本）高時，主要是來自貸款所挹注的投資案投資風險大，其次則來自債務人傾向剝削債權人的代理問題。由於銀行家數不多，因此能很快跟借款公司議定明確的貸款契約，以求自保；縱使借款公司發生還款類問題，借款公司跟銀行可以比較有彈性的重新安排還款時間表 (reschedule)。

私下募集債券的優點主要來自投資人大都為金融機構，後者大都非常幹練，因此交易（如發行）結構可以非常複雜，例如包括附賣回權、附收回權、重定價、再行銷。而且由於投資人人數不多，因此任何需要發行公司跟投資人再配合的事項，比較容易以比較低成本和比較快速度完成。

由於公開發行比私下募集的舉債關連成本高，如果想降低此成本至某程度，可在債券契約中加以轉換、償債基金、貸款分期償還等條款；不一定非得採用私下募集不可。不致於像公開發行的債券契約，要是借款公司違約則公司可能被迫重整 (reorganization)、清算，對借款公司不利，對銀行也不見得比較好。此外，在私下募集時，銀行監督借款公司遵守契約的成本（即監督成本）比較低；簡言的說，貸款時的負債代理成本比公開發行時低。

(三)變現力折價

私下募集的投資人為機構投資人，人數不多，次級市場可能沒有電腦報價網路，所以變現力較差，而且法令往往限制此種證券的流通；因此發行、流通交易時折價較多。此種不利情形已有改善，主要是美國證管會 1990 年 4 月採用 "Rule 144a"，允許大型機構投資人持有證券超過 100 萬美元者，能自由出售 (resell) 其持有的私

下發行證券給其他大型機構投資人。此規定顯著提高私下發行證券的變現力，對擴大市場規模大有助益。

　　總之，公開發行證券的變現力折價 (liquidity discount) 仍比私下募集券低，發行公司發行條件可稍降低。

　　在私下募集時，投資人為了將來有機會提高債券變現力，因此會要求在債券契約中加入「上市申請權條款」(registration rights provisions)，也就是證券持有人有權要求發行公司依聯邦或州法將此證券登記 (register) 以便能公開銷售。由於上市申請所費不貲，因此發行公司並不會給予所有投資人此項權利。一般來說，發行公司會給予早期投資人此項權利，但一俟此證券廣泛流通，此項權利便應終止，當然這必須在債券契約中載明。

㈣彈性和時機的考量

　　由於私下募集時公司無須向證管會登記，除了可免除登記費支出外，最重要的是募集的時效掌握在發行公司手上，不像公開發行有登記期的限制，過期後，公司便無權再發行，除非重新申請核准。

　　就全部成本來說，私下募集的成本可能比公開發行來得高。不過由於借款公司能跟銀行直接接觸，因此常能維持比較長久的融資關係，這對借款公司的後續融資很有助益，尤其在信用緊縮時，融資的重點可能金額遠重於成本。

㈤資訊問題

　　在 1985 年以前，美國證管會不喜歡低於投資級（債信 BB 級以下）的債券公開發行；但是以後，如垃圾債券的盛行，可見證管會已敞開大門。

　　公開發行的門檻降低了，而且透過「總括申報制」(shelf registration) 程序，也就是發行公司得就一定數量的證券向證管會申報，在申報後二年內可擇機發行證券，而不需於每次發行前向證管會申報，大幅簡化了發行手續，降低了發行成本。不過，仍然有許多公司為了保密的考量，不希望在公開發行時被迫公開公司的財務資訊，美國學者 T. Campbell 稱此為「機密的價值」(value of confidentiality)。

　　跟著資訊透明問題而來，資金國際化額外增加二項成本。

　　1.證券發行後，為符合發行市場中各國政府對發行公司資訊揭露的規定，發行公司需支付「維持費用」，例如上市維持年費、該國語文（或財會原則）的財報等。

2.隨著股東結構愈趨國際化，如何跟海外股東（主要是法人）維持良好關係，也是相當重要的，有些公司只好聘請專業的公關公司來處理股東公關 (investor relation) 事務。

四、私下募集

㈠美國私下募集的分類

依據美國證管會的分類方法，把私人市場發行 (private market issues) 或稱「私下融資」(private financing) 分為二種方式：

1.私下負債 (private debt)。

2.私下募集 (private placement) 證券。

其中私下負債可分為二種型態：

1.直接貸款 (bank debt)，主要來自銀行，稱為銀行貸款。

2.仲介貸款 (brokered debt)，由投資銀行出面向機構放款者 (institutional lender) 遊說出資，比較像公開負債 (public debt)。

㈡臺灣的公司債私募制度

公司法引用證券交易法的規定，明令「私募人數不得超過 35 人」，但金融機構投資人不在此限，以避免公司法跟證券交易法發生適用疑義。

公司法第 248 條第 2 項中，增訂發行公司債的資格和門檻排除條款，只要公司跟公司債的購買者，兩相合意，便可在公司董事會決議後，對特定人私募資金，事後再向證交所報備即可。

有價證券的私募，在歐、美、日行之有年，由於投資人（法令上稱為應募人）只限少數特定人，不如公開承銷所涉及的層面大；因此，在門檻和規範上予以適度鬆綁有其必要。過去的平均淨利並不能保證發行公司未來的獲利，應依各投資人主觀的認定，由其承擔投資風險，不需在法律中硬性規定平均淨利的百分比，也不必在發行前向證交所申請。

公司法第 246 條之 1，規定公司在發行公司債時，得約定其受償順序次於公司其他債權，可說是次順位債券 (subordinated bond)。期望藉契約自由約定原則，讓公司債投資人的債權次於一般債權，以避免糾紛。

無實體交易制度，在第 257 條之 1、257 條之 2 等相關條款中，明令公司發行公司債時，其債券就該次發行總額得合併印製，或公司債得免印製債券，而洽證券集保公司登錄等。

㈢私募公司債需發布消息

2002 年 1 月 17 日，證期會要求，上市公司在董事會決議私募公司債或無法如期償還時，應在證交所發布重大訊息。

五、私下募集的新規定

證期會為配合證交法部分條文修正通過，引進私募制度和企業併購法，以因應當前經濟環境的變化，並公告「發行人募集與發行有價證券處理準則」部分條文修正草案，修正重點便區分為引進私募制度、配合企業併購法二部分。

在引進私募制度方面，重點包括明確區分募集發行和非募集發行案件及其審查程序，修正後的內容為，凡是公開發行公司辦理現金增資、公司債、員工認股權憑證等案件未符合私募條件時，均應為公開募集（我个喜歡「公募」此一簡寫）。至於公開發行公司合併發行新股、受讓他公司股份發行新股時，因加入新股東，類似新股東以資產出資取得股權，因此，也應比照公開募集辦理。

為了落實證交法精神，規定公司辦理募集發行案件，應檢具公開說明書，但為了避免增加公司負擔，參考現行普通公司債案件的規定，可免除證券承銷商評估報告和律師法律意見書，但應請會計師出具複核案件檢查表。

除合併發行新股、受讓他公司股份發行新股、依法律規定進行收購或分割發行新股和發行普通公司債案件外，其餘募集和發行有價證券案件均須委託金融機構代收價款，存儲於發行公司所開立的專戶內。

上市公司私募有價證券時，需自交付日起滿三年後，才可以申請上市，如果有財務異常等狀況，將予以退件處理。（工商時報，2002 年 4 月 8 日，第 20 版，周克威）

六、對投資人資格的限制

股票公開發行公司在私募有價證券時，對象包括銀行、票券等金融證券機構、該公司和關係企業內部人、自然人、法人或基金等。

2002 年 3 月 27 日，證期會針對下列二項皆公佈明確規定。

㈠投資人資格

證期會表示，在自然人方面，應是對該公司財務業務有充分瞭解的自然人，且在應募或受讓時，符合下列條件：

1. 本人淨資產超過 1,500 萬元，或本人跟配偶淨資產合計超過 2,000 萬元。

2. 最近兩年，本人每年度所得均超過 300 萬元，或跟配偶每年所得合計超過 450 萬元。所得指的是最近兩年依所得稅法申報或經核定的綜合所得總額，加計可具體舉證的所得稅法所規定免稅所得金額。

在法人或基金方面，則需符合最近期經會計師查核簽證的財務報表，淨資產超過 7,500 萬元。淨資產是指在臺灣境內外的資產市價減負價後金額。

符合條件的自然人、法人或基金，其資格應由該私募有價證券的公司舉證。但在私募有價證券自可以轉讓起，其資格則由轉讓人舉證。

㈡轉讓限制

私募有價證券自交付日起滿一年到第三年期間內，可以轉讓該私募有價證券的交易數量限制；其中，如果該私募有價證券是普通股時，擬轉讓的私募普通股數量加計最近三個月內私募普通股轉讓數量，不得超過以下規定數量。

1. 股本扣除庫藏股後的 0.5%。

2. 依最近四週該私募普通股公司股票，以集中市場買賣交易量計算，平均一週交易量的 50%。二項規定中，以較高的一項，做為轉讓的上限。

七、不准打廣告來私募

證期會公佈上市股票公開發行公司，在私募有價證券和再行賣出行為規範，明訂不得透過廣告、網路等管道轉讓予非特定人，違者將依證交法第 175 條規定，處二年以下有期徒刑、拘役或科以（或併科）180 萬元以下罰金。

證期會表示，在證券交易法施行細則修正條文中，有關有價證券私募和再行賣出，不得為一般廣告或公開勸誘行為，違者視為對非特定人公開招募行為。一般廣告或公開勸誘行為是指以公告、廣告、廣播、電傳視訊、網際網路、信函、電話、拜訪、詢問、發表會、說明會或其他方式，向非特定人作邀約或勸誘行為。（工商時

報，2002 年 3 月 28 日，第 10 版，周克威）

第五節　票券發行

發行票券是取得短期資金的直接融資方式，相關常識如下。

一、票券公司的商業本票發行

票券公司生存的要件有二：顧意接受債信條件較差客戶、融資利率（發行市場的貼現利率）比較便宜，詳見表 12-14。此外，也強調授信期間（首次發行者）較快。票券發行的所有費用詳見表 12-15。

表 12-14　短期票券初級市場利率

天　期	10 天	20 天	30 天	60 天	90 天	120 天
初　級	2.60	2.60	2.60	2.70	2.70	2.80

以 2002 年 9 月 2 日中興票券商業本票為例
資料來源：周二到周六，工商時報第 8 版、經濟日報
　　　　　第 15 版皆有昨日的交易行情。

表 12-15　商業本票發行費用

	交易型商業本票（CP_1）	融資型商業本票（CP_2）
一、抵押品	發行公司（例如是廣達電腦的供應商）持有買主 (buyer) 所簽收的商業本票	1.債信不佳者須提供抵押品，或 2.債信好的公司：不需要
二、費　用		
(一)保證費	免，因為有合格票券作抵押品，所以對票券公司來說這是筆自償性票券	0.5～1.25% 在銀行承兌匯票時，此部分稱為承兌費
(二)簽證費	0.03%	0.03%
(三)承銷（手續）費	0.25%	0.15%

票券公司主要提供下列二項功能：

1.信用強化

針對融資型商業本票予以保證，買券人不用擔心發券人倒閉，但卻也得考慮票

券公司會不會掛掉。

2.承銷（銷售）

發行票券的總成本：

示範公司為例：

利　率	2.6%
保證費	0.75%
簽證費	0.03%
承銷費	0.15%
小　計	3.53%

其中發行利率視當日、發行天期資金供需而定，每天皆不同。保證費視發行公司債信而定，平均數為 0.75%。

二、銀行搶佔票券發行業務

銀行業在票券業的低價競爭之下，以其人之道，還治其人之身，銀行承兌匯票 (BA) 便是跟票券公司保證的商業本票（commercial paper，CP）打對臺的先鋒。

1994年以來，在新銀行加入營運成熟後，銀行競爭更激烈，先後推出三種票券發行授信工具。

㈠貨幣市場工具 (MMI)

貨幣市場工具 (money marker instrument，MMI) 由銀行承辦，授信期間五年以內，由銀行承兌甚至購買借款公司的匯票，荷蘭銀行積極從事這方面業務。像 1994 年 4 月，嘉新水泥公司以此方式取得 7 億元授信。(工商時報，1994 年 8 月 11 日，第 7 版，趙榮琳)

㈡票券發行融資 (NIF)

票券發行融資 (note issuance facilities, NIFs) 類似商業本票的發行，所不同的是由銀行團提供企業一個可循環使用的中長期（一般是一到七年，最多十二年）信用額度，融資的保證費更只有 45 ～ 50 個基本點。企業在期限內隨時發行短期票券（一般是三個月或六個月），由銀行團負責包銷，企業則取得所需的資金，參考利率例如美聯社頁碼 51328 的利率中價。

　　1.長期負債型

　　NIF 籌措到的資金為短期資金，不過因為透過銀行給與企業長期保證的承諾，保證企業在 NIF 發行的期限內即可籌措到額度內的資金，使得 NIF 在會計科目上屬於長期負債。NIF 因為具有長期負債的效果，又有公開競標的效果，所以 NIF 既可以美化財務報表，又有價格上的優勢，使得證券業者對發行 NIF 趨之若鶩。

　　2.短期負債型

　　參貸銀行不給予企業長期保證承諾，以致 NIF 在會計上的科目仍屬短期負債。也就是說參貸銀行團的任一成員，只要在六十天前以書面通知發行公司及管理銀行後，即可退出保證銀行團，所以發行公司跟銀行所簽定的 NIF 是短期負債，因此公司對銀行團也不需要支付承諾費。企業在使用此種 NIF 時，其實就是單純的發行票券，透過公開競標，享受低利率的優點。(工商時報，1998 年 6 月 26 日，第 14 版，蔡心苑)

　　NIF 競標過程如下：

　　1.發行人把所需金額於競標前七天通知主辦銀行。

　　2.主辦銀行儘速通知參貸銀行（或稱承諾銀行）開出競標利率。

　　3.發行人依各銀行報價，由最低利率開始選擇入圍銀行。

　　4.由主辦銀行準備本票給各參貸銀行，各銀行在得標後兩天內，把款項匯入發行人所指定戶頭內。

㈢多重選擇循環額度 (MOF)

　　一般來說，企業在貨幣市場的籌資管道，都是以發行短期票券循環信用融資工具為多，尤其當貨幣市場資金寬鬆，資金成本較向銀行融資為低。不過，企業往往也會擔心，萬一貨幣市場資金緊俏帶動短期利率攀高，利用貨市籌資反而會划不來。

　　「多重選擇循環額度」(multiple option facility，MOF) 聯合授信案，建華銀行表示，企業以 MOF 方式籌資，資金來源不限於貨幣市場，也包括銀行融資，算是一種左右逢源的籌資管道，也就是借款戶可以發行商業本票籌資（貨幣市場利率在低檔時）當貨幣市場利率反彈時，統一證券可以不必選擇發行商業本票，而以事前約定的放款利率，向建華取得資金，本方式在 1998 年 8 月起，在臺灣開始流行。

◆ **本章習題** ◆

1. 去訪問一家上市公司，以圖 12-1 為基礎，看他如何進行負債決策。

2. 以表 12-1 為基礎，把一家上市公司的舉債方式註上時間，是否依照「先債券、後貸款」、「先抵押 (貸款)、後信用」的順序。

3. 以表 12-2 為基礎，再予以補充。

4. 找聯華電子計算其利息、還款保障倍數。

5. 承上題，計算其信用舉債能力。

6. 找出最近一個聯合貸款的說明資料，把圖 12-2 上面各項費用實績填入。

7. 以表 12-8 為基礎，餘同第 6 題。

8. 以表 12-13 為基礎，找最近一家上市公司的融資案，分析其為何這麼做，不那麼做。

9. 以表 12-15 (聯邦票券) 為基礎，上網或去電找出中興票券等的相關規定。

10. 以荷蘭銀行為準，找廣達電腦為對象，比較其 MMI、NIF、MOF 的成本。

第十三章

負債融資執行——以貸款為主

2001 年 12 月初，美國安隆公司 (Enron) 宣告破產後，債信評等公司的
影響力大增，甚至影響到企業的財務規劃。

——亞洲華爾街日報，2002 年 2 月 4 日

學習目標:

談大道理（例如規劃）不難，但是「坐而言」後的「起而行」也不容易，本章第一節站在放款立場考量，才能知道他會放款給你多少，接著你再下貸款決策，最後，也須瞭解貸款契約。

直接效益:

本章以銀行貸款為對象，重點在於「如何取得優惠貸款條件」，這是報刊、聯輔中心和信保基金經常巡迴演講的話題，在第二節中一次讓你看個夠。

本章重點:

- 銀行對借款公司徵信五大考量因素。表 14-3
- 如何取得抵押、信用貸款流程。圖 13-1
- 強化信用的內外部方式。表 13-4
- 信保基金。§13.2 三
- 各項專案低利貸款簡介。表 13-8
- 各種負債的利率成本、還款期間和方式。表 13-9
- 中長期貸款三種還款方式比較。表 13-10
- 四種還款方式的比較。圖 13-2
- 負債結構分析。表 13-11
- 奇美集團 2002 年 1 月的第三次聯貸案。表 13-14
- 證券承銷方式跟聯合貸款方式比較。表 13-15
- 國際聯合貸款程序。圖 13-3
- 貸款條件。§13.5

前言: 懂竅門，貸款不難

財務管理中的貸款可說是非常生活化，學生申請校園卡等信用卡（尤其是可以預借現金），就是一種貸款；此外，包括助學貸款、留學貸款也都是大學生會碰到的貸款。

學財務管理，最起碼要能起而行的替自己甚至公司財務部找到合適的貸款，這便是本章目標，讓你讀完後便能上線操作。

此外，在第四節中我們介紹聯合貸款，至於專案貸款 (project loans) 只是中長期貸款特例之一，案件很少，不單獨說明。

至於（貸款）利率風險管理，涉及大四衍生性金融商品，在你缺乏基本知識情況下，現在討論，一定會弄得你「鴨子聽雷」，老師教得難過，只好兩免（即你免我免）的跳過。

第一節　銀行往來

第十二章第二節舉債能力分析是借款公司的如意算盤，但是以貸款來說，還有銀行本位、專業的考量。接著讓我們來看銀行授信人員在想些什麼?總得讓他心動，他才會行動啊!

一、銀行放款程序和考量

知己知彼才能百戰百勝，取得銀行貸款時也是如此。

瞭解銀行放款考量因素

萬通銀行總經理丁桐源表示，借款公司應先瞭解銀行放款的考量因素（詳見表14-3），並進而擬定對銀行借款的策略。

不過，銀行第一線的授信人員倒不這麼「小和尚唸經——有口無心」，例如借款公司的品性可用「知人知面不知心」來形容，很難量化。

表13-1是一家銀行授信檢查表，可見仍以過去三年、預估未年一年損益表來看授信戶的償債能力。抵押品等「才是真的」，其餘的P、C皆僅供參考。

表 13-1　法人授信案件應備文件檢核暨授信條件彙整表

申請人：＿＿＿＿＿（股份）有限公司

壹、授信資料：

編號	項　目	有	免	無	補件日期及簽章
一	登記證件影本：1.公司執照	☐	☐	☐	
	2.營利事業登記證	☐	☐	☐	
	3.工廠登記證	☐	☐	☐	
	4.國貿局廠商印鑑卡（外匯往來者）	☐	☐	☐	
	5.其他＿＿＿＿＿	☐	☐	☐	
二	公司沿革資料：1.客戶資料表（銀行公會統一格式）：	☐	☐	☐	
	2.公司章程（或合夥契約）	☐	☐	☐	
三	公司成員資料：1.公司設立（變更）登記事項卡	☐	☐	☐	
	2.代表人資格證明	☐	☐	☐	
	3.主要負責人個人資料表	☐	☐	☐	
	4.董監事名冊	☐	☐	☐	
	5.股東名簿	☐	☐	☐	
四	最近三年報稅財務資料：				
	1.資產負債表	☐	☐	☐	
	2.損益表	☐	☐	☐	
	3.產銷量值表	☐	☐	☐	
	4.會計師融資簽證（授信餘額 3,000 萬元以上）	☐	☐	☐	
	5.最近一年銷售額和稅額繳款書	☐	☐	☐	
	6.季報或半年報(上市或公開發行公司)、期中報表(一般公司)	☐	☐	☐	
五	資金運用情形：1.資金用途和償還計畫書	☐	☐	☐	
	2.貸款會議記錄	☐	☐	☐	
六	信評資料：				
	1.票信記錄查詢簡覆單（不得逾一個月） ☐最近一年有退補紀錄、☐有正式退票紀錄、☐拒往期間或永久拒絕往來	☐	☐	☐	
	2.聯合徵信中心延滯、催收紀錄	☐	☐	☐	
	3.聯合徵信中心授信餘額表 擔保授信總額：＿＿＿信用授信總額：＿＿＿	☐	☐	☐	
	4.聯合徵信中心進出口實績	☐	☐	☐	
	5.徵信調查表	☐	☐	☐	
	6.移送信保基金保證檢核表	☐	☐	☐	

七	財務比較、分析、預估表：	□	□	□
	1.財務比較、比率表（債務 100 萬元以上）	□	□	□
	2.財務分析表（債務 200 萬元以上）	□	□	□
	3.現金流量預估表（授信餘額 1 億元以上）	□	□	□
	4.資金來源去路表（授信餘額達 1 億元以上且為中長期授信）	□	□	□
	5.預估資產負債表（授信餘額達 1 億元以上且為中長期授信）	□	□	□
	6.預估損益表（授信餘額達 1 億元以上且為中長期授信）	□	□	□
八	不動產相關資料：	□	□	□
	1.設定書	□	□	□
	2.買賣契約書正（影）本（一年內買賣案件）	□	□	□
	3.租賃契約書正（影）本	□	□	□
	4.標的現狀相片	□	□	□
九	保證人：1.□＿＿＿ 2.□＿＿＿ 3.□＿＿＿ 4.□＿＿＿ 5.□＿＿＿ 6.□＿＿＿	已對保請打✓		

二、洞悉銀行心思──好案子搶到流鼻血、壞案子嫌到滿嘴口水

2001 年不景氣，上市公司驚爆財務危機，甚至連老牌的集團企業（例如東帝士、慶豐）也都要求疏困。6 月起，不少銀行分行經理甚至說：「早上看報，才知道我最大貸款戶爆了。」

杯弓蛇影可說是銀行授信人員共同心態，表現在行為上便是「寧可錯殺一百，也不可錯放一人」。結果是債信不好的中小企業大都被銀行「信用緊縮」給縮掉了，而債信好的客戶，如同歌手陶晶瑩所唱的「姊妹們站起來」一樣，如同碰到「十中選一的好男人」，女人覺得奇貨不可失也要把下來。接著來看二個不怕流鼻血也要搶到繡球的例子，體會一下貸款早已是買方市場的情況。

㈠殺價搶標的案子？

2001 年 5 月 10 日，中華電信 300 億元融資案開標，由第一銀行獨家得標。一銀以 4.1125% 的超低利率，從五家競標銀行（聯貸團隊）中得標。該項融資案為期三年，其中 100 億元為循環信用融資額度 (NIF)，另 200 億元為一般放款，融資期限為期三年。

貸款將作為提升機器設備、增提員工補償金和配發民營化後首次現金股利之用，

融資案是在 9 日投標，10 日早上開標。(經濟日報，2001 年 5 月 11 日，第 7 版，謝偉姝)

當時同行認為此一利率偏離市場行情太多，即是惡性殺價搶業務的表徵。(工商時報，2001 年 5 月 28 日，第 9 版，張明暉)

這次融資不是以聯貸方式進行，而是由一銀單獨承作，7 月 2 日簽訂融資契約。一銀董事長陳建隆指出，一銀在競標此案時，即考量到 7 月份動用該項資金，利率勢必走低，因此決定以優惠利率爭取該項融資。事後來看，如果此時才開標，勢必標到 4% 以下，證明一銀並未流血競爭，反而保住利潤。(經濟日報，2001 年 7 月 3 日，第 7 版，應翠梅)

(二)虧錢搶標的案子

2001 年 11 月 23 日，臺灣高鐵向銀行公開標借一年期借貸周轉金 75 億元，得標利率為 2.1%，創下銀行業放款利率的新低紀錄，也是繼臺灣電力公司日前向銀行貸款，以 2.6% 的行情，標借三年期資金後，銀行同業殺價爭搶放款業務的另一樁案例。

各家銀行一年期的牌告存款固定利率 (和三年期相同) 固定為 2.5%，但 2000 年以前存放的三年期存款利率，仍在 5% 以上。換言之，銀行業中長期資金的成本，應在 4% 以上，加計稅金和營業成本約為一個百分點，三年期以上合理的借貸利率，應在 5% 以上。

銀行業者表示，某些銀行面臨放款業務嚴重衰退的壓力，以致每個月的逾放比率節節升高。這些銀行為了降低逾放比率，採取擴大放款餘額的方式，對於倒帳風險比較低的放款，不惜成本，全力殺價搶攻。

另一個殺價爭搶放款業務的原因是銀行業有太多浮濫資金，不知如何消化，市場上可購買的有價證券籌碼太少，資金抱在手上，形成銀行必須自行承擔資金成本，面臨虧損的壓力。銀行業者指稱，搶到一些不會倒帳的放款業務，雖然壓低貸放利率，有賠本的機率，但可減少虧損金額，這是少虧為盈的策略。(工商時報，2001 年 11 月 24 日，第 8 版，張明暉)

三、銀行核貸程序

銀行核准貸款的程序其實滿單純的，可分為二道程序：

　　1.分行初審（時間：1～2週）

　　對於分行授權權限內的，則無須送總行核准。分行授權權限依銀行而有不同，有些銀行較保守，公司信貸逾1,000萬元便須送總行核貸。

　　2.總行二審（時間：3～4週）

　　大部分的貸款案都須經過總行審查，這部分常須花一個月。一部分原因是董事會不是天天開的，以某銀行的內控制度授權來說，1億元至10億元，由常董會審核，每周一次；10億元以上授信案由董事會審核，每月一次，除非有時效性的重要急件。

四、銀行關係的建立、維繫

　　在創業前，創業家宜以個人身分跟銀行（尤其是青創貸款銀行……）往來，以建立往來紀錄、關係。等到創業時，雖是新公司、老闆卻是老主顧，大股東抵押貸款好談，甚至公司信用貸款搞不好也下得來呢！

　　1.建立銀行往來政策

　　對於企業成長各階段的銀行往來政策應及早擬定，平常縱使不缺錢，也宜「策略性」地向銀行融資，一方面讓銀行習慣借錢給你，一方面也建立自己的舉債能力。

　　2.集中火力，獲得優惠

　　金額小時，最好集中火力只跟一家銀行往來，以獲得貸款利率減碼優惠。等到營業額超過6,000萬元時，再分散跟二、三家銀行來往。

　　3.平常多往來，過節勤送禮

　　銀行也是人的生意，見面三分情，所以平常多往來、勤溝通，過節送小禮，禮輕情義重。

五、執行階段

　　債權人、債務人磋商舉債條件，並履行一定程序以落實磋商的結果。

（一）談　判

　　貸款、債券發行的實質條件談判包括下列事宜：

　　1.貸款最佳融資條件之取得，詳見第二節。

2.債券發行相關決策

　⑴上市地點的抉擇。

　⑵如何選擇主辦承銷商。

　⑶發行條件和發行時機的抉擇。

㈡程　序

俟債權人跟債務人融資談判有結果，接著便進行後續的融資程序：

1.聯貸程序。

2.海外債券發行程序。

六、結　果

融資磋商的結果分見於下面二部分：

1.融資條件主要內容：詳見第五節。

2.貸款和債券契約：負債契約對借款者有諸多限制。

限於篇幅，本書僅以聯合貸款一以貫之來說明，不特別像一般財務管理書籍以專章來討論「租賃」、「出口融資」(export finance)，因為原理原則都一樣。此外，我們也不把短期、中長期融資分章討論。

臺灣的公司債種類愈來愈多，詳見表 13-2。

表 13-2　公司債的創新

創新類別	項　目	說　明		實　例
還　本	時　間	確定現金流量的時點	一次還本	政府公債等
			分次還本	台電 881 分 8 次還清
		不確定現金流量的時點		國外 CMO
	選擇權	買回權 (call)		台積電 02
		賣回權 (put)		中央投資 05 甲（滿半年後 Weekly puts）
		轉換權 (converitble)		光罩一等一般轉換公司債
		交換權 (exchangeable)		遠紡一交換裕民、遠百
	方　式	現金		所有公司債
		同一發行人之新債權憑證		臺灣沒有

債權位階	擔　　保	銀行擔保	責任可分割	一般保證公司債
			責任不可分割	世界先進 01、麥寮
		不動產抵押擔保		仁翔 02、04
		動產抵押擔保		茂矽指數公司債
	限制條款	現金股利分配限制		所有轉換公司債(由自律規則限制)
		負債比率限制		國揚 01 公司債
債券分割	付息方式不變	依保證行庫		中國鋁業 871
		依發行條件		復華 02
		依客戶需求		台積電 02
	付息方式變更	本息分割 (分割為不同期間的零息票債券)		2002 或 2003 年即將出現
利　　息	計息方式	零息票 (Zero Coupon)		央債 851、852
		固定	按期支付	台電 851 等一般公司債
			到期一次支付	中投 05
			金融	票券加碼 *：復華 01 乙
				定儲加碼 *：復華 01 甲
				基放加碼 *：長億 01
				Tibor*：遠百 10
			股價加權指數	茂矽指數型債券
			產業獲利	自辦融資利率：元富 01
			選 上限 (Cap)	遠紡 63
			擇 下限 (Floor)	元富 01 丙
			權 上下限 (Collar)	元富 01 丙 (上限 8.5%，下限 5.5%)
利息	計息方式	階梯	合併為固定	遠百 09
			單純階梯	遠紡 64、東和鋼、源興科技
	付息方式	現金		一般公司債
		非現金		遠百的龍鳳節慶債券 (僅為規劃)

資料來源：寶來債券全球資訊網，網址：http://www.bondnet.com.tw。

*票券加碼是指以某一時點的票券利率做為指標利率，加上一固定數值，做為債券的票面利率(付息)；
定儲加碼是以以某一時間點的定期儲蓄存款利率做為指標利率，加上一固定數值，作為債券的票面
利率 (付息)；基放加碼以基本放款利率為基準加碼付息；Tibor 是指以臺灣的金融同業間隔夜拆款
利率做為指標利率。

七、規避利率上揚的定價方式

2002 年 5 月 17 日第一銀行採浮動利率條件，發行 50 億元的次順位金融債，承銷商為花旗證券及中興票券，發行條件詳見表 13-3。

一銀發行金融債理由，第一銀行主管表示，目前資本適足率為 9.28%。2002 年透過標售方式，處理 622 億元的不良債權，如果不發行次順位金融債，資本適足率仍符合規定，但考慮到利率條件不差，趁此機會，繼續充實打銷呆帳的資金。

市場人士表示，反浮動利率債券可享受近年來短期利率維持在低檔好處，但萬一短率急速攀升，收益率將大幅下跌。

證券業者表示，由於投信對反浮動利率債券的會計處理問題存有疑惑，此類債券為浮動利率，在鑑價上也有疑慮。預估投信將不會大量補入此種債券，胃納量將趨於飽和，建議有意發行企業把握時機。(工商時報，2002 年 5 月 21 日，第 7 版，邵朝賢)

表 13-3　第一銀行反浮動利率次順位金融債券

	固定利率部分	反浮動利率部分
第一年	7.1%	
第二年	7%	$- CP_{90}$
第三～五年	6.9%	
底限 (floor)	0%	

◆ 第二節　如何取得優惠貸款條件

如果光是「貨比三家不吃虧」一句話就足以找到最優惠的舉債條件，那麼財務部的融資經理只消找個國中生便可以了。事實並不是如此，往往公司有很多情況，須要財務主管高瞻遠矚，圖 13-1 便是「遇山舖路、遇水搭橋」的作法。

首先是「好自為之」的平時就累積舉債實力，誠如朱子家訓中所說「勿臨渴而掘井」，平常逃稅，弄得外帳虧損累累。一旦要向銀行貸款，真是讓財務主管「巧

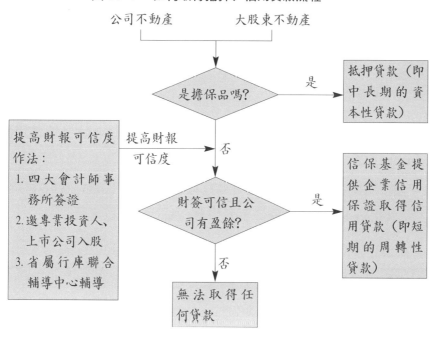

圖 13-1　如何取得抵押、信用貸款流程

婦難為無米之炊」，早知如此，何必當初。因此，一旦發現有此現象，財務長必須向老闆說明未雨綢繆的重要性，否則屆時「叫天天不應，叫地地不靈」，可不要怪我（財務主管），這是財務長的擔當，不能屈從錯誤的上意。

一、健全融資條件——盈餘規劃

許多有計畫取得貸款的中小企業，知道銀行喜歡看有獲利的財務報表，因此明明是虧損，但外帳仍做到小有盈餘，繳點營所稅但又不至於到揪心肝的痛。由圖13-1 可看出，無論公司抵押貸款額度是否還有剩，為了以後擴充考量，在稅簽、財簽財報上皆應適當顯現盈餘現況，不要為了少繳點稅，而把公司外帳短報漏載做成賠錢。屆時，如果想舉借信用貸款，而過去一年（常為三年）的外帳是賠錢的，銀行大概不敢把錢往錢坑裡砸。只好再拖一年，把財務報表弄得好看且可信賴，屆時有可能遠水救不了近火，公司早就掛了。

阿貓阿狗會計師的簽證，銀行不見得會買帳。盧森堡國際銀行在臺代表鄭明仁表示，企業可透過圖13-1 中左項的三種作法來提高公司財務報表的可信度。

財務管理上有的比喻非常寫實，即「馬和兔子的矛盾」。真實反映盈餘，雖然得多繳一些稅，但其金額頂多只是像兔子一般大；要是捨不得失掉兔子，那可能得不到馬了——無論是缺乏資金以致眼睜睜看著商機流逝或企業藍字倒閉。

二、強化信用方式

一旦債信不足，為了讓銀行放心，依序可採取表 13-4 中內外部信用強化 (credit enhancement) 方式。

其中信用保險在個人消費貸款時最常見，免保人，但是保費費率不低，一年期約 2%，也就是借 100 萬元先繳 2 萬元保費，銀行才願意撥款。

表 13-4　強化信用的內外部方式

內外部	抵押品	信用保證
一、外　部		
(一)信用保險		
(二)信用狀		例如中小企業信用保證基金
(三)信用評等		
二、內　部		
(一)集團企業		母公司或關係企業提公司貸款提供保證 (guarantee)
(二)董監事		董監事聯合保證，簡稱董監聯保

三、善用中小企業信用保證基金

(一)借款公司投保讓銀行放心

借款公司讓銀行安心的措施之一，便是能符合銀行全身而退或終止的計畫 (exit or termination plan)。例如借款公司如果有投保產品責任險、履約保證險（例如營建業）、營業責任險。一旦借款公司遭遇不測時，風險理財資金無虞，銀行不會被波及，美國 Mellon 銀行副總裁 Stallhanp(1995) 表示，銀行比較會放心放款給這樣的公司。

對於遭銀行拒貸而自認未來展望不錯的中小企業，可向聯輔中心申請輔導，或透過銀行送信保基金保證，以協助企業取得貸款。

㈡信保基金讓宏碁麻雀變鳳凰

信保基金從 1974 年成立，至今已幫助過 20 萬家企業，連宏碁電腦也不例外。宏碁在 1981 年，資本額 1,000 萬元，1982 年便向中小企業信保基金申請信用保證，取得外銀貸款。宏碁財務副總經理彭錦彬表示：「中小企業創業初期，沒有土地，也缺乏本錢，好好運用中小企業信用保證基金，可以解決求貸無門的困擾。」宏碁便是善用此基金而由麻雀變鳳凰的最佳典範。

信保基金不能直接給予中小企業融資，而是對銀行原則上願意融資卻沒有擔保品（或擔保品不足）有所顧慮，信保基金對此案件提供信用保證。因此，如果不能取得銀行的信任，銀行不願意融資者，信保基金便無從給予信用保證。

㈢信保基金的適用對象——「中小企業」的標準

信保基金也不是來者不拒，符合表 13-5 的條件，才是他服務的對象。

表 13-5　信用保證對象

項 次	對 象	資格條件
一	生產事業	1.依法登記、獨立經營、領有營利事業登記證和工廠登記證的製造、加工和手工業 2.實收資本額在 8,000 萬元以下，資產總值不超過 1.8 億元的中小企業 3.連續營業已達半年以上 4.本國人資本超過 50% 5.營造業改納入生產事業範圍
二	一般事業	1.依法登記、獨立經營、領有營利事業登記證的公司，但金融保險業、房屋建築業、煤礦開採業、經紀業及特許娛樂業除外 2.最近一年營業額在 1 億元以下，350 萬以上 3.連續經營已達一年以上 4.本國人資本超過 50%
三	小規模商業	是指最近一年營業額未滿 350 萬元，符合一般事業其他要件的小規模企業
四	青年創業	係指經青輔會審查合格，創立事業的青年

(四)信保基金保證內容

不過信保基金也不是散財童子,信保基金總經理表示,中小企業向銀行融資時,要是 5P 中只有債權確保 (protection) 這一項不足,而且沒有顯著不良紀錄或信用瑕疵, 就可以請銀行代送貸款案給信保基金以提供保證, 以補充貸款者的信用。

信保基金保證項目和範圍如表 13-6 所示。

表 13-6　信用保證項目內容

信用保證項目	保證的授信內容摘要	授權額度(註)	保證手續費年費率	備　註
一般貸款	1. 憑交易性本票、匯票、國內信用狀或遠期支票而辦理的融資和其他短期周轉融資 2. 在最近一年營業額五分之一範圍以內所辦理的中期周轉融資 3. 因購置機器、設備、土地、營業場所辦理的資本性支出融資	500 萬元	0.75%	
小規模商業貸款	營運、購料周轉或購置器材設備等貸款	100 萬元		符合下列資格者,授權額度提高為 200 萬元: 1.依法設帳, 使用統一發票且年營業額在 250 萬元以上; 2.授信前一年, 結算申報全年所得為正數
外銷貸款	1. 憑下列書件辦理之外銷周轉貸款 (1)國外銀行簽證的商業信用狀 (2)國外廠商購貨訂單或契約 (3)國內貿易商採購產品的訂單或契約, 及合作外銷或委託加工外銷之合約	1,700 萬元		1. 出口前外銷貸款的授權額度為 700 萬元 2. 出口押匯的授權額度供計出口前外銷貸款的餘額為 1,700 萬元

	2.上述外銷貸款出口案件的出口押匯			
購料周轉融資	採購物資器材或設備而向金融機構申請辦理下列各項融資，所提供的信用保證： 1.臺灣即（遠）期信用狀融資 2.票據承兌保證 3.進口即（遠、延）期信用狀融資 4.進口託收融資	1,000萬元		
政策性貸款	1.中美基金——醫療機構污染防治貸款和各項中小企業貸款 2.開發基金——民營事業和畜牧事業污染防治設備低利貸款、策略性投資計畫貸款及輔導中小企業升級貸款（含由中央銀行提撥專款轉融通者） 3.衛星工廠周轉貸款或購置廠房設備貸款、軍品生產事業貸款及憑所接政府有關機關、公營事業或公立學校採購工程合約辦理的貸款等	1,500萬元		中美基金、開發基金項下各項貸款，其貸款利率比一般為低
商業本票保證	由金融機構保證發行商業本票透過貨幣市場取得短期資金。	400萬元	1%	保證手續費由金融機構就所保證費按基金保證金額年費率1%移充
進口稅捐記帳保證	由金融機構保證，對進口機器設備或外銷品進口原料等各項進口稅捐辦理記帳或緩繳	500萬元	約0.25%	保證手續費由金融機構向企業所收保證手續費的五成移充

履約保證	申請金融機構提供預付款保證、履約保證、押標金保證	500萬元	約0.5%	
青年創業貸款	經行政院青年輔導委員會審核合格並經承辦銀行（臺銀、臺灣企銀、合庫、北市銀）核可的青年創業貸款	每人50萬元	0.75%	同一事業由二人以上共同經營者，最高得由十人同時申請貸款

註：　1.上表所訂之授權額度，係為便利中小企業申請信用保證，由基金授權金融機構先行融資，事後追認信用保證之額度，如申請融資之金額超過該額度者，除小規模商業貸款及青年創業貸款外，其餘均得專案申請。

　　　2.每一中小企業送保之融資總額最高為8000萬元，超過中小企業規模後，在續予輔導期間內最高得為1億元。

以信保基金提供周轉金信用保證額度來說，1996年4月修正如下：

　⑴製造業不得超過全年報稅營業額七成。

　⑵商業不得超過全年報稅營業額五成。

「信保基金」相當一個公設保證人，替中小企業擔保，一般為分攤銀行授信一半倒帳風險，使銀行比較有意願承接中小企業授信，使中小企業更易取得金融機構融資。只是這個「保證人」，要酌收手續費，要看對象提供保證，且只對某幾項做保，融資保證額度也有限制。

㈤申貸所需文件

申貸所需文件如表13-7所示。

表13-7　申請信用保證所需表件

1.營業證照、去年至申請前一個月的營業人銷售額和稅額申報書影本

2.信用保證申請書和承諾書

3.貸款運用和償還計畫書，如果屬於資本性支出貸款，還須包括購置明細和預估損益表

4.最近三年的報稅財務報表（需會計師融資簽證者含查核報告）和依稅捐稽徵機關驗印（帳載資料編製截至申貸前六個月的任何一個月）財務報表

5.往來銀行存借授信明細表和銀行所需其他文件

㈥信保基金作業流程

企業申請信保基金的保證，申請流程大抵可分下列五個步驟：

1. 借款公司向信保基金填具申請書表。
2. 信保基金徵信審核後函覆借款公司，同意保證或婉拒。
3. 要是信保基金願意提供保證，則簽發信用保證書給銀行。
4. 銀行審核貸款案後，給予借款公司融資或通知拒貸原因。
5. 銀行再函覆給信保基金同意融資或拒貸原因。

四、信用瑕疵時的彌補之道

「信用是企業的生命」，銀行人士、財務主管皆有同樣認知。但有時沒辦法而留下「退票補款」（退補）的紀錄。就如同人有前科一樣，以後總是比較麻煩。銀行不會一竿子打翻一艘船，也會瞭解企業退補原因，有許多是可以接受的，例如保險箱遭竊而有報案紀錄、銀行有承諾放款但撥款延誤。

五、專案低利貸款的來源

中小企業普遍缺乏融資管道是中小企業主最頭痛事情，銀行有配合政府針對中小企業提供優惠低利融資，但企業使用情況仍有限；妥善利用專案融資，對中小企業營運將有很大的幫助，值得隨時跟銀行連絡瞭解這些可用的金融設施，詳見表13-8。

㈠轉換公司債

2002 年 5 月 3 日，聯電發行的友達光電交換債（European Convertible Bonds, ECB）訂價，除為聯電募得 2 億美元業外收益。這檔五年期的交換債轉換價股相對臺股溢價幅度 17.5%，票面零利率，且贖回收益率也是 0，等於聯電不用負擔任何利息從國際投資人手上借錢。投資人看好的是友達交換債可以在閉鎖期後轉換為友達股票。

2002 年薄膜電晶體液晶顯示器 (TFT-LCD) 產業當紅，預期這一波景氣還可延伸到 2003 年，因此這支交換債的股票轉換價格，訂在 2 日收盤價（1 股 50.5 元）

表 13-8　各項專案低利貸款簡介

貸款名稱	對　象	用　途	額　度
輔導中小企業升級貸款	符合「中小企業認定標準」的中小企業，或中小企業信用保證基金保證對象的中小企業，惟不含超過中小企業規模續以輔導的有關規定。	1. 購置自動化機器設備的投資計畫 2. 購置商業自動化設備的投資計畫 3. 新產品、新生產技術的開發或製造的投資計畫（含廠房設備、模具和研究發展費用等） 4. 生產自動化機器設備廠商（以向自動化小組登錄者為限）所需的周轉金 5. 為改善管理系統所購置電腦設備的投資計畫	最高不得超過該計畫成本80%，每戶貸款餘額不得超過 6,000 萬元，得分次申請
購置國產自動化機器設備優惠貸款	同上	限於購置國產自動化機器設備的投資計畫	最高不得超過該計畫成本80%
購置自動化機器設備優惠貸款	公民營企業購置自動化機器設備之投資計畫經專業機構評估符合自動化程度者	限於購置自動化機器設備的投資計畫	最高不得超過計畫成本80%，且不得超過4億元
中小企業發展基金支援辦理專案貸款	同第一項	1. 提高競爭能力專案貸款 2. 配合政令遷廠貸款 3. 經濟變故、衰退期間產銷周轉金貸款 4. 重大天然災害復舊貸款	1. 2. 4.項不得超過該計畫成本80% 3.項不得超過前一年營業額20% 1. 2.項不得逾 5,000 萬元。 3. 4.項不得逾 3,000 萬元
民營事業污染防治設備低利貸款	1. 工廠：領有工廠登記證或經主管機關核准工廠設立許可的民營工廠 2. 環境保護事業：領有工商執照或依專業管理法	本貸款不得用於購置土地外，用途規定如下： 1. 工廠： (1)新設或改善污染防治設備的計畫	每一貸款計畫限由一家銀行承貸，貸款額度 1 億元（含）以下者，最高八成，1 至 5 億元部分（含5億元）

	令登記之專業 3. 私立醫療機構：領有開業執照之醫療機構 4. 其他事業	(2)經工業局「減廢小組」專案核准的污染改善計畫，包括配合此項計畫（設備）所需的設計、安裝、機電、土木和專供污染防治設備所使用的建築等費用 2. 環境保護事業：購置污染防治設備和檢測儀器為限 3. 私立醫療機構：以新設或改善醫療機構廢棄物、廢水污染防治設施所需的設計安裝、機電設備和土木等費用 4. 其他事業：經主管機關核准的計畫	最高六成，5億元以上部分最高四成
青年創業貸款	經青輔會審查合格的創業青年	依青輔會審查通過的創業投資計畫	擔保最高 400 萬元，無擔保最高 60 萬元
購置節約能源設備優惠貸款	1. 公民營企業購置節約能源設備 2. 公路（市區）汽車客運業更新車輛	1. 公民營企業購置左列節約能源設備： (1)高效率省能設備，(2)汽電共生設備，(3)能源回收設備，(4)省能監控設備，(5)移轉尖峰用電設備，(6)其他經由經濟部能源委員會認定的節約能源設備和省能製程系統 2. 公路（市區）汽車客運業更新車輛和其相關車內設施的投資計畫	最高不得超過計畫80%，且不得超過 4 億元
中小型民營企業改善安全衛生設施貸款	符合勞工安全衛生法第四條規定，且經合法登記及參加勞工保險之事業單位，繼續經營滿半年之中	下列各項安全衛生設施（包括設計、安裝費用）： 1. 作業環境改善的通風設施	最高不得超過所需費用總額 80%，且不得超過 500 萬元

	小企業	2.作業環境測定之採樣和分析設備 3.安全設備（機械安全防護、爆炸火災和腐蝕防止、墜落災害防止、電氣安全防護、高壓氣體和危險性機械、設備、安全防護等設備） 4.衛生設備（熱、噪音、振動、有害光線等、有害作業環境危害預防設施） 5.用以改善安全衛生設施的機器、設備汰舊換新 6.其他安全衛生有關設施	
協助中小企業扎根專案貸款	同第一項	購（建）土地、廠房、營業場所和機器設備的投資計畫	最高不得超過計畫成本之八成，且不得超過 5,000 萬元

溢價幅度 17.5%，即 59.34 元。

聯電在友達持股原本是 14.8%，在拿出 4.3% 的友達股票發行 ECB，持股比重下降到 10.5%。這種交換債的發行在國外常見，但臺灣鮮少有這種案例。

交換債是以母公司的良好債信，替子公司發行可轉債，母公司拿出既有持股供外資屆時轉換所需，因此沒有稀釋子公司股權的缺點。早年遠東集團曾代亞洲水泥發行過交換債，聯電是臺灣第一家上市電子公司採取這種籌資方式。

聯電的公司債信，標準普爾給予 BBB 評等，這支友達交換債「子以母為貴」，獲得國際投資人的青睞，才推出六個小時就有四倍的超額認購，國際機構投資人以亞洲和歐洲為主。外銀主管指出 TFT–LCD 產業看俏，友達的成長故事吸引人，還有債信良好的聯電「加持」，才創下票面和贖回收益率都是 0 的紀錄。

聯電的友達交換債是由美商雷曼兄弟證券公司主辦，合辦銀行是荷蘭銀行，其他承銷團隊成員還有大和證券、德意志銀行、中信銀、建華證券和瑞銀華寶證券。發行準備時間僅一個月，銷售對象也限定在亞、歐投資人，主要是跟友達即將發行

的 7.7 億美元 ADR 和美國投資人有所區隔。(經濟日報，2002 年 5 月 4 日，第 7 版，白富美)

㈡條狀融資 (strip financing)

為了因應生技產業有形擔保品不足的問題，財政部金融局根據行政院科技顧問室的建議，著手輔導工業銀行辦理「附認股選擇權放款」業務。未來，銀行可以自己評估生技公司的發展性，跟該公司簽訂附認股選擇權的放款契約，約定在一定時間內，銀行可以用特定價格購買公司股票；藉由「附認股選擇權放款」的方式，銀行可以選擇把貸款轉換為股權投資。

附認股選擇權放款本質上是介於貸款和投資之間的一種融資方式，由於能夠同時辦理投資及放款的只有工業銀行，未來「附認股選擇權放款」業務也只允許工業銀行辦理。(工商時報，2002 年 5 月 4 日，第 14 版，蘇玉玉)

㈢選擇權在貸款利率的運用

同時享受低利率，又可以鎖定本息負擔的貸款方式，南山人壽最近就提供 50 億元限額「吉時貸」，給予民眾五年固定貸款利率再加上利率選擇權，一旦五年後利率走高時，民眾希望援用既有貸款利率，則僅需支付選擇權的少許手續費，要是利率走低就可以選擇以浮動利率計息。

利率選擇權的好處就是讓民眾在擁有長期負債但利率情勢卻百變的情況下，可以有不同選擇來承擔可能的風險，提供五年後貸款利率的彈性變更，讓民眾擁有貸款利率的自主權，可以貸得安心又放心。(工商時報，2002 年 5 月 22 日，第 11 版，林俊輝)

㈣負利率轉換公司債

2002 年 5 月 22 日，巴菲特旗下的波克夏公司委託高盛集團標售年息僅 3% 的新型債券，市場反應熱烈，投資人爭相搶購下，波克夏臨時決定增加發行量，最後順利募集 4 億美元，超過先前預估的 2.5 億美元。

名為 Squarz 的轉換公司債，凡是 Squarz 持有者，都有資格在未來五年以 8.9585 萬美元的價格，買進波克夏股票，約比目前股價高出 15%（即溢價幅度 15%），但投資人為保有此一權利，必須每年繳交 3.75% 的利息給波克夏，扣除波克夏給付 3% 的利息後，波克夏公司等於還是淨賺 0.75% 利息收入。

巴菲特表示，零息票債券不算特別，但 Squarz 是美國首次出現的負利率債券。他在聲明中說：「雖然缺乏前例可循，但在當前的利率環境下，發行負利率債券顯然值得一試，因此我委託高盛集團設計這種金融商品」。

高盛並沒有公開標售 Squarz，而是在某個私人處所舉行拍賣會，對象只限機構投資人，即採取私下募集方式。但是波克夏不願冒任何風險，為了避免投資人日後付不出錢來，特別要求買主必須提撥一定金額購買零息公債，確保公司每年都會有 0.75% 利息收入。

　　投資顧問業者指出，投資人不是呆瓜，他們是購買具有品質保證的金融商品，而且巴菲特有能力帶來獲利。儘管 Squarz 的投資說明書只有 5 頁，跟平均 60 到 100 頁的公司投資說明書根本不能相比，可是光靠巴菲特的名號，Squarz 才剛問世就被投資人搶購一空。

　　波克夏股票從來不除權，截至 5 月 22 日為止，是紐約股市最貴的股票，A 股 7.79 萬美元，比 21 日下跌 2,000 美元；有「迷你巴菲特」之稱的 B 股 2,520 美元，比 21 日下跌 60 美元。(經濟日報，2002 年 5 月 24 日，第 5 版，郭瑋瑋)

(五)見怪不怪，其怪必敗

　　Squarz 看似顛覆傳統，其實是嘩眾取寵。債券持有人還得付息給債券發行公司，但是此例本質是個認購權證，把投資人每年付息 3.75% 給波克夏，波克夏付息 3% 給投資人，投資人淨付出 0.75%，此部分可視為延後支付的履約價格。為了簡化起見，只以一年期為例，這 0.75% 攤入 8.9585 萬元履約價格變成 9.02568 萬美元；發行溢價幅度變成 15.86%。

$$CB \quad = \quad SB \quad + \quad call$$

轉換公司債　純粹公司債　買權（或認購權證）

波克夏 Squarz

$$CB = 3\% + 8.9585 - 3.75\%$$

（其實等於臺灣投資人熟悉的零息轉換公司債）

$$= 0\% + 8.9585 \text{ 萬美元} \times (1 + 0.75\%)$$

$$= 0\% + 9.02568 \text{ 萬美元}$$

或稱溢價比率

$$= \frac{9.02568}{7.79} - 1 = 15.86\%$$

第三節　貸款決策

一個貸款決策的錯誤，利率可能相差五個百分點，而且尤有甚者，還款期間、方式的錯誤選擇，更會把你壓得喘不過氣，建議你依據本文步驟來擬定舉債決策。

一、考慮貸款利率

跟買電腦一樣，僅考慮價位時，要下決策就比較容易ㄌ。由表 13–9 看來，負債資金可分為三大類，而從貸款成本來看，貸款利率由高至低依序為：高利率貸款、信用貸款、抵押貸款。所以在你規劃負債結構時，應優先使用抵押貸款；當額度用盡時，再使用信用貸款；最後，儘可能最好不要使用高利率貸款。

二、考量還款方式

不少初創業的人在選擇貸款時，常把「先還息後還本」此一還款方式看成比貸款利率還重要，以減輕還本的資金壓力。反觀，許多銀行常壓低利率搶業務，但也往往要求一大堆自保條款──撇開擔保品的金額不說，還可能加上限制舉借新債、提撥償債基金、限制發放股利制、限制生產或投資等。

還款方式常見有三種，其優缺點請詳見表 13–10。

到期一次還本方式（例如票券、質押借款）或是「先還息後還本」，這些方式跟延長貸款期間一樣（例如房貸由十五年延伸至二十年，壽險公司還可接受三十年的貸款），借款人要多付利息，可說是「有一好、沒兩好」。

表 13-9　各種負債的利率成本、還款期間和方式（2002 年 9 月）

負債種類	利率（年利）	還本期間	還款方式	
			先還息	本息攤還
一、高利率貸款				
1.民間借貸	最少 24%	一年以內,甚至更短		✓
2.租　賃	16～24%	五年		✓
3.垃圾債券	8～14%	五～十年		✓
二、信用貸款		三年		
1.信用卡	17～20%	半年		
循環信用				✓
2.標　會	10～19%	一～二年		✓
3.小額信貸				
(1)信用卡轉貸金	14%	一年		✓
(2)小額信貸	6.75～11%	三年		✓
4.質押借款				
(1)定存單	定存單利率再加 1.5%	最多不超過三年	屆期一次償還	
(2)保　單	二年期定存利率再加 1%	保險期間	✓	
三、抵押貸款				
1.票券發行	3.5% 左右	最多一年	屆期一次償還	
2.一般抵押	基本放款利率（三商銀 7.435% 左右）再加 2～4 碼	五～十年	✓	✓
3.優惠貸款				
(1)中美基金等機器進口	6% 左右		✓	✓
(2)青創貸款（抵押型）	5% 左右	十年	✓	✓

　　還款方式也可作為債券的分類之一，例如不可贖回、到期償還全部本金 (repayment) 的債券稱為「子彈債券」(bullet bond)。

表 13-10　中長期貸款三種還款方式比較

還款方式	延期還本 (moratorium)	氣球式還款 (balloon)	子彈式還款 (bullet)
方　式	如同房屋抵押貸款，先付息再還本	前面幾期平均攤還，至最後一期一次清償餘額	到期一次清償貸款本息
優　點	1. 借款者可保有比較多的貸款金額 2. 利息費用的抵稅現值可能較大	同左 1.	同左 1.
代　價	放款者可能要求較高的利率、抵押品 (或保證)。	同左	同左

資料來源：整理自 Michael & Shaked，*The Complete Guide to a Successful Leveraged Buyout*, p.253。

(一)還款方式和違約風險管理

還款方式的抉擇並不是單純地考量貸款成本而已，還必須兼顧無法償還本息的財務風險。為避免利率波動的風險，收入最好跟支出的期限能相配合 (duration match)，所以必須瞭解每年稅前營運現金流量以決定還款方式。一般在分析財務風險時，常以利息保障倍數作為衡量工具，也就是每期營運淨利除以還息金額，其值最好在四以上。

(二)最佳還款方式的抉擇

由圖 13-2 可看出，在不同的稅前營運現金流量型態下，宜採取何種還款方式；以第一種方式每期平均還本還息來說，優點是由於每年平均還本，貸款金額逐年降低，因此債息最低；但「有一好、沒兩好」，由於每期固定須償債，一旦營業淨利表現欠佳，違約風險便如影隨形的逼近。

三、負債結構規劃（你的負債狀況安全嗎？）

用紅綠燈交通號誌來說明負債狀況是否安全，藉以做好負債結構規劃，即短長期負債所佔比重，詳見表 13-11。

1. 綠燈：公司應優先使用抵押貸款，利率較低，而且比較屬於長期貸款，長期資金短期使用不算錯誤。

2. 黃燈：舉借信用貸款常常難以避免，但應該列為第二優先的負債來源。然而，

圖 13-2 四種還款方式的比較

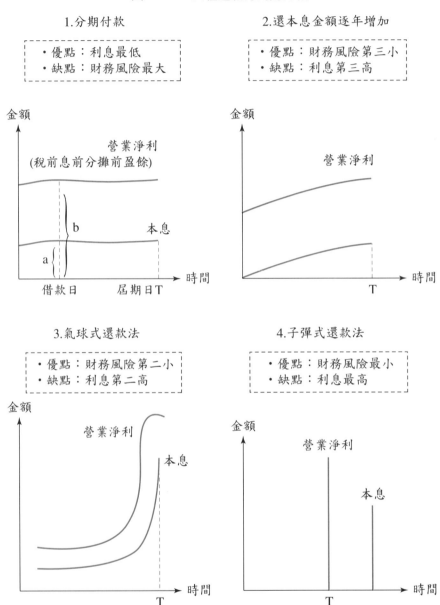

1.分期付款
- ·優點：利息最低
- ·缺點：財務風險最大

2.還本息金額逐年增加
- ·優點：財務風險第三小
- ·缺點：利息第三高

3.氣球式還款法
- ·優點：財務風險第二小
- ·缺點：利息第二高

4.子彈式還款法
- ·優點：財務風險最小
- ·缺點：利息最高

一碰到要把私人信用拿出來背書保證，或把自己資產拿出來替信用貸款保證時，那足見公司信用透支，不得不拖你下水；甚至要求第三人連帶保證，這時銀行連你都信不過了，可見你的財務健康狀況已亮起黃燈，必須減速（尤其是不要再舉債）。

3.紅燈：當你找上租賃公司，甚至民間借款（地下錢莊），這時你的財務健康

狀況已亮起紅燈；小心隨時會撞車，如同發高燒一樣，應盡快退燒，否則你的腦袋會燒壞掉！

表 13-11　負債結構分析（以交通號誌來類比）

交通號誌意義	負債資金來源
紅燈（危險）	・民間借款 ・租賃 （在美國，有些公司發行垃圾債券）
黃燈（警告）	・以個人資產或信用作擔保的信用貸款 ・一般信用貸款
綠燈（安全）	・抵押貸款

四、萬不得已不要租賃

許多讀者或許會感到奇怪，為什麼我並沒有討論租賃這個負債資金來源。由於租賃利率非常高，年利率常在 16% 以上，除非你的稅前純益率高於此，否則將會造成「負財務槓桿」，簡單的說，賺的都不夠付租賃利息。

或許你會認為我並沒有考慮因租賃而帶來的營業額，講個例子會更容易清楚。由表 13-12 可看出，有個公司租賃金額 2,500 萬元，這代表什麼意義？在稅前（租賃）息前純益率 12% 情況下，第一年為償還租賃利息所需的營業額為 3,750 萬元。

表 13-12　償還租賃利息所需營業額的計算

・租賃金額　2,500 萬元
・利率　18%
・每年利息至少　450 萬元
・稅前租賃息前純益率　12%
・為償還租賃利息所需營業額
　=450 萬元÷12%=3,750 萬元／年

3,750 萬元又代表什麼意義？從資產周轉率來說，不考慮其他的周轉資金、費用（薪資、物料）。僅單純假設 2,500 萬元租賃總額便可支撐 3,750 萬元營業額，也就是資產周轉率 1.5 倍，這對很多製造業都不容易達到。要是把其他配合資產費用加計，那整個資產周轉率可能不到一倍。

再從年營業額的角度來看 3,750 萬元的意義，公司月營收 1,700 萬元，年營收 2.04 億元，也就是年營收中有 2.2 個月（或佔 18%）的營收結果必須用來付租賃利息。

或許你認為要是真的像你打的如意算盤，用稅前純益率來算，還有 2,448 萬元的稅前純益。可惜，如意算盤不是如此，一般公司都是向銀行借不到錢，再求救於租賃公司。也就是，這家公司一定還有其他比租賃金額更高的銀行貸款，東扣西扣，只要營收稍不如意，便會被債息（尤其是租賃）所拖垮。

本例只是提供一個參考，或許你的案例只有本例的十分之一，例如租賃金額只有 25 萬元，但是你其他數字可能也同幅度只是本例的十分之一，那麼問題仍一樣嚴重。

不過有二種情況下，不妨考慮借租賃：

1.利率低時，有些大型租賃公司發行票券取得資金，資金成本低，所以租賃利率可低到比銀行利率僅高出一個百分點。

2.一般銀行皆不願意接受中古機器做為抵押品，有些租賃公司願意接受，只是貸款成數往往只有機器殘值的五成。假設你很缺錢，而且利率在 15% 以下，不妨考慮。

此外，租賃業者會跟你說：「租賃好處之一是明明是負債，卻因是在損益表中以費用出帳，因此不會列在資產負債表中的負債中」。

五、江湖術士之言

最常見的租賃便是租車，租賃公司會以一輛百萬元車的例子向你舉例說明「公司租車比買車划算」。數字例子令人覺得很有學問，其實只是障眼法，簡單的說，租車 140 萬元、買車 100 萬元，租車硬是比買車貴 40 萬元，縱使考量費用抵稅效果，這方向也不會改變，只是影響金額大小罷了！

用簡單的邏輯想，把租賃公司當成車商，他從裕隆汽車公司買輛 Cefiro 3.0 車賣給你，還幫你定期維修保養車子、繳牌照稅和燃料稅（一年約 3 萬元）、保險費，一定會把人工等成本利潤加上來，怎麼可能比你（或公司）買車便宜？要是誠如他們所說，套用吸血鬼定理，久而久之，109 萬家公司便不會買車，全部會租車。但事實並非如此。光看股票上市公司中租賃（裕融勉強算）公司只有小貓兩、三隻便

可證。

(一)租賃公司是邊際放款者

租賃公司一直是金融市場中的邊緣者，主因在於主要資金成本比銀行高。

1.已上市

已股票上市的租賃公司可透過發行債券、股票取得便宜資金，但仍無法跟上市的銀行相比。

2.股票未上市

99% 以上的租賃公司都是向銀行貸款，然後再購買機器或授信戶購後租回的租給客戶。資金成本原本就比銀行高，羊毛出在羊身上，最後也都是由客戶負擔。

(二)銀行為什麼還開租賃公司

既然租賃公司跟銀行搶客戶，那麼為什麼有些銀行還轉投資成立租賃公司？道理很簡單，像二手機器貸款大部分銀行皆不承辦，但可以左手轉給右手，讓旗下租賃公司承做，不致於把客戶推向門外。

六、不租賃又該如何？

許多公司都是迫不得已才找租賃公司，而你又會問我：「不租賃又能怎麼辦？」要是有做財務預測的話，可能沒有這般窘迫。這又可分為下列二個情況：

1.當公司業績擴充太快：公司自有資金不足、舉債已沒空間；但此時不見得非租賃不可，至少還有二條比較的路：

(1)找股東借錢，尤其是找股東現金增資。

(2)要是老股東不願、沒能力出錢，只好找新股東入股。

2.公司業務萎縮或不明朗，但是有些機器設備又是必需品，公司自有資金不足、舉債又求借無門，只好走上租賃這條路。這時要是碰上業務不明朗的情況，那無異於沒有安全網之下走高空鋼索；如果是業務萎縮，那租賃就等於「老壽星吃砒霜」！

第四節　聯合貸款

就跟券商包銷股票，怕套牢虧損，所以只好找其他券商來聯合包銷以分散風險

一樣，聯合貸款則是銀行們集體作戰方式，第二個目的則是遇到大授信案，自己吃不下來，只好團結力量大的「大家一起來」。

一、聯合貸款現況

銀行業提供聯貸資金，主要用途是企業的資本支出計畫，包括購置土地、廠房、機器設備和周轉金的調度需求。

主辦行跟參貸行所承受的授信風險相同，依其參貸金額為依據，但二者享受的待遇和報酬有明顯的差別。主辦行除貸放利息收入之外，尚有管理費等相關收入，這是近年來，許多銀行經營方向轉向聯貸案主辦行的原因。

㈠ 2001 年聯貸市場狀況

國際知名的聯貸市場金融雜誌（Basic Point），公佈 2001 年臺灣聯貸案主辦行的排行榜，詳見表 13–13。

表 13–13　　2001 年臺灣聯貸市場狀況

名次 ＼ 幣別	銀　行	臺　幣	美　元
1	花旗銀行／所羅門美邦證券	臺銀	花旗集團
2	臺銀	花旗銀行	日本 Uni–Asia 金融公司
3	中信銀	中信銀	日本住友銀行
案件數		52 件	14 件
金　額		59.58 億美元	15.44 億美元

外銀聯貸主管指出，1999 和 2000 年時，銀行聯貸市場競爭激烈，企業貸款的加碼利率五年期僅有 40 ～ 50 個基本點。但 2001 年三～五年期的平均加碼利率揚升到 80 ～ 120 個基本點（basic point, 0.01 個百分點或萬分之一），對銀行來說，是一合理水準，體質和財務健全的企業有可能取得更低的利率。（工商時報，2002 年 1 月 23 日，第 7 版，白富美）

㈡ 奇美集團的聯貸

奇美電子 2002 年將興建第三座 TFT–LCD 廠，是規模更大的第 5 代廠，投資金額更可觀。奇美電子和奇美實業舉辦聯貸，這是集團第三次舉辦聯貸，以取得部

分投資資金，詳見表 13–14。(經濟日報，2002 年 1 月 23 日，第 27 版，邱馨儀)

表 13–14　　奇美集團 2002 年 1 月的第三次聯貸案

貸款人	主辦銀行	額　度	利　　率	貸款用途
奇美電子	第一銀行、中信銀	60 億元	貨幣市場一年期銀行間拆款利率 + 0.75%	改善財務結構
奇美實業	華南銀行	60 億元	同上面參考利率 + 0.55%	投資奇美電子

資料來源：整理自任曼瑋，「奇美 120 億元聯貸案」，工商時報，2002 年 1 月 23 日，第 7 版。

㈢遠傳的聯貸

2002 年 2 月 4 日，遠傳電信跟花旗銀行等九家銀行團簽署一項五年 43 億元聯貸案，利率之低為近來市場罕見。

遠傳電信這項貸款案，屬於固定天期的放款，精神上採取商業票券循環信用融資 (NIF)，花旗銀行在聯貸設計上不依三商銀的基本放款利率來作為參考利率，而是以商業本票初級市場利率，且加碼僅有 70 個基本點，加計前後開辦成本，借款利率僅約為 3.4%，是聯貸市場最優惠融資利率。(經濟日報，2002 年 2 月 5 日，第 7 版，白富美)

二、聯貸程序

聯合貸款跟證券承銷一樣，借款者先找幾家門當戶對的銀行，看看其當主辦行的意願、報價，此時選擇性招標 (select bidding)。銀行的標單稱為「計畫書」，其實可以說是貸款契約的草約。只是加上：

1.銀行聯貸策略：包括如何籌組聯貸銀行團、資金募集方式、在超額認購時借款公司是否有選擇權。

2.權宜條款：當報價所依的金融市場基本狀況改變時，計畫書內報價等可能的適用。

挑選了主辦行後，借款公司便給予主辦行一份委任書 (mandate)，讓主辦行有憑有據的去招攬參貸行。

聯貸程序跟證券發行很類似，由圖 13–3 可窺全貌；此外，由表 13–15 更可見其相似處。

表 13-15　證券承銷方式跟聯合貸款方式比較

證券承銷方式	聯合貸款方式
包銷	
・全額買斷	承銷 (underwriting)
・部分買斷	部分承銷 (partly underwriting)
・餘額買斷	
代銷 (best effort)	承貸 (best offer)

圖 13-3　國際聯合貸款程序

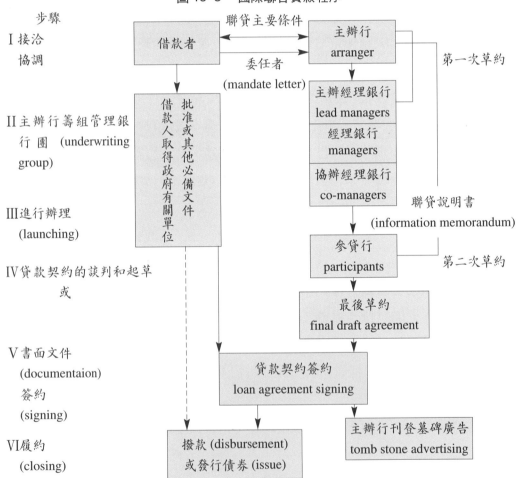

資料來源：整理自林宗成，〈國際聯合貸款與併購融資〉，《產業金融》68 期，1990 年 9 月，第 13 ～ 14 頁。

(一)貸款額度分配

由主辦和協辦銀行進行總額承辦，要是找不到聯貸銀行（類似證券承銷時的協辦券商），則主、協辦銀行要把無法分出去的金額吃下。

(二)貸款利率

至於貸款利率的決定程序：

1. 主辦銀行先提出貸款利率指標（或稱參考利率）。

2. 主、協辦和各參貸銀行共同制定出貸款利率。

(三)聯貸籌組期間

聯貸案所須時間，從借款公司能跟銀行接洽起，到整個案完成，通常都得歷時三個月，少則一個月。

當借款公司完成貸款契約規定動支前應辦事項後，便可向銀行請求動支。只是必須在動支日前 6 個營業日前向經理行提出申請，而專案貸款須視計畫實際進度撥款。經理行為便於營運管理，通常有動支最低額度的規定。

三、申請銀行貸款的準備文件

一般來說，借款公司提交類似財務簽證的「銀行書」(bank book) 給銀行，以申請貸款，重點內容如下：

1. 融資目的（如投資案簡介）。

2. 預擬的融資結構和預估盈餘足以支持流動資金和分期償債。

3. 資產負債表上可質押資產（pledgeable assets）的價值，除依一般公認會計原則編製的金額外，還可在附件上加上對於清算價值、實際市價的評估。

銀行核可借款公司的貸款申請後，在實際動支前，會以承諾函 (commitment letter) 方式通知借款公司已取得貸款，此種類似備償信用狀的授信方式，除了一般銀行貸款契約的內容外，還包括借款公司該付給銀行的承諾費等銀行費用。

借款公司收到銀行的放款承諾函後，便應立即跟銀行洽商確定的貸款契約，就此看來，承諾函可視為草約。一般來說，承諾函上皆標示有效期間，有時短到三十或四十五天，借款公司應仔細計算向政府機構申請投資案核准所需的時間，由此再倒算向銀行申請承諾函的日期。

第五節　貸款條件的主要內容

負債融資的結果以白紙黑字的契約來見證，其中主要有二項：

1.融資主要條件：本節說明。

2.契約條款：這部分要看清楚，其中有些是銀行的底線，可視為銀行篩選合格借款公司的標準，例如流動比率。但是更重要的，借款公司必須瞭解哪些條款可以讓步，又可以爭取哪些條款的放鬆。

融資交易一談妥，雙方會簽定貸款或債券契約，主要載明貸款條件 (terms)。其主要內容為「貸款種類」(issue)，包括各類授信的金額、期限；此外，以國際貸款為例，還包括下列常見的條件。

一、用　途

融資「用途」(purpose 或 use of proceeds) 主要摘述借款的目的，例如併購其他公司所需的併購融資（acquisitions financing）。此條款限制貸款的用途，即有拘束條款的貸款 (tied loan)。

二、額　度

通常以美元為計算貸款額度的基準，如果選擇「多種幣別融資方式」(multi-currency facility)，借款公司尚可選擇跟美元額度等值的約定幣別，如日圓、馬克、英鎊。如果貸款科目結構 (structure) 不只一樣，也就是依貸款性質分成不同的額度 (tranche，在債券稱為券別)，如 A、B、C 等。

三、利　率

大都以三或六個月 LIBOR 加碼 (spread)，加碼幅度視借款公司信用狀況、授信種類與期限等因素而定，通常併購融資時加碼較高。

(一)以 LIBOR 或 SIBOR 作為參考利率

在歐洲通貨市場舉債適用 LIBOR，如果是在亞洲國際通貨市場融資，則為

SIBOR；在美國大都依據數家「貨幣市場銀行」(money market banks) 基本利率所編製的「指數利率」(index interest rate)，以作為參考利率 (reference rate)。

至於 LIBOR 是如何計算出來的呢？通常選擇參貸行中幾家具代表性的所報出的倫敦銀行間拆款利率，以借款公司選擇的利率期間前二個營業日上午 11 點為準；然後由經理行採算術平均方法計算，便可求得聯貸案適用的 LIBOR。至於這些代表性參貸行則稱為「參考銀行」(reference bank)。

例如日月光半導體公司 1995 年 10 月五年期 1 億美元聯貸利率為 SIBOR 加上 0.65 個百分點，每半年付息一次。

一般來說，銀行撥款進入借款公司指定帳戶便是「開始計息日」(interest commencement date)，由此計算每滿一年為每年付息日 (interest payment date)。

(二)以國庫券利率作為參考利率

除了以放款國基本利率、LIBOR、SIBOR 為貸款參考利率外，也有以同天期(美國) 國庫券利率 (treasury rate) 的；例如以銀行承諾放款時的國庫券利率再加碼，加碼則以「基點」(basic point，簡稱 BP，即 0.01%，萬分之一) 為計算單位。例如國庫券利率為 4.50%，再加碼 195 ～ 220 BP，那麼貸款 (或債券) 票面利率 (coupon rate) 為 6.45 ～ 6.70%。

一般來說，銀行初次對借款公司報價 (quoted prices) 時，針對貸款利率大都採上述區間報價 (利率) 方式，比較少以點利率來報價。

(三)貸款利率的調整

長期貸款利率都是浮動利率，雖然說是浮動利率，但是重洽利率 (interest-rate reset) 的期間並不是朝令夕改，而常是以月為重新調整的單位，例如：

　1.每半年重新議定貸款利率，即換約一次。

　2.每一、二、三或六個月調整利率，比較適用於短期信用貸款。

但是在小額放款或聯合貸款情況，為了降低重訂利率的交易成本，常採依約定公式的調整方式。

四、收益保障

放款銀行為保障自己免於不可抗力事件的衝擊，所以有時會加上「收益保障條

款」，這些大抵是備而不用的，主要內容如下：

㈠替代利率 (substitute rate of interest)

　　要是契約中所規定的計息方式已無法正確反映放款銀行的實際成本，則雙方應尋求另一個替代基礎。

㈡稅　捐

　　借款公司應負擔所有現在和未來的因貸款而發生的稅負。

㈢成本增加條款

　　簽約後任何因法令變更而導致放款銀行稅負增加、存款準備或資金取得條件等，增加放款銀行維持本貸款的成本，借款公司應補償銀行。

㈣幣值維持條款

　　1.放款銀行的幣別選擇條款：在到期日時，放款銀行得指定契約中之一種貨幣作為償還幣別。

　　2.計算單位條款 (loans expressed in unit of account)：貸款金額不以特定貨幣計價，而以借貸雙方合議的計價單位來表示，例如以黃金來表示者稱為「黃金價值條款」(the gold value clauses)。

　　3.穩定通貨條款：放款銀行為避免貨幣貶值的損失，採用預期匯率維持穩定的貨幣作為償還幣別。

五、費　用

　　即第十二章第三節中所列的各項費用金額和支付時間。

六、可動支額度

　　就以循環信用貸款來說，每個月「可動支額度」(availability) 可能事先便約定，或約定視抵押品市值而定。

七、期限、寬限期、還本方式

　　貸款期限 (tenor, final maturity) 視借款公司預計的現金流量和償債能力大小而定。還本方式 (method of payment) 除傳統分期平均攤還 (amortized) 外，還有三種

常見方式，參見圖 13-2。

寬限期 (grace period) 是指借款公司未能如期償還時，銀行會給予一段期間（例如十天）讓借款公司設法履約，而不會立即打入催收、訴諸法律行動。

八、地　位

地位 (status)：以表明貸款本息對借款公司的地位，例如永豐餘海外轉換公司債債權契約中載明,此債本息是無條件的、非附屬的(針對發行公司未來新舉的負債)、無擔保的，而且跟發行公司已發同性質負債具有同樣的求償順位 (rank pari passu)。

九、型式、幣別、轉讓

1.型式 (form)：常見的有二種方式，海外轉換公司債的標準型式有記名式 (registered bond)、無記名式（bearer bond），前者面額最少 50 萬美元，後者面額最少 1 萬美元。

2.幣別 (denomination)：最常見的為美元。

3.轉換方式或所有權方式 (title)：無記名式只消交遞便完成所有權的移轉，至於記名式則須過戶、登記。

十、取消額度、提前還款條件

有時允許借款公司在用款期限內可任意取消融資額度 (optional cancellation) 未撥用的部分，不需支付懲罰性費用 (penalty)；至於取消的額度必須符合最低金額與其倍數的限制，並應於三十天前通知經理行。同樣的，借款公司也可提前清償 (prepayment) 本息。

十一、貸款擔保

借款公司至少可採取下列三種方式來保證還款。

1.本票 (promissory note)：為方便債權追索起見，要求借款公司按實際動用金額開具本票給經理行收執；如果是分期還本，本票改按攤還日期和金額開具。

2.保證 (guarantee)：國外聯貸案通常未徵提個人保證，有時只需母公司出具放

心函（letter of comfort）或保證函即可。

3.擔保 (security)：通常由借款公司提供固定資產設定第一順位給主辦行（或經理行）；有時則由其他金融機構出具保證函或保證信用狀（stand-by letter of credit）。

如果以借款公司的資產為擔保而提供融資者，以固定資產作押，借款期限可達三至七年；以流動資產為擔保時，通常可取得一年期可循環使用的信用額度。如果是以借款公司未來現金流量作為償債能力而提供融資者，一般可取得一年期無擔保可循環使用的信用額度。

由於抵押品的設定對象有時為主辦行，但有些法律專家認為為了避免借款公司其他債權人抗辯無完全對價關係，而主張所有債權人為抵押品的受益人；但當聯貸行家數眾多時，此種設定手續頗耗時。有時為避免辦理設定手續繁複起見，改由借款公司出具承諾書，承諾不得把該項資產設定給其他金融機構；不過這種情況下，該項資產不能作為真正的擔保品。

4.優先順序 (ranking)：表明此貸款相對於借款公司其他貸款，對借款公司資產的求償順序，此即「債權順位條款」（subordination provisions）。

◆ **本章習題** ◆

1. 把授信考量 Camel 五個英文字母跟表 14-3 中項目一一對照出來。

2. 以一家銀行為例，收集其信貸、抵押貸款的流程、表單。

3. 把公司債信交給信用評等公司去評，如何能強化公司信用？

4. 打電話給中小企業信用保證基金，瞭解其授信現況。

5. 隨時上網（例如華南銀行網站），把表 13-8 內容 update。

6. 以表 13-10 為基礎，各找一個貸款案，並分析其為何採取不同還款方式。

7. 你同意「租賃、地下錢莊借款」是公司舉債到頂的危機訊號嗎？請找出財務危機公司，分析租賃佔損益比重。

8. 找一個汽車租賃的宣傳新聞，看看其破綻在哪裡。

9. 以表 13-14 為底，把最近二個聯貸案整理出來，貸款利率不同原因何在？

10. 以最近一個國際聯貸案為例，把圖 13-3 上各步驟標上日期，看看各階段花多少時間。

第五篇

資產管理、財報分析和公司重建

第十四章

流動資產管理

「要搞垮一個大企業？大約二、三個月就夠了。只需做到：堆積些存貨，慢些催收貨款，最後再加上對企業危機的茫然無知。」

" It does not take too long to screw up a company. Two, three months should do it all. All it takes is some excess inventory, some negligence in collecting, and some ignorance about where you are.""

——瑪麗・貝屈勒　漫遊嬰兒車財務長

Mary Baecher, CFO of Strollers

學習目標：

流動資產常佔公司資產的二成，如何避免資金積壓而又不影響營運；這是財務人員最基本的工作，也是本書很基層、可操作的部分。

直接效益：

商業徵信、催收等應收帳款（含票據）管理課程主要內容，看完第二節，這筆訓練費可以省下來！

本章重點：

- 現金入帳流程。圖 14-1
- 各種匯款系統比較。表 14-1
- 公司授信跟銀行授信的負責部門。表 14-2
- 風險評等系統。§14.2 五 1
- 信用評分表示例。表 14-6
- 帳齡分析表示例。表 14-7
- 應收帳款售讓流程。圖 14-4
- factoring 和 forfaiting 的比較。表 14-11
- 票貼和客票融資的差異。表 14-13
- 存貨管理 ABC 法。圖 14-5
- EOQ 法。§14.4 二㈡
- 經濟訂購量的決定。圖 14-6
- 前置時間和訂購點的關係。圖 14-7

前言: 積少成多

財務部最例行的工作在於收支 (如支票處理),套句英語俗語:「It's dirty job, but someone have to do it」。此外,現金、應收帳款、應收票據、存貨等短期資產,背後都隱含著資金積壓,意味著沒賺到利息錢。站在財務人員眼中,無異暴珍天物;有如自來水管線漏水一樣,一點一滴不覺得痛,東漏西漏、大漏小漏,碰到大旱時尤其覺得寶貴。

把三國時蜀漢劉備給他兒子阿斗的遺言:「勿以善小而不為」稍微改一點,便成為基層財務人員的作業至理名言 (2001 年鄭秀文的主打歌):「勿以錢少而不賺」,本章在此基調上來說明如何做好流動資產管理。

第一節　現金管理

現金 (cash) 包括公司在銀行帳上的甲種存款 (即支票存款,簡稱支存)、活期存款和公司出納保險櫃內的現金 (主要是零用金)。現金的作用主要在於交易付款 (尤其需要小額付現的,例如搭計程車、付報費),現金的缺點是沒有利息收入,所以現金只消保存一最佳金額便可,不宜過量,以免「資金積壓」。

一、現金餘額水準的決定

在第四章第四節我們已說明公司目標現金餘額 (target cash balance) 的決定方式,此處不再贅敘。

二、現金管理的技巧

常見的現金管理 (cash management) 的技巧如下:

(一)現金收支同步化

現金流量同步化是指藉由公司對於現金流量預測技術的改善,使現金的流入量跟流出量發生時間一致,而能維持比較低的交易性餘額水準。為了使公司的現金流入和流出能充分配合,現金流量預測的準確度必須加強,並重新設計相關的決策、工作程序使現金流量的進出得以同步。

(二)加速現金收款能力 (lead)

應收帳款收現的快慢跟浮流量 (float) 有非常密切關係，浮流量是指公司帳上跟銀行帳戶中公司存款餘額之間的差額，代表開出支票跟受款人收到支票與提領現金的時間差異。例如當公司開立支票支付貨款時，則立刻貸記（資產科目貸記即指資產餘額減少）現金，降低現金餘額；然而銀行戶頭上公司存款卻並沒有立即減少，因此便產生正浮流量。反之，公司收到支票時銀行會先入帳，而在二到三天之後這筆現金才會載入公司現金帳餘額，即負浮流量。

浮流量主要來自於三個來源，如圖 14–1 所示：

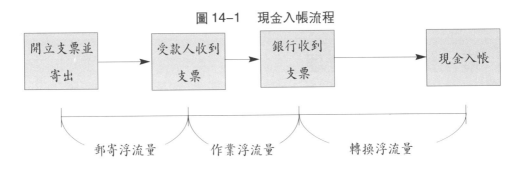

圖 14–1　現金入帳流程

1.郵寄浮流量：付款人開立支票，透過掛號郵件寄到受款人公司；而由郵寄耽誤時間所造成的浮流量。

2.作業浮流量：即受款人收到支票後轉至銀行所耽誤的作業處理時間的浮流量。

3.轉換浮流量：銀行收到支票後，須進行轉帳或票據交換後現金才會入帳，這期間所造成的浮流量。

縮短浮流量的時間有加速收限效果，因此有的公司同時在 16 個縣市地區設置收款中心，通知客戶可直接將款項匯至其所在地之收款中心，而該中心收到支票後，再交由地區委託的銀行進行轉帳，把支票轉至區域的集中銀行，最後集中至公司主要帳戶的付款總行。由於科技進步，資金轉帳的方式也愈來愈多，如委託轉帳支票、電子委託轉帳支票、電信匯款和自動付款票據等，提供許多降低浮流量的方式；然而最重要的，還是在於公司必須建立一套有效率的現金作業制度，才能有效降低浮流量。

(三)控制現金的流出 (lag)

　　如果能延長付款期限，同樣可以增加短期內可使用的短期資金；只是公司宜在合法範圍內延緩現金流出，現金流入和流出過程並沒有不同，僅收款人跟受款人角色不同，此時公司是站在付款人的立場。為了延緩現金支付，有幾項可行的方式如下：

　　1.成立零餘額帳戶或付款中心：當公司經由各部門分別開立支票給供應商，同時透過部門各自的銀行帳戶支付貸款時，就全公司來說，將持有相當高的現金餘額。為此，公司可在集中付款總行成立零餘額帳戶，雖然仍由各部門依據營業狀況開立支票，然而是由集中銀行統籌支付現金並每天結算帳戶餘額，一旦帳戶現金不足，由銀行提供信用額度補足帳戶金額；要是現金餘額過剩超過預定水準則轉入銀行定存賺利息，避免造成現金餘額的短缺或閒置，像建華銀行的 MMA 帳戶便有此功能。

　　2.設法增加轉換浮流量：公司有時可透過偏遠地區的銀行帳戶來付款，藉以延長票據交換的時間，增加轉換浮流量，然而此舉可能有損買賣雙方的關係，因此大多數公司已很少使用。

　　3.票據支付定時化：若公司能將付款的票據開立時間固定在一周內的某一天（甚至半個月或一個月結算一次），則可使浮流量時間增加，並簡化帳務處理程序。假設平均郵寄浮流量為兩天，當公司把開票時間訂在星期四，則因支票流通在外的時間會橫跨星期日，所以公司可以多獲得兩天的浮流量時間。

三、ACH

　　媒體交換自動轉帳業務 (ACH) 是指以電子資料處理方式辦理定期性、重複性和大量小額的跨行轉帳交易，可分為代收案件（如跨行代收水電費、瓦斯費和保險費等）和代付案件（如跨行員工薪資轉帳和上市公司發放現金股利等）兩大類，透過 ACH 既可節省空白支票工本費，又免除簽發支票的麻煩，交易安全性更高；臺北市票據交換所的 ACH 2002 年 6 月 7 日上線營運。

　　ACH 比較偏向「批發性質」，通常交易數量須達數十筆到 1,000 筆，如果民眾只有一、兩筆轉帳交易，銀行基於成本考量，未必願意提供服務。至於民眾申請 ACH 轉帳時，跟一般匯款程序相同，只要指定匯款到哪一家銀行和帳戶，便可以現金或帳戶辦理轉帳匯款。（經濟日報，2002 年 1 月 17 日，第 9 版，傅沁怡）

表 14-1　各種匯款系統比較

項　目	自動櫃員機	媒體自動交換 (ACH)	銀行臨櫃匯款
轉帳費用	每筆轉帳均為 17 元	票據交換所對代收和代付案件的收費均為 1 元，但銀行可自訂對民眾收取手續費標準。（票交所建議參考價為代收 4 元、代付 5 元）	轉帳匯款 200 萬元以下每筆 30 元，每增加 100 萬元加收 10 元；現金匯款 200 萬元以下每筆 60 元，每增加 100 萬元加收 30 元
轉帳金額	指定帳戶轉帳每筆最高 200 萬元，非指定帳戶每筆最高 10 萬元	不　限	每筆最高限額 2,000 萬元
匯款時間	當日下午 3 時 30 分以前匯款，可在當日匯到	當日匯款均須至次一營業日才匯到	原則上當日下午 3 時 30 分前匯款便可於當日匯到
使用系統	財金公司跨行通匯連線系統	票據交換所	財金公司跨行通匯連線系統

註: 本表 ATM 和銀行臨櫃匯款是以合作金庫的價格為範例；各銀行手續費用收費標準依銀行公告為準。

四、電子銀行讓你即收即入

　　企業因業務關係，須跟多家公司或個人在許多不同的銀行往來，而傳統人工款項收付方式和銀行帳務處理，因雙方未能透過網路系統處理，以致應收或應付帳無法有效整合入銀行帳，造成整體資金流動處理成本高、時效差。而銀行開發的電子理財系統服務，有網路銀行系統、企業資金管理系統、企業收費管理系統、金融電子資料交換 (FEDI)、貨款集中支付系統、人事薪資管理系統、學生註冊費管理系統、媒體交換和資料回饋等等。企業應可善加運用，以解決派人收款、對銷帳等問題，讓資金即收即入，進而營造資金快速回收。其作業方式如圖 14-2，透過電子銀行 (E-banking)，財務人員（如出納）免開支票給供應商或免跑銀行去送取款條，一切皆可在電腦上搞定，再也沒有「跑銀行」這件事。但跟水蓮山莊的廣告一樣：「在客廳就可以釣魚，但不保證你釣得到」，同樣的，電子銀行讓你「在公司裡就可以付款，但不保證你有錢可付」，結論是缺錢的公司還是得「跑三點半」。

圖 14-2　FEDI 的電子銀行轉帳功能

第二節　應收帳款管理

臺諺說：「會賣不是師父，會收（款）才是師父」，這句話說明，應收帳款管理的好壞將直接影響到公司獲利。那麼商業授信是否嚴格一些的好？信用政策太嚴，將使許多信用中等的客戶卻步；信用政策過鬆，客戶付款太慢，公司將資金積壓在應收帳款，增加許多持有成本 (withholding cost)，甚至大大提高了壞帳（如芭樂票）發生的可能性。

由此可知，如何在成本與效益之間做一適當的抉擇，是應收帳款管理的核心議題。由於付款管理 (disbursement management) 跟「授信暨收款管理」是一枚硬幣的正反兩面，所以為了節省篇幅起見，本書只討論全球企業的應收帳款管理，至於應付帳款管理等同理可推。

一、勿變成酷吏

財務部人員在商業授信方面切勿太本位主義，尤其是斤斤計較，要求業務部對開一個月、二個月期票的客戶一定得加計利息。以反映公司的資金成本。殊不知，商品功能、價格、付款方式是客戶購買決策的三大考慮因素。但是公司對客戶授信政策主要由業務部主導，至少想達到下列目的之一。

1.攻擊性

比較難賣的車型（大部分是老車款出清存貨），車商大都會推出「36 期零利率」優惠促銷計畫，也就是公司編列 1、2 億元的行銷預算（放在促銷費用科目），去替客戶買車付汽車貸款利息。這是變相減價，不過，現金購買則有現金折扣。

2.防禦性

競爭者這麼做，自己也不得不做，無須破壞行情的超越對手，但至少得跟得上行情，在付款方式中最常見的是「月結一個月」，本月 1 日結上個月的帳（例如便當），然後客戶開一個月的期票，等於授信給客戶二個月的營收。

財務部在授信利率，必須以大局為重，經究財務部是麥克・波特指的企業活動中的支援活動之一，是為了支援營業等核心活動而存在的。萬不可以「反客為主」、「乞丐趕廟公」，那未免太不「以大局為重」；如果死硬要求對客戶期票收取利息，甚至會被業務部視為「酷吏」。

二、商業授信

分期付款購物交易，賣方（此處稱為公司）扮演著銀行授信的角色，稱為商業授信 (trade credit)，擴大來說，應收票據、應收票券也都屬於此範圍。

既然以商業「授信」來命令，一定是向銀行借用來的，由表 14-2 可見，公司負責商業授信政策 (credit policy) 的便是財務部，主要決定各級客戶的授信額度、期間和利率。

表 14-2　公司授信跟銀行授信的負責部門

	授　信	授信審查
銀　行	（各）分行	總行審查部
一般公司	業務部（如各地營業所）	公司財務部授信科

5P 原則是銀行用來判斷錢借給你的安全性，以及可以借多少錢給你的五項評估標準：

1. 債權確保 (protection)

為了確保債權，任何貸款都應有兩道防線，第一為債權確保，第二則為還款來源，而擔任確保債權角色者，通常為銀行向借款戶所徵提的擔保品。當借款戶不能就其還款來源履行還款義務時，銀行仍可藉由處分擔保品而如期收回放款，這就是確保債權。

2. 資金用途 (purpose)

銀行需衡量有意貸款者的資金運用計畫是否合法、合理、合情，明確且具體可

行。並於貸款後持續追查是否依照原定計畫運用，1998 年頻頻發生的集團企業掏空資產，把資金挪作他用等不良的授信案件，便是起因於資金移作他用引發意外損失、導致無力還款而跳票才一一浮上檯面。

3.還款來源 (payment)

分析借款戶是否具有還款來源，可說是授信最重要的參考指標，也考核貸放主管的能力。授信首重安全性，其次才是獲利性、變現性。通常借款戶是否能有足夠還款來源跟借款資金用途有關，如果資金用途是依景氣和實際所需資金加以評估，並於貸款後加以追蹤查核，則借款戶履行還款的可能性即相對提高。

4.借款戶展望 (perspective)

銀行對於授信條件，就整體經濟金融情勢對借款戶行業別的影響，及借款戶本身將來的發展性加以分析，再決定是否核貸。

5.貸款人或企業的狀況 (people)

指針對借款公司的信用狀況、經營獲利能力和跟銀行往來情形等進行評估。

表 14-3　授信標準

五項授信標準	5P	5C	銀行信用評等 (CAMEL)
一、擔保品	protection，債權保障	collateral	asset
二、資本	purpose，資金用途	capital	capital
三、償債能力	payment，還款來源	capacity，其實是 earning capacity，指過去三年的獲利能力	earnings
四、前景	prospect，借款戶展望	condition（未來）經濟情況影響公司的獲利	liquidity 變現力
五、品格	people，貸款人或企業的狀況	character 性格	management，經營能力

許多人都覺得「人心隔肚皮」、「知人知面不知心」，所以借款公司董事長（即 5P 中的 people）的性格 (character) 是很難捉摸的。但是銀行會透過表 14-4 的方式鑑古知今的來判斷借款公司的還款意願，一般公司也可以依樣畫葫蘆。

表14-4　判斷借款公司還款意願的客觀方式

客觀還款意願	說　明
一、票信（支票信用）	上網向票券交換所、銀行同業公會查詢借款公司及其董事長的支票是否有跳票等情事
二、債信（負債信用）	1. 銀行貸款：同上 2. 公司債發行：中華信評公司

三、徵信制度

圖14-3 是授信制度很健全的仁武公司的授信流程。

圖14-3　仁武公司授信制度流程圖

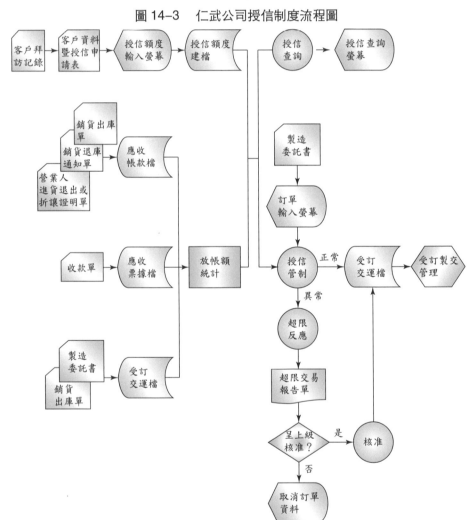

四、信用政策

信用政策 (credit policy) 指的是公司要求客戶遵守或允許客戶利用的信用融資制度，其主要可由下列四個要素組成。

(一)信用標準

信用標準 (credit standard) 是指客戶為了取得公司的交易信用，所須具備的最低財務力量（常見的為保證金）。當客戶的財務力量未達標準，則其購貨條件將比較嚴苛。一般來說，公司可以透過財務報表、信用調查機構（如中華徵信所）報告或透過其往來銀行來瞭解客戶的信用，進而分析客戶的信用品質。

(二)信用期間

信用期間 (credit period) 是指公司給客戶的付款時間，不同行業的信用期間也不相同，但通常公司會依客戶的存貨轉換期間來決定信用期間的長短。

(三)收款政策

收款政策 (collection policy) 是指公司催收過期應收帳款所遵循的程序，通常公司所採用的收款方法有四種：寄催收信、親自造訪或利用電話通知、委託帳款催收機構和採取法律行動。而收款政策的鬆緊影響到銷貨收入、收現期間和壞帳比率非常大，因此，公司在決定收款政策之前，必須先衡量預算和財務狀況，分析不同催收方式的效益與伴隨的成本，才能制定出一套較佳的收款政策。

(四)現金折扣

現金折扣 (cash discount) 是公司為了鼓勵客戶盡早付款，跟客戶約定在一定期間內付款即可享受的折扣，但不同的現金折扣也會產生不同的成本和效益——其效益在於客戶會為享受現金折扣的好處而提前償付貸款，使平均收現期間降低，此外也可能招攬新客戶。然而給客戶的現金折扣愈高，相對的所收到的貸款就少了，這是現金折扣的成本。因此，公司從成本和效益兩方面同時考量且參考同業作法，並在效益和成本相權衡之後，給予客戶最適當的現金折扣。

五、客戶信用的衡量

信用政策並非一成不變，隨著客戶信用好壞的不同，公司所給的現金折扣、收帳政策、信用期間或信用標準也不盡相同。一旦對客戶信用的評估有誤、因而制定錯誤的信用政策，對於公司可能損失不貲。因此，財務部授信人員常採取下列方法，藉以衡量客戶信用，並作為制定信用政策的參考。

1.風險評等系統

每家銀行都會用風險評等系統 (risk rating system) 來衡量它們授信的風險，這樣的評等使得銀行的授信人員必須把授信風險數量化。風險必須於再核准信用時重新加以衡量，並且於授信期間不斷做修正。須付出的監督程度就是取決於衡量出的風險程度。

風險評等系統當然不可能滴水不漏，而且還包含了主觀和客觀因素在內。客觀因素如財務報表上可得的資訊，像反映流動性、財務槓桿、盈餘等財務比率。主觀因素例如企業負責人的品質、借款公司在產業的地位、產品或服務的市場發展情形和財務資訊的品質等，這些都是為了把無形的部分加以評估。這些主觀的部分缺乏一致性，但不論如何，總比直接忽略對風險的衡量為佳，實務上，在美國許多銀行都採用 Edgar M. Morsman, Jr 所訂五種分類的風險評等系統，例見表 14-5 中的五級。

表 14-5　例外管理分析表示例

風險等級	未能收現的銷貨百分比	在此一等級客戶的百分比
1	0% ～ 1%	60%
2	1.1% ～ 2%	20%
3	2.1% ～ 5%	10%
4	5.1% ～ 10%	3%
5	10% ～	2%

2.例外管理

跟公司往來的客戶可能數百家，甚至數千家，基於重要性原則（常見的 80:20 原則）公司不可能花費大筆的人力物力，針對所有客戶作信用的監督，因此，便有

例外管理 (management by exception) 產生，即是依據風險程度來分類客戶的信用等級，然後再集中精力注意這些最有可能發生問題的客戶，如表 14-5 所示。

公司可以根據表 14-5，每半年或一年定期審查客戶的信用狀況對風險等級高的客戶加強管理，並藉以調整客戶可享有的信用交易條件。

3. 觀察名單和移動分析

在評等系統中位於較低等的，就會被納入觀察名單 (watch list) 中。觀察名單的意思就是要注意這些可能造成損失的授信，是瞭解損失可能性的相當重要的工具。銀行未來的績效好壞與否端看觀察名單中的成份。銀行也可以在借款公司真正倒帳前事先警覺，而需要銀行監督的不僅僅是逾期授信的部分，即便是正常的授信也須追蹤監督，它們也同樣會有信用突然惡化的可能。因此，不只是逾期授信要列入觀察名單，即使信用一向良好的客戶也有可能，不能掉以輕心。

借款公司如果名列觀察名單的最後等級，表示它們在風險評等系統裡等於損失已發生，銀行便應立刻報損轉銷呆帳。一般來說，如果授信逾期九十天則必須立刻轉銷呆帳列報損失。

移動分析是指一種對同一等級內授信作跨期間追蹤的方法，為了估計可能的損失，銀行分析特定等級的授信最後變化的可能性，當然包括要立刻轉銷呆帳列報損失的可能性。這個方式對觀察名單的等級特別重要，因為只要列在名單內的都是可能造成損失的授信。

對授信等級的移動分析至少要花三年以上的時間來追蹤，方能深入瞭解最終的風險。比如說，在第四等級的授信究竟有多少能夠償還，或者降到第五級但還能償還的借款公司的比例，而最後實際發生的損失會有多少等等的問題，對銀行來說在在都是相當重要的資訊。從觀察名單中借款公司的多寡可評估將來對銀行經營及報酬率可能產生的衝擊。運用觀察名單和移動分析這兩種工具，令銀行更能精確地計算出損失準備及應保留的程度。

4. 信用評分制度

信用評分制度是把客戶的信用予以量化，透過統計方法來衡量客戶信用等級的評分制度。其步驟如下：

步驟一：篩選出代表客戶信用品質的相關變數。

步驟二： 設定各變數的權重。

步驟三： 計算加權後的總分。

現假設千禧年食品公司經由公司財務部授信科評估的結果認為此客戶的信用品質可以下列變數來代表：固定費用涵蓋比率、速動比率和企業年齡，其權重分別為 6、10、2；又其固定費用涵蓋比率為 4.1，速動比率為 1.2，企業年齡為 5，由此可計算其總分為：

$$信用評分 = (6 \times 4.1) + (10 \times 1.2) + (2 \times 5) = 44.8$$

而公司可以針對信用評分，區分為幾個風險等級以便監督，如表 14-6 所示，千禧年公司的信用評分 44.8 落於風險等級為 2 的區間，表示其信用狀況尚佳。

表 14-6　信用評分表示例

變　　數	權　　重	信用評分	風險等級
1.固定費用涵蓋比率	6	50 分以上	1
		40 ～ 49 分	2
2.速動比率	10	30 ～ 39 分	3
		20 ～ 29 分	4
3.企業年齡	2	19 分以下	5

5.帳齡分析表

透過帳齡分析表 (aging schedule)，財務人員、業務主管可以清楚地瞭解應收帳款流通日數和分布的狀況，如表 14-7 所示。如果公司的付款期間為「二十天內付清」，則 70%(= 50% + 20%) 的客戶會在期間內付款，而 30%(= 100% − 70%) 的客

表 14-7　帳齡分析表示例

應收帳款流通日數	金　額	佔應收帳款總額百分比
0 ～ 10 天	$ 60,000	50%
11 ～ 20 天	30,000	20
21 ～ 80 天	25,000	19
81 ～ 100 天	10,000	8
100 天以上	5,000	4
	$130,000	100%

戶則會逾期付款，且其中隨著帳齡的增加則還款的可能性愈低，甚至極有可能變成呆帳。因此，除了瞭解有多少逾期付款的情況外，對於天數過長的應收帳款更應及早監管及時調整其信用政策，以減少壞帳發生的機率。

六、信用工具

信用工具是指當公司欲授予客戶交易信用時所採用的方式，常見有下列四種：

1.公開帳戶

公開帳戶（open account，簡稱 OA）是指買方在收到賣方運來貨物時所簽下的發票，此發票表示買方所欠的貨款的正式交易憑證，然而有時當交易量龐大、賣方懷疑到時收現的安全性或買方要求賣方給予較長的付款期間時，賣方還會另外要求買方開立一張載明貨款金額、利率、期間等交易要件，並具有強制清償性質的本票 (promising note)，以確保順利收現。

2.商業匯票和商業承兌匯票

商業匯票 (commercial draft) 是指當賣方還沒有把貨物運送給買方之前，即由賣方開出，同時交由買方簽名承兌預填未來付款日期的票據。如果匯票為見票即付匯票 (sight draft)，則當買方簽名承兌並收到提貨單時，銀行便從買方的存款帳戶中提出資金交予賣方。當匯票為定期匯票 (time draft) 或商業承兌匯票（trade acceptance，簡稱 TA）時，賣方可選擇持有至到期日兌現，也可以在票券市場上出售立刻獲得現金。

3.銀行承兌匯票

銀行承兌匯票（banker's acceptance，簡稱 BA）由銀行出面承兌的商業匯票，由於銀行的違約風險低，所有持有者在票券市場變現非常方便。

4.附條件銷售合約

附條件銷售合約 (conditional sales contract) 是指在買方還沒有付清貨款之前，貨物的所有權仍歸賣方所有，直到買方付清貨款所有權方才移轉至買方，此種信用工具通常被用來銷售大型設備，買方可在幾年內分期償付貨款。

七、授信表單

公司對客戶授信流程依常理便可推演出來，為節省篇幅，因此不列，此外，由表 14-8 也略見一斑，跟銀行授信很像。

表 14-8　商業授信相關表單

授信事務	表單
一、申　請	客戶資料暨授信申請表
二、保　證	
(一)人　保	保證人資料調查表
	保證人保證書
(二)店　保	1.不動產抵押設定申請表
	2.跟客戶簽定不動產抵押權議定契約
三、收款異常	
(一)超　限	超限交易報告單，指當對客戶出貨擬超過授限額度時，業務代表宜申請擴大授信額度
(二)退票、換票（延期）	票據退延申請單
(三)記　錄	交易異常處理記錄表
	交易異常處理報告表

(一)授信申請

業務代表在填妥洽談記錄後，根據 5C 授信原則加以判斷，經判定如果屬可進一步來往之客戶，則應填妥表 14-9，並呈業務經理、財務長核准（指額度在 500 萬元以內者），500 萬元至 1,000 萬元由總經理核准，2,000 萬元以上者呈董事會核准後才可以出貨，至於各級主管的授信金額各公司可自行訂定。

(二)融資金額

以媽媽塔公司每個月向聯華食品公司購買海苔用以製造三角飯糰為例，每月分批叫貨共 200 萬元，月餘二個月，因此是欠三個月，融資金額 600 萬元。所以融資金額很容易計算，那麼如果是「月結四十五天」呢？計算過程如下：

$$200 \text{ 萬元} \times (1 + \frac{45}{30}) = 500 \text{ 萬元}$$

　　每月金額　　月結　　45 天折合幾個月

表 14-9　客戶資料暨授信申請表

客戶資料暨授信申請表
年　月　日

□設定　□變更　□期滿重簽

客戶名稱			客戶代號		公司地址		□自有　□租賃	TEL		FAX	
創立日期		與本公司交易日期	統一編號		工廠地址		□自有　□租賃	TEL		FAX	
負責人			年齡		經歷						
實際經營者			年齡		經歷						

目前經營項目	項目	年營業額	項目	年營業額	近三年營業情形	年度	營業額	利潤額	利潤率	近三年員工人數	年	人數	訂單來源	廠商	%	主要銷售地區	地區	%
							萬元	萬元										
							萬元	萬元										
							萬元	萬元										

主要設備	臺數	產品名稱	月產能數量	用(須)料名稱	月需要量	去年實績				擬授信方式及交易條件		
						月平均用量	主要供應商		本公司佔有率	授信種類	金額(萬元)	
							本公司				原設定	新設定或變更
										信用		
										保證		
										抵押		
										合計		

設定說明：

1.每月擬交易額＿萬元*放款期間＿個月（票期天數+一個月未收款）＝需要授信額度＿元

2.票期及付款方式

3.理由

財務狀況	員工薪資	□正常發放　□近曾逾期發放　□常常逾期發放　□已＿個月未發放
	年終獎金	1.＿年度：□發放＿個月　□無發放 2.＿年度：□發放＿個月　□無發放
	退延票記錄	□無退延票　□退票近一年＿次，原因＿＿＿＿ □延兌票近一年＿次，原因＿＿＿＿
	被倒帳記錄	□無被倒帳　□近一年被倒帳＿萬元，已收回＿萬元
	資金週轉	□正常　□近向銀行辦理鉅額貸款　□近往來銀行頻繁 □產品削價脫售求現　□曾支票高利貼現　□常見債權人討債
	償債能力	□經營狀況佳，資金寬裕　□財力平平，償債能力尚可 □經營欠佳，財力不足

接洽對象	姓名	職稱(務)		公司	董事長	總經理	副總經理	經理
			關係企業					

資料來源：吳開霖，〈財務長如何設計徵信與收款制度〉，《會計研究月刊》，1999 年 9 月，第 114 頁。

㈢民間借貸利率

商業授信時，買方所開的遠期支票（簡稱期票）上面的金額常包括本利和二項：

1.本金：購買商品的價金可視為商業授信的本金。

2.利息：即商業授信的利息。

但是跟銀行授信採年息方式不同，商業授信大都採月息，例如月息 1.5%，俗稱「一分五釐」，以購貨 100 萬元、月結兩個月的期票來說，期票金額：

$$100 \text{ 萬元} \times (1 + 1.5\% \times 3) = 104.5 \text{ 萬元}$$

在中央銀行每月編印的《金融統計月報》第 153 頁上，商業授信利率稱為遠期借貸利率，這個用詞顯而易見，等於是買方向賣方借錢買貨，所以在美國稱為供應商融資 (vender financing)。商業授信跟銀行放款很像，只是商業授信的「借款公司」(即買方) 借款的用途 (purpose) 被綁死，只能用於向放款公司（即賣方）買貨（當然也包括服務）。

㈣融資成本

以月息 1.5 元來說，查終值利率表，利率 1.5%、期數 12 期，數值為 1.1956，再減掉 1，差額為 19.56%，這便是此筆商業授信的貸款年息。

表 14-10　民間借貸利率
INTEREST RATES IN UNORGANIZED MONEY MARKETS
台北市 TAIPEI CITY

月息百分比率
PERCENT PER MONTH

月　MONTH	遠期支票借款 LOANS AGAINST POST-DATED CHECKS			信用拆借 UNSECURED LOANS			存放廠商 DEPOSITS WITH FIRMS		
	平均 AVER- AGE	最高 HIGH- EST	最低 LOW- EST	平均 AVER- AGE	最高 HIGH- EST	最低 LOW- EST	平均 AVER- AGE	最高 HIGH- EST	最低 LOW- EST
2001 年 9 月	1.59	1.90	1.28	1.85	2.13	1.60	1.35	1.48	1.20
10 月	1.54	1.83	1.26	1.83	2.06	1.55	1.31	1.44	1.16
11 月	1.54	1.83	1.28	1.83	2.11	1.54	1.32	1.45	1.16
12 月	1.51	1.78	1.25	1.79	2.07	1.50	1.32	1.44	1.17
2002 年 1 月	1.52	1.81	1.27	1.77	2.08	1.50	1.30	1.44	1.16
2 月	1.50	1.79	1.21	1.73	2.08	1.43	1.30	1.44	1.14
3 月	1.45	1.66	1.24	1.67	1.92	1.43	1.23	1.36	1.10

資料來源：⑴根據一銀、華銀及彰銀就 258 家廠商所查詢之資料。
　　　　　⑵中央銀行，金融統計月報，2002 年 7 月，第 153 頁。

(五)現金折扣的成本

2002 年 6 月 1 日，我去買沙發，計價方式有二：

  1. 付現 2.6 萬元。

  2. 刷卡再加 3%，即 2.6 萬元 (1 + 3%) = 2.678 萬元。

由此例可見，個人消費現金折扣為 3%，這主要包括二項：

  1. 銀行手續費 2%

商家在客戶刷卡後，當日立即向銀行請款，第 3 個營業日可以拿到 2.6 萬元，再扣掉 2% 的刷卡手續費，這部分主要是銀行先墊款給商家，然後在 7 月 15 日要求我付款的四十五天利息費用。簡單的說，商家把一筆應收帳款貼現給發卡銀行。以這個例子來說，商家的貼現利率是：

$$2\% \times \frac{365}{3} = 243.33\%$$

也就是銀行手續費高達 243.33%，對商家非常不划算，難怪商家都願意給付現的客戶現金折扣 (cash discount)。以日本的加油站來說，付現加油省 2%，其實加油站就是為了避免付給刷卡銀行這 2% 的銀行手續費，銀行也是衝著這 243.33% 的收入而來的，乾脆對持卡人免收信用卡年費。其實，羊毛出在羊身上，商家會把這費用轉嫁給客戶。

  2. 商家現金折扣 1%

缺現金的商家也喜歡客戶付現以進貨，一般公司的存貨大抵是銷貨金額的 1.5 倍，以月營收 500 萬元的傢俱公司來說，存貨金額約 750 萬元。

◆ 第三節　應收帳款融資

手上攬了一堆應收帳款，對於手上缺現金的公司，只好採取應收帳款受讓方式，把應收帳款賣掉來套現（套取現金，cash-out），跟支票票貼一樣。

一、應收帳款「受」（或售）讓業務

又稱為應收帳款受讓和管理業務，其實是「應收帳款受讓公司」(factors 或 factor company）給予出口商（在國內交易時，則為賣方）的信用額度，出口商在跟管理商訂立 factoring 契約之前，須提供進口商的有關資料給管理商以辦理徵信，藉以決定信用額度。

出口商出貨後，便可將貨運單證交予管理商，管理商扣除貼現息和各種手續費後把款項付給出口商；管理商到期憑單證請進口商付款，詳見圖 14-4。

圖 14-4　應收帳款售讓流程

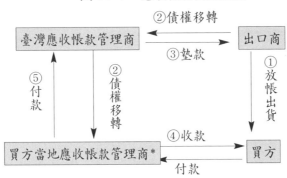

＊大都由國際應收帳款受讓聯盟 (FCI) 來擔任。

本項業務依其性質有以下幾種種類：

1. 依有沒有追索權

在有追索權 factoring (with recourse factoring)，當進口商（即債務人）屆期無法償款給管理商時，管理商有權向出口商追索事先付給出口商的墊款。

無追索權 factoring 是管理商扛下所有的倒帳風險，當然，管理商也不會充英雄，自然是只限進口商債信良好，所以管理商才會比較大膽的跟出口商簽下此交易。

2. 依有無預付款

當管理商先墊付大部分出口貨款給出口商時，此稱為「墊款應收帳款受讓業務」(advance facoring)，有利於出口商購料雇工周轉，此大多屬於無追索權 factoring。

應收帳款管理商墊款給出口商，或是換另一角度，出口商拿「應收帳款」向應

收帳款管理商「貼現」，這「讓售利率」是應收帳款管理商的主要收入來源，所以並不便宜，這包括三項：

(1)應收帳款管理商的資金成本，跟租賃公司比較接近，所以國內最大租賃公司中租迪和也兼營此匯業務。

(2)（出口商）信用風險加碼。

(3)應收帳款管理商的利潤加成。

以出口來說，管理商以 LIBOR 或 SIBOR 利率再加上一個百分點以上利率作為貼現利率。

當管理商並未給予出口商墊款時，只是幫出口商做帳務管理、帳款管理（催收和收款）或進口商資力保證，對出口商並沒有融資功能；所以稱為「屆期日應收帳款受讓業務」(maturity factoring)。

站在「應收帳款受讓」業務的融資、租賃公司總會「老王賣瓜、自賣自誇」，他們認為此項業務對進口商（或買主）、出口商（或賣方）都有利。

1.對出口商來說

可以節省信用調查、帳款回收、帳務管理等成本，並且可避免呆帳風險。

應收帳款受讓業務就是管理商扮演「開狀」銀行的角色之一，即保證付款。例如大眾電腦、映泰電子被德國經銷商 Schadt 倒閉而倒了帳，所幸透過帳款受讓而獲得保證付款。

相形之下，致伸公司因美國買方 STORM 倒帳，損失金額約 400 萬美元，可說傷得不輕。（工商時報，1999 年 12 月 15 日，第 21 版，李洵穎）

跟中國輸出入銀行提供的輸出入保險相比，應收帳款受讓比較有彈性而且時效性強。例如，要是國外進口商倒帳，輸銀會要求出口商負舉證責任。然而進口商從發生財務危機到向法院聲請破產，以及出口商向輸銀提出理賠申請，都得等上二年左右。

2.對進口商而言

免除開信用狀費用，如此當然也不會動用到銀行的信用額度，使資金調度更加靈活。

二、中長期應收票據收買業務 (forfaiting)

此項出口融資業務跟 factoring 很類似，也是授信者 forfaiter 給予出口商的中長期信用額度。只是此類業務大都是無追索權，所以出口商沒有授信風險；而且一般來說，每次貼現匯票或本票的金額皆沒有打折。

factoring 和 forfaiting 的比較詳見表 14–11。

表 14–11　factoring 和 forfaiting 的比較

	應收帳款受讓業務 (factoring)	中長期應收票據受讓業務 (forfaiting)
適用情況	消費性商品之出口	資本財之輸出
期　限	六個月以下	六個月～十年
成　數	80%	100%，但須扣掉貼現息和其他費用
利率風險	有	無
保　證	不需要	必須有政府或銀行保證
追索權	可以對出口商追索	免除對出口商之追索權
債權形式	應收帳款	匯票、本票
適用法令	民法、國際公約、factoring 契約	票據法、forfaiting 契約
其他服務	應收帳款的收款、催討、記帳、分析	沒有左述服務

三、收費水準——天下沒有白吃的午餐

不管應收帳款管理商如何舌燦蓮花，但他絕不是聖誕老人，羊毛還是出在羊身上，由表 14–12 可見，跟其它收款方式相比，它還是比較貴。難怪，以 2001 年來說，只佔出口總額萬分之四，只有 150 億元而已

表 14–12　各種收款方式的手續費比較

收款方式	出口商需負擔之手續費
信用狀 (L/C)	押匯 0.1% 轉押 0.2%
承兌交單 (D/A) 收款交單 (D/P)	0.2% 上下
輸出保險	0.8 ～ 1%
應收帳款售讓 (factoring)	1 ～ 1.5%

四、難道中釉不知道？

或許你看到下則新聞：1998 年 10 月中國製釉公司外銷東南亞釉料中，有一批因客戶無力付款而退貨，金額達 1,600 萬元。你會好奇的問：為什麼中釉這麼大的公司不懂得運用應收帳款受讓業務呢？答案是：債信不好的國家（如東南亞），不列入管理商的營業區域，所以客戶只能自求多福了。所以此工具較適用於下列二種情況：

1. 出口頻率不高者。

2. 應收帳款來源散居世界各地，要由出口商自己來收款可能曠日費時，倒不如委託管理商去收款。

至於對於出口頻率高、金額大的全球企業，則不妨把「應收帳款受讓」(facforing)業務內部化，即成立專屬受讓公司 (captive factor)。

五、現在流行什麼？

近年來國際交易方式逐漸由以往的信用狀轉向 O/A 的放帳交易，但因全球經濟不景氣，國際間發生財務危機公司時有所聞，導致賣方應收債權難以收回，甚至影響供應商財務調度，因此出貨廠商為降低應收帳款風險，愈來愈多企業轉向銀行申請應收帳款承購業務，把應收帳款賣給銀行。如此一來，可把應收帳款風險降到最低，且可改善公司財務狀況。

承作應收帳款業務較多的銀行包括中國信託商銀、建華、大眾、臺北國際商業銀行。根據中信銀提供資料顯示，2001 年全年應收帳款承購業務總承作量在 2,500 億元左右，2002 年應收帳款可較去年成長六成，全年承作量在 4,000 億元以上。(經濟日報，2002 年 5 月 2 日，第 7 版，謝偉姝)

六、大眾銀行的服務

大眾銀行開辦線上應收帳款承購業務 (e-Factoring) 和線上票據管理系統 (e-Check)。企業金融網路銀行產品包括：資金管理服務 (e-Payment)，線上簡易票貼 (e-Cash)，線上貿易融資 (e-Trade)、線上風險管理 (e-Treasury) 等，提供企業戶全方

位的線上金融服務。

七、票貼和客票融資

打開報紙的理財廣告版，密密麻麻的一堆小廣告，大都是「銀行裏理退休　票貼我最行」、「缺錢不用愁　林太太替你透」的票貼廣告。但是本質上，這些都是客票融資，跟支票貼現有很大差距，詳見表 14-13。

票貼跟預購很像，銀行依短期信貸利率再加一些費用，作為折現利率，把終值（支票面額）折算成現值向你買進支票。銀行再好整以暇的到了支票上付款日時，向發票人請款。他就是賺這期間的利息錢，可說是信用貸款的一種形式。

不管票貼或客票融資也好，這些支票皆必須（信用）合格的，也就是發票人的債信無虞，不是阿貓阿狗簽的支票都可濫芋充數的。

表 14-13　票貼和客票融資的差異

	支票貼現（票貼）	客票融資
1.性質	在支票到期前買斷給銀行	以客戶支票（客票）作為質押品，向銀行借款
2.（銀行）追索權	無	有
3.利率（舉例）	8%	7%

第四節　存貨管理

存貨管理 (inventory mangement) 是採購部（負責原物料），工廠的份內事，財務部提供專業意見，存貨管理如同應收帳款管理必須在成本和效益間作抉擇，存貨在資產負債表上雖屬於流動資產，然而站在存貨管理的觀點，存貨並不是資產而是成本，存貨不足雖然可能無法滿足客戶需求，流失部分訂單，但是過多的存貨也會積壓公司資金，猶有甚者如許多產品生命週期相當短的高科技產業，過多過時的存貨都可能僅是成本而不是資產（如 2002 年時的 P3 個人電腦即是，2002 年 7 月以後 P4 個人電腦已成主流），因此存貨管理是公司理財中相當重要的工作。在本節中透過存貨的相關成本，進而探討存貨管理的技術。

一、存貨的相關成本

跟存貨相關的成本很多，但對存貨管理來說，有三項存貨成本特別重要。

1.持有成本 (carrying cost)：持有存貨會產生成本的，包括存貨的儲藏和追蹤、保險費、意外損失，以及持有存貨積壓資金的機會成本。

2.訂購成本 (ordering cost)：訂購成本是指在處理訂單時，公司所須花費的各項費用，包括：文書處理費、運送費、長途電話費……等。

3.短缺成本 (shortage cost)：是指因存貨短缺所造成的銷售上的損失，商譽不佳的損失和生產無法連續而產生的損失。

這些存貨成本的性質各異，隨著存貨水準的提高持有成本增加，但短缺成本和訂購成本卻是減少的。透過各種存貨管理技術以求在這兩類性質的成本間取得一個「最適點」，使存貨成本降至最低。

二、存貨管理技術

存貨管理技術其目的在於使存貨總成本極小化，常見方式如下：

㈠存貨管理 ABC 法

ABC 法是非常簡單存貨管理技術，因此在實務上為許多公司所採用。首先把存貨分為 A、B、C 三類，A 類代表較昂貴或經常使用、B 類次之、C 類更次之，當公司的存貨成本高低相差甚多時常採用此法，例如電子業的存貨不但包括許多非常昂貴的高科技產品，同時也有一些較不重要且便宜的存貨，因此，利用 ABC 法依存貨的重要性加以分類時，便能根據其重要性，依重點管理。例如若公司最昂貴的存貨共 10 項（數量相對比例 $10\% = \frac{10}{100} \times 100\%$）佔存貨總值的 80%，最便宜的存貨有 164 項佔存貨總值的 4%，其餘 16 項居中佔存貨總值的 16%，如圖 14–5 所示。

㈡ EOQ 法

EOQ 法是經濟訂購量 (economic order quantity) 的簡稱，為決定訂購量時最常用的方式，以存貨成本極小化的觀念來決定公司每次訂購的最適數量，如圖 14–6

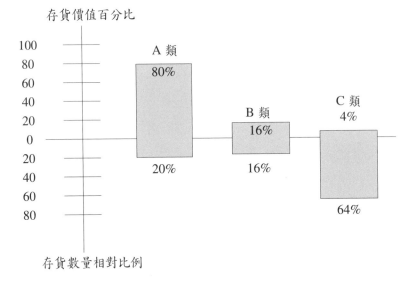

圖 14-5　存貨管理 ABC 法

所示。

　　由於總成本包含持有成本與訂購成本，因此，透過以下的數學計算可以找出使總存貨成本最低的每次訂購數量：

$$總持有成本 = 平均存貨 × 單位持有成本$$

$$= (\frac{每次訂購的存貨}{2}) × 單位存貨持有成本$$

$$= (\frac{Q}{2}) × CC \cdots\cdots <14\text{--}1>$$

$$總訂購成本 = 訂購一次的固定成本 × 訂購的次數$$

$$= 訂購一次的固定成本 × \frac{全年銷售數量}{每次訂購數量}$$

$$= F × (\frac{T}{Q}) \cdots\cdots <14\text{--}2>$$

由以上設定可知：

$$總存貨成本 TC = 持有成本 + 訂購成本$$

$$= (\frac{Q}{2}) × CC + F × (\frac{T}{Q}) \cdots\cdots <14\text{--}3>$$

經濟訂購量的推導過程如下：利用數學的微分來求極小化 TC 的 Q：

$$TC = (\frac{Q}{2}) × CC + (\frac{T}{Q}) × F$$

$$\frac{dTC}{dQ} = \frac{CC}{2} - \frac{TF}{Q^2} = 0$$

$$\frac{CC}{2} = \frac{TF}{Q^2}$$

$$Q^2 = \frac{2TF}{CC} \rightarrow Q^* = \sqrt{\frac{2 \times T \times F}{CC}}$$

圖 14-6　經濟訂購量的決定

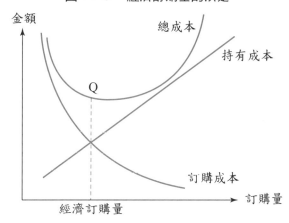

由訂購量 Q 對總存貨成本微分，經濟訂購量 Q^*：

$$Q^* = \sqrt{\frac{2 \times T \times F}{CC}}$$

假設中國時報公司每年出售 10,000 個印報紙捲的報紙，持有成本約佔存貨價值的 30%，而每個紙捲之進貨成本為 20,000 元，訂購一次的固定成本為 2,000 元，可求出其經濟訂購量為：

$$Q^* = \sqrt{\frac{2 \times 10,000 \times 2,000}{20,000 \times 30\%}} \doteqdot 82$$

因此中國時報每次應訂購 82 個紙捲，表示其平均存貨為 $\frac{82}{2} = 41$ 個紙捲；同時其總存貨成本 $= (\frac{82}{2}) \times 20,000$ 元 $\times 30\% + 2,000$ 元 $\times (\frac{20,000元}{82}) \doteqdot 733,805$ 元將是最小值。

在決定了每次應該訂購多少量之後，接著便是「何時訂購」的問題。由於實際上並無法一下訂單就馬上取得貨物，所以通常會產生前置時間 (lead time)，因此公

司的訂購點須於存貨耗盡前即下訂單，等到存貨用完時方能準時補貨，如圖 14-7 所示：

圖 14-7　前置時間和訂購點的關係

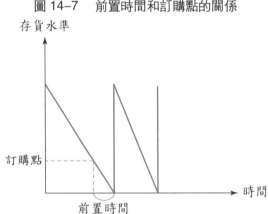

　　一旦前置時間有變化，造成供應商供貨延誤，或臨時銷售業績激增，則此時公司便面臨無米可炊的窘境，因此，許多公司便會設定安全存量 (safety stock) 來降低上述狀況發生時的損失。雖然安全存量可用來避免存貨短缺之虞，但其所伴隨而來的成本也愈高；因此，在銷售預測之不確定性高、存貨短缺成本高或延遲交貨的可能性大等前提存在時，公司較會傾向於維持比較高的安全存量。像中國石油公司的安全存量是 100 天，雖然如此，2002 年 5 月，因天然氣缺貨，以致臺灣電力公司無預警跳票，臺電可說受到無妄之災。

㈢ MRP 法

　　MRP 法通稱物料需求規劃 (material requirements planning)，是以電腦管理為基礎的資訊管理系統，用以管理存貨訂購和存量管制，當然把 EOQ 也設計入程式中。MRP 可以告訴管理者：「需要甚麼存貨」、「需要多少存貨」和「何時需要」。在應用上，只要將訂單、預測、存貨紀錄等資料輸入，經由 MRP 電腦程式處理後，即可獲得許多相關的存貨管理資訊，例如下訂單的時間、生產日程報告、績效控制報告等等；另外 MRP 尚可由電腦來控制存貨數量，在存貨出售之後自動降低存量記錄，一旦達到訂購點時即自動下單給供應商，使存貨管理更加方便。

㈣ JIT 法

JIT 法是 just in time 的縮寫，代表及時、剛好之意。JIT 法是由日本豐田汽車公司發展出來的生產系統，認為存貨並不是資產，只是生產時的必需品罷了！而過多的存貨只會隱藏生產無效率的問題，降低公司的競爭力，因此 JIT 法企圖把存貨維持在「零」的水準——在作法上，由公司事先和供應商作好協調，以便在需要原料時能及時送達。汽車製造廠國瑞公司即是以 JIT 法來生產，生產力在同業有相當不錯的地位，可見 JIT 法對存貨的控制與管理的確具有相當的成效，像聯華食品公司的紙箱也是及時供應，但是海苔則常是年產季收的一年買一次，放在倉庫中可以用半年甚至一年。

◆ **本章習題** ◆

1. 以一筆交易為例，以圖 14-1 為基礎，把時間標示出來。

2. 以表 14-1 來說明如何匯款比較划算。

3. 找一家銀行的風險評分表（如表 14-8）為例來討論其優缺點。

4. 找一家公司的帳齡分析表，分析其應收帳款是否妥善管理。

5. 以中租迪和公司或中信銀的 factoring 業務為例，分析其流程。

6. 同上題，把表 14-11 上的具體數字填入。

7. 以表 14-13 為基礎，以一家銀行為準，分析其利率等。

8. 以一家公司為例，分析其如何運用存貨管理 ABC 法。

9. 同第 8 題，改成圖 14-6。

10. 同第 8 題，改成圖 14-7。

第十五章

財務報表分析

　　經濟部發布的統計顯示，2002 年 1 至 4 月臺灣對大陸的投資成長
1.02%，僑外來臺投資衰退 39%。投審會在新聞稿中解讀：「僑外來臺投資
減幅逐漸縮小，但臺灣對大陸投資卻有降溫的趨勢。」投審會實在太幽默
了，2001 年投資全面衰退逾二成之際，臺灣登陸投資仍成長 6.8%，在這
個成長基礎上，2002 年登陸投資還增加 1.02%，豈可視為降溫？而 2001
年僑外來臺投資大減 32%，在這一衰退基礎上，2002 年僑外投資又劇減
39%，衰退幅度何曾縮小？

　　統計學者霍夫 (Darrell Huff) 曾著《如何用統計說謊》一書，揭穿各類
用統計說謊的伎倆，他道出：「一項包裝良好的統計，勝過希特勒的彌天
大謊」，錯誤的統計對國家經濟的危害，於此可見。

　　最近大陸國家統計局也為了地方政府 GDP 成長虛胖兩個百分點大表
震怒，聲言將嚴打虛報浮誇的「數字工程」。

　　政府的「數字工程」也許不像大陸這般嚴重，然而傳統官僚報喜不報
憂的心態仍屬嚴重，這一情況不改，政府的決策思維終將陷入一堆錯謬的
數字之中，對臺灣經濟是一大隱憂。

　　　　——工商時報，2002 年 5 月 24 日，小欄「數字工程」

學習目標:

財報分析的重要性一如醫生看X光、超音波、心電圖,看不懂,就無法精準下手。本章雖然只有 36 頁,但卻足夠讓你「英雄出多少年(大二)」。

直接效益:

非財務主管的財報分析是外界開課重點,大都由會計師授課,偏重公式、定義解說,本書透過系統 (Du Pont Chart,圖 15–2)、作表(表 15–2)、實例、創見,讓你「看」書自通。

本章重點:

- 財務危機偵測的過程。圖 15–1
- 財務比率分析。表 15–2
- 杜邦圖。圖 15–2
- 周轉率跟平均天數。表 15–3
- 各項獲利指標和負責人士。表 15–5
- profit、income 的二種譯詞。表 15–6
- 權益報酬率趨勢分析。圖 15–3
- S&P's 信評公司長期債券等級符號系統。表 15–7
- TCRI 等級和授信決策。表 15–8
- 美化財報手法之一。 §15.4 五㈣

前言：需要為發明之母

　　有經驗的醫生從病人的X光片，就可以知道病根在哪裡。診斷公司經營績效良莠，損益表、資產負債表就是公司的X光片，透過財務報表分析 (financial report analysis)，便可把公司看得清清楚楚，大部分問題都難逃法眼。

　　在本章中，第一、二節偏重財報分析的公司內部運用，例如經營分析、價值基礎經營 (value-based management, VBM)。第三、四節偏重外部運用，尤其在授信時，如何透過財報分析來預測債務公司出現財務危機。

一、它傻瓜，你聰明

　　傻瓜相機、底片的廣告詞「它傻瓜，你聰明」，很多人都琅琅上口，但其實是「相機聰明，你傻瓜」。同樣的，很多書都以為以一章三言二語，甚至大三的「財務報表分析」一書就可以把學生教懂。我們倒沒這麼樂觀，財報分析愈來愈專業，它涉及產業、會計（看穿數字遊戲）、財務，只要外面有現成的財報分析報告可用，倒值得買現成的，就跟買投資報告一樣。

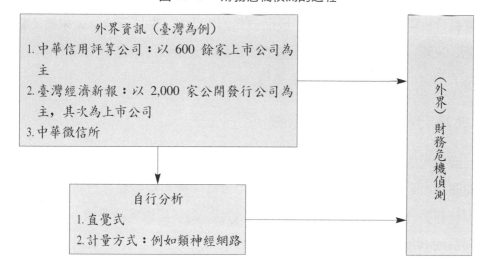

圖 15–1　財務危機偵測的過程

外界資訊（臺灣為例）
1. 中華信用評等公司：以 600 餘家上市公司為主
2. 臺灣經濟新報：以 2,000 家公開發行公司為主，其次為上市公司
3. 中華徵信所

自行分析
1. 直覺式
2. 計量方式：例如類神經網路

（外界）財務危機偵測

二、密接而不重複

　　財報分析的適用層面很廣，本書無法面面俱到，由表 15–1 可見，本書跟大四（甚

至碩一）的拙著《公司鑑價》對此題材的分工處理。

表 15-1　二本拙著對財報分析的分工

	財務管理	公司鑑價
一、重要性 (why)	chap. 15 前言	§ 1.1 公司價值評估的用途
	§ 15.1～2 財報分析全面觀	§ 1.2 對內功能：價值基礎經營
		§ 1.3 對外功能：價值報告
二、分析 (how)	§ 15.4 一是否假報表真分析？	§ 3.1 看財報的第一步：財報可信嗎？
	§ 15.3 善用外部微信	§ 3.2 看財報的第二步：看會計師說什麼
	§ 15.4 二～七破解財報作假	§ 3.3 破解財報窗飾
三、財務危機偵測		§ 3.4 財務危機的預警系統
四、個　案	美國凱瑪百貨會鹹魚翻生嗎？	

第一節　財報分析全面觀

　　財報分析可以寫本書，太細了反而容易因木失林，先拉個遠鏡頭來看比較容易有個全面瞭解。從地圖或搭飛機看臺北市街道，大路大街很容易搞得清楚，就不容易迷路了，但小街小巷還是不容易搞懂。

一、比率分析摘要：杜邦系統

　　仁武公司的各項主要財務比率彙總整理於表 15-2 中，再應用如圖 15-2 所示的杜邦圖 (Du Pont Chart) 來顯示出負債、資產周轉和純益率等三者間的關係。由於美國杜邦公司的經理首先發展這種分析方法，為了紀念他的貢獻，故稱為杜邦圖或杜邦系統 (the Du Pont system)。

表 15-2　仁武公司財務比率分析　　　　　　　　單位：億元

財務比率	計算公式	計算結果	產業平均水準	評語
一、成長力				
1.營收成長率	$\dfrac{\text{本期營收}-\text{上期營收}}{\text{上期營收}}$	$\dfrac{3,000-2,700}{2,700}=10\%$	12%	稍低
2.毛利成長率	$\dfrac{\text{本期毛利}-\text{上期毛利}}{\text{上期毛利}}$	$\dfrac{266-246.3}{246.3}=8\%$	10%	稍低
二、資產管理能力（經營能力）				
1.存貨周轉率	$\dfrac{\text{營業成本}}{\text{存貨}}$	$\dfrac{27.34}{3}=9.11$	9	沒問題
2.應收帳款周轉率	$\dfrac{\text{營收}}{\text{應收帳款}}$	$\dfrac{30}{3.5}=8.57$	10	稍遜
3.固定資產周轉率	$\dfrac{\text{營收}}{\text{固定資產}}$	$\dfrac{30}{13}=2.3$	3	很差
4.資產周轉率	$\dfrac{\text{營收}}{\text{資產}}$	$\dfrac{30}{20}=1.5$	1.8	很差
三、獲利能力				
1.基本獲利率（或底線報酬率）	$\dfrac{\text{稅前息前盈餘}}{\text{資產}}$	$\dfrac{2.66}{20}=13.3\%$	17.2%	低
2.稅後淨利率（純益率、盈利率、營業利益率）	$\dfrac{\text{稅後淨利}}{\text{營收}}$	$\dfrac{1.20}{30}=4\%$	5%	低
3.資產報酬率（ROA，或稱投資報酬率）	$\dfrac{\text{稅後淨利}}{\text{資產}}$	$\dfrac{1.2}{20}=6\%$	9%	很低
4.普通股權益報酬率	$\dfrac{\text{稅後淨利}}{\text{普通股}}$	$\dfrac{1.2}{9}=13.3\%$	15%	低

四、償債能力

(一)短期償債能力

1.流動比率 (current ratio)	$\dfrac{流動資產}{流動負債}$	$\dfrac{7}{3}=2.3$	2.5	略低
2.速動比率 (acid ratio)	$\dfrac{流動資產-存貨}{流動負債}$	$\dfrac{4}{3}=1.3$	1	沒問題

(二)長期償債能力

1.負債比率	$\dfrac{負債}{資產}$	$\dfrac{11}{20}=55\%$	40%	高
2.利息保障倍數	$\dfrac{稅前息前盈餘}{利息費用}$	$\dfrac{2.66}{0.66}=4$	6	低
3.固定費用涵蓋比率	$\dfrac{稅前盈餘+利息費用+租賃費用}{利息費用+租賃費用}$	$\dfrac{2.94}{0.94}=3.1$	5.5	很差

五、市場價值比率

1.預測本益比	$\dfrac{股價}{每股盈餘}$	$\dfrac{28.50}{2.40}=11.9$	12.5	略低
2.股價淨值比	$\dfrac{股價}{每股淨值}$	$\dfrac{28.50}{18}=1.6$	1.8	沒問題

二、樹狀圖畫法比較好懂

杜邦圖至少有直、橫的兩種劃法，圖 15-2 是橫的劃法，有二個優點：

1.適合加減乘除

乘：權益報酬率等於資產報酬率乘上權益倍數。

減：淨利 (1.2) 等於營收 (30) 減「成本及費用」(28.80)。

加：資產 (20) 等於流動資產 (7) 加上固定資產 (13)。

除：資產周轉率 (1.5) 等於營收 (30) 除以資產 (20)。

2.有「太極生二儀，二儀生四象」的功能

3.雷達圖

圖 15-2　仁武公司的杜邦圖　　　　單位：億元

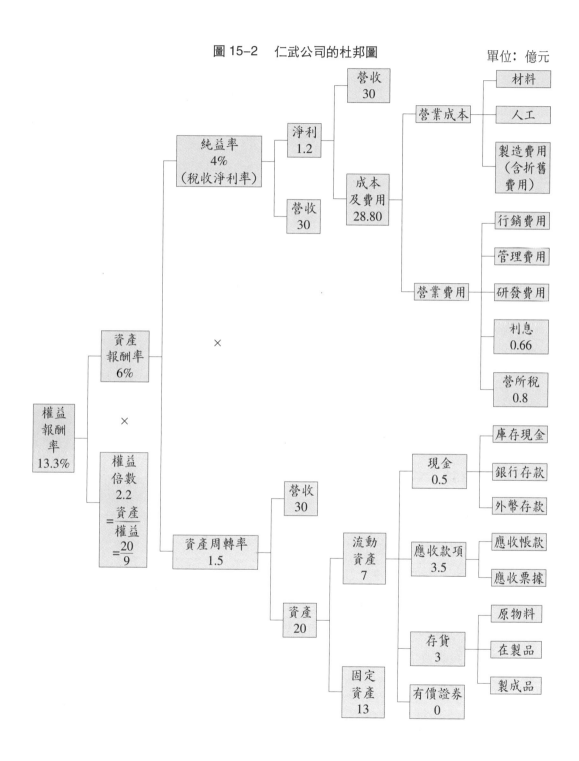

　　有些財務專家自作聰明，把表 15-2 劃成一個 5 角形圖，再把各細項指標塞進去，並用另一種顏色標示產業平均值，看似「一張圖勝過一個表」。我們認為正好相反，圖上有上有下，字體不容易看，我們不想虐待你，因此本書不把表 15-2 劃成雷達（取其跟航管中心、飛機上雷達很像）圖。

三、生（長）老死

　　一般人寫財務比率大項時，很少關心起承轉合，因此各彈各的調，但是在表 15-2 中，我們是以人的身體為例：

　　1.吃進多少：是指成長力。

　　2.吸收多少：是指經營能力。

　　3.新陳代謝多少：獲利能力是指新陳代謝，進大於出，代表有獲利，反之，入不敷出，則是「流出」（最嚴重的是失血）。

　　4.血氧比：新陳代謝佳，但也得血氧比適當，也就是避免因缺氧而造成暈厥（即短期償債能力不足），甚至缺氧而死（長期償債能力不足）。

　　由 1 到 4 步驟跟人體生長很像，這樣的順序才容易記。

四、辣椒會辣，一個就夠了

　　財務指標多達 40 項，而且用詞不一（像純益率、營業利潤率），令很多學者都覺得煩，更不用說大二學生了。

㈠沒有用的就甭提了

　　股價淨值比，有人譯為每股市價每股帳面價值比，真是不容易望文生義。「股價」是一股的市價，同樣的，「淨值」一定是對稱的指每股淨值 (net worth per share)。

　　不過，懂得投資（學）的人會發現股價淨值比相對於本益比，對股價的解釋能力低很多，大都偏重於多頭市場時傳統類股的價值投資或是空頭市場時的「跌時重質」。

㈡換湯不換藥的共線性

　　以償債能力中的短期償債能力來說，正常公司的流動比率跟速動比率幾乎是同卵雙胞胎，相關程度 84% 以上，因為存貨金額不大（常在一個月營收以內），一旦

流動比率大於 1.4，速動比率也會大於 1，此時只要看一個數字就可以；如果為了省事，不管公司盈虧，光看速動比率就夠了。只有財務危機公司，商品滯銷，存貨常高達三個月營收以上，此時流動比率跟速動比率比較像異卵雙胞胎，有點像但又有點不像。

㈢粗中有細

大項中還可再細分中項，像第四大項的償債能力又可分為短期、長期償債能力二中項。

第二節　財報分析特寫

財報分析比較像全身健康檢查，主要檢查項目就是表 15-2 中的五大項，本節將詳細說明。不過表中有二大項，本節不討論，原因如下：

・償債能力已在表 6-12、6-13 中詳細說明。

・市場價值比率中的本益比已在第九章第四節中說明。

一、成長力

因人口增加造成營收成長稱為自然成長，也就是「水漲船高」的道理，由此可見「不進則退」適用於大部分公司，也難怪我們把成長力擺在第一關。

1.營收成長

在第二章第一節中我們已說明成長率的定義，剩下的只是前面形容詞的差別罷了，例如「營收」成長率、「獲利」成長率。

2.獲利成長

如影隨形，營收有成長，淨利（或純益）一般也會成長；除非碰到有租稅優惠情況，否則稅前淨利成長率、稅後淨利成長率會相等；在本年如果有租稅優惠情況（例如獎例投資），那麼，後者會大於前者。

二、資產管理能力——講一邊就好

由表 15-3 可見，周（或週）轉率 (turn-over) 跟平均天數呈反比關係，也就是

周轉率高的,平均天數就低,以財務部最常碰到的應收帳款周轉率為例,本例為 8.57
倍,也就是 1 元的應收帳款可作 8.57 元的生意。換成應收帳款平均（收現）期限,
便是 42.6 天,幾乎是開 45 天的期票,大抵跟行情相近。

在分析時,為了簡化起見,周轉率、天數只要講一邊就可以了;但是要講哪一
邊呢?這得看你公司的習慣。最爛的是,表 15–3 中四個指標周轉率、天數混著用,
會讓人無法快速轉得過來。

表 15–3　周轉率跟平均天數

	周轉率（次數）	天數 = $\dfrac{365}{\text{周轉率}}$
1. 存　貨	$\dfrac{\text{營業成本}}{\text{存貨}} = \dfrac{27.34}{3} = 9.11$ 次	$\dfrac{365}{9.11} = 40$ 天
2. 應收帳款	$\dfrac{\text{營收}}{\text{應收帳款}} = \dfrac{30}{3.5} = 8.57$ 次	$\dfrac{365}{8.57} = 42.6$ 天
3. 固定資產	$\dfrac{\text{營收}}{\text{固定資產}} = \dfrac{30}{13} = 2.3$ 次	$\dfrac{365}{2.3} = 158.7$ 天
4. 資　產	$\dfrac{\text{營收}}{\text{資產}} = \dfrac{30}{20} = 1.5$ 次	$\dfrac{365}{1.5} = 243.3$ 天

1. 存貨周轉率

藉由公司存貨跟營收是否正常,判斷產業景氣和公司營運狀況。如果存貨周轉
率太低,表示存貨銷不出去,產業供需狀況和公司營運可能有問題。以製造掃描器
的上市公司力捷和致伸為例,1997 年掃描器景氣從高峰下滑,掃描器在經由船運
運往海外子公司途中,掃描器市價節節滑落,力捷和致伸的存貨也達到高峰。從帳
面數字來看,致伸和力捷似乎營收增加,但如果合併未實現銷貨等毛益的減項計算,
其實毛益不增反減。之後致伸和力捷就陸續關閉海外子公司,結果股價一路從高點
276 元,跌到只剩下 6 元。

2. 應收帳款平均天數

應收帳款平均天數愈少,代表公司愈容易有現金流入。

3.應付帳款平均天數

應付帳款平均天數愈多，代表公司支票期限可以開得愈長。如果應收帳款平均天數比應付帳款平均天數多得多，可見公司在市場上地位愈強勢。

●充電小站●

asset management capacity 資產管理能力

management 這個字二分法翻譯：

1.指董事會此一經營階層時，譯為「經營」，董事會是公司的經營者。
2.指管理階層時，譯為管理。

(一)我們不用「經營能力」一詞

本大項共有二種用詞：資產管理能力、經營能力，由表 15-3 可見，這四個項目大都是總經理負責的戰術作為。由充電小站可見，該稱為資產管理能力，簡稱為管理能力,不宜以經營能力相稱。

(二)各行業龍頭的情況

在應收和應付帳款平均天數部分，由表 15-4 可見，以統一超商為例，賺的利差空間有 30 倍，可見統一超商在市場上的強勢地位。以比較不賺錢的遠東百貨來看，對現金的掌握度頗高，獲利情況不佳主因是營收不夠多。電子龍頭台積電、上市紡織龍頭遠紡應收天數比應付帳款平均天數長;可見這些公司如果不是生產獲利率高的產品，否則很難賺錢。(工商時報，2001 年 1 月 22 日，第 12 版，許曉嘉)

表 15-4　五家龍頭公司的應收、應付平均天數

公　司	應收帳款平均天數	應付帳款平均天數
統一超商	1.15	33
遠東百貨	10 ～ 15	45
臺南企業	25	20
台積電	45	30
遠東紡織	40	20

三、獲利能力

有好幾個獲利衡量指標，看似大同小異，但就跟驗血一樣，可看出心、肝、腎（有血尿大都來自腎結石）的功能是否良好。那麼，四個獲利指標的用途如下，詳

見表 15-5。

表 15-5　各項獲利指標和負責人士

簡易損益表	負責人	衡量方式
100 億元　營收 －60 億元　營業成本 40 億元　毛益	毛益率 ⇒ 生產部	$= \dfrac{營收 - 營業成本}{營收}$ $= 40\%$
－管理費用 －銷售費用	純益率 ⇒ 產品經理	$= \dfrac{稅後純益}{營收}$ $= 22.5\%$
－30 億元　稅前純益 －10 億元　利息 －5 億元　營所稅	資產報酬率 ⇒ 總經理　ROA (rate of asset)	$= \dfrac{盈餘}{總資產}$（稅後純益） $= \dfrac{30 \text{億元} \times (1 - 25\%)}{100} = 22.5\%$
15 億元　稅後盈餘	權益報酬率 ⇒ 董事會　ROE (rate of equity) 資產 100 億元 負債 40 億元 權益 60 億元	$= \dfrac{盈餘}{業主權益}$ $= \dfrac{15}{60} = 25\%$

(一)毛益率看附加價值

　　營收減營業成本是毛利，跟打高爾夫球的發球比較像，這涉及總經理、事業部主官的專業（或技術）能力，包括研發、採購、生產，原物料成本低、製造費用低、直接人工成本低（尤其是良率高時），毛益率常可維持 30%，拼輸贏主要是拼這一塊。

(二)純益率看後勤能力

　　毛利減管銷費用便是（稅前）純益，跟打高爾夫球的果嶺推桿很像，這部分主要反映總經理的一般管理能力。例如直接和間接人力比至少應為六比一，否則幕僚、後勤員工太多，「生之者寡，食之者眾」，公司怎可能賺大錢？所以管銷費用高、純益率低，可見管理費用 (overhead) 可能偏高，不是裁員就是該減薪。

(三)基本獲利率

　　由基本獲利率可以判斷總經理的管理能力，他（或她）在既定的資金結構下營運，在高負債比率下，常被債息拖得喘不過氣來，這是非戰之罪。因此總經理只宜對息前盈餘（earning before interest,EBI）甚至營業淨利負責；至於分母有營收、資產二種。我比較喜歡基本獲利率，可看出總經理運用資產的效果，因為資金怎麼來主要是董事會的責任，也就是董事會該為（息後的）權益報酬率負責。

(四)權益報酬率

　　每股盈餘並不是正確的衡量業主權益報酬的指標，因為只考慮股本，而股本只是權益的一大部分，漏了考慮資本公積、保留盈餘的貢獻。2002 年起愈來愈多的投信公司用大盤（例如 16%）、個股權益報酬率來取代每股盈餘。

　　董事會向股東負責，醜媳婦不好意思見公婆，當然指的是權益報酬率不好看。例如，台積電董事長張忠謀表示：世界級晶圓代工廠的合格權益報酬率是 20%。

(五)用詞多如牛毛

　　要不是為了要寫書，我們還真的馬馬虎虎，沒有真的把純益率、營業利潤率等詞搞清楚，其實名異實同，這主要來自下列第一項。

　　1.用字反映時代潮流

　　1998 年以來，臺灣流行「願景」一詞，個人「志向」、公司「目標」皆被「願景」一詞取代。由表 15-6 可見，1990 年以前，毛利、淨利當紅；1990 年以後，毛益、純益（或純利）逐漸走紅。

　　2.毛益 vs. 純益

　　用詞講究對稱，由表 15-6 可見，毛利的「兒子」是淨利，那麼，純益的「爸爸」就應該是毛益。當純益率是最常見的中譯詞，此時宜稱其爸爸為毛益率；不宜稱為毛「利率」，因為容易令人誤會一年期存款「利率」2.125%，這似乎就是「毛利率」，但其實是兩碼子事，扣掉所得稅的存款利率可稱為稅後報酬率，不可能稱

為純利率。

表 15-6　profit、income 的二種譯詞

英文＼中文	少　用	常　用
gross profit	毛　利	「毛益」
net profit	淨　利	純益、純利 (net income)

gross profit 又稱 trading profit、gross margin、profit margin。

㈥己已巳的問題

●充電小站●

- earning 盈餘，純益再加營業外收入減營業外支出。
- income 獲利，常指營業利潤、營業淨利或純益，即來自本業的獲利。
- profit 利潤，常跟 income 交換著用，但有時跟 earning 比較像。
- revenue 營收，會計稱為銷貨淨額，日常生活時，注重用字節約，能用 2 個字講的就不必用 4 個字。

有二個字我以前常弄混了，把 income（個人收入）跟 revenue（營收）視為相同。公司的 income 是指營業淨利。

四、乘數？倍數！

對學生、上班族甚至學者來說，英文中譯的人言言殊常令人不知所云、莫衷一是。因此，身為作者，必須得替讀者設想，不僅要把常見譯詞列出，而且更重要的是說明你挑選其中一個用詞的原因，multiple 倍數便是其中一例。

●充電小站●

multiple 倍數，multiplier 乘數

不宜譯為乘數，常見例子如：
1. 本益比，如台積電本益比「倍數」20 倍
2. 利息保障倍數 (interest coverage ratio 或 multiplier)
3. 權益倍數 (equity multiplier)

五、趨勢分析

鑑古知今，由二～五年的財報，可以針對每一項指標劃出其歷史軌跡，進而實施趨勢分析 (trend analysis)，因為經由財務比率的趨勢分析可以提供強力線索使我們得以判斷公司的財務情況到

底是已有改善或正在惡化中。在進行趨勢分析時，所需做的步驟非常簡單：只要以座標圖中的橫軸代表年度，以縱軸代表特定的財務比率，把公司歷年來的特定財務比率一一標明在圖上，再把這些點連結成一條趨勢線，就可以顯現出此一特定財務比率的發展趨勢。例如，圖 15–3 為仁武公司的權益報酬率近年來的發展趨勢，由圖中可看出，自 1998 年以來，雖然產業平均的權益報酬率一直維持相當穩定水準，不過仁武公司的權益報酬率卻有逐年下降的傾向，該公司其他財務比率也可以依樣劃葫蘆來分析。

図 15–3　仁武公司權益報酬率

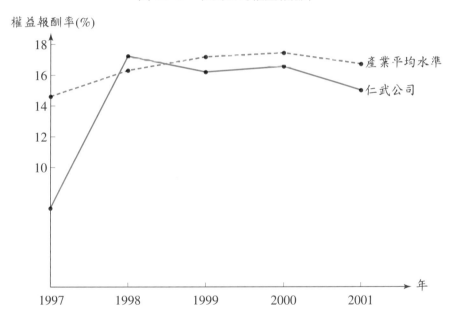

第三節　善用外部徵信──兼論債信評等

未公開發行公司的財報往往無法取得，縱使已公開發行公司財報可以取得，但是可能太複雜，以致像飛機上的黑盒子一樣，需要有專人才能判讀。前者可藉由中華徵信所公司來解決，後者得靠信用評等公司來替你讀唇。

一、評等等級符號系統

標準普爾於 1997 年在臺合資成立中華信用評等公司，惠譽、穆迪也從 2002 年

下半年起在臺營運。(工商時報，2002 年 6 月 4 日，第 8 版，洪川詠)

　　信用評等 (credit rating) 是由一套符號來表示，各符號代表了不同程度的違約風險，經過一段時間的發展，各個主要的評等公司，其符號系統已大致相互對應。標準普爾（Standard & Poors，S&P's）和惠譽 (Fitch IBCA)、Duff & Phelps 等多數公司，皆以大寫字母作為等級代號。穆迪 (Moody's) 採用的等級符號，第二個以後的字母則以小寫a作為評等符號。各評等基本符號和其所代表的意義，請參表 15-7。

表 15-7　S&P's 信評公司長期債券等級符號系統

AAA	最高的評等，表示受評者具有極佳的償債能力，而且此一能力不太可能因可預見的不利事件而受損
AA	跟 AAA 等級債券只有小部分差異，表示受評者具有良好的償債能力，可預見的不利事件不致產生重大的不利影響 *
A	受評公司可能因經濟狀況和經營環境變遷而有負面影響，然而償債能力仍佳
BBB	受評公司的償債能力尚佳，但是受經營環境變遷影響，可能削弱償債能力，是投資級債券中信用強度最低者
BB	自本級以下列屬投機級。如遇重大而持續的不確定狀況，可能危及公司的償債能力，但預料可以獲得必要的財務支援
B	目前還有償債能力，然而一旦財務、業務或是經濟狀況逆轉，都可能損害其償債的能力或意願
CCC	目前已快到償債違約邊緣，還能按時履約，主要是靠市場需求在支撐
CC	已極度逼近償債違約邊緣
C	指未能支付利息債券 (income bonds) 的，或是雖然尚未正式宣布違約，但已有一些債務或是其他類似的糾紛發生了
D	已有償債違約情事發生 **

*AA 至 CCC 各級均可再以「+」、「-」號細分，以顯示主要評級內的相對高低。
**Fitch IBCA 還有 DDD、DD、D 之分，差別在於違約後能回收債權的比率；Duff & Phelps 則為 DD。
資料來源：S&P's 公司。

(一)臺灣經濟新報社

　　臺灣經濟新報社的 TCRI 則把表 15-2 前四大項因素綜合計算，區分為表 15-8

中的十個等級。

表 15-8　TCRI 等級和授信決策

放款別	assets lending 資產放款（當鋪）			cash flow lending / assets lending 非信用放款		cash flow lending 信用放款			
風險別	高風險的投機級			中度風險		低風險的投資級			
TCRI 等級	9	8	7	6	5	4	3	2	1
綜合評分	165	250	335	420	505	590	675	760	

㈡管理獲利，奇異作假？

「什麼是奇異?」2001 年以前，相信這個問題的標準答案是「商譽全球所向披靡的大企業」，如同富比世雜誌如此讚頌道:「世界上最備受尊崇的公司。」

奇異的傳奇執行長魏爾許 (Jack Welch)，還因奇異營運表現優異，而被經濟學人雜誌評為:「過去四分之一世紀以來，最出色的企業經營者。」

但是，近期包括安隆、Global Crossing 和安達信等知名藍籌股陸續不支倒地，此一發展連帶使得許多傳統企業模範生的營運情況遭受質疑。此風一開，在以找碴的出發點之下，資本市場也已把調查的放大鏡指向奇異身上，質疑奇異的獲利、它的執行長以及其號稱是全球第一大品牌價值的商譽。

2000 年 8 月時,奇異股價一度觸及 60 美元的高價。2002 年 4 月 24 日,在 2001 年夏天從魏爾許接下董事長職位的現任公司執行長伊梅特 (Jeffrey Immelt),當天才舉行任內第一次股東大會,孰料出師不利,當天早盤股價直接摜破 33 美元,跟股價高點時相比，市值大幅縮水 2,680 億美元。

伊梅特在股東大會上不禁抱怨說:「以奇異這樣的公司，目前股價根本太過委屈，我厭惡公司現在的股價價位。」被責難的還不只是伊梅特一人，隨著股價一挫再挫，連魏爾許長年擁有的好名聲也跟著遭殃，對魏爾許過去二十年政績稱頌有佳

的市場觀察家，現在也都閉上一味誇讚的嘴巴，只能頻頻搖頭。

突然間，對奇異的各種指控從四面八方湧至。2002 年 3 月，1,000 億美元商業本票的主要投資人之一──大西洋投資管理公司 (PIMCO)，指控奇異公司「不老實」，並宣稱不再購買奇異的短期公司債，奇異總額 2,330 億美元的公司債價格瞬間重挫，導致該公司的舉債成本上揚。

PIMCO 基金經理葛羅斯 (Bill Gross) 表示：「奇異說穿了不過是一家金融公司，所不同的是，奇異把其跟金融公司所共同具有的風險隱匿起來。」

奇異過去幾年來的獲利，屢屢以驚人的速度成長，但是部分分析師和投資人開始擔心，奇異獲利成長事實上是減緩的，原因就在於奇異長久以來就以「管理獲利」見長。

粗略劃分，奇異大致上可分為兩大事業集團，一個是包括電力、工業系統和飛機引擎等的工業事業集團，這一部分管理得當，賺錢的能力普遍受到各界肯定。但問題就出在另一個高風險的金融事業集團以奇異資融公司為主，業務包含商業和一般放款、租賃和保險等等，一般分析師也都給予奇異金融集團相當於工業集團的最佳投資評等，是專業的銀行產業分析師看來，此一集團的營收成長大都是靠併購而來，獲利能力有待商確。(奇異集團請見拙著《管理學》(三民書局) 第十二章個案：魏爾許再造奇異傳奇)

如同葛羅斯所說：「奇異金融集團之所以也能獲得 AAA 的最佳等級，完全是由其工業集團所掩護。」簡單的說，就是把工業集團的部分獲利算在金融集團的帳上，這也就是奇異被譏諷為一家擅於「管理獲利」的大企業的原因之一。(工商時報，2002 年 5 月 6 日，第 9 版，林國賓)

二、AT&T 瀕臨垃圾債券

2002 年 5 月 30 日，穆迪投資服務公司（Moody's，或慕迪）以營收展望欠佳和核心事業競爭加劇為由，把美國電話電報公司 (AT&T) 的債信評等降到只比「垃圾債券」高兩級。公司股價 29 日應聲滑落逾 3%，墜入 11 年來的谷底。

穆迪把 AT&T 優先未擔保債券評等連降兩級，從「A⁻3」降到「Baa2」，但短期信評為「Prime⁻2」，評等展望為負向。標準普爾把 AT&T 優先債券評為 BBB⁺ 級，

比穆迪調降後的 AT&T 評等高一級。1980 年代初，AT&T 享有 AAA 頂級評等。

穆迪指出，降級行動「反映長途語音和數據服務的營收展望減弱」，以及奎斯特、南方貝爾 (Bell-South)、SBC 通訊和 Verizon 等區域電話公司的競爭壓力升高。

AT&T 曾被視為安全投資標的，如今也遭降級，凸顯通訊業產能過剩和缺乏訂價能力的問題，連市場龍頭也受波及。2002 年稍早，其他通訊公司陸續傳出現金吃緊危機時，AT&T 還沒陷入類似的窘境，但穆迪的行動勢必提高該公司的舉債成本，這次降級行動影響 AT&T 發行的 250 億美元債券。2002 年 5 月已有數家大型通訊公司的信用評等被降。AT&T 最大競爭對手世界通訊的債信評等遭美國三大評比公司降至垃圾級；第四大美國區域電話公司奎斯特國際通訊 (Qwest) 的評等也被標準普爾降到垃圾級。

受穆迪降級影響，AT&T 股價 29 日大跌 3.2%，以 12.01 美元作收，是 1991 年 3 月跌抵 11.90 美元以來的最低收盤價。

觀察家說，AT&T 股價和債信評等沉淪，以及該公司打算把有線電視事業群出售給康凱斯特公司 (Comcast)，顯示 AT&T 執行長阿姆斯壯 (Michael Armstrong) 打造通訊集團的策略似乎已鬆動。消費者對寬頻功能的接受速度比預期遲緩，是導致最近通訊業營運走下坡的主因。(經濟日報，2002 年 5 月 31 日，第 13 版，湯淑君)

三、中華徵信所

臺灣地區集團企業研究深度剖析集團經營發展，中華徵信所最新出版《2002 年版臺灣地區集團企業研究》顯示，2000 年前 100 大集團營收 8.34 兆元，佔全部公司總額的 32.28%，詳見表 15–9。

2002 年版蒐錄臺灣和外商集團家數 256 家。長期以來《臺灣地區集團研究》是唯一完整深入研究臺灣集團企業發展的專業財經書，更成為眾多金融機構對集團企業授信放款的重要指標工具之一。(經濟日報，2002 年 4 月 21 日，第 22 版，劉任)

四、變現力危機

為提前警告投資人，標準普爾公司在 2002 年 5 月 15 日首度針對債信良好企業

表 15-9　2000 年前一百大集團企業各項指標排行榜　　　　單位：億元

排名	資產總額		營收		營收成長率		純益率		稅前盈餘	
	集團名稱	金額	集團名稱	金額	集團名稱	%	集團名稱	%	集團名稱	金額
1	台塑	13,705	台塑	5,159	光寶	186.06	中華開發	46.60	台積電	671
2	霖園	11,974	宏碁	4,930	威盛電子	163.98	建弘證券金融體系	40.00	聯華電子	616
3	和信	11,119	霖園	3,929	國巨	145.66	鍊德科技	34.00	台塑	593
4	新光	8,987	新光	2,763	聯華電子	110.07	群益金融	33.96	鴻海	316
5	中國國際商銀	8,719	裕隆	2,676	日月光	102.82	台積電	33.11	大同	254
6	世華	6,711	統一	2,556	旺宏電子	99.89	聯華電子	29.18	中鋼	230
7	遠東	6,034	大同	2,372	台積電	99.19	復華證券金融	28.48	華新麗華	223
8	國民黨黨營事業	5,733	光寶	2,265	英業達	87.50	國巨	27.46	台達電子	213
9	台積電	5,075	長榮	2,237	鍊德科技	86.60	臺灣玻璃	25.49	日月光	185
10	統一	5,056	聯華電子	2,113	元大京華證券	79.04	寶成工業	23.36	太平洋電纜	180

資料來源：⑴中華徵信所，《2002 年版臺灣地區集團企業研究》。

　　　　　⑵億元以下完全捨掉。

發布變現力危機警訊。標準普爾指出，在 950 家美國和歐洲的投資級企業中，約 3% 有嚴重的財務弱點，如果發生特定狀況，可能使這些企業陷入變現力危機。

　　根據標準普爾的研究，少部分債信仍為投資級的企業，現階段財務狀況脆弱，如果再出現特定觸發原因，譬如債信降等或股價重挫，導致這些企業違反現有負債契約，被迫必須立即清償債務，這些企業將可能因現金短缺而爆發變現力危機。

　　這次調查的 950 家美國和歐洲投資等級企業中，有 23 家，約 3% 被列入「嚴重財務弱點」。

　　上榜企業包括威望迪 (Vivendi) 環球公司、Dynegy 公司、Reliant 資源公司、

Williams 公司、泰科國際公司、雷神公司等，部分被點名公司稍早已被股市質疑其會計活動的誠信。美國企業有 15 家上榜，其中有 12 家為能源公司，其中又有 7 家屬於能源買賣公司，包括 Dynegy 公司、Reliant 資源公司、Williams 公司和 Mirant 公司。標準普爾公司能源和公用事業部主管巴隆強調，商譽在能源交易業非常重要。

　　美國能源交易商 Dynegy 偽造交易和帳目受到證管會調查，2002 年股價重挫 64%，執行長華森 (Charles L. Watson)2002 年 5 月 28 日辭職下臺。消息傳開，Dynegy 股價在紐約股市早盤勁揚 7.5%。

　　華森領導 Dynegy 長達十七年之久，2001 年 11 月打算收購安隆公司但功敗垂成。在該公司跟 CMS 能源公司、信賴資源公司 (Reliant Resources) 爆發偽造電力交易弊案以來，華森是過去一周以來第二位去職的執行長。CMS 能源公司執行長麥考米克 (William Mccormick) 甫於 24 口辭職。(經濟日報，2002 年 5 月 29 日，第 5 版，林聰毅)

　　安隆事件爆發後，標準普爾等債信評等公司因未能事前提出警訊而備受批評，有鑑於此，標準普爾近期做了不少改善服務的努力，以期在公司爆發危機前，先給予投資人警告。

　　在投資人對企業財務報表高度警戒之際，標準普爾這份報告可望刺激企業改善其財務狀況。Mackay Shields 資產管理公司基金經理哈姆斯指出，這份報告可逼迫上榜公司處理其變現力問題。

　　標準普爾執行長艾默強調，上榜企業未必面臨立即的威脅，標準普爾也沒有因這份報告而調降其債信，不過信用惡化有可能從信用品質小幅下降，擴大演變為變現力危機。(工商時報，2002 年 5 月 17 日，第 7 版，林正峰)

五、企業揭露資訊，也要評等

　　面對投資人抨擊最近破產的企業都未被信用評等企業點名，信評業者做出積極回應，標準普爾公司和穆迪將對企業資訊公開揭露品質打分數。

　　標準普爾將針對標準普爾 500 種股價指數成份股公司進行資訊揭露品質排名，以 125 項標準評分，包括董事會獨立性、少數股東待遇、公司治理和財報提供資訊品質，2000 年下半年推出。標準普爾已在亞洲和中南美洲推出類似排名。

標準普爾總裁歐尼爾說:「我們做了許多分析,如果有公司在附註部分報告股票選擇權或其他費用,我們會把這些費用加到損益表上。」他表示,多數投資人無法如此做,他們老是不知道如何看待這些附註。(經濟日報,2002年5月10日,第13版,官如玉)

六、等不及會計準則修改了

標準普爾公司公佈更嚴格的公司獲利計算標準,其中包括將股票選擇權列為費用。

2001年11月以來美國不斷傳出的違規作假帳消息,損害投資人信心和不利資本市場正常運作,因此必須緊縮相關標準。把股票選擇權列入薪資費用才能確實反映公司的獲利。他說:「員工認股選擇權是薪資的一部分,是經營的成本。」

標準普爾也準備把退休基金利得從獲利項目中扣除,經常被公司排除在擬制性(pro forma)財報之外的一次性組織整頓成本,也會被列為支出。

預期這些改變對標準普爾500種股價指數(S&P 500)將造成衝擊,提高指數本身和許多成份股的本益比。儘管過去兩年整體市場下滑,按照現行的標準,S&P 500的本益比仍高達22倍,顯示股價依然過高,過去五十年該指數的平均本益比為16倍。

股市人士預期這些改變只會對少數公司股價產生重大衝擊,整體股市不會受到明顯影響。(經濟日報,2002年5月15日,第13版,陳智文)

七、信評機構也無法鐵口直斷

債信評等機構努力運用各種金融評量工具,試圖給國家和企業合理的債信評等,但現在卻成了眾矢之的。遭降等的國家批評決策不公(譬如日本)、遭降等的企業哀嚎難以因應逆轉的市場氣氛,投資人卻對調整速度不滿,因為企業債信居然可以在短期間由AAA驟降至B。安隆案爆發後,美國證管會調查三大信評公司的經營階層,以釐清是否有違反競爭或潛藏的利益衝突情事。

千萬別對信評公司寄望太高,上週標準普爾公司宣布一項新的指標「核心盈餘」,把企業向來傾向忽略不報的選擇權成本也估算在內。

信評公司的傳統任務是評定債券信用等級,後來進一步擴充到評定投資銀行所設計的各種奇特新金融工具,但三大信評公司的分析師們卻受限於有限的債信評量標準(從最高級的 AAA 到無法履行債務的 D),藉由傳統方法怎麼能有效因應最新金融工具的變動?

看看今日令投資人趨之若鶩的抵押公司債(collateralized debt obligations, CDOs),CDOs 為投資級債券,由一組資產、債券或抵押品所混合擔保,先把信用風險集中,再切分為不同風險等級的部分,精明的投資人可自行判斷其風險,但多數人仍需仰賴信評公司給予各個部分不同的風險評定。

信評公司發現,CDOs 這種投資工具很快發展出各自的「前途」,許多 CDOs 管理者的動作積極,譬如部分債務到期或無法償還時,必須找新標的代替,又如擔保品信用惡化時,必須追加擔保品。信評公司明白,一支 CDOs 的價值大部分取決於管理者的行為和能力,因此信評公司被迫同時成為 CDOs 擔保品跟其資產管理者的評鑑者。

上述只是說明為什麼簡單的評鑑指標不足以因應當前金融環境所需的案例之一,然而更糟糕的是採用信評作為絕對標竿的投資人和管理者,不僅沒有減少,反而有增多的趨勢。

三十年來,美國證會已採用國際認可的信評公司所發布的信評結果,作為評量證券價值的標竿,許多投資機構根據規範必須把大部分的資金投入投資等級(從 AAA 到 BBB⁻)的金融商品。許多貸款契約和發債條件也設有債信條款,譬如要是債信降等,利率將加碼或債務必須立即償還,債信降等可能讓企業陷入危機。把國家債信或大企業債信降至投資級以下,就可能引發操作規範中不准持有投機級債信的投資人被迫殺出該類資產。

信評公司的影響力即將更趨擴大,根據規範銀行資本的新巴塞爾提案(將自 2006 年起開始實施),信評可能被用來評定銀行所有資產的風險程度。銀行被鼓勵採用內部的債信評等方式,但衡量標竿通常還是會落到普遍被認可的信評公司身上。這意味著刻意挑選有利信評的作法將增加,甚至成為主宰銀行風險管理決策的關鍵。(原文刊於 5 月 18 日期英國經濟學人週刊,工商時報,2002 年 5 月 20 日,第 6 版,林正峰)

第四節　你穿國王的新衣嗎？

——別人從你的財報看到什麼？

雖然你會使出渾身解（或騙）術，甚至把財務報表刻意調整得漂漂亮亮，希望公司賣個好價錢，但誠如布袋戲中的佳言：「瞞者瞞不識，識者不能瞞」。內行人從你窗飾過的財務報表，好像看到《國王的新衣》故事中的裸體國王，究竟別人如何從財務報表中看出你公司的虛實？

一、是否假報表真分析？

投資人要如何偵測財務報表的可信度，最簡單的是看簽證的會計師事務所，要是像安侯建業、資誠、眾信、致遠等四大會計師事務所簽證的報表，可信度便相當高；至於中型會計師事務所簽證報表的說服力可能居次；而個人會計師事務所的說服力則墊後。有些個人會計師事務所連客戶的存貨、資產都沒看過，只憑書面認列，以降低簽證所須耗用的費用；對於這種財務報表宜抱著存疑的態度，以免買到「金玉其外，敗絮其中」的爛蘋果。

當你無法判斷會計師事務所的大小時，你可從下列方式判斷：

1. 打電話詢問，或索取該會計師事務的公司簡介。

2. 看財務報表是單簽或雙簽，中大型會計師事務所為了慎重起見，一般皆會要求二位會計師來簽證客戶的財務報表；相較之下，個人型或聯署辦公的會計師事務所，便只有一位會計師來簽證，陣容可說單薄了一些。

二、內外二套帳，虛虛實實、真真假假

有些上市公司有內外帳之分，甚至有些巨額虧損的上市公司（例如 1994 年的濟業電子、1996 年的正義食品），連會計師都無法（及時）發現公司財務報表問題。因此，對於別人的財務報表宜存「合理懷疑」的心態。一般外帳、內帳間存在下列三種情況：

1. 內外帳合一，也就是不記第二套帳。

2. 外虧內盈，不少中小企業為了逃稅，大都把外帳作到小賺甚至虧損。

3. 外盈內虧：然而也有不少企業，為了有個好看的財務報表給金融機構、（潛在）投資人看，因此常採取窗飾，也就是高列營收、資產，以及把費用、負債低列。

三、會計師查核與核閱的不同

會計師證明「他人」（指被簽證公司）聲明的服務，至少有查核和核閱二種。查核又稱審計，屬於證明高的一種；而核閱屬證明低的一種，二種報告的證明程度不同，措詞也有差別，詳見表 15-10，「我發現對」稱積極擔保，「我未發現有錯」稱消極擔保。

年報、半年報屬查核，因為會計師全套審計功夫都使出來。季報屬核閱，會計師只是針對審計對象送來的財報等去表達意見。

表 15-10　會計師的核閱與查核

被擔保的標的		服務的種類	擔保的內容	擔保的程度
種　類	期　間			
歷史報表	整年半年	查　核	發現報表係允當表達過去的財務狀況、經營結果等	積極
歷史報表	季（一、三）	核　閱	未發現報表未允當表達過去的財務狀況、經營結果等	消極
財測	全年	「核閱」	1. 財測係按規定編製，凡須揭露者均已揭露 2. 編製財測時所用之假設係合理	積極

資料來源：馬秀如，「會計師查核與核閱財報財測意義大不同」，經濟日報，2002 年 8 月25 日，第 11 版。

四、會計師的意見

依據公司法第 20 條的規定，資本額 3,000 萬元以上公司，財務報告須由會計師簽證，會計師查帳後會出具「查核意見報告書」，對財務報告是否允當表達意見。

審計準則公報第 33 號規定，會計師的查核意見依財務報表是否允當表達的程度，出具下列三大類意見中的一種：

(一)無保留意見

當會計師的查核工作已按照一般公認審計準則實施，查核範圍未受任何限制，而且財務報表已按一般公認會計原則於一致的基礎上編製，並做適當揭露，而且沒有重大未確定事件存在時，會計師會出具無保留意見 (unqualified opinion) 的查核報告。內容主要分為二段，第一段說明查核範圍和性質，稱為範圍段，第二段說明會計師的查核意見，稱為意見段，舉例如下：

【範圍段】

仁武公司 2002 年 12 月 31 日及 2001 年 12 月 31 日的資產負債表，暨 2002 年 1 月 1 日至 12 月 31 日和 2001 年 1 月 1 日至 12 月 31 日的損益表、股東權益變動表和現金流量表，業經本會計師依照一般公認審計準則，採用必要查核程序，包括各項會計記錄的抽查在內，予以查核竣事。

【意見段】

依本會計師的意見，上開財務報表係依照一般公認會計原則，於先後一致的基礎上編製，足以允當表達仁武公司 2002 年 12 月 31 日和 2001 年 12 月 31 日之財務狀況，暨 2002 年 1 月 1 日至 12 月 31 日和 2001 年 1 月 1 日至 12 月 31 日之經營成果和現金流量。

(二)修正式無保留意見

當會計師認為財務報表已允當表達，但想透過查核報告提醒讀者注意一些事項時，便出具「修正式無保留意見」，例如下列情況：

1.主查會計師採用其他會計師的查核報告，以區分查核責任。

2.會計師對受查公司繼續經營假設有重大疑慮。

3.受查公司在本期變動會計原則，而且會計師同意該項變動。

4.會計師本年出具的查核報告意見跟前一年不同。

5.本年會計師為繼任，在報表中提及前期會計師的查核報告。

6.會計師想強調某一重大事項時，例如關係人交易、重大期後事項、重大會計科目重分類或估計變動等。

(三)保留、否定意見和無法表示意見

要是會計師對受查公司的查核範圍受到限制、財務報表未依照一般公認會計原則編製或未做適當揭露、本期所運用的會計原則跟上期不一致、重大未確定事項對財務報表的影響無法合理估計（例如存貨未經盤點、長期股權投資未按適當方式評價、公司將進入清算程序等事件），會計師依其專業判斷出具下列三種「無保留意見」以外的查核報告：

1. 保留意見 (qualified opinion)：報表大部分能允當表達，但部分未能允當表達。
2. 否定意見 (adverse opinion)：報表未能允當表達且情節極為重大。
3. 無法表示意見 (disclaimer opinion)：無法得知報表是否允當表達。

當會計師出具上列意見，會在查核報告的「範圍段」和「意見段」間加上「說明段」，適當說明所持理由或所發現事實。

● 充電小站 ●

qualified 這字看似為「合格的」，可是在財務、會計時都是「附條件」的，例如：
qualified acceptance 附條件承兌
qualified endorsement 附條件背書
qualified opinion （會計師出具的）保留意見
qalified report 附條件報告

五、盡信書不如無書

2001 年 12 月 2 日，美國第七大公司安隆霎間倒閉，引發出財報作假的骨牌效應。美國商業周刊報導，美國企業經營者報酬高得離譜，華爾街分析師為拉攏客戶不惜昧著良心給投資評等，企業更是玩弄會計手法美化盈餘，儼然是反托拉斯時代以來資本主義最大的危機。

社會大眾對美國企業的信心降到 1900 年代初期來的谷底，當時，社會大眾不滿大企業的獨占地位，羅斯福總統花好幾年的時間推動反托拉斯。最近社會不信任企業，可能要追溯到能源業巨人安隆公司的破產醜聞，且隨著一件接一件不肖行為的揭發，企業在過去十年一點一滴累積的商譽漸漸流失。

報紙標題充斥證管會調查、起訴、宣判有罪的字眼，或者企業跟政府和解、重新發表財報、罰款的報導，更強化投資大眾「公司治理不堪聞問」的想法。

有些公司老闆宣稱，媒體和外界過度誇大這些後遺症。但是社會大眾的想法是，企業經營者做假帳、以可觀的股票選擇權來自肥，卻讓股東承受驚人的虧損，誠信

掃地。改革董事會已推行逾十年，但許多董事仍過於被動或有利害衝突。

　　安隆員工淚流滿面在國會作證的場景，象徵美國資本主義走入分水嶺。他們描繪出被公司老闆背叛，落得退休基金鉅額虧損的慘境。安隆破產案更讓人覺得，不管公司敗得多慘、有多危險，董事長總是能抱走大筆財富，員工和股東只有承受經營層瀆職的苦果。

(一)董事長率先使壞

　　即使績優企業也會在道德上有虧欠，國際商業機器公司 (IBM) 利用 2001 年第四季結束前三天的一項業務轉讓收入，達成華爾街分析師的財測，做法完全合法，卻誤導投資人。這筆一次未揭露利得是用來降低營運成本，跟公司營運績效毫不相干。企業為達成財報目標，把財務透明度和誠信擺在一邊，而且習以為常。

　　結果是，公司股東怒氣逐漸上升。小股東貝克抱怨：「我已經看破，感到厭惡。這些人無法自律，貪婪是他們的推力，此時正是股東以具體方式展現他們的醒悟。」2002 年，貝克首度對自己持有股票的八家上市公司經營團隊投反對票。

　　這種痛心和不信任會讓企業和社會付出極大的代價，資本主義的誠信更是陷於風雨飄搖中。如果投資人繼續對企業失去信心，他們會切斷資金臍帶，而資金正是美國創新和經濟領導地位的泉源。失去投資人的信心可能威脅新工作創造和為經濟注入活力的能力，也會玷汙多數正派的企業和企業經營者。未盡到指導責任的董事和未盡道德領導責任的執行長，毫無疑問是美國企業今天最沉重的挑戰。

(二)為虎作倀的外部獨立人士

　　錯的不只是公司，許多公司外的專業人士也淪為貪婪和自私自利之徒，從華爾街分析師和投資銀行人士，甚至於律師、證管會甚至國會議員，這些理應在這個偏好無拘無束式資本主義的系統中，擔任檢查和平衡角色的人士，卻常常妥協。

　　許多證券分析師鼓勵投資人買某公司股票，只因為他們的投資銀行同事可以因為承銷證券和承辦合併業務而大賺佣金。許多負責確認公司帳目正確無誤的會計師，卻睜一隻眼閉一隻眼，讓他們的公司能賺進數百萬美元的簽證費和額外數百萬美元的高利潤顧問費。一些外聘律師替非正規的行為發明合理化的理由，以爭取更多律師費。因此，執行長發現，他們可以花錢買到想要或需要的影響力。(經濟日報，2002 年 5 月 7 日，第 5 版，官如玉、湯淑君)

㈢拿人錢財，與人消災？

安隆案中，會計師的獨立問題備受爭議。2002 年 4 月 27 日政治大學會計系教授鄭丁旺在研討會上指出，會計師跟客戶間的關係，說好聽是利益共同體，反面說法則是「共犯結構」。

制度缺乏讓會計師獨立的誘因，會計師接受客戶委託，收入來自客戶，跟簽證品質攸關的卻是投資大眾，客戶只希望會計師儘早簽證了事。加上會計師事務所競相削減簽證公費，比較沒有責任感的會計師在費用和工作量的考慮之下，可能不會深入查核。如此一來，會計師和委任客戶間皆大歡喜，除非公司倒閉，簽證不實案件才會曝光，但等到事發，投資大眾卻已因為會計師沒盡到把關之責而受害。

會計師簽證制度靠的是會計師本身和同業監督自律，但是從安隆事件教訓來看，這些規約絕對不夠。會計界和證期會應該思考，如何切斷會計師跟委託公司的關係，建立外部對會計師監督機制，才能從根本解決問題。(經濟日報，2002 年 4 月 28 日，第 4 版，李惟平)

㈣美化財報手法之一

有些藥廠為了美化帳面數字，可能會誘勸通路商多訂幾個禮拜的存貨。不過，大藥廠必治妥 (Bristol-Myers Squibb) 近來所面臨的處境，說明堆貨一旦處理不慎，反而可能回過頭來倒打自己一把。

堆貨 (channel stuffing) 是指藥廠以價格優惠或宣布即將調高售價為手段，誘使下游的經銷商增加進貨。據最新一期的美國商業周刊報導，必治妥已坦承在 2001 年時，說服經銷商買下十三個月的存貨，使得堆貨部分達到 10 億美元，進而拖累 2002 年的營業額。

自從 2002 年 4 月初，必治妥向美國證管會坦承堆貨的行為後，必治妥執行長杜蘭 (Peter Dolan) 除了宣布幾位高階主管去職外，並且調降公司 2002 年度財測。必治妥 2001 年平均每股獲利 2.41 美元，2002 年股價降幅預計將達 25 ～ 30%。

堆貨的心態有點像是寅吃卯糧，特別容易發生在公司有新藥可望被核可上市時。通常，藥廠的盤算是，一旦新藥成功上市帶來的豐厚利潤，將可彌補經銷商囤積的損失，來年的業績也就不會因前一年的堆貨動作而受影響。

問題是，新產品如果無法順利問世，寅吃卯糧的後果，無可避免地將反映在股

價上。必治妥和英克隆合力研發的抗結腸癌藥 Erbitux，仍須補充臨床試驗資料。而且，其治療心臟病的藥物 Vanlev，被證明只比便宜的學名藥，療效好一點。Vanlev 預料無法創下銷售佳績，當然對於必治妥囤積存貨的損失，也就幫不上什麼忙。

藥廠堆貨或許跟其個別作風有關，據悉，知名藥廠中，先靈葆雅 (Schering-Plough) 和必治妥，喜歡在通路上維持高存貨量；輝瑞和禮來習慣保持低存貨量。瑞銀華寶分析師傑夫肯 (Jeffrey Chaffkin) 表示，假如這些公司 2001 年時，都把存貨維持在一般水準的話，先靈葆雅和必治妥 2001 年的盈餘應分別再調降 11% 和 14%，至於輝瑞和禮來，則應調高 4%。(工商時報，2002 年 4 月 27 日，第 14 版，陳怡慈)

六、不實報表只是多寡的問題

(一)美國安隆只是冰山一角

美國安隆公司把債務隱藏在財務報告之外的做法，顯示美國現在通用的會計準則仍有未盡完備之處。

(二)日本問題多多

日本有兩家銀行名列全球前十大，但是日本銀行的壞帳情形愈來愈嚴重。而且日本銀行不願公佈壞帳數字，因此無法評估財務狀況有多嚴重。高頻經濟公司 (High Frequency Economics) 經濟分析主管韋伯格表示，日本大型銀行還沒有公佈年中財報，僅公佈損益表，沒有把持股價值列入計算。縱使公佈財報，由於相關文件過於複雜，可能隱瞞問題真正的嚴重性。

一位不願具名的分析師說：「在我認識的人當中，沒有人看得懂日本企業的財報。」

(三)歐洲好很多

許多分析師表示，在控制風險方面歐洲企業具有一項優勢，就是歐洲企業會計法則比美國企業標準會計法則完善。但一些分析師警告，計算過程仍具有很多漏洞，可用來掩飾企業真實的財務狀況。

英國霸菱銀行就是一個例子，1995 年該行期貨交易員、新加坡分公司總經理李森 (Richard Leeson) 操作衍生性金融商品失利，損失超過 10 億美元，最後公司被

併購掉。(經濟日報，2002 年 1 月 27 日，第 4 版，黃哲寬)

㈣連臺灣也可能是五十步笑百步

2002 年 5 月 15 日，立委黃義交提出質疑指出，國巨沒有在當期財務報表揭露存貨的跌價損失，延至 2002 年第一季才揭露，是否有違反相關會計處理準則或是其他規定，希望證期會能夠徹查。證期會官員表示，存貨的跌價損失計算是採取「成本、市價孰低法」來計算，不過，會計師用來評價的「市價」，是否合乎會計處理規定，會再派員瞭解。

國巨表示，公司去年庫存跌價損失選在 2002 年第一季提列，是根據會計原則辦理，2001年歐洲市場大幅衰退，因此庫存消化速度相當慢，但庫存成本仍遠低於市價，因此並未於去年提列損失，之所以選在 2002 年第一季提列，主要是歐洲被動元件市場景氣已見復甦，為避免庫存拖累 2002 年毛益，因此接受會計師建議提前於第一季提出。(經濟日報，2002 年 5 月 16 日，第 3 版，馬淑華、楊子平)

七、如何判斷不合理的損益表？

就跟醫生看 X 光片來診斷病情一樣，由幾張損益表便可推敲出問題，常見的分析方法如下：

㈠跨時分析（趨勢分析）

瞻前顧後往往可以看出前後不合邏輯之處，例如：

1.營收成長率「太高」：除非有重大行銷策略變更，否則一般公司的營收成長率應該穩定成長，不致於突變成長。要是能查出主要增加的營收來自於關係（人）企業或是名不見經傳的公司（常是販賣發票公司），那麼這營收增加的部分可能有假。

2.成本成長率「太低」：以原材料、薪資等主要成本項目來說，要是其成長率遠低於物價上漲率，那可能有問題。

㈡橫斷面分析

從當年損益表中，各項費用佔營收的比重，也可看出損益表是否有灌水。例如：

1.毛益率「太高」：低估營業成本（主要是原材料、製造費用、存貨），便可拉高毛益率，毛益額如影隨形增加。至於如何判斷高或低，不妨參考四季報、股市總

覽等上市公司的同業標準。

　　2.純益率太高。

　　3.營業外收入大增：主要來自資本利得或土地交易所得，不過，在分析盈餘內容時，營業外獲利皆不列入考慮。

八、如何判斷不合理的資產負債表？

　　資產負債表最容易動手腳的項目，莫如下列：

(一)流動資產

　　流動資產最容易搬動，也就最容易造假。

　　1.現金：銀行存款只要弄個帳戶，作個存款紀錄、證明，便很容易使現金虛增。

　　2.存貨：有些人不願意支付美化銀行存款所須借入資金的高額利息，而採用高估存貨金額來作假。一般來說，公司存貨頂多只佔營收的 25%，也就是一塊錢存貨可以做四塊錢生意，我們曾看過一家年營業額 20 億元的公司，存貨竟然高達 14 億元，可說高得離譜。

　　3.應收帳款：要是有些空殼公司願意冒充客戶的話，那麼公司應收帳款、應收票據便會虛胖上來。如何拆穿這騙局，可以查看這公司的客戶明細表。

　　4.工程（或設備）預付款：東藏一些、西藏一點，比較不會使某一會計科目的數字（金額或比率）太突兀，在這道理下，工程預付款也是一項可以操縱的科目。不過，要是一項簡單的工程，而工程預付款卻掛在資產負債表上二、三年，那麼八九不離十，這項資產便是虛的、假的。

(二)流動負債

　　帳上的負債金額通常是負債總額的下限，因為有些私人借款可能沒有列入，甚至有時把應付帳款、股東往來故意壓低。

(三)業主權益

　　業主權益中的資本最容易作假，判斷方式很多，例如資本過大，但營業額卻不成比例地小，或是損益表中的速動資產中的現金數字很大，那可能是臨時借錢個二、三天，充場面的「假現金」。

個案：美國凱瑪百貨會鹹魚翻生嗎？

全美 2,114 家分店的凱瑪 (Kmart 或 K-Mart) 是全美第三大折扣零售商，僅次於沃爾瑪 (Wal-Mart) 和目標公司 (Target)。但是在 2002 年 1 月卻因經營不善宣布破產，22 日，股價重挫 1.03 美元，每股只剩 71 美分，跌幅高達 60%。

股價跌到三十六年以來的谷底，2001 年營收 370 億美元的公司，股票市值只剩下 7.84 億美元、總資產 170 億美元，債務卻高達 47 億美元。

凱瑪前任董事長康納威

一、經營失敗

在康納威 (Charles Conaway)2000 年春掌舵前，凱瑪便已問題重重。康納威上任時矢言要在二年內改善公司財務，並重塑企業文化。

證券分析師表示，凱瑪的電腦系統早已跟不上時代腳步，很難有效追蹤商品，滯銷品經常庫存過剩，熱賣品則庫存不足。此外，調查顯示，顧客並不滿意凱瑪的服務品質和店面清潔。

這跟被分析師視為業界效率典範的沃爾瑪呈強烈對比，沃爾瑪積極做新店促銷，預估 2002 年業績可擴增 200 億美元。一位分析師表示，到年底，沃爾瑪的規模將變成凱瑪的七倍，且售價仍相當具有競爭優勢。

凱瑪似乎也注意到人口結構的變化，康納威說：「我們把重點放在西班牙族群，從人事、管理、訓練、陳設、商品組合到行銷，都注重西班牙族群，甚至將針對這個市場推出新品牌。」

康納威指出，在他加入公司時，供應鏈問題使凱瑪 25% 的貨架空無一物，如今物流改善，缺貨率降到 10%。凱瑪已收購二家物流中心，供應鏈可望進一步改善。藍登堡公司分析師貝德表示，凱瑪投入超過 10 億美元改善基本設施，投資人希望馬上看到回收。他說：「對凱瑪來說，2002 年是成敗的關鍵年，投資人希望見到效果開始浮現，而且一定要在今年看到。」

凱瑪希望 2002 年在超級中心中的 115 家增設百貨銷售空間，如果能做到，營收可成長近倍。但也有分析師指出，現金流量短缺將限制凱瑪擴充動作。(經濟日報，2002 年 1 月 12 日，第 9 版，官如玉)

(一)進退失據

凱瑪同時陷於相互矛盾的價格策略，這家公司過去以促銷見長，利用夾報和廣告傳單來促銷特定低價熱門商品，吸引消費人潮。儘管這個策略行之多年仍相當管用，但也因特定產品短期內大量進貨，形成營業和配銷系統的壓力。此外，這種促銷方式也迫使供應商成本增加，因為他們無法判斷製造成本；這意味凱瑪無法在價格上持續取得比沃爾瑪更有利的優勢。

　　康納威試圖擺脫這個困境，但凱瑪 2001 年下半年太快減少廣告傳單促銷，反而流失大量客戶。同時，沃爾瑪乘勢展開降價攻勢。雙方交鋒結果，凱瑪 2001 年 12 月同店銷售額衰退 1%，沃爾瑪卻有成長。（經濟日報，2002 年 1 月 23 日，第 5 版，劉忠勇）

(二)第一、二名欺侮第三名

　　凱瑪員工透露，公司長期以來的策略錯誤以及像沃爾瑪百貨這樣強大競爭者的打擊，是造成該公司業績逐年下滑的原因。

　　由於美國零售產業競爭激烈，凱瑪百貨的銷售額和獲利急遽下滑，庫存也持續攀升。

　　凱瑪百貨推出藍燈特賣 (bluelight special) 計畫，不過沃爾瑪以大幅降價因應。藍燈特賣策略刺激買氣的成效有限，卻大幅降低該公司的毛益率。聯合投資公司 (Federated Investors) 分析師麥考斯基表示：「凱瑪百貨的削價競爭策略，簡直就是自我毀滅。」（經濟日報，2002 年 1 月 4 日，第 9 版，黃哲寬）

　　凱瑪每次力圖振作，總會遭到老大沃爾瑪強力反擊，最近更頻遭信用評等公司降級，股價隨之重挫，凱瑪能否振衰起敝，2002 年是關鍵性的一年。

　　但許多證券分析師認為，凱瑪很難反敗為勝，在沃爾瑪和目標夾擊下，凱瑪市佔率節節滑落。艾瓦德資產管理公司董事長艾瓦德說：「凱瑪面臨艱鉅的挑戰，每天都要面對阻撓和障礙。」（經濟日報，2002 年 1 月 12 日，第 9 版、官如玉）

　　2001 年 11 月及 12 月的銷售約佔每年總銷售的四分之一，但是凱瑪在 2001 年底的耶誕採購季業績慘淡，營業一年以上的商店 11 和 12 月的銷售分別衰退 3% 和 1%。反之，對手沃爾瑪卻分別成長 5%、8%；目標公司也增加 14%、2%；凱瑪挫敗的主要原因是廣告策略錯誤。（經濟日報，2002 年 1 月 23 日，第 5 版，吳國卿）

二、財務失敗

　　股市營業員表示凱瑪百貨的信用違約交換 (credit default swap)，也就是為了防止凱瑪無法償還債務的保單，1,000 萬美元債權的保費已上漲至 120 至 140 萬美元，比兩個月前暴增為兩倍以上。一般交易員都認為，1,000 萬美元債權保費超過 100 萬美元，代表負債企業可能無法償還債務。

(一)屋漏偏逢連夜雨

　　雪上加霜的是，2002 年 1 月 21 日穆迪公司把凱瑪的長期信評降至 Caa3，並列入進一步降等的名單。穆迪發表聲明指出，儘管凱瑪宣稱正跟債權人商議展延融資，凱瑪 2002 年的資金狀況和經營計畫仍不明朗。

(二)股市失敗

　　2001 年 8 月，伍德已把凱瑪股票的投資評等，從「買進」調降為「持有」(hold)。

●充電小站●

信用違約交換市場 (credit-default swaps market) 基本上是放款銀行、債券持有大戶為防止債券發行公司違約所買的保險。最近一些跡象證明此市場是企業財務失靈和股市重挫的先期指標。一家公司經營失敗的前幾個月，這種保險的價格經常急遽走高，安隆和世界通訊就是最顯著的例子。(經濟日報，2002 年 7 月 18 日，第 13 版，林聰毅)

2002 年 1 月 3 日，保德信證券公司 (Prudential Securities) 分析師伍德 (Wayne Wood) 說：「對凱瑪而言，未來六個月是關鍵時期，如果該公司營運未獲改善，聲請破產保護也不足為奇。」

伍德把凱瑪 2001 年第四季獲利預測值，從每股 43 美分調降為 20 美分，並預測該公司 2002 年每股虧損 12 美分。但凱瑪出面澄清破產謠傳，表示仍擁有充裕的資金和信用貸款額度，可以持續貫徹該公司的營運策略。

保德信證券公司說，如果凱瑪 2002 年上半年獲利沒有好轉，可能聲請破產保護。因此把凱瑪百貨的投資評等降為「賣出」，消息傳出，凱瑪百貨股價 2 日大跌 13%，以 4.74 美元作收，創下十多年來新低。(經濟日報，2002 年 1 月 4 日，第 9 版，黃哲寬)

1 月 15 日，標準普爾公司把凱瑪從標準普爾 500 種股價指數除名，並再度調降該公司信評，穆迪投資服務、惠譽也跟進。

三家評等公司把凱瑪信評降到低於垃圾級的難堪水準，並表示視凱瑪後續動作，還有調降的可能。凱瑪所有到期日的債券 16 日維持同一價位水準，分析師表示，這種情形代表凱瑪即將破產。凱瑪 2006 年到期、利率 9.375% 的債券和 2008 年到期、利率 9.875% 的債券 16 日每 1 美元面值跌 8～10 美分，成為 48 美分。(經濟日報，2002 年 1 月 18 日，第 12 版，官如玉)

三、申請破產保護

2002 年 1 月 22 日，在現金周轉出現問題，主要供應商停止出貨的情況下，凱瑪向法院聲請破產保護，此案是美國史上最大一宗零售業破產案。聲明指出，該公司已經獲得銀行 20 億美元的債務人持有資產融資 (DIP)，在公司重整期間，旗下連鎖商店仍然將持續營業。

自從公佈 2001 年年終假期銷售成績不如預期，凱瑪財務出現危機的消息一直甚囂塵上。但 1 月初該公司主管跟債權人展開密集談判時，仍然不放棄尋求破產保護以外的解決方式。

然而，由於凱瑪未能按時支付主要供應富商富萊明 (Fleming) 上週 7,800 萬美元的貸款，食品雜貨供應商富萊明 21 日決定停止對凱瑪供貨。長期密切合作關係的供應商一抽手，其他供應商也醞釀停止供貨，凱瑪因此被迫於 22 日提出破產保護申請。(工商時報，2002 年 1 月 23 日，第 6 版，林秀津)

富萊明切斷貨源，對虧損累累的凱瑪而言，不啻是致命的最後一擊。最近，其他供應商已

延後或停止對凱瑪供貨，但富萊明的跟進對凱瑪造成最大危機，因為食品雜貨通常佔貨物進出流量最大宗。巴納德零售趨勢報導總裁巴納德 (Kurt Barnard) 說：「沒有 T 恤或修剪草坪的用具是一回事，一周不補貨都還無所謂，但昨天進的萵苣已枯萎，怎麼賣得出去。」(經濟日報，2002年1月23日，第5版，湯淑君)

約三分之一凱瑪供應商已停止供貨，其他三分之一廠商則把貨品放置在貨棧，視後續發展決定出貨與否，只有三分之一照常出貨。

(一)破產法也只能護一時

美國破產法第八章規定，在法院審理期間，凱瑪將可暫時擺脫還債壓力，專心研擬一套公司重整計畫。凱瑪已經和債權銀行達成 20 億美元的融資。這筆融資將作為凱瑪宣布破產後繼續營運、公司重整的資金。此外凱瑪也打算透過破產保護，結束營運不佳店面的租賃契約。

(二)臺灣企業只被小風小雨掃到

年興表示，2001 年初，由於受到美國客戶 Bugle Boy 財務重整事件影響，應收帳款 4.22 億元全數認列呆帳損失準備。當時年興即檢討公司的信用政策，並對全公司的應收帳款投保，以確保權益。

年興指出，截至 21 日為止，年興集團對凱瑪的應收帳款共計有 260 萬美元，凱瑪聲請破產保護，在投保範圍內，年興集團自負額僅一成，即 26 萬美元。

從 1 月 14 日起，保險公司已終止凱瑪的保險額度，在保險範圍之內，年興對凱瑪出貨至 1 月 18 日，距離下一個出貨日 1 月 28 日，仍有數天時間。年興表示，即使繼續對凱瑪出貨，年興將回復至傳統的 LC（信用狀）交易方式，提單仍握在年興手上，權益不受影響。(經濟日報，2002 年 1 月 23 日，第 5 版，劉芳妙)

凱瑪佔年興營收比重 13.5%，為求後續接單和出貨更穩健，年興近期也已積極尋求轉單，以及開發新客戶。由於產品訴求對象主要仍是美國市場，因此，新客戶仍鎖定美國百貨商、貿易商，希望能藉由增加其他客戶出貨量，降低跟凱瑪之間貿易風險。

(工商時報，2002 年 1 月 8 日，第 23 版，許曉嘉)

四、能起死回升嗎？

申請破產的另一個好處是凱瑪可以因此擺脫業績不佳營業據點的租約。凱瑪承認，旗下 2,100 個連鎖店中，有大約 250 家經營不善，分析師認為未來關店的數目可能高於此數。

新任董事長亞當森

事在人為，16 日，董事會第一個重大決策是：營運長許華慈已經離職，決定禮聘公司董事亞當森 (James Adamson) 擔任董事長，希望借重這位危機處理專家，使凱瑪起死回生，免於走上破產之途；

原董事長兼執行長康納威仍繼續擔任執行長。

　　人力仲介業者普遍給予亞當森極高的評價，因為他曾經在丹尼飯店 (Denny's) 最艱困的時刻接下整頓任務，還擺平多起官司，協助飯店度過難關。他從 1996 年起就是凱瑪董事會的成員。

　　丹尼飯店是中價位的連鎖店，最出名的產品就是大滿貫早餐，這套物超所值的餐點內容包括兩片鬆餅、兩顆蛋、兩片火腿和兩條香腸。1995 年丹尼飯店面臨兩起與種族歧視有關的集體訴訟，最後花 5,400 萬美元才擺平，但公司也差點破產，此時亞當森加入丹尼飯店，出任董事長。

　　亞當森入主丹尼飯店後，銳意改革，用人唯才，尤其注意種族和性別歧視的問題，終於使公司轉虧為盈，亞當森一直到 2001 年 12 月才退休。（經濟日報，2002 年 1 月 23 日，第 13 版，郭瑋瑋）

㈠主力品牌打死不退、力挺到底

　　凱瑪的主力品牌聲言，將繼續支持凱瑪。

　　瑪莎史都華 (Martha Stewart)、芝麻街和傑克林史密斯 (Jaclyn Smith) 都是凱瑪專賣的品牌和設計，迪士尼的產品 2002 年 2 月將在凱瑪販售；此外，Joe Boxer 成衣將從學校開學季起進駐凱瑪。

　　迪士尼打算在凱瑪推出一系列兒童服飾，包括背包、皮包和帽子等產品。迪士尼發言人海莉說，這項為期「多年」的交易絲毫未受影響。專家說，授權合約通常有解約條款，適用於破產等重大利空事件時。不過這些廠商說，支持凱瑪符合他們的利益，即使凱瑪申請破產也是如此。（經濟日報，2002 年 1 月 23 日，第 5 版，吳國卿）

㈡戰術作為，於事無補

　　2 月 24 日，推出由大導演史派克‧李 (Spike Lee) 執導的新電視廣告，訴求的標語是：「凱瑪，生活的要素。」期待能重振已奄奄一息的企業形象。

　　凱瑪的福林表示，新廣告計畫進行的一系列消費者調查發現，過去凱瑪夾在沃爾瑪和目標公司等競爭者間，缺乏明確的顧客定位。

　　芝加哥福康貝公司 (Foote, Cone & Belding) 分析師說：「除非營運的方向正確，否則任何行銷活動都無濟於事，凱瑪的策略必須給顧客一個光顧凱瑪的好理由。」

　　部分債權銀行則相信，凱瑪只有藉徹底更換經營階層的企業出售才能重獲生機。（經濟日報，2002 年 2 月 25 日，第 5 版，吳國卿）

推荐閱讀：

1.「K-Mart 重建三關鍵」，經濟日報，2002 年 6 月 16 日，第 19 版。

2. 譚商，「K-Mart 零售帝國崩落」，經濟日報，2002 年 7 月 19 日，第 44 版。

◆ 本章習題 ◆

1. 以表 15–2 為基礎，把台積電公司最近一季財報資料套入，進行分析。

2. 同第 1 題，換成一家出現財務危機的上市公司。

3. 同第 1 題，套入圖 15–2。

4. 同第 1 題，套入表 15–3。

5. 同第 1 題，套入表 15–5。

6. 同第 1 題，套入圖 15–3。

7. 把三家信評公司的信評等級作表整理，或是把 S&P 跟中華信評公司信評比較。

8. 打開《貨幣觀測與信用評等》雙月刊，分析 TCRI 等級的有效性。

9. 以一家財務危機公司為例（像本章個案），撰寫由盛轉衰的個案。

10. 以一家公司為例，說明其如何美化財報。

第十六章

公司重建

不管景氣怎樣，只要你的產品比別人好，你就有競爭力。

——林百里　廣達電腦公司董事長

經濟日報，2002 年 1 月 11 日，第 3 版

學習目標：

如何拯救財務危機公司，在 1998 年 10 月本土型金融風暴發生以來，已成為普遍性的常態議題，本書與時俱進，讓你成為公司「急診室」主任。不僅站在公司立場，也兼顧債權人（例如銀行等）的立場。

直接效益：

企業重建 (corporate restructuring) 不僅是跟併購合為策略財務 (strategic finance) 的二大成分，可惜屬於中等財務管理範疇，一般人無緣得見。我在 1996 年 8 月接任一家累積虧損 2.6 億元食品公司總經理，第三個月讓它損益兩平、第四個月賺 1,000 萬元，其間必須跟債權銀行、租賃公司、食材供應商談判償債，本章可說是我每天工作 13 小時的實戰經驗。

本章重點：

- 中小企業倒閉原因。§16.1 一
- 財務危機公司的經營決策流程。圖 16–1
- 公司重整。§16.1 五㈣
- 票信制度。表 16–1
- 企業重建的方式。表 16–3
- 技術性跳票逼銀行就範。§16.3 四㈢
- 償債計畫書。§16.3 六
- 投資虧損公司的決策思考流程。圖 16–2
- 公司出售方式的決策流程。圖 16–3
- 以債換股的優、缺點比較。表 16–4
- 以債換股的相關法源。表 16–5
- 二種公司出售方式的適用時機。表 16–6
- 怎樣把公司賣個好價錢。表 16–7

前言：財務困難不來自財務問題

財務困難的公司如何找人投資？又怎樣度過財務危機？

這是 1990 ～ 1996、2000 ～ 2002 年不景氣時，最熱門的話題之一。要是沒有外來資金、債權人又不放手，那麼最後一招——該如何「少輸就是贏」的把你的事業賣個好價錢，最好還債後還能剩下一點錢，以免生活沒有著落，運氣好的還能東山再起。這些相關的問題本章一併說明。

第一節　預防重於治療

當事業經營到跳票，甚至拒絕往來，如果事先有財務預警制度，很可能可以避免淪落到這地步。但有時，仍然是不可避免的，難免會碰到這一天，有如被醫生宣布患了癌症一樣，如何讓自己不方寸大亂，以制定出及時的財務危機解決方案，便是本節的重點。

一、公司為什麼經營到掛掉？

財政部所屬的中小企業信保基金，分析對 1995 年至 2000 年 8 月上百件倒閉個案，發現經營失敗原因，下列四項便佔中小企業關門大吉原因的九成。

1.受客戶拖累佔 28.71%：客戶應收帳款、票據，無法收回以致現金短絀。

2.債息過重佔 26.69%：向銀行或他人借款過多，卻因經濟不景氣而缺乏現金還本付息。

3.擴充過速佔 17.8%：擴張過速投資錯誤，多為借款購置廠房或機器設備擴充，卻缺乏現金還本付息。

4.行業不景氣佔 14.77%：以致營收減少，加上生產管理不當，原料、在製品、製成品的生產管理不當，導致現金積壓在存貨上而周轉不靈。（工商時報，2001 年 6 月 19 日，第 9 版，陳駿逸）

二、公司跳票是銀行的錯？

美國有些財務方面的學術論文，拿上市公司年報中的董事長致股東書為研究素

材，以虧損公司作為研究對象，結果發現：把虧損原因推給外面（例如經濟不景氣、競爭太激烈、利率太高），以後年再虧損的機會很大。相反地，把賠錢的原因自己扛──例如經營不善（未多角化、策略定位錯誤）、管理不良（例如管銷費用太高、毛益率太低），這種勇於認錯，必定會勤於改錯，所謂知恥近乎勇，下一年再賠錢的機率就很低。

把這個道理延伸到財務困難的公司，以 1995 年 11 月發生跳票的臺灣電熱公司（簡稱臺熱）為例，臺熱以生產「萬里晴」乾衣機著稱，跳票時負債 19 億元，資產市值 24 億元，負債比率高達 80%。臺熱認為跳票主因在於 1994 年 3 月臺熱向彰化銀行南港分行進行票據融資作業錯誤，導致出現退票紀錄後，隨即發生一連串的後遺症，往來銀行收縮銀根，遂在景氣欠佳情況下，導致債務如滾雪球般擴大。

但站在銀行角度來看，認為原因在於臺熱產銷冷氣機這個不拿手的產品，以致積壓存貨，再加上其他因素，以致負債比率水漲船高，又被債息壓垮。跳票、銀行收傘是結果，不是原因。

許多財務困難公司都把罪魁禍首推給銀行，除了最熟悉的「銀行太現實，雨中收傘」外，還包括「銀行作業延誤，未按時撥款」，這理由是不成立的。銀行逾時不撥款，表示總行縱使審核過關，但在撥款前可能發現借款公司苗頭不對，照樣會停止撥款。站在借款公司的角度，當然是銀行撥款延誤造成它跳票。

精明的債權人也不會相信財務困難公司的說詞，一個年營業額 2 億元、資本額 6,000 萬元的公司，怎麼可能會因為銀行遲撥 1,000 萬元貸款，以致周轉不靈而跳票呢？縱使銀行作業有疏失，但是一家過去五年帳上皆作賺的公司，怎麼可能會因為區區 1,000 萬元的貸款沒準時下來而跳票呢？那麼公司賺的錢跑哪裡去了？董事長、大股東們連 1,000 萬元也拿不出來嗎？問題的解答可能是公司實際上已賠了一屁股債，董事們已山窮水盡，而這些只從一個簡單的數字便可看得出來，那就是公司信用貸款、租賃金額相當高，負債增加的金額遠大於營收成長的金額，這種公司「外帳好看，內帳卻羞於見人。」

財務困難公司唯有先診斷出虧損的原因，才能治本；否則怨天尤人，光作一些「頭痛醫頭，腳痛醫腳」的「症狀治療」，錢愈借愈多，直到有一天會被債息壓垮。一旦跳票，這已不是財務問題，而是經營管理問題，不用急著聘「找錢高手」來當

總經理，而應該找「管理高手」來整頓。

三、公司虧損的原因解決了嗎？（先止漏，錢才會進來）

許多財務困難公司老闆整天找錢，好像只要有錢，什麼事就都解決了似的。殊不知，貧血只是症狀，但什麼原因造成貧血呢？同樣地，把缺周轉金比喻成貧血，又為什麼會缺錢呢？許多公司一直在虧損，令人諷刺地是，甚至連有些公開發行公司，外帳不實、內帳糊塗，以致怎麼賠錢的都不很清楚，只能到了年底才知道全年的財務狀況，因為會計人員並沒有做出月損益表。

要是跟外人講公司缺周轉金，而想跟金融機構借款，甚至找人投資各 500 萬元，光是嘴巴講，是無法說服別人的。假如你說公司純益率 10%，月營業額 200 萬元，年營業額 2,400 萬元，也就是一年最少賺 240 萬元。再加上從現金流量的觀點，還得把應計基礎下的折舊費用加回來，因為那只是帳上的費用，並不是真正支出。像這種的營收情況，要說缺 500 萬元（甚至 1,000 萬元）周轉金，有誰會相信？除非訂單大幅增加，但是訂單也有可能是偽造的，甚至連國際信用狀都有可能是假的。除非你坦然相對，告訴投資人自己公司現況；或是你說增資的目的是為了買機器、設備，否則要人拿錢出來投資，還真不容易呢！

虧損公司缺錢，問題不在錢上，而是經營上的問題，尤其是老闆不稱職，但很少老闆有此智慧，承認這一點。要是你不設法止漏的話，無論能再弄多少錢進來，終歸是「抱薪救火，薪不盡，火不滅。」

四、營業項目不要萎縮

有些人認為財務困難公司現金有限，應該縮小營業，有多少錢做多少事，先做那些比較賺錢的產品、店。我並不同意，只要是有賺的業務都要繼續做下去；因為有二個東西非常重要：

1. 營業額：營業額增加，才會帶來更多周轉金，以超越損益兩平點。

2. 獲利：許多虧損公司可能得賺三年五載才能把漏洞補平，要是被資金卡住，而自我設限放棄一些業務，那無異使補洞的日期往後延。客戶流失了，往往就很難再找回來。財務困難公司不僅不可自廢武功、畫地設限，甚至還應困獸猶鬥，使出

渾身解數去衝業績。只要業績有進步，銀行等債權人才會放心的接受你的償債計畫。

當然，財務困難公司在拓展業務方面比較難；而且你的競爭對手會試盡放謠言、價格競爭（含贈品）等方式，試著一勞永逸地把你幹倒。但是只要不曝光，你的業務人員儘可以跟客戶說：「我公司周轉不靈？這是對手惡意抹黑的伎倆。」客戶大抵會相信的，反正你只要如期交貨、不偷工減料，客戶就不會計較了──不過採購耐久品的客戶還是有可能踟躕不前，因為他們擔心買到維修孤兒的產品。不過，這也是有解，你可以獨資或合資成立一家行銷公司，自己退位只賺生產利潤，讓新公司去服務客戶，讓客戶買了安心。

五、要撐下去還是放棄（財務困難公司的經營決策）

對於出現財務危機的事業，老闆常六神無主，第一個直覺便是「怎麼找錢拯救事業」，就跟快溺斃的人本能的看到稻草也會抓一樣。

其實財務危機就跟發高燒一樣，它只是經營的結果，而不是原因，所以要對症下藥，才能藥到病除；否則光吃退燒藥，燒可能暫時退了，但病沒治好，沒多久又會再發燒。

尤其發生拒絕往來時，對經營者來說，無異是一個歸零的思考機會：

1.產業是否已進入衰退期？是否宜急流勇退，轉戰他處；若不是，再看下個問題。

2.公司是否離規模經濟太遠？如果還不是，再看下一個問題。

3.是否自己能力不足才造成公司長期虧損，進而引發財務危機？如果是的話，能夠找到「艾科卡」來協助你反敗為勝嗎？要是答案是肯定的，那麼還大有可為。

由圖 16-1 可看得出來，要是前述問題都可解決，接著再來從財務觀點來看你該如何下決策。

㈠繼續經營價值遠大於清算價值嗎？

清算價值（尤其是法院拍賣價）常常只是你公司資產現值的 50%，可說是破銅爛鐵的價錢。但如果前述繼續經營的價值還比清算價值低，也就是虧損漏洞愈來愈大，那麼與其「拖得愈久，賠得愈多」，還不如停止損失，自行關廠、歇業，甚至

圖 16-1　財務危機公司的經營決策流程

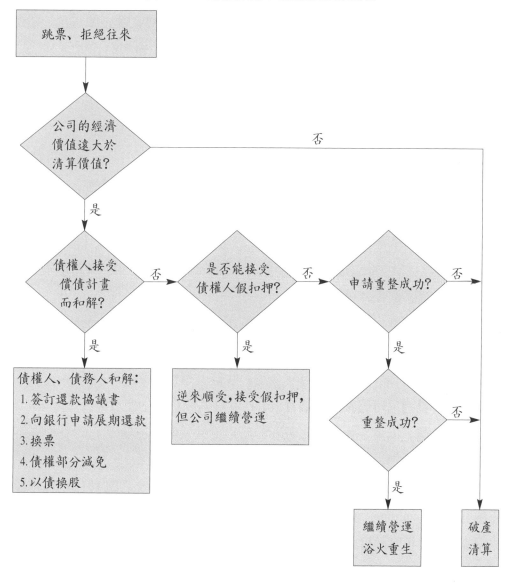

宣布破產。這時少輸就是贏，不要為了面子，輸了裡子（錢）。

另一方面，要是繼續經營價值比清算價值高，這又進入下一個問題。

(二)債權人願意接受你的償債計畫嗎？

擔任臺中精機重整人的花旗銀行企業金融副總裁陳伯鏞指出，一般來說，在企業爆發問題後，銀行大多傾向於趕快進行資產處分，拿回大部分的債權。主因在企業重整的績效大多不佳，對許多銀行來說，企業重整只是拖延時間，沒有太大意義。

由於愈來愈多的企業爆發問題，銀行也必須思考資產再使用的可行性，如果該公司的產業前景不錯、本業體質良好，透過有效的重整，可以讓企業重生，銀行可回收的債權比例也就提高了。（工商時報，2001 年 11 月 2 日，第 9 版，游育蓁）

要是債權人願意接受你的償債計畫——作法詳見第四、五節，那你還有戲唱，雙方在律師的見證或法院公證下，簽訂償債協議書，並進行換票。對拒往公司來說，由於支票已成為廢紙，因此只能用本票或其他公司支票來換回債權人手上的支票，或是進行其他債務重建方案。

要是債權人對你失去信心，尤其公司沒有反虧為盈的良策，債權人可能不會接受你的償債計畫，而會為了確保債權，進而向法院提出對你的資產進行假扣押。

(三)資產被假扣押還能正常營運嗎？

要是資產（尤其是固定資產）被假扣押，但不禁止你再使用，可見債權人只是怕你脫產，他透過假扣押只是為了保本。

但是如果他不准你使用假扣押機器，那便可能逼你接受他的償債方案。要是不用這些機器沒有大礙，那你就讓他假扣押吧！如果有痛有癢，那只好被他牽著鼻子走——極可能是比你的償債計畫每月多還一些錢、還快一點。

對於沒有抵押品可假扣押的債權人，往往會假扣押你的應收票據、貨款，讓你不能動用這筆錢。而現金對你又很重要，所以你又只好向他低頭了。

(四)無法接受假扣押，則申請重整

要是你無法接受債權人的假扣押，也不願簽下城下之盟，那只好走上公堂，申請重整 (reorganization)。法院的判決，主要取決於公司繼續經營價值是否比關閉清算來得高。公司重整的目的，在使瀕臨困境的公司，得免於停業或暫停營業，有重建更生的機會。

公司法第 282 條，公開發行股票或公司債的公司，因財務困難，暫停營業或有停業之虞，「有重建更生的可能者」，得由公司或利害關係人之一，「向法院聲請重整」，這項規定將可避免企業將重整機制跟救濟措施畫上等號。

公司法第 283 條中規定聲請人應提出更完整的書狀資料，以供法院參酌，包括：公司所營事業和業務狀況，以及最近一年的營業報告書、財務報告、盈餘分派或虧損撥補等，如果聲請日期已逾上半年，應另送上半年的資產負債表，以便法院審理

時加速作業流程。

縱使法院核准可進行重整，但是重整人不見得會是你，尤其在你的經營不善造成公司巨額損失、法院、債權人都不希望讓你再把公司整死一次。這種「人為刀俎，我為魚肉」的情況你可以接受嗎？

要是不願任人宰割，那可能只好走上倒閉、清算一途，來個門前清、一勞永逸地擺脫債權人追討的噩夢。這種情況下，由於自己曾經有拒絕往來的紀錄，五年內，要再申請新公司而擔任董事長，法律上是極不可能的事。而且縱使可能，別人對你徵信，發現你的信用有重大瑕疵，不僅可能不再給你授信，而且甚至不跟你有任何商業、財務上往來，以免被你「坑」了。這時新公司只好用人頭或其他人當董事長，自己連董事都不當，做個藏鏡人。

第二節　不要鋌而走險借高利貸

對於身陷財務危機的公司，老闆覺得萬事莫若找錢急，不僅開門七件事就得用錢，而且沒錢就無法買料，沒料就沒有產品可銷售。

有些人在多次碰壁後，心灰意冷之餘，只好鋌而走險，抱著搶短的心理，借一下地下錢莊的高利貸。但結果是常被套牢，主因在於被月息三釐（2%）、年息30%以上的利息壓扁了。真是屋漏偏逢連夜雨，許多企業本來不會死，一旦借了高利貸後，反而雪上加霜，一蹶不振了。

打開工商時報、經濟日報的分類廣告，總有些密密麻麻的民間借款廣告，許多廣告主都是不具名的。廣告詞則極具煽動性，常見的例如：

1. 銀行退休襄理當日放款，急中求低利度難關。

2. 支票借您用。

3. 女人經營——一天20元，俗（臺語，便宜之意），本人票100萬元內免保。

4. 當日放款，1,000萬元以內利息一分八。

這些地下錢莊常以下列型態出現：個人、財務顧問公司、代書事務所、租賃公司。

這些地下錢莊常要求借款者提供抵押品以確保債權，最喜歡的是不動產，其次

是機器設備，第三是品牌、商標。要是小額（100 萬元）的話，則可讓借款人簽本票。

地下錢莊放款常預扣第一個月利息，所以借款利率比他舌燦蓮花所說的月息二分利還高，這情況下，月息已變成 2.041%，單利年息 24.49%，複利的話早超過 30%。

站在財務槓桿的考量，除了股市股王廣明等一、二名超級獲利公司外，絕大部分公司獲利都無法超過民間利率。也就是借高利貸，不僅於事無補，反而加速死亡，成為「負財務槓桿」。

1991 年 9 月，榮安電腦倒閉，公司被地下錢莊接管。以該公司 3 億元負債來說，「民間借貸」才 5,400 萬元，主要抵押品為榮安的加盟店所開列的保證票據，榮安拿來向地下錢莊兌換，同時向其他電腦公司進貨。但是到最後仍不支倒地，公司拱手讓給地下錢莊。

此外，許多資產被拿去當抵押品，這些皆會妨礙新投資人的加入；沒有投資人敢投資於有民間借款的公司，因為那是個黑洞，不知道借款金額多少。

當然，要是連銀行也知道財務危機公司借高利貸，鐵定會立即向法院申請扣押，並進行拍賣，以確保債權。

可能你會問，也許短期借個高利貸，度過難關立刻還，否則難道要放手讓公司倒？或許放手給它倒閉，門前清，換個名義再重新出發，會來得輕鬆些。以公司組織來說，你已註定不能當董事長，但至少可當總經理。要是原公司商標沒有債權人要，那還可以盤接過來，客戶也是如此。

考慮事情不要太直線（俗稱垂直思考），而宜水平式的多考慮其他可行方案；否則整天想著找錢，無暇對內降低成本、對外開拓業務，以為有錢一切問題都解決了；但病因不除，只是採取「症狀治療」，症狀照樣會復發。

所以，在任何情況下，無論你的事業是什麼商業組織，都不要借高利貸，縱使他是你的親朋，這時他（或她）可能變成披著羊皮的狼，那豈不是引狼入室？

第三節 如何減輕債務壓力

財務困難公司必須進行負債重建，以減輕債務負擔，這又可分為二種情況：

1.跳票前

在跳票前一、二個月，便可以跟銀行以外的債權人事先溝通，把負債轉成「轉換公司債」，或是進行「條狀融資」，也就是把一半負債轉成股票，如此兼具債權人、投資人身分；對你來說，可減輕一半債務負擔。

2.跳票後

跳票後，要是無法補，只好進行下列負債重建的程序。

一、跳票後被銀行拒絕往來──兼論票信管理制度

2001 年 7 月 1 日，中央銀行對票信管理制度有新規定，詳見表 16-1，原表為舊制、新制比較，但對初學者實沒有必要「溫故」以知新。

1.約 定

新制拒絕往來規範採公權力退出，改由銀行跟客戶自行訂定往來契約規範，不具法律強制性，使市場機能得以充分發揮。420 萬支票存款戶跟金融機構「往來約定書」，必須全面重簽同意書或換約。

2.退 票

退票發生後，立即列入退票記錄。

3.申請清償註記

指支票存款戶如有退票紀錄、清償贖回或其他涉及票據信用的事實時，由票據交換所予以註明，備供查詢。

發票人得檢具清償贖回之原退票據及退票理由單或相關單據，向辦理退票的金融業者申請核轉票據交換所，並依「支票存款戶票信狀況註記須知」辦理清償註記。

跳票後三年內均可清償贖回、提存備付或重提付訖，並由票據交換所「註記」其上述動作的日期，但不註銷其先前退票的記錄，至於「註記」資料，可提供查詢。如此一來，支存戶退票、補款的動作一清二楚，有助持票人瞭解發票人的財務情況。

表 16-1　票信制度

規定或約定	新制（2001.7.1 實施）
1.依　　據	約定（存戶跟銀行間）
2.退票理由	1.存款不足 2.支票簽章不符 3.擅自指定銀行擔當付款 4.期前撤銷付款委託
3.退票後改善票信方法	1.清償贖回 2.提存備付（三年） 3.重提付訖
4.退票記錄註記辦理期限如何？	1.三年內註記清償贖回、提存備付、重提付訖等事實 2.經註記的退票仍提供查詢
5.有關拒絕往來之規定：一年內存款不足等理由退票張數及拒往期限等	三張（含）以上三年
6.拒絕往來戶的通知	媒體通報
7.恢復跟銀行往來	1.期滿解除 2.退票經全部撤銷
8.票信查詢方式和內容	1.最近三年票信資料（含退補、退票、拒往、禁止、開戶戶數、票信不佳關係戶） 2.退票明細 3.增加網際網路、電話查詢
9.申請註記銀行核轉期限	二營業日

資料來源：中央銀行。

4.拒絕往來

　　跳票後即視為退票，票信管理制度將採「三三三方案」，也就是：一年內退票未補達三張者列為拒往三年，退票註記期限三年，票交所提供被查詢者三年內全部列管的退票註記相關資料。

5.拒往通報

藉由票交所跟各金融機構媒介連線系統通報。

6.恢復跟銀行往來

拒絕往來期間屆滿，或於屆滿前對於構成拒絕往來和其後發生的全部退票，已辦妥清償贖回、提存備付或重提付訖的註記者，均得申請恢復往來。

32 萬拒絕往來戶，獲得提前解除拒往身分的管道，其中 3.23 萬戶永久拒往戶，更可陸續獲得「特赦」，不必一輩子背負永久拒往戶身分，遭金融機構拒於門外。

7.票信查詢

執票人或即將收受票據之人查詢發票人的票信資料，以保權益。臺灣票據交換所（91 年底之前原名為臺北市票券交換所）和聯合徵信中心提供查詢資料，統一為三年以內。

票信查詢內容和收費標準分為三類，其中第一類和第二類查詢可書面或網際網路方式辦理，第三類查詢僅能以電話語音方式辦理。

每筆查詢收費依查覆內容多寡分為三個等級，查詢內容包括最近三年內退票和註記明細資訊、經通報終止為其本票擔當付款人資訊、偽報票據遺失資訊、關係戶資訊等。

二、拒絕往來的後遺症

有六十餘種法規跟拒絕往來定義有關，詳見表 16-2。影響層面較大者，包括證交所營業細則中，規定有拒絕往來或存款不足的金融機構退票記錄者，應「終止上市」。

表 16-2　退票和拒絕往來有關的重要法規

法律命令名稱	條　文	主要內容
證券交易法	第 55 條之 3	最近三年在金融機構有拒絕往來或喪失債信的記錄不得擔任證券商的董、監事和經理人
期貨交易法	第 28 條之 3	（董、監事和經理人資格同上）
國外期貨交易法	第 11 條之 3	（董、監事和經理人資格同上）
證交所營業細則	第 50 條之 1	有拒絕往來或存款不足等金融機構退票記錄者，應終止其上市
商業銀行設立標準	第 4 條之 9	使用票據經拒絕往來尚未期滿，或期滿後五年仍有存款不足退票記錄，不得充任發起人、董、監事和經理人
保險公司設立標準	第 4 條之 9	（發起人、董、監事和經理人資格同上）
票券商管理辦法	第 11 條之 8	使用票據經拒絕往來尚未期滿，或期滿後五年仍有存款不足退票記錄，不得擔任發起人
信用合作社社員代表理監事和經理人應具備資格條件及選聘辦法	第 4 條之 5	使用票據曾經拒絕往來尚未期滿，或期滿後五年仍有存款不足退票記錄，不得擔任理、監事候選人
銀行負責人應具備資格條件準則	第 3 條之 9	（負責人資格同上）
票券公司負責人應具備資格條件準則	第 3 條之 8	（負責人資格同上）

資料來源：劉佩修，「票信管理新制」，工商時報，2000 年 9 月 18 日，第 8 版。

三、企業重建方式

　　用資產負債表當基礎，可以把企業重建分為負債、權益和資產重建三大類，可再細分為 14 中類。

表 16-3　企業重建的方式

資產重建 (asset restructuring)	負債重建 (debt restructuring)
1.處置閒置資金 　(1)併　購 　(2)發股利 　(3)買回股票	1.發行新債（例如轉換公司債），以降低負債比率 2.舉債以買回股票，又稱舉債的再資本化 (debt-financed recapitalization)
2.收　購 　(1)舉債買下 (LBO) 　(2)非舉債買下 3.房地產管理 4.資產出售 (sell-off) 　(1)整批出售 　(2)分批賣：資產清算 (liquidation)	**權益重建 (equity restructuring)** 1.買回股票 2.雙級再資本化 3.舉債員工入股 (leveraged ESOPS) 4.公司分割 (spin-off) 5.權益割讓 (equity carve-out) 6.分離 (split-off) 7.分裂 (spilt-up) 8.改股份制為有限合夥制，以節稅，較適用於不動產開發

資料來源：伍忠賢，「企業突破——集團財務管理」，中華徵信所，1994 年 7 月，第 216 頁。

四、負債重建的目的

　　財務危機公司想要繼續經營下去，需要進行負債重建 (debt resturcturing)，這可分為下列二種目的。

㈠消極目的

　　最主要是把攤還本息的期間拉長。

　1.還本展期

　　這又可分為已到期、未到期貸款二部分。已到期貸款，分十年償還；但銀行會希望你跳票後半年內需還一期利息（甚至本金），以免此筆貸款被列入催收款，報到總行，那麼就超過分行經理的授權範圍。一旦報到總行，中小企業債務人談判的能力就相對矮一截了。此外縱使半年只還一個月利息,其他五個月利息將滾入本金，將造成複利現象，對債務人相當不利。未到期貸款展期，最多可以再延五年。

(1)票券業給發行人的緩衝期

授信戶貸款時間較長，只要銀行願意，便可以在原擔保品的條件下進行展延。票券業對企業紓困，則需採取「到期續發」的方式，但新發行票券必須有新的擔保品，如果授信戶提不出新的擔保品，便很難符合紓困條件。

此外，銀行業逾期放款定義有一項是本金逾期三個月未繳，但票券業並無沒有繳息緩衝期限的統一規範，因此當本票到期、企業無法還款的情況下，票券業往往需提示本票以保障債權，以致造成企業退票。

為避免授信戶在保證發票期間，因故被第三者聲請法院查封不動產擔保品，而無法在原條件下繼續辦理保證發票，導致退票頻傳。票券公會理監事會決議，建議各會員比照銀行逾期放款三個月為限，提供三個月緩衝期給授信戶辦理「撤封」事宜，在此期間，到期的商業本票暫不予以提示，以免企業退票產生連鎖效應。

票券業者表示，此決議有助於票券公司採取一致性作法對企業紓困，防止同業作法不一，導致互相猜忌、競抽銀根。不過，為兼顧協助企業和自身債權保障，此措施僅針對可正常繳息的授信戶，且緩衝期間不超過三個月，逾三個月尚未辦理撤封，即以逾期授信處理，已符合金融業對逾期授信認定標準。（工商時報，2001 年 1 月 12 日，第 9 版，劉佩修）

(2)小心逾放由六個月減為三個月

財政部為了跟國際接軌，擬修改銀行逾期放款列報辦法，把原本本金三個月、利息六個月未還的逾放標準，改為本金和利息三個月未繳者就要列報逾放。（經濟日報，2002 年 1 月 30 日，第 7 版，應翠梅）

票券公司逾期授信也擬一併同樣處理。（經濟日報，2002 年 1 月 30 日，第 7 版，邱金蘭）

2.還本延期

對於一般債權人可以談判一年後分十二期攤還，開十二張本票給債權人。

(二)積極目的

如果能把負債總額減輕，會使你如釋重負，這又可分為下列二種作法：

1.債權減少

要讓銀行把你的欠債金額打折，這可不容易。但是要叫一般債權人（尤其是供

貨廠商）把債額打折，這比較有可能。

　　2.貸款利率減低

　　這倒是有可能的，銀行可能會減個一碼（0.25 個百分點），租賃公司可能會把利率減到 10%。

　　2001 年 6 月 7 日，康和建設召開債權銀行會議，債權銀行同意對 6 月底到期貸款本金展延一年，貸款利率降到 6.5%，其中 3% 付現、3.5% 掛帳。這是銀行公會提出自律性債權債務協商機制以來，通過的首宗企業紓困案件。（經濟日報，2001 年 6 月 8 日，第 5 版，謝偉姝）

㈢技術性跳票逼銀行就範

　　負債 200 億元以上的鴻禧集團，在 2001 年 5 月底、6 月初分傳跳票，總金額逾 700 萬元。不過，據瞭解，此次鴻禧純屬「技術性跳票」，主要是希望獲得中信銀、富邦銀同意，把原 7.5% 利率降至 6%，並以 3% 付息、3% 掛帳計息，但未獲銀行同意。（工商時報，2001 年 6 月 15 日，第 3 版，陳高超）

　　許多企業都採取這樣「玉石俱焚」方式，逼迫銀行就範。後起之秀就有樣學樣，於是每個月都會見到著名企業技術性跳票情況。

五、負債重建的作法

　　要說服債權人接受你提的償債計畫，先決條件是讓他們認為你有誠意、有能力還錢，說服的過程可依債權人的身分分成下列三種。

㈠針對銀行

　　說服銀行團比較有效的作法是「擒賊先擒王」，先找貸款金額最大的銀行，請它接受你的償債計畫。要是它願意接受，再用它的核准同意書去說服貸款金額較小的銀行。

　　銀行要是認為你的償債計畫行不通，可能還有二條路可行：

　　1.增提低押品，例如董事長自己的不動產。

　　2.找外來董事，最好是把董事長換掉，換個債信良好且足夠的董事長來替公司做保，但是這條路也不容易走得通。

　　不過要是仍無法說服主辦銀行，那後果可能就會走上「催收款、假扣押、法院

抵押品拍賣」這條路。其他銀行也會撤守，造成骨牌效應。

㈡針對供貨廠商、下游廠商

針對這二類債權人，你可以聘請律師，舉行債權人會議，一次談妥償債計畫，並簽下還款協議書，免得以後反悔。

在開會之前，你應該先跟固執的債權人先溝通，省得他們不去開會、或是開會時放砲、扯後腿。跟銀行一樣，小金額債權人看大金額債權人都願再給你一次機會，他們比較會從善如流。不過，一定會有一、二十萬元的小額債權人希望你不要採取還本延期方式，他的理由是反正他的金額很小，你還他的錢也不會影響正常營運。

除非固執的債權人採取假扣押程序，否則一般來說，對債權人談負債重建應一視同仁，要是對一、二家債權人放水，難免東窗事發，惹得未沾到好處的債權人聯合對你施壓，到時你連藉口可能都找不到了。

㈢針對其他債權人

尤其是民間負債（主要是親朋借款）只能私底下一個一個談，千萬不能曝光，否則銀行、供貨商得悉你的負債總額，可能認為你重債壓身，永無翻身之日，不接受你的償債計畫。

六、償債計畫書

債權人最關心的是你有沒有能力還款，其次才是怎麼還，否則一本償債計畫寫得洋洋灑灑，要是行不通，哪還用得著談怎麼還款嗎？償債計畫的重點是：

1. 如何開源

但是如果沒有具體結果（例如打入新通路），又變成紙上談兵，能開源早就做了，哪會等到財務困難後再來做，而且會更難做。

2. 怎樣節流

開源比較不容易，但是節流比較容易，因為這是操之在己的。但是節流如果造成營收減少，也是一個問題。

3. 誰來做

一個公司虧損，就跟一個三連敗的球隊，不更換教練的話，可能作法還是一樣。也就是開源節流的措施都是正確的，但是如果沒有新人的話，那新政也不可行。簡

單地說，可能必須換個適任的總經理。

🔹 第四節　怎樣再取得信用、資金

被銀行拒絕往來的公司不能再開支票，如果收入也都以應收帳款為主，一定會出現捉襟見肘的窘狀，怎麼解決這個問題呢？

一、人要衣裝，公司也要包裝（文宣造勢，一分變十分）

屋漏偏逢連夜雨，要是客戶知道廠商財務狀況不良，還會擔心產品、服務偷工減料呢！於是，財務困難公司又雪上加霜，惡性循環下去，不死也半條命。如何打破這惡性循環，方法之一便是靠媒體把公司氣勢打出來；例如公司更換總經理，給公司帶來新氣象，可以穩住不少舊客戶，甚至吸引來一些新客戶。接著，公司業務有起色之後，業務同仁可以用新的大客戶，再去招攬其他更新的大客戶。

業績有成長，原物料供應商便不會再要求你現金購貨，會逐漸讓你月結一個月，甚至月結 45 天……。

單月且持續數月有盈餘，縱使你是拒絕往來戶，也有非往來銀行來向你兜攬生意，例如風險較小的備償信用狀。你可以拿這當押金、投標保證金、履約保證金，於是你便可以從油渣中再榨出油。隨著你財務狀況好轉，逐漸地，銀行們願意再多給你一些。

往往投資銀行業者比非往來銀行早一步登門拜訪。氣能聚財，人本來就喜歡贏球隊伍；透過媒體言之鑿鑿的造勢——經營體質改善（例如實施企業再造）、管理水準提升（例如實施利潤中心）、利基產品推出……。可是，一般財務困難公司往往害羞，擔心家醜全世界都知道了；或是認為搞業務、找錢還來不及，哪有閒工夫陪記者閒聊。

你財務困難或許只有銀行知道，縱使鬧大了，只要採取可以令人心安的上述措施，只要產業前景看好，你的事業還大有可為。

二、從銀行取得資金

拒絕往來的公司仍有可能再取得銀行貸款，前提是要有新的不動產抵押品。但是在拒絕往來撤銷之前，公司是鐵定不能再開支票了。

至於公司收到的畫線客票，如何兌現呢？為了擔心存到任何一家銀行，會被債權銀行向法院申請假扣押，所以只好存進人頭帳戶上，只要填寫委託該人頭帳戶代收你的畫線客票便可。

三、從供應商取得商業信用

拒絕往來後，廠商不敢再收你的芭樂票，可能恢復到「一手交錢、一手交貨」的情況，但這對收入係採月結的公司相當不利——例如包月便當公司、月給的出版公司。講得更具體，拒絕往來的便當公司可能有訂單，但卻沒錢買米買菜，真是名符其實的「巧婦難為無米之炊」。

那麼沒錢也只好能拖則拖，例如「這次進貨的貨款，下次送貨時才付。」至少可多爭取三、五天延遲付款。

不要二個月，供應商看你皆能付款，逐漸會接受你「月結」的建議；再一個月，可能會接受你「月結一個月」，也就是給予二個月的授信額度。再一、二個月，甚至可能接受你「月結二個月」的提議，那就等於授信額度增加為三個月。

至於廠商也有可能要求開票方式以求債權明確，這至少有二種方式：

1. 公司董事長的本票。
2. 公司用他人票，並由公司董事長背書。

四、從客戶取得現金

財務困難公司也得設法從客戶加速套取現金，以早一點弄出現金來周轉——主要是買貨。

1. 月結付現改成旬結付現

要是你的大客戶採月結付現方式，那就不妨給予付現折扣，讓他們由月結改成旬結。

2.先享受改成先付款

月結、旬結都是「先享受，再付款」，對你還是有沉重的現金周轉壓力，要是可能的話，儘量爭取客戶先付現、甚至預付，即「先付款、後享受」。對客戶來說，或許沒有多大差別，但是東拼西湊，對你也不無小補；財務困難公司連10萬、20萬元也算是錢，而這些可能平常都看不在眼裡。

五、從員工取得資金

財務困難公司在薪資減肥上可採取下列作法。

1.裁員：不過這需要一筆龐大資遣費，對財務困難公司是筆天文數字的負擔。

2.減薪：甚至連宏碁這麼大的公司在2001年經濟不景氣時，中高階主管也都減薪10～20%，對員工來說減薪至少比資遣好。

3.付半薪：在資金最缺時，不妨請員工共體時艱，公司在三個月期間內每月只先付半薪，俗稱「延（後發）薪」。剩下少付的半薪一季後再付，公司可以先拿來買貨用。

◆ 第五節　虧損時找人投資的作法

晴天時不覺得雨傘的重要，但是縱使只是毛毛細雨，許多人才會感覺「有雨傘真好」；更不用說傾盆大雨了。同樣地，也適用於開店經營，賺錢時，不捨得讓別人分一杯羹；甚至也沒想到讓別人投資，因為不需要資金。

但是等到店賠錢了，銀行也雨中收傘——例如把你的房貸停了、把你的信用卡註銷了；而此時你的親戚、朋友也心有餘力不足，或是不願再把錢投到無底洞。所以，你只好到處找人來投資；但此時募資成功機率比較低，因為這些人就事論事，沒有人情可言。剩下的問題是如何讓人信服來投資入股？

一、你知道他在想什麼嗎？（瞭解投資人心理）

虧損時找人投資入股，就如同口蹄疫期間賣豬肉一樣，也就是你要證明你賣的豬肉是安全的、有病的豬都銷毀掉了，而且以後會解決口蹄疫的問題。

同樣地，投資人思考是否投資虧損公司的決策流程如圖 16-2 所示。

圖 16-2　投資虧損公司的決策思考流程

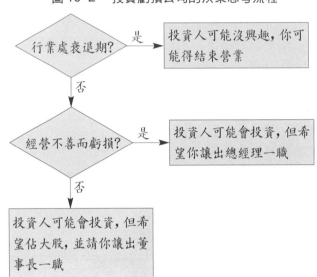

(一)行業處衰退期?

要是公司所屬行業處於衰退期，精明的投資人都知道「不可逆勢而為」，所以有興趣的投資人會很少，或許上中下游的策略投資人還會有些興趣，財務投資人鐵定興趣缺缺，除非他看上的是你的地，而不是公司營運。對於過去虧損而未來又不看好的店，可說是連狗也嫌，更不要說找人投資了。此時，誠如中山大學劉維琪教授所說的，只好把事業賣給別人或者關門了事。1991 年房市大崩盤，建商哀鴻遍野，十年內倒閉的不下 200 家，虧損的建商實在不容易找到有慈悲心腸的投資人。

(二)經營不善而虧損

1.多年虧損

「當乞丐三年，別人當你窮鬼。」對於一家虧損三年以上的公司，要是來自董事長經營能力差，除非新投資人入主後能擔任總經理，而且把董事長跟總經理間的權限劃分清楚。董事會結構中，要是新投資人只佔小股，那他比較會想取得 34% 以上股權，以取得對於公司特別決議有否決權，也就是「敗事有餘」的權利。如果新投資人佔大股，那他會設法讓原董事長持股低於 34%，以免他處處掣肘。要是不幸，以後者來說，董事長仍持有 35% 的股權，那麼新投資人入主後，很多重大措施都

推動不了。這樣的例子，連上市、上櫃公司都有，小公司更不足為奇了。

不少聰明投資人覺得大環境看好，只差把造成虧損的元凶換掉便可，所以會堅持原董事長退位，換由新投資人來幹。真能這樣，連銀行都會對改組過的公司寄予希望。要是原董事長一味坐大，形勢比人強，總有一天會簽下城下之盟，那還算好；有些企業根本沒人願意救，董事長只好悲慘地吹起熄燈號。

2.短期虧損

短期虧損而且資金結構還健全的公司，可能還有人願意投資；但是，要是負債比率高達八成以上，而且，負債結構又不健全，也就是信用貸款、租賃佔總負債一半以上，尤其是租賃比重很大的情況，公司實質上已屬於債權人所有。投資人考量的是：公司要賺幾年，才會顯著改善負債結構、資金結構？

二、裝點門面，引君入甕（銷售部分股票）

其中一種「銷售股票」是空心大老倌的作法，例如聲稱增資用途是為營運周轉。我們已一再強調這個理由只是自曝其短，賺錢的公司怎會需要別人投資來強化周轉金呢？除非賠錢了。當然，隨著營業額快速增加，也有可能需要額外周轉金來買貨等；但是此時你必須把收入、支出的時程說給投資人瞭解，例如買貨必須付現（尤其是向國外進口），甚至付訂金；而收入卻是賒銷──包括寄賣、月結一個月的期票。如此，支出和收入可能會有三個月的時差，所以額外需要有筆周轉金。此時，投資人會調查供應商要求付現是否屬實，以及零售商、客戶月結一個月票是否也是不可改的商場慣例；也就是稽核你是否真的有資金需求，還是「假增資，真騙錢」。

三、實話實說，冀望未來

要是你無法或不願編個謊言，那只好實話實說。但是，必須「過去虧損，未來看好」別人才會理你，老闆這時可以說服別人的是「你無須跟我共苦，但是可以跟我同甘。」、「現在入股正好撿到便宜貨，否則等到店開始賺錢了，價值也就水漲船高，新投資人的入股價格也就跟著高了。」

問題是老闆如何證明「未來看好」呢？一是從收入面，一是從成本面。

1.收入面

老闆可以說過去賠錢是在打知名度、建立口碑,可說是產品的導入期;但是現在已到了成長期,從過去三個月業績大幅成長便可見一斑。至少你得有三個月的起色,別人才會勉強考慮一下;要是有持續個半年、一年的光景那就更好,可見不是短期現象,而可能是長期趨勢,套用股市用語,可說是多頭走勢確定。所以在多年虧損情況下,唯有自助才會有人助;否則縱使你下跪求人投資也不見得有人願意捨命陪君子。

2.成本面

假設虧損的主因來自成本過高,那你必須說明成本可以降低的原因,最好是來自原物料成本的降低,而不是自己減少花天酒地的應酬費。因為別人擔心等到公司又賺錢了,你這個老闆會不會故態復萌,又手無遮攔的到處花錢。

這時你跟投資人談股價,有些老闆還會開價 26、30 元,其實店只是空殼子而已。此時,要是沒有外來資金,搞不好公司就撐不下去,至少離大賺還有一段。同時,心態上可能必須接受折價(例如一股 7、8 元),讓別人覺得撿到便宜貨,以提高別人投資意願。

🔷 第六節　如何把你的公司、資產賣個好價錢

出售部分股票的作法等於是合資,可說是上策,已於第五節中說明。但是如果此計行不通,或是所獲金額太低,那只好看看是否可以把公司一(或多)個事業部分拆開來,獨立成一(或多)個子公司,讓逐臭之夫各取所需。公司出售的整個決策流程請見圖 16–3。

一、上策:以債換股

負債重建中的一種方式便是以債換股,債權人把所持有債權轉成持有債務公司的股權。如此一來,債務減輕了、權益強化了(淨值可能由負轉正),資金結構的改善有助於經營。

以債作股的方式,公司常是先減資再增資,債權轉為增資股。證期會對公開發行公司以債作股的新股,必須等到公司上軌道時才能上市買賣。

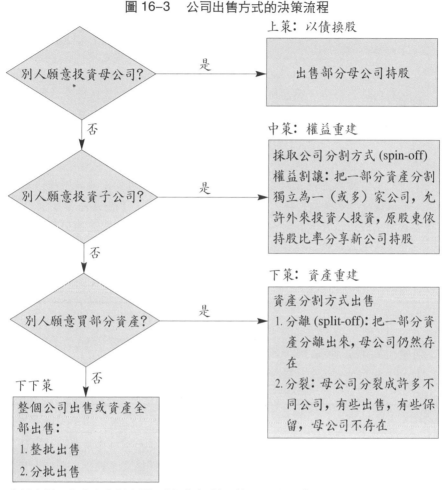

圖 16-3　公司出售方式的決策流程

資料來源：部分取自伍忠賢，《企業突破》，第 217 頁，圖 9-1。

㈠以債換股的優缺點

有利就有弊，以債換股的優點、缺點如表 16-4 所示。(工商時報，2001 年 4 月 9 日，第 5 版，朱珮瑛)

㈡以債換股方式

公司法第 156 條第 5 項：股東出資除現金外，得以對公司所有的「貨幣債權」、公司所需的「技術」或「商譽」抵充。惟抵充的數額需經董事會通過，以避免公司原股東的股權稀釋，影響原股東的權益，進而使公司營運受影響；也就是，三種「非現金股款」，換股作業都須限制在發行新股的一定比例之內，不受公司法第 272 條

表 16-4　以債換股的優、缺點比較

	優　點	缺　點
發行公司	1. 即時減低公司負債和利息支出壓力，短期內提供公司一喘息機會，避免直接進入破產程序 2. 長期上可增加公司營運資金空間，有助於公司恢復營運和獲利能力	1. 在大量債權集中於某一持有人的情況下，公司經營權將受影響 2. 恐怕股本過度膨脹，稀釋公司未來獲利空間
債權人	1. 短期上債權人可避免如果公司進入清算對債權所造成之折損 2. 長期上經由債務減輕，公司經營有機會重新進入正軌，債權人不但有機會收回債權，並可以股東身分分享公司獲利	1. 延遲公司資產清算時機，若公司有脫產情形，則將嚴重影響債權人權益 2. 若公司經由重整後仍無法恢復其經營能力，則債權人之債權仍無法確保 3. 以債換股無法直接檢視問題企業經營團隊之健全性

資料來源：中信證券。

「公司公開發行新股，應以現金為股款」的限制。

表 16-5　以債換股的相關法源

現有法規制度		問題點	建議修法方向
公司法	沒有賦予公司申請以債換股的資格規定		在公司法明定公司以債換股的資格，並依法於發行人募集與發行有價證券處理準則中增列發行辦法
公司法第 140 條	股票之發行價格不得低於票面金額		公司發行現金增資股可低於面額
公司法第 272 條	公司公開發行新股時應以現金為股款，但由原股東認購或由特定人協議認購而不公開發行者，得以公司事業所需	由於跟資本充實原則抵觸，在交割時除現金及公司所需之財產外，不得以代表債權之有價證券代替	在特定情況下排除該限制

	的財產為出資		
公司法第 296 條（重整）	對公司的債權，在重整裁定前成立者，為重整債權，其依法享有優先受償權者，為優先重整債權。其有抵押權、質權或留置權為擔保者，為有擔保重整債權，無此項擔保者，為無擔保重整債權。各該債權，非依重整程序，均不得行使權力	參與以債換股的債權人受償順序已改變	
公司法第 270 條	公司資產不足抵償債務者不得公開發行新股	把限制淨值為負的問題公司辦理現增	在特定情況下排除該限制，或依公司法第 272 條的規範，發行新股由特定人認購且不公開發行
銀行法第 74-1 條	商業銀行投資有價證券應予適當之限制，其投資種類及限額由財政部訂定	如果債權人為銀行，在由債轉為股票時，可能觸及銀行可持有股票上限	在特定情況下排除該限制
其他事業法	其他金融行業皆有其投資比例限制	以債換股可能違反投資比例限制	在特定情況下排除該限制
發行人募集和發行有價證券處理準則	缺乏對以債換股的申請資格、申請程序等相關規範		增訂

資料來源：中信證券。

　　「貨幣債權」是指公司債權人得以債作股，成為公司股東。而「技術抵充」是

指公司股東可依專利法或營業祕密法所稱的「配方」等專有技術和知識，作價為股款。「商譽抵充」是指公司合併時，存續公司和消滅公司換股時，如果未依一比一換股，消滅公司可以商譽作價，使換股依一比一進行，存續公司所受的損失，則可把從消滅公司獲得的無形資產「商譽」，在會計帳中沖銷。

公司如果以債作股，可改善公司財務狀況，降低負債比率；如果以商譽作價，可藉無形資產提高公司營運效能；如果以技術作價，則可提高公司的競爭能力。(經濟日報，2001 年 12 月 7 日，第 18 版，宋宗信)

(三)以債換股的成功案例

以債換股的方式適用於公司仍有經營前景，而且主要債權人最好不是銀行。

以發生財務危機的全額交割股合發興業公司來說，1994 年 6 月向證期會申請以債作股轉增資 6 億元，原資本額只有 1 億元。

其 1993 年營收雖只有 2.28 億元，但稅前盈餘 1.1 億元，增資後每股稅前盈餘有 1.68 元，債權人有興趣把債權轉成股票，否則硬要堅持合發公司破產清算，往往拿的更少。此外，有不少債權人打的如意算盤是，只要合發公司重整成功，股票由全額交割股升格為當時的第二類股，那時無異鹹魚翻生，股價翻升，這也是願意以債換股的另一強烈誘因。

(四)胎死腹中的案例

但另外一家公司就沒這麼幸運，1994 年 11 月中部的巨蛋超商跳票，負債 3 億元，債權人包括銀行、商品供應商、加盟店、私人借貸者，共約 800 人。當時總經理陳東興希望透過多次債權人協調會，能夠成立新公司來共同經營。

後來沒談攏，原因應該是債權人不看好前景。於是陳東興在 1995 年把連鎖店以 1.2 億元出售給食品上市公司中日，改名為中日超商；這是一次沒談成功的以債換股的案子。

二、中策：採取公司分割方式

公司分割方式適用於下列情況：投資人只對公司其中一個事業部有興趣，財務困難公司想找人投資，常是買方市場——有錢的是大爺！

如此只好把一個事業部獨立成子公司，讓新投資人進來。以 1995 年 10 月跳票

的臺熱公司來說，1996 年港商善美集團投資持股 65%、臺熱持股 35%，共同成立「優悅股份有限公司」，專門銷售臺熱的招牌產品——萬里晴乾衣機；至於工業電器部則仍由臺熱公司負責。

把家電部這個「皇冠上的珠寶」事業部一次賣掉，以致無法再享受其以後的收益，這種至少還擁有部分股權的公司分割方式，算是「中策」。

三、下策：採取資產分割方式

要是中策也行不得，那只好採取下策，也就是採取資產分割方式出售，可分為下列二種方式：

1. 分離。
2. 分裂，此情況下，母公司不存在，但有些資產保留，沒有出售。

對公司來說，此方式公司仍保有部分資產或是碩果僅存的母公司，以圖「留得青山在，不怕沒柴燒」，作為東山再起的本錢。

＊分離的例子（黑又紅百貨精品批發連鎖）

地區型精品批發連鎖店「黑又紅」，在臺中市有 16 家店，1995 年 7 月發生財務危機，跳票 1.6 億元。跟債權人協商後，供應商成立愛佛特公司，而「黑又紅」讓出 12 家店給愛佛特公司以抵消債務，這 12 家店改名為「伊瑪特」繼續經營。

報紙說此方式是「以債換股」，但其實是標準的「分離」方式。

四、下下策：公司出售或資產全部出售（如何把你的公司賣個好價錢？）

要是連下策也行不得，最後還可以試試看把整個公司、資產全部賣掉，至於究竟採取何種方式，那可由不得你，大都由買方決定，詳見表 16–6。

就跟賣中古屋、二手車一樣，稍微整理一下，往往會有煥然一新的效果，售價也會比較高一些。

一般來說，一次賣出的售價可能會比分批出售（零賣）的總額來得高。這就跟賣草莓一樣，你可以把爛草莓藏在底層，矇混過關；或是搭售方式，強迫對方一定

表 16-6　二種公司出售方式的適用時機

公司出售	資產出售（零售）
1.公司價值主要在商譽，例如小美冰淇淋、福樂乳品	1.但買方擔心概括承受賣方公司負債時——包括員工，臺機公司只好分廠出售
2.右方第 1 項，買方疑慮可透過損害賠償條款予以規避	2.買方只對賣方某（些）資產或事業部有興趣

要買這虧損的事業部：「要買就全部買，否則就拉倒。」當然，這是你的如意算盤，就算再嫁也得拖個油瓶，但買方是否願意接受，這就取決於你對他是否有致命的吸引力了！

＊以公司為出售標的

　　要是你出售的標的物是公司，那麼未來獲利機會的現值往往奠基於過去的賺錢能力。

　　除非你的公司有很好的不動產，否則公司主要的價值在於它賺錢，然而如何讓買方知道你真是棵搖錢樹呢？或許你的財務報表看起來像灰姑娘，但如何變成舞會中的美女呢？這可以從下列二個角度切入，詳見表 16-7。

表 16-7　怎樣把公司賣個好價錢

損益表角度	資產負債表角度
1.剔除經營者炫耀性支出（或稱在職消費） 2.扣除非例行性支出：如火災造成重新裝潢費用 3.認列累積訂單 (backlog) 的未實現利益	1.資本性支出的調整 2.人力資源價值的表達 3.代理（或加盟）契約的獲利的表達 4.固定資產重估增值

(一)損益表角度

　　損益表自己不會說話，要有人自圓其說，才知道公司其實賺更多。例如：

　　1.剔除董事長的炫耀性支出，例如賓士轎車、高額應酬費、董事長豪宅的租金等等，要是把這些不必要支出加回來，那麼公司將可以賺更多。

　　2.不列入非例行性支出，尤其是偶然的火災所造成的重新裝潢、重購機器的支出，這些可透過保險把損失風險移轉。火災不是常態，所以應該還損益表真面目，

不應該把彗星撞地球的風險考慮進來。

　　3.認列累積訂單的未實現利益，累積訂單雖然沒有生產、交貨，但是這些收益，不會像煮熟的鴨子而飛了。

　　還有許多項目同理可推。

㈡資產負債表角度

　　有許多資產潛在價值不容忽視，否則如同破銅爛鐵一般，賣不到好價錢，吃虧的還是你自己。例如：

　　1.資本支出的調整

　　許多費用科目其實是資產，還貨真價實，例如機器設備的零配件、潤滑油，這些在去年也許以費用科目出帳，但卻未開封、也沒超過使用期限，所以可用重置成本來認定其價值。

　　同樣地，公司自行開發的軟體，主要的支出是薪資費用、電腦折舊和電費等，已於開發當年以費用出帳。但開發的軟體（例如業務、庫存）資訊系統仍可繼續使用五年，宜依重置成本來鑑價。

　　2.人力資源價值的表達

　　許多單獨簽約的運動選手、演藝人員等，皆有其價值，最低的價值便是簽約金，例如美國名籃球選手麥可‧喬登年廣告簽約金是 1 億美元、高爾夫球新秀老虎伍茲於 2000 年的廣告簽約金為每年 2,000 萬美元。人力資源有其市場價值，「人力資產」可比擬成公司的生財器具，在可行範圍內，是可以交易的。

　　3.代理或其他契約剩餘價值的鑑價

　　產品代理契約最好從損益表的角度來評估其價值，不必從資產負債表的角度再重複計算其價值。

　　同樣地，以房屋租約來說，約定每月房租 30 萬元，還剩一年才到期。而房租市價為每月 40 萬元，於是這租約一年便值 120 萬元。

　　4.固定資產重估增值

　　不動產應依市價評估其價值，會比一、二十年未重估增值的原汁雞湯價值暴增數倍。

　　這個道理大部分都清楚，剩下的爭議是「行情」、「市價」在哪裡？如果你「吃

米不知米價」，那還是花錢消災的好，聘請專家（例如投資銀行業者或專長於企業重整的會計師事務所）來操刀。

個案：台鳳的重整

2000 年 4 月 25 日，台鳳公司因集團總裁黃宗宏跳票，加上財政部金檢中興銀行爆發貸款弊案，使得台鳳財務調度發生困難，在 5 月 4 日臨時董事會中決議向法院聲請公司重整。

台鳳營運最大難處在於資金流動性問題，銀行緊縮信用，使台鳳資金調度困難。黃宗宏說，台鳳長期資金運用較緊，短期資金將由業務收入支應。

台鳳集團總裁黃宗宏

一、股市失敗

台鳳有 10 萬名股東，因 1999 年及 2000 年第一季財務報表未公告，台鳳股票 5 月 10 日被證交所處分暫停交易，造成股東持有台鳳股票面對無法交易變現的困境。

據瞭解，台鳳公司進入重整程序，日後一旦法院同意台鳳重整，台鳳仍可以向櫃檯中心提出管理股票申請，使台鳳股票得以在店頭市場交易，股東也有變現機會。櫃檯中心表示，台鳳在重整期間可以提出管理股票申請。

二、保全處分的效力

2000 年 5 月 12 日，臺北地方法院法官陳邦豪裁定，准予台鳳公司因聲請重整而提出的緊急處分案。即日起三個月內，債權銀行不得對台鳳公司行使債權，其他如破產、和解或強制執行程序也一律凍結，台鳳也不得履行債務。

這是台鳳公司聲請重整後，依公司法得附帶提出的保全處分程序，目的是為暫時凍結債權人行使債權，以利法院裁定重整與否前，公司的債權、債務關係不致因債權銀行行使權利而發生重大變化。

依公司法規定，保全處分為期三個月，必要時得延長二次，每次也是以三個月為限。

裁定書指出，5 月 4 日上午，台鳳公司舉行董事會議，認為公司資金調度困難，恐怕有停業之虞，決議依此理由向臺北地方法院聲請重整。

台鳳公司主張資產大於負債，詳見表 16-8。

臺北地院指出，台鳳公司在重整書中陳述，2000 年 5 月 2 日止，台鳳公司已退票待補的金額為 1 億餘元，估計至 2001 年 5 月間，公司的到期應付票據、短期借款、信用狀等，金額高達 79.6 億餘元。

表 16-8　台鳳公司的資產、負債

	1998	1999	2000 年第一季
資　產	291	325	338
負　債	171	234	244
損　益	−25.9	−27.5	0.59

陳邦豪法官指出，台鳳公司是否具有重整價值，法院將向證交所和證期會洽詢意見，目前尚未決定。但是，在重整與否的裁定之前，如果不准其聲請緊急保全處分，任由債權人對台鳳公司行使權利，或任由台鳳公司履行債務，將無法達成重整的目的；為此，法院決依公司法規定，准予台鳳公司緊急處分聲請。(經濟日報，2000 年 5 月 13 日，第 3 版，宋宗信)

三、台鳳公司的配合措施

5 月 12 日傍晚，台鳳緊急召開主管會議，協調各部門配合，等待法院指派檢查人進駐召開關係人會議，擬訂重整計畫書。(經濟日報，2000 年 5 月 13 日，第 3 版，張運祥)

四、債權銀行的態度

台鳳公司的債權銀行反對台鳳公司進行重整，將向法院表達反對立場；多數債權銀行希望監管中興銀行的中央存保公司能召集債權銀行團抵制台鳳聲明重整案。

跟台鳳公司往來的 20 餘家債權銀行，一直打算籌組債權銀行團，但因往來額度較高的銀行，均握有台鳳的土地設定足額抵押，並不擔心債權難以確保的問題，至於信用貸款或股票質借貸款的銀行，則因往來額度較少，都在等往來額度較高的債權銀行動向。

由於台鳳最大債權銀行是中興銀行，中興銀目前由中央存保進駐監管，不少債權銀行都希望由中央存保來籌組債權銀行團，認為存保公司是「名正言順」，對銀行團也具有號召力和公信力。

中興銀則表示，台鳳是否能順利完成重整，要看台鳳是否具有履債誠意及履債能力，倘若債權人認為重整對債權確保不利，且台鳳符合破產要件時，可能採取聲請破產或破產和解來因應，屆時，台鳳重整案將難以進行。

臺銀主管表示，台鳳公司往來銀行多達近 30 家，主要往來債權銀行對台鳳聲請重整案，仍堅持抵制立場，但截至 12 日，並沒有擬妥具體聯合行動。

主要債權銀行主管認為，台鳳公司並沒有跳票，繳息仍屬正常，台鳳公司資產多於負債，應該繼續經營，不適用聲請重整要件，債權銀行不支持台鳳公司重整。(經濟日報，2000 年 5 月 13 日，第 3 版，彭慧蕙、姜維君)

◆ 本章習題 ◆

1. 找出最新的碩士論文，看看中小企業倒閉的原因。

2. 以圖 16-1 為底，找一家集團（例如慶豐、東帝士）看看他們的決策流程。

3. 找一家最新申請重整（例如千興鋼鐵）例子，看看法院判決的原因。

4. 去電給聯合徵信中心，去查查財務危機公司的票信。

5. 以表 16-3 為底，找一家財務危機公司（如慶豐集團）看看他們如何出招。

6. 如何判斷公司採技術性跳票呢？

7. 以圖 16-3 為基礎，分析一個集團企業出售的決策流程。

8. 找一家以債換股的案例，進行分析，尤其是銀行為債權人時。

9. 以表 16-6 為基礎，分析最近半年出售公司、資產的案例。

10. 找一家公司出售案例，分析其如何自抬身價。

第六篇

投資和租稅規劃

第十七章 ·······································

證券投資和租稅規劃

企業家永遠是萬事開創在我

中國先賢曾經說過，人分成三類，上焉者先知先覺，中者後知後覺，下焉者不知不覺。企業界亦然，放眼全球，第一流的企業家，往往是眼光獨到，氣魄雄渾，見人所不及，能人所不能。

統一目前開發中的大型購物中心，並不是開臺灣風氣之先，也不是業界的先知先覺者。不過，在時下這個景氣低迷，投資意願低落，及許多業者不敢投入大型購物中心的環境下，我們只是以具體的行動，證明統一是個不倚恃特權，不短視，勇於面對挑戰，自我開創經營利基的企業。

——高清愿 統一集團總裁
工商時報，2002 年 7 月 24 日，第 35 版

學習目標:

財務主管的積極功能在於賺取投資報酬率,本章從大處著眼,即資產配置,至於小處著手部分,留到投資管理書中再來說明。

直接效益:

看懂行情表是判斷一個人有沒有把觀念搞懂的最基本的測驗,第二節讓你輕鬆的看懂各種金融行情表,尤其是表 17-2 各類資產報價方式更是執簡御繁。

本章重點:

· 資產配置。§17.1 一
· 公司資產配置、投資組合管理的決策流程。圖 17-1
· 資產的超級分類及其特徵、性質。表 17-1
· 資產、共同基金分類。圖 17-2
· 伍氏「資產投資屬性」。圖 17-3
· 傳統效率前緣曲線。圖 17-4
· 伍氏效率前緣。圖 17-5
· 各類資產報價方式。表 17-2
· 基本點報價。表 17-3
· 銀行即期與遠期美元參考匯價。表 17-7
· 臺股指數期貨行情表。表 17-8
· 認購權證行情。表 17-9

前言：人無橫財不富

多金的臺灣企業，財務主管常為「錢多」而苦惱，總不能儘是買票券、存定存的讓閒置資金「爛」在那邊。這麼做，財務長遲早會被高中畢業生取代掉，因為太 low-end 了！

當有長期多餘資金時，此時便該投資於股票（含股票型基金），以期賺進財務利潤。愈來愈多老闆不再把財務部視為成本中心，而視為搖錢樹的利潤中心 (profit center)。

執簡御繁，在第一節，我們先說明各資產的預期報酬率、虧損率，讓你可以「知所取捨」的進行資產配置。第二節中說明如何看懂金融行情表。

◆ 第一節 資產分類和資產配置
——伍氏風險衡量方法和效率前緣

想瞭解資產得怎樣配置才符合投資目標，第一步驟就得瞭解資產屬性，就跟醫生下藥一樣，依病人體質、病情，而斟酌下藥。我們不用模糊的形容詞來形容各資產的特性，例如股票是「高風險、高報酬」資產、債券是「低風險、低報酬」資產，但多少才是「高」、「低」或什麼是「風險」卻沒人講得清楚，那麼有講跟沒講有什麼兩樣！

一、資產配置的定義

「資產配置」(asset allocation) 是指投資資金如何部署在各類資產 (asset classes) 上，以建構一個能達到目標的資產組合 (asset mix)，詳見圖 17–1。以全民運動的股票投資來說，就是決定持股比率的高低，例如美國最大證券公司美林證券的策略分析師 Charles Clough 對 2002 年 2 月 18 日迄 2 月 22 日這一周的投資組合建議：股票部位 40%、債券部位 55%、現金部位 5%。

股票只是各類資產中的一個中類，一般公司可投資範圍比投信公司廣，所以在討論如何做好資產配置組合時，必須先瞭解資產的範圍。

asset allocation 翻譯成資產配置，而不譯為資產分配；「分配」(distribution) 主要是用於像所得分配、食物分配等，是如何分餅的。至於資產配置跟任何生產要素

圖 17-1 公司資產配置、投資組合管理的決策流程

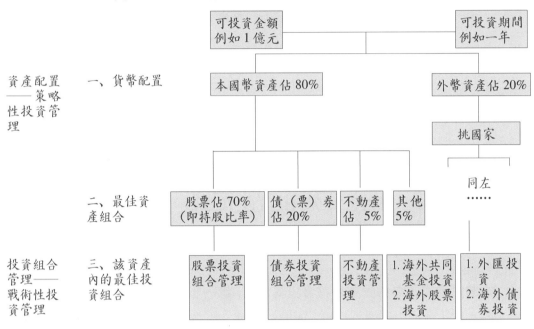

的配置一樣，功能在於使餅變大。

此外，「配置」不僅是指資產部署，它還會帶來作多曝露 (positive exposure) 和「作空曝露」(negative exposure)。例如：

1.借臺幣貸款去存美元存款，想賺取臺幣貶值的匯差。這筆交易稱為「空」臺幣、「long」美元，一旦臺幣利率往上走，對臺幣負部位的人會不利，因為利息加重了。

2.股票質押（或融資交易）套現作股票，這筆交易是作多股票、作空債券（假設把貸款證券化），同時面臨股市、債市雙邊風險，一旦事與願違，即股價跌、利率漲（債券價格下跌），則兩面挨耳光，風險比用閒錢來作股票來得大。

二、資產的範圍

1980 年代以來，活用資源以建立公司（或事業部）競爭優勢的主張逐漸成為策略管理中的熱門學說，從「資源基礎理論」(resource-based theory) 來看投資管理

書中所指的「資產」更可清楚明瞭資產的意義。「資源」包括資產 (assets) 和能力 (capability) 二大類（本書不擬詳述，有興趣者可參看拙著《策略管理》第十一章第一節），其中資產又分為二個中類：

　　1. 有形資產

有形資產又可分為二個中類：

　　⑴實體資產，包括機器、廠房和不動產。

　　⑵金融資產或稱財務資源。

　　2. 無形資產

　　⑴組織資產。

　　⑵個人資產。

　　由上述看來，資產配置中的資產指的是「有形資產」，而不只是指金融資產而已。

三、資產和基金的分類

㈠超級分類

　　資產的屬性可用「孳息」、「可轉換」、「可消費」分為表 17–1 中的超級分類 (super class)。

　　想在這三大類中劃條涇渭分明的楚河漢界可不容易，因為有些資產是混血的 (hybrid)，甚至有些資產兼具多樣特性，黃金既可保值也可租賃出去孳息，閒置土地既可保值但未來也可開發產生孳息。像不動產證券化則是金融資產這大類中跨二個中類（即股票、不動產）的資產。

　　你該很容易發現，雖然投資對象千奇百怪，但九成以上仍為金融資產，主要包括不動產、動產中的金融資產。不動產也算是金融資產之一，這是因為公司的廠房也可出租、租賃出去，所以不動產也可產生持續性獲利。

㈡大分類

　　由圖 17–2 可見，金融資產又可分為三大類。

　　1. 基本資產 (primitive assets)

　　這些就跟化學元素一樣，是不可以再細分的資產，主要的有固定收益證券、股

表 17-1　資產的超級分類及其特徵、性質

超級類別	例　子	特徵、性質
一、金融資產：可產生獲利，所以可用淨現值法來估計其價值	股票 債券 不動產	單一國家（或地區）的金融資產比較易受當地經濟狀況影響，例如傳統觀念認為不動產是「非貿易財」
二、可消費／可轉換 (consumable/transformable, C/T) 資產：是指實體商品，本身不產生孳息	穀物 牲畜 石油 金屬	1.此類資產價值比較受區域甚至全球供需影響，不能用淨現值法來計算其價值 2.折現率比金融資產低，例如石油擺一年還是石油，頂多漏損一點點 3.基於此類資產所衍生的金融商品（例如商品期貨）其價格行為主要反映其標的資產
三、價值儲存 (store of value, SOV) 資產：此類資產不孳息，也不可消費或轉換	各種通貨活期存款、現鈔（沒有利息） 黃金 藝術品(例如畫)	左二項（尤其是美鈔）往往作為避難貨幣

資料來源： 整理自 Greer, "What is an Assets Class, Anyway?", *JPM*, Winter 1997, pp. 86~91。

票。

　　2.合成資產 (synthetic assets)

　　像轉換證券就是合成資產，就跟任何混合物一樣，其投資屬性由其組成的基本資產所構成。

　　3.衍生性金融商品 (derivatives)

　　這類資產本身並不孳息，性質跟其標的證券 (underlined securities) 同向但振幅較大，主要像期貨、選擇權等皆屬高槓桿交易。

四、以預期報酬率、預期虧損率來分類

　　由圖 17-3 可看得出來資產的族譜，接著我們以伍氏預期報酬率、虧損率來分析其投資屬性。

(一)以預期虧損率來取代其他風險衡量方式

圖 17-2　資產、共同基金分類——金融資產依虧損率、報酬率依序由左往右排列

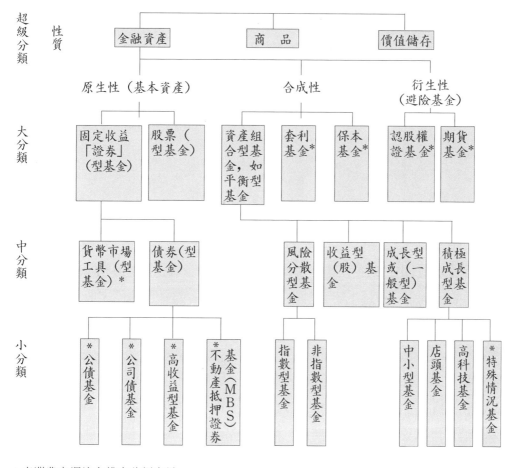

＊臺灣業者還沒有推出此類商品。

1.縱軸代表資產的預期（年）報酬率

由報酬率最低的固定收益證券，到報酬率最高的衍生性金融商品，前者報酬率僅 3 ～ 8%，而後者為 40 ～ 200%，可說是前者的五倍以上。

2.橫軸代表資產的預期（年）虧損率

「投資風險」這名詞並不難懂，有賠才算風險，所以我們用預期虧損率來衡量投資風險。由圖 17-3 看來，定期存款完全沒有風險，除非銀行跟中央存款保險公司都倒了。股票的風險眾人皆知，碰到大多頭行情，指數一年可能上漲四成；但碰到空頭市場，也可能跌四成，遇到回檔也會跌一成。

圖 17–3　伍氏「資產投資屬性」

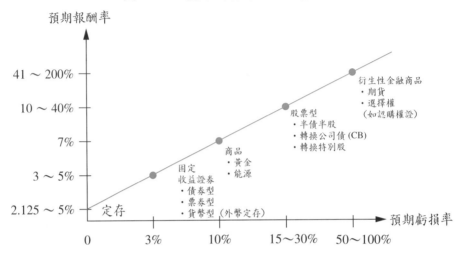

保本型證券是固定收益型證券的別名，因為貨幣市場工具、債券賺的八成是利息、二成是資本利得，理論上不會蝕本。但奇怪的是，為什麼連固定收益證券中的債券投資都有可能虧損呢？原因之一是買到倒店的債券，像萬有、三富等財務危機公司所發行的公司債，因公司掛了，這些公司債只能當壁紙，不要說沒有利息收入，連本金都損龜了。另一項原因是投資人看走眼，賭錯邊了，押注利率會再跌，但事與願違，手上抱了一缸子高價買進的債券。這種看走眼的機構投資人海內外都有。

各大類資產界線並不像楚河漢界，有些只是腳踏兩條船，例如「半債半股」的轉換公司債，票面利率為 1.5%，雖不到一般債券的一半，但好歹也有個孳息。但另一方面，還有一項權利，可依履約（或執行）價格把債券轉換成股票，所以又兼具股票的性質。不過股票部分才具有主導性質（就跟染色體中的 Y 染色體一樣），難怪轉換公司債是在股票市場交易，從每天股票行情表可看到它的交易價量。

同樣性質的還有轉換特別股，這二個雙胞胎合稱為轉換證券（或混血證券），其報酬、風險就介乎股票、債券之間，這由圖 17–3 便可看見。

圖 17–3 中的報酬率、虧損率都是「預期的」，沒有人會笨到事先知道股市將腰斬，而去買股票型基金的。這「預期」就是指「有可能」，那麼如何瞭解各種資產、各個區域的預期報酬率、虧損率呢？

最簡單的作法便是「以古鑑今」，所以你常會看到各基金的報酬率計算期間有：

過去一個月、今年至今、過去一年、過去三年和過去五年。

　　另一種作法則為預測法，隨著景氣榮枯，而各種資產（尤其是股票）也有多頭、空頭市場循環的情況，沒有人年年過年的！

(二)報酬和風險間的替換關係

　　偷雞也得蝕把米，想要多賺一點，就必須多負擔一些可能虧損的風險。由經驗法則來說，大部分人願意接受「三比一」的賠率，也就是說輸了賠 1 元，但贏了賺 3 元。以「報酬率、虧損率」的觀念來說，某種資產（以股票為例）可能會賠 10%，對保守的投資人而言，最少要有 30% 的報酬率他們才願意冒險投資。至於各類資產應有報酬率、虧損率，詳見拙著《實用投資學》（華泰書局）附錄一「伍氏資產理想情況下報酬率、虧損率表」。

　　圖 17-3 中虧損率、報酬率間大抵呈正向關係，這條線其實跟耐吉球鞋的商標一樣，是向右上角翹的曲線，即當虧損率超過某一水準（例如 50%），此時投資人要求的賠率可能「四比一」，而不是「三比一」了，只是為了方便起見，把它用直線表示。

五、傳統效率前緣曲線

　　圖 17-4 是你在財務管理書上唸過的效率前緣線 (efficient frontier)，我們再重述一遍，一方面是為了引介出圖 17-5。還有眼尖的讀者可能會發現以前的說法是市場組合（即股價指數）落在效率前緣上，如此再從縱軸取無風險利率（例如 2.125%）引一條切線（即資本市場線，capital market line）切於效率前緣線，切點是股市組合（即加權指數）。較新的美國文獻已修正，即股市組合並不落在效率前緣線上，那是因為明明有那麼多支基金打敗股市，那麼「中性」的股市組合怎會落在效率前緣線上呢？

六、伍氏效率前緣和最佳資產組合

　　投資人員關心的投資是來自資產價格下跌所帶來的虧損，這才叫（絕對）風險；「相對風險」是投資於風險性資產的報酬率比定存利率還低，那乾脆把錢存銀行算了。

圖 17-4 傳統效率前緣曲線

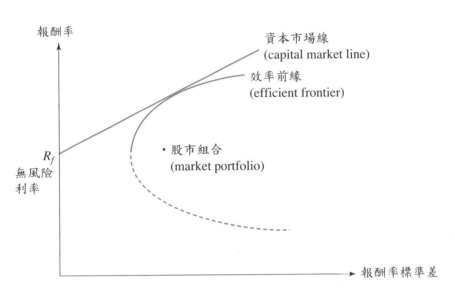

雖然馬可維茲的「平均數—變異數分析」中，其中的變異數可用「半標準差」(semi-standard deviation) 來作，也就是只算賠的部分。但是報酬率標準差對許多人都是很陌生的觀念，而且 2 個標準差究竟代表什麼意義也很難直接推論。

因此我們套用「損失的風險」(risk-of-loss) 的觀念，以虧損率來取代標準差，舊瓶裝新酒的劃出圖 17-5 中的伍氏效率前緣。詳細說明如下：

伍氏效率前緣的二端也代表著資產配置的極端，X 點代表 100% 持股，可說是豪賭型投資方式；反之，Y 點（或其內側）代表零持股、100% 債券，可說保守有餘，連退休基金都不會這麼謹慎。而在效率前緣上，則是股票、債券適度搭配。

再由 2.125%（一年期定存利率）拉一條線，跟效率前緣相切，切點便是最佳資產組合，例如「股票 70%，債券 30%」。

同樣的方法當然可用在各類資產（例如股票）中，去找出戰術性最佳資產組合，也就是最佳投資組合。

✤ 第二節　看懂金融行情表很 EASY

衍生性金融商品令人高深不可測之處還有報價方式，有時縱使懂原理原則，但

圖 17-5　伍氏效率前緣和最佳資產組合

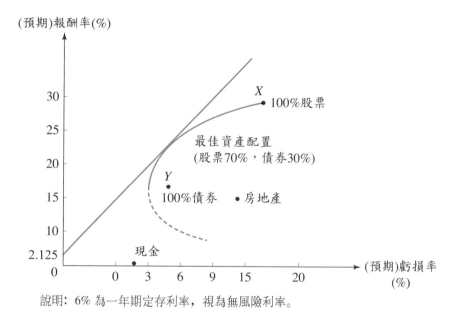

說明：6% 為一年期定存利率，視為無風險利率。

行情表就是看不懂。

　　1998 年 10 月演員李立群替寶島眼鏡推出四合一眼鏡打廣告，其中一句「把複雜的事情單純化，了不起。」同樣的在本節，我們也想讓你看懂複雜的金融行情表。

一、不同度量衡制度在臺灣皆有其適用

　　有時覺得金融市場計價、報價紊亂難記，不過認真想一下，日常生活中度量衡何嘗不是公制、臺制、英制夾雜使用呢？以長度計算來說，雖然以公制（公分、公尺、公里）為單位，但在一些場合，我們也用臺制、英制：

　　‧臺制時，例如買布、桌子、磁磚、木材、房子。

　　‧英制，例如三圍（很少人去算 34 吋胸圍等於幾公分）、電視機螢幕皆以英吋來衡量，至於船速以節、英浬、海浬等用詞，一英浬等於 1.6 公里。

　　那麼到了金融市場，也是至少有三種報價方式，由表 17-2 第 1 欄可見。而且，隨著各國、各行業的不同，對小數點以下數字也有三種表示方式，詳見表中第 3 欄。接著將詳細說明。

表 17-2　各類資產報價方式

資　產	報價方式	小數點後數字表示方式		
		10 進位	基本點表示	16 進位
股票 債券（如 CB） 外匯商品	價格 百元報價	✓	（無本金）遠匯參考 匯率再加換匯點	
債　券 票　券	利　率	✓	參考利率再加基本點	利率，例如表 17-4
外匯選擇權 權利金	費　率	✓	–	–

二、價格報價

「買低賣高」本來就是人類獲利的習慣想法，所以絕大部分資產的報價皆是採取價格（元或百元）報價的。

㈠基本點的報價

許多交易以萬元為基本單位，一如股票交易以千股（一張股票）為基本單位一樣。由於以萬元（或其五、十倍數）為基本單位，細微價格變動，涉及損益不小，所以在報價時，常細到小數點後四位數，為方便報價，所以以基本點 (basic point, BP) 為簡稱，詳見表 17-3。由表下的說明，可見計算損益非常迅速。

實際交易時，以 10 個基本點（即千分之一）為「基本跳動點」(tick size)——跟股價的「檔」（例如一檔 0.2 元）一樣。也就是實際變化不會報價報到小數點後五位數。

㈡遠匯的基本點報價

遠匯（尤其是無本金遠匯）也是採取基本點報價的，即期匯率再加上換匯點（以基本點表示）便是遠匯匯率。

㈢ 16 進位式的報價：利率

如果你看亞洲華爾街日報等，才會發現 2000 年以前美國股價小數點後面是以 1/16 為基本單位，每次看，還得去換算成 10 進位的數值。所幸，這種行業劣習已

表 17-3　　基本點報價對萬元計價交易的影響

基本點	實際數	CB	票　券	債　券	銀行間外匯 (一)	美國期貨 (-12)
		10 萬元	100 萬元	1,000 萬元	50 萬美元	50 萬美元
1	0.00001	10 元	100 元	1,000 元	50 美元	同左
10	0.0001	100 元	1,000 元	10,000 元	500 美元	同左
100	0.001	1,000 元	10,000 元	100,000 元	5,000 美元	同左

註：基本點 =0.0001=0.01%，萬分之一

　　基本點在運算上方便舉例，以債券交易，一天價格上漲 10bp 為例

　　資本利得 $=10bp \times 1,000$ 萬元 $=10 \times 1,000$ 元 $=10,000$ 元

　　即 Bp 和萬元對消

過去了，在臺灣只有在一種罕見情況下，採取 16 進位方式來「形容」(不是報價)，由表 17-4 可見，只有用在利率變動時。一「碼」等於 0.25 個百分點，這種行話可說是少數人的語言，銀行界說存款利率調降一碼，並不會比「調降 0.25 個百分點」來得省事多少，但卻會讓更多人聽不懂。

表 17-4　　16 進位報價和利率

美國 16 進位報價 (小數點後)	$\frac{1}{16}$	$\frac{2}{16}=\frac{1}{8}$	$\frac{4}{16}=\frac{1}{4}$
銀行業的用語	-	半碼	一碼
實際的數值	0.0625%	0.125%	0.25%

三、利率報價——資產交換

　　資產交換往往由銀行擔任中介、交換自營商 (swap dealer) 跟票券買賣道理一樣，銀行的立場是賺買賣價差，最好不要持有部位。我們可以由表 17-5 看出，美

國商業銀行「臺幣對臺幣利率交換」的報價。

表 17-5 利率交換、換匯行情表解讀

美國商業銀行 1998.11.11 單位：%

報價＼期別	一年	二年	三年	五年	七年
臺幣對臺幣利率交換	6.50／6.00	同左	同左	同左	－
臺幣對美元貨幣交換	6.50／6.00	同左	同左	同左	－
新臺幣存款利率	6.350				

1.報價期限

只有五種期限。

2.報價水準

這報價方式也跟貨幣市場一樣，斜線之前的利率為「（銀行）賣出（給客戶）利率」(offer price)，斜線之後的利率為「（銀行）從客戶買進利率」(bid price)。由表 17-6 可見，銀行以浮動利率「債券」向 A 公司換進固定利率 6% 的票子，然後再以 6.5% 的利率向 B 公司換進浮動利率（以 90 天期 CP_2 次級市場利率為指標）「債券」。一進一出，浮動利率債券部位為 0（即軋平），而賺取的利差為 0.5%。

表 17-6 銀行擔任利率交換自營商的報酬

固定利率部分	浮動利率部分
賣出 6.50	＋
買進 6.00	－
（毛）收益率 0.5	0

四、費率報價──外匯選擇權報價

許多櫃臺交易選擇權的報價則採費率報價方式，例如一個月期外匯選擇權權利金 1.2%，即以當天匯率 35.00、履約價格 35.10 來說，50 萬美元一口，客戶必須付

19 萬元（或 6,000 美元）。以百分比報價，可以省掉每天隨匯率重報一個明確價位（例如 19 萬元）。

當然，這 1.2% 的權利金費率也是主要隨著匯率波動率而改變的。

五、買價、賣價怎麼區分？

不管怎樣報價，金融機構掛牌，總會雙向報價，也是掛出買價、賣價，但問題又來了，這是站在誰的角度來看的買價和賣價？在回答這個問題之前，我們難得先輕鬆一下，先說個相關故事，再來看答案，這樣會記得清楚些（不是指這個笑話）。

㈠先從借記、貸記談起

美國紐約某銀行的出納，每天到了下午結帳時，偶爾會拉開左邊抽屜驚鴻一瞥，二十年來如一日。同事都很好奇究竟他在偷看什麼？清涼照嗎？可是他卻不肯從實招來。直到有一天他退休了，同事拿了他交接出來的鑰匙，迫不及待的打開這個神祕的抽屜想一窺究竟，打開後才發現只有一張紙，上面寫著簡單的幾個字「靠窗戶那邊是貸方 (credit site)」。原來他在作帳時，為了避免把借方 (debit site) 和貸方弄混，所以才使出此招。就跟教小孩子拿筷子的手是右手的道理是一樣的。

不知道你學會計學時有沒有這個困擾，不過，有些人倒是對行情表上「買入」(bid)、「賣出」(asked) 搞不清楚。

㈡只有一個角度：金融業者

看行情表有個竅門，那就是永遠站在金融業者的角度，例如表 17-7 來說，臺灣銀行即期美元「參考匯率」（適用於 3 萬美元以下），臺銀以 34.280 向客戶「買入（美元）」，至於賣美元給客戶報價為 34.380。二者之差為一角，這就是銀行所賺的買賣價差（俗稱匯差）。

如果行情表上沒有把「買入」、「賣出」文字標出，只標示出 34.280/34.380，那也很清楚，銀行不會作虧本生意，數字小的是他向客戶的買價，數字大的「價格」是他給客戶的售價。

六、股價指數

衍生性商品反映對未來預期的，隨手捻來的例子便是股票指數期貨，由表 17-8

表 17–7　銀行即期與遠期美元參考匯價（2002 年 9 月 4 日）　　單位：臺幣

銀行名稱	即　期		10 天		30 天		60 天		90 天		120 天		180 天	
	買入	賣出	買入	賣出	買入	賣出	買入	賣出	買入	賣出	買入	賣出	買入	賣出
臺灣銀行	34.280	34.380	34.280	34.380	34.270	34.395	34.270	34.395	34.270	34.400	34.260	34.390	34.235	34.300

資料來源：工商時報，第 8 版。

可見，第 2 欄為天期，計有當月、下月共二個天期的臺股指數期貨，由第 6 欄成交價（或可說收盤價）可見。

　　1. 呈現正價差

　　投資人對後市只有稍微「看多」，因此期貨價格略高於現貨價格，呈現「正價差」(positive spread)，例如 2002 年 10 月期貨成交價為 4650 點，比 9 月 3 日當天現貨市場（即股票集中市場）收盤價 4588 點，高 62 點。一個半月才到期的期貨為什麼比現貨高一些，幾乎是供需心理，期貨理論價值頂多反映著保證金的利息成本，不是重要因素。

　　2. 遠天期期貨契約小生怕怕

　　由第 8 欄成交量可見，期限愈長（此例 10 月）的期貨，成交量愈少，反映投資人「夜長夢多」的心理。

七、認股權證行情表

　　由經濟日報第 21 版可找到認購權證行情表，只挑其中一支舉例，以 TFT–LCD 大廠友達光電為對象，各欄意義如下。

　　發行人 (writer)：元大京華證券。

　　發行序號：第 46 次發行認購權證。

　　到期日：以西元方式表示，即 2003 年 7 月 24 日。

　　履約價 (X)：51.90 元。

　　執行比：1.000 即 1 比 1，即一口選擇權再加履約價兌 1 股標的股票。

　　收盤價：即此認購權證權利金 (C) 收盤價。

表 17-8　臺股指數期貨行情表（2002 年 9 月 3 日）

商　品	月份	開　盤	最　高	最　低	收盤價	漲跌	成交量	未平倉	未平倉變動
臺灣 TAIFEX 臺灣期貨交易所									
臺股現		4,654.15	4,666.39	4,577.94	4,588.06	−56.52			
臺指期	9	4,661	4,658	4,541	4,600	−17.00	16,800	13,583	−814
臺指期	10	4,650	4,650	4,539	4,582	−28.00	108	318	87
小臺指	9	4,600	4,660	4,540	4,595	−22.00	4,425	5,879	446
小臺指	10	4,632	4,645	4,550	4,571	−39.00	56	149	39
電子現		211.78	212.47	208.78	209.43	−1.62			
電子期	9	208.20	212.00	206.25	209.65	0.80	3,371	3,177	−41
電子期	10	211.50	211.50	207.60	207.80	−1.20	17	52	12
金融現		668.53	669.87	657.38	659.07	−9.56			
金融期	9	657.00	664.20	649.00	653.60	−3.20	733	1,809	−1
金融期	10	653.00	653.00	652.00	652.00	−1.4	2	6	0
新加坡 SGX 新加坡國際金融交易所					摩臺指未平倉量為前一交易日量				
摩根現		201.09	202.18	198.63	198.88	−2.08			
摩根期	9	199.3	201.7	196.2	198.00	−1.70	11,638	47,673	821

註：　1. 表中摩根最後價為結算價。

　　　2. 表中摩根成交量為人工盤成交量。

資料來源：經濟日報，第 21 版。

漲跌幅：當天認購權證下跌 −11.76%，跌幅是標的股票跌幅 (−3.16%) 的 3.72 倍。

成交量：1145 口，跟股票成交「張」很像。

Delta 值 (%)：$=\dfrac{\partial C}{\partial S}$，即權利金變動相對於股價變動。

隱含波動率 (δ)：即隱含波幅，用以代表友達股票報酬率的標準差。

標的股：指友達。

收盤價 (S)：友達收盤價 24.50 元。

表 17-9　認購權證行情（2002 年 9 月 3 日）

權證名稱 (標的名稱)	認購權證								標的股	
	到期日	履約價	執行比	收盤價	漲跌幅 (%)	成交量	Delta 值 (%)	隱含波 動率 (%)	收盤價	漲跌 (%)
元大 46(友達)	7/24/03	51.90	1.000	3.00	−11.76	1,145	21.01	87.88	24.50	−3.16

資料來源：經濟日報，第 21 版。

◆ 本章習題 ◆

1. 採上網等方式，找出上月前三名的股票型共同基金，分析其資產配置方式。

2. 以表 17–1 為基礎，以臺灣為例，把去年各類資產報酬率寫出來。

3. 以圖 17–3 為基礎，以過去三年為期間，標出實際數字。

4. 以表 17–3 為基礎，各以一類金融商品今天（或昨天）報價填入。

5. 以表 17–7 為基礎，看看今天工商時報或經濟日報的報價你看得懂嗎？

6. 以表 17–8 為基礎，餘同第 5 題。

7. 以表 17–9 為基礎，餘同第 5 題。

8. 工商時報第 8 版這個表是什麼意思？

銀行承兌匯票利率 (B/A)　　　　　　　　　　2002 年 9 月 4 日

銀行＼天期		10 天	20 天	30 天	60 天	90 天	180 天
初級市場	興票	2.60	2.60	2.60	2.70	2.70	2.80
次級市場	興票	2.05 / 1.75	2.05 / 1.75	2.05 / 1.75	2.10 / 1.75	2.10 / 1.75	2.10 / 1.75

資料來源：工商時報，第 8 版。

第十八章 ·····

租稅規劃

據說，有一次愛因斯坦請助教代發考卷給研究生，助教瞄了考題，發出異議，「對不起，教授，這是去年的試題，學生不是早就知道答案了嗎?」「沒關係，你瞧，」愛因斯坦回答:「題目雖同，答案已變。」

物理學如此，商場何嘗不是?

如果有位經理在 1970 年代睡著，直到今天才醒來，他必定對今日商界一無所知。

今天的商業環境已跟杜拉克 (1973 年著《管理學》(*Management*))、畢德士和華特曼 (1982 年著《追求卓越》(*In Search of Excellence*)) 的時代有所不同，需要新版本的企管議題。

今天的管理者需要新議題，因為他們是在劃時代轉變的結果下做生意。

——麥可・韓默　《議題制勝》　天下文化
Michael Hammer, *The Agenda*

學習目標:

賺錢要拿到手才是真賺到,其中一個竅門便是在合法範圍內少繳點所得稅,而且一般來說,稅率都很高(臺灣營所稅稅率 25%),因此只要稍微用點心,稅後盈餘會大大增加。

直接效益:

家家有本難唸的經,其中報稅最討厭,本章第三節說明個人綜合所得稅報稅的相關規定,除了少數特例外,這一節夠你用了,跟你父母說:「今年由我負責報稅」。

本章重點:

- 公司營業稅、營所稅。表 18-1
- 租稅規劃原理。§18.1 三
- 虛列費用方式舉例。§18.1 四
- 從損益表角度來分解獎勵投資條例。表 18-2
- 公司股票薪資的課稅規定。表 18-3
- 轉投資收益入帳處理。§18.2 三
- 公司海外所得。§18.2 五
- 2001 年報稅規定彙總表。表 18-4
- 2001 年綜所稅免稅額和扣除額。表 18-5
- 網路報稅軟體的相關網站。表 18-6

前言：知道就不難

很多人用手機，只會打出、聽一聽留言，不會用手機的鬧鐘、通話記錄、速撥（含重撥）功能，但是只要有心隨便嚐試，就會無師自通；有人講解，更快進入狀況。

同樣的，租稅規劃對公司很重要，辛辛苦苦稅前賺 13.33 億元，必須繳 25% 營所稅，稅後只拿到 10 億元，只剩 75%。忙一年，才賺 13.33 億元，一天報稅便少掉 3.33 億元；因此稍微花點時間、經費（外聘會計師）去做好節稅，在合法範圍內少繳點稅，看起來真是划算的投資。

報稅不難只是複雜而已，本章第一、二節說明公司營所稅規定和租稅規劃原則；第三節談個人所得稅，讓你唸完立刻用得著，這樣唸書才好玩。

第一節　公司營所稅快易通

有人套用呼口號中的「萬萬歲」來形容臺灣的稅既多且重，而戲稱為「萬萬稅」。但是套用本書的架構，公司的稅只有二大類：

1. 損益表為基礎

主要是針對營收而課徵的營業稅（其實是衝著消費者來的）、營利事業所得稅。

2. 資產負債表為基礎

主要是處置不動產的土地增值稅。

由此看來，稅目不複雜，只是各項規定比較詳細便顯得不容易瞭解，但對於一窺全貌，本節大抵足夠了。

一、加值型營業稅

加值型營業稅 (value-added tax, VAT) 是種消費稅，只有當商品、服務售出時，才內含在售價中，由消費者負擔，也就是「有消費才課稅」。臺灣的營業稅稅率 5%、大陸 17%，可見臺灣稅率不重。

羊毛出在羊身上，營業稅是公司代政府作為扣繳義務人，先向客戶（不見得是消費者，像聯華食品的客戶是統一超商等通路商）收，之後才繳給政府。

以表 18–1 的例子來說，公司收入 100 億元，其中有 4.76 億元是營業稅。至於

「加值型」一詞是指公司只需繳自己對商品增加的價值，以此例來說，速算法：

$$\frac{100 - 30}{(1 + 5\%)} = 66.67$$

$$70 - 66.67 = 3.33$$

此例公司原料成本 30 億元、收入 100 億元，附「加」價「值」70 億元，這裡面內含 5% 的營業稅，即 3.33 億元。

表 18-1　公司營業稅、營所稅

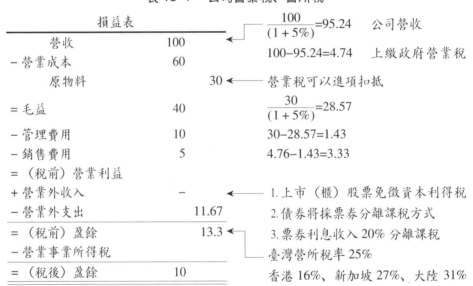

損益表		
營收	100	
− 營業成本	60	
原物料		30
= 毛益	40	
− 管理費用	10	
− 銷售費用	5	
= （稅前）營業利益		
+ 營業外收入	−	
− 營業外支出	11.67	
= （稅前）盈餘	13.3	
− 營業事業所得稅		
= （稅後）盈餘	10	

$$\frac{100}{(1+5\%)}=95.24 \quad \text{公司營收}$$

$100-95.24=4.74$　上繳政府營業稅

　營業稅可以進項扣抵

$$\frac{30}{(1+5\%)}=28.57$$

$30-28.57=1.43$

$4.76-1.43=3.33$

1.上市（櫃）股票免徵資本利得稅

2.債券將採票券分離課稅方式

3.票券利息收入 20% 分離課稅

臺灣營所稅率 25%

香港 16%、新加坡 27%、大陸 31%

二、營利事業所得稅

「有所得 (income) 便須繳稅」，一般來說，公司（營利事業包括公司和商號）的營所稅率（corporate income tax，或公司稅）25%，單一稅率，例外情況至少有二：

　1.獎勵投資條例

　適用獎勵投資條例的公司有些收入、費用項目享受租稅優惠，但是名目稅率還是 25%，只是有效稅率減低了，因公司而異，像台積電公司約 19.6%。

　2.企業營運總部租稅獎勵實施辦法

　凡是從國外取得權利金、投資收益及處分利益等所得，均可享有免營所稅的優惠。

三、租稅規劃原理「非夢事」

每次看到租稅規劃的方法，至少可以寫成一本書，但是論原則倒很簡單：「想少繳稅，就跟塑身一樣，該大的地方大，該小的地方小」，直接的說：

㈠該小的地方小

收入愈多，比較上會賺得愈多，因此如何把收入「瘦身」，依是否合法，方法不同。

1. 合法做法

以「臺灣接單，大陸生產」的代工來說，臺灣公司可以扮演貿易商角色，只賺佣金，讓大陸公司去扮演賣方。如此一來，臺灣公司的收入是出貨金額的 2%，而不是全部。

2. 不合法做法

不合法做法便是漏開發票，但必須提防稅捐機關人員的明察（即站崗）暗訪（假裝成消費者），罰則很重，夜路走多了遲早會碰到鬼。重要的是，作個人人看得起的納稅楷模（2001 年公司納稅第一名是鴻海精密的郭台銘），總比做個逃漏稅的奸商來得光彩吧！

㈡該大的地方大

成本、費用高，公司就會少賺，營所稅自然也少繳一些。照樣有合法、不合法做法。

1. 合法做法

以原料等進項來說，儘可能要發票，也就是找有開發票的供應商去買。一些權衡性科目，例如機器設備採取加速折舊法，則是影響費用金額的落點（影響其現值），總額不變的。

2. 不合法做法

不合法的做法便是進貨虛列（例如買發票）、用人頭戶虛列薪資費用，藉以讓公司少賺。

四、虛列費用方式舉例

(一)買發票來墊高營業成本的代價

公司如果虛設行號或偽造、變造統一發票做為進項憑證，一旦被查獲，除遭補稅和處罰外，更可能觸犯刑責，而該公司如果係藍色申報或委託會計師簽證申報，更不得享受盈虧互抵優惠待遇。

南區國稅局最近查核營利事業所得稅結算申報案時，發現一家委託會計師簽證申報的公司，1998 年度取得虛設行號發票 200 萬元，因該公司當年已經國稅局核定虧損 340 萬元，因此不用補徵本稅，但仍被處以 40 萬元罰鍰。另外當年原經國稅局核定虧損 340 萬元悉數遭到剔除，並補徵營所稅 85 萬元。

國稅局提醒公司平時養成良好交易習慣，注意取得的統一發票是否確為銷貨營業人所開立，交貨付款時，查明收款和開立發票營業人名稱是否相符，並儘量以支票支付貨款，以避免取得不實發票，保障自己權益。(經濟日報，2002 年 2 月 27 日，第 15 版。)

(二)虛列薪資費用

有些公司為了逃漏營所稅，透過不肖仲介業者向家庭主婦、農漁民和無固定職業者等收入較低民眾收購身分資料，作為虛報薪資費用的人頭，或是虛列數年前曾在該公司短期打工者的薪資。為避免被發現，虛報薪資的金額以不超過補稅額度為限，例如 15 或 20 萬元，被虛報者只有在被列為受扶養親屬或跟配偶合併申報而收到補稅單時，才會發現自己成為公司虛報薪資的人頭。

國稅局建議民眾，為避免成為營利事業虛報薪資的人頭，應注意以下各點：

1. 不要將身分證、印章輕易交付他人，或把身分證提供他人影印。

2. 不可任意在空白的薪資印領表上簽名、蓋章。

3. 領取薪資時，需詳細核對印領清單上的金額跟實際核發的薪資是否相符。

4. 將薪資袋或薪資條完整保留，作為日後收到扣繳憑單時核對依據。

一旦發現被虛報薪資時，應儘量提供自己未在該公司工作領薪的具體證明文件，例如學生證、服役證明、從事其他工作的證明資料等，向戶籍所在地國稅局檢舉，以維護自身的權益。(經濟日報，2002 年 2 月 22 日，第 15 版，邱馨儀)

(三)權利金

使用外國公司所有的專利權、商標權和各種特許權利，經政府主管機關專案核准者，其給付外國公司的權利金，即可申請國外公司權利金收入免納所得稅。

有不少高科技業公司把新研發成果私下移轉國外子公司，再賣回母公司，藉此不法手法逃漏稅。

國稅局官員指出，一旦查出高科技公司漏稅，其已申請獲准免稅的權利金，均將回計母公司所得，且需補稅；此外，還需繳納漏稅額二倍的罰鍰。(經濟日報，2002年2月22日，第1版，陳美珍)

(四)這個男人有點壞

2002年5月31日，美國證管會委員杭特表示，微軟公司已經就涉嫌短報營收、誤導投資人一案跟證管會和解，微軟並未被罰款，但公司的會計方式必須改變。

根據證管會投票通過的和解條款，微軟不需承認任何不正當行為或面臨任何罰款，但是會停止使用美化營運的會計方式。杭特表示：「證管會跟微軟同意和解此案，這是一項禁止警告令，他們已經同意將來不會再犯。」

杭特說，和解條件沒有要求罰款是因為該項違規並未造成投資人損失，而微軟在調查過程中也相當合作。

微軟發言人拒絕評論此案，但強調該公司非常嚴肅地面對提供財務報告的責任。

兩年多來證管會一直在調查微軟涉及使用所謂的「餅乾罐」(cookie jar)會計方法，也就是在營運好的年儲備部分資金、降低盈餘，以備在營運較差的年用來美化帳面。

微軟涉嫌短報營收的行為，是在該公司前會計師潘塞祖斯基跟微軟的不當中止契約官司過程中曝光，該案已經在1998年和解。潘塞祖斯基的律師在法庭中舉出一封前微軟財務長布朗寫給董事長蓋茲的電子郵件，內容表示：「我相信我們應該盡一切努力美化獲利，並維持穩定的獲利模式。」

美國證管會近來積極調查涉及溢報營收的不當會計行為，微軟的案件相當特殊，因其違規的事項涉及刻意短報營收。(經濟日報，2002年6月2日，第5版，陳智文)

第二節　租稅規劃的執行

公司租稅規劃（俗稱節稅）是會計師的看家本領，財務管理課程比較偏重「沒有知識也要有常識」這一程度，本節尤其偏重綱舉目張的地圖效果。

一、租稅優惠

大陸跟臺灣投資環境比較，依據經建會和經濟部的資料，在鼓勵投資和誘因方面，臺灣的租稅誘因比大陸小而且嚴格，此外，法規龐雜，以致增加行政成本；大陸對公司或個人從事研發活動都給予高規格的租稅優惠和補助獎勵。（工商時報，2002 年 3 月 2 日，第 24 版，宮能慧）

臺灣的租稅減免項目詳見表 18–2，是否適用獎勵投資條例，會計師會提供你建議，不過我們以簡馭繁的說明，目的有二：

1. 讓你快易通。
2. 提供思考架構，即依損益表來把獎勵投資各措施依序整理。

表 18–2　從損益表角度來分解獎勵投資條例

收入	1. 專利權收入 50% 免所得稅
	2. 承接政府研發案免營業稅
營業成本	1. －
	2. 製造費用（內含折舊）：研發設備二年加速折舊；引進新技術，支付國外廠商權利金，此權利金收入在臺免所得稅
	3. －
營所稅	1. 研發支出金額 25% 抵減營所稅，當年研發支出超過前二年平均數者，超過部分的 50% 可抵減營所稅。
	2. 新興策略性產業可適用五年免營所稅或股東投資抵減（法人股東抵減營所稅 20%、個人股東抵減所得稅 10%）。

＊製造業五年免稅

財政部表示，由於促進產業升級條例已經明訂製造業享受五年免稅優惠，可以追溯自 2002 年 1 月 1 日起適用。因此只要法案通過修正立法，製造業 2002 年 1 月

1 日以後的新增投資案，即適用免稅優惠。(經濟日報，2002 年 3 月 19 日，第 19 版，陳美珍)

二、員工股票所得的課稅規定

公司獎勵員工的股票薪資 (stock-based compensation) 詳見表 18-3，會計師認為如果比照員工認購新股的課稅方式，員工認股選擇權和員工庫藏股，大概不用

表 18-3　公司股票薪資的課稅規定

制度名稱	法律依據	說　明	課稅問題
員工新股認購權	公司法 267 條	公司發行新股時，除經主管機關專案核定者外，應保留發行新股總數 10 到 15% 由員工認購，通常為現金增資時	員工認購價跟股票市價間差額，沒有課稅問題
員工分紅配股	公司法 240 條	依公司章程應分配給員工的紅利，得發給新股或以現金支付	1. 以現金支付須全數做為員工所得課稅 2. 以股票支付員工紅利，依促進產業升級條例規定以面額 10 元作為員工所得課稅
員工庫藏股	公司法 167 條之一、證交法 28 條之二	公司董事會決議、在總股份 5% 範圍內，收回股份，收回金額不得超過保留盈餘加已實現資本公積並且應在三年內轉讓員工	稅法尚未決定
員工認股權憑證	公司法 167 條之二、證交法 28 條之二	公司除法律或章程另有規定外，得經董事會決議，跟員工簽訂認股權契約，員工依約定價格，在一定期間認購公司特定數量股份，由公司發給認股權憑證	稅法尚未決定

資料來源：勤業會計師事務所。

課稅。

員工庫藏股是指公司買進股票成為庫藏股後,專門用來轉讓給員工用的。員工認股權憑證是公司跟員工簽約,約定員工在將來一定期間(例如五年),可以特定的價格,購買公司特定數量的股權,由公司認股權憑證給員工。(工商時報,2002 年 4 月 1 日,第 9 版,李玉珍)

台積電在 2002 年 5 月董事會中通過發放 1 億股的員工認股權憑證,就是針對美國、日本、歐洲子公司的員工,所設計的激勵措施。(工商時報,2002 年 7 月 8 日,第 3 版,王仕琦)

三、轉投資收益入帳處理

在財務會計上,對於計算公司轉投資獲利有兩種情況:

1. 權益法:當投資公司佔有被投資公司股權超過 20%,屬於有重大影響力,帳上的投資所得須依照權益法計算。在被投資公司有獲利時,立即依投資的股權比重,在帳上承認投資獲利。舉例來說,甲公司持有乙公司八成股權,當乙公司獲利 100 元時,依照權益法的規定,甲公司在乙公司有這筆 100 元獲利,須於帳上同步列報 80 元投資獲利(100 元 ×80%)。

2. 成本法:投資公司可等到被投資公司實際決議發放股利時,才在帳上承認這筆投資收益。以此例來說,等到乙公司實際宣布分配股利時,甲公司才須於帳上承認這筆 80 元的投資獲利。

四、境外個人所得

臺灣所得稅法對個人所得課稅採屬地主義,即只對個人境內所得課稅,個人在境外所得不課稅;但個人在大陸所得,卻是「境內所得」。關鍵在於兩岸人民關係條例,在此條例中,規定臺灣地區人民有大陸地區來源所得,須合併到臺灣的所得,申報繳納個人綜所稅,但大陸地區已納的稅款,可以扣抵,也就是把大陸地區視為「境內」。

就大陸特殊的課稅地位來說,要規避這種租稅,只有採取間接投資的形式,透過先到海外的第三地(例如英屬維京群島 British Virgin Island,BVI)設立控股公

司，再由 BVI 公司到大陸投資設立子公司的間接投資形式，把個人在大陸地區的所得，先匯到 BVI 過水一次，再由 BVI 公司分配股利給臺商個人。

如此一來，臺商個人取得的股利，由原直接來自於大陸地區所得，變成來自於海外 BVI 的所得，在課稅上，也就由應課稅的「境內所得」，變成免稅的「境外所得」。（工商時報，2001 年 11 月 21 日，第 10 版，林文義）

五、公司海外所得

臺商對外投資，只有等海外子公司實際分配股利時，臺商在臺灣的母公司才須列報這筆海外投資獲利課稅。臺商只要控制海外的子公司不要宣布分配股利，這筆海外投資獲利，就不必在臺灣繳稅，財政部為了解決這個問題，才想到要修改所得稅法 63 條，把臺商對外投資的獲利，改採權益法課稅，以增加稅源；不過，財政部現在為了鼓勵臺商資金回流，決定不修改這項規定。

就減輕兩岸三地重複課稅的部分，臺商現在以間接投資方式到大陸投資，即臺灣公司投資第三地控股公司，第三地控股公司再投資大陸公司，全部的繳稅情形是，大陸公司獲利須在大陸繳納 33% 營所稅，匯出股利須再繳股利所得稅（目前稅率為 0），這筆股利到第三地後，須再於當地繳納營所稅，匯出股利再繳納股利扣繳稅款。

臺商對外投資在各地所繳的四道稅款中，依照目前的稅法規定，只有臺商在第三地控股公司所繳的股利扣繳稅款，可以拿回來扣抵臺商在臺灣應納的營所稅，其餘部分都不准扣抵。

財政部和陸委會有意再送出兩岸關係條例第 24 條修法草案，把臺商在大陸繳納的股利所得稅（非 33% 營所稅部分）和在第三地繳納的營所稅，都列入可扣抵的項目。雖然臺商在大陸獲利匯出股利，繳納的股利所得稅是 0，但這是大陸的優惠措施，大陸加入 WTO 後，可能對外商和臺商開徵股利所得稅，屆時兩岸關係條例的修法結果，對臺商就會發生用處，也可減少重複課稅的問題。（工商時報，2002 年 3 月 18 日，第 2 版，林文義）

💠 第三節 個人綜合所得稅

「納稅是國民的義務」，這句話可說一竿子打到所有人，「只要有所得就需納稅」，真應了「人不分老少，地不分南北」。但是報稅是麻煩的，申報書上的用詞大都是「半白半文」，有時令人不知所云。有人認為「報稅是痛苦的」，因為報稅時才發現還得補繳 5 萬元的稅，即每個月薪資扣稅扣得不夠。

如何少點麻煩、減些痛苦（即節稅）便是本節重點。

一、這道理得跟您說個明白

家庭報稅並不屬於公司財管的範疇，為什麼我們獨排眾議？原因依序如下：

1.實用，才會想唸

我大學唸國貿，大二以前都是唸基本課程，像大二的統計、貨幣銀行，不僅不知道唸了後怎麼用，甚至連為什麼必修也搞不懂。反之，看心理系大二男學生，一副「孫明明博士傳人」的樣子，看手相、算星座、分析心理等功夫，對交女朋友特別管用。

或許你以後不會碰到公司報稅（大部分是會計部員工的事），但絕對逃不掉個人報稅。因此在大二時，先學點立刻能用的，你會對本科有興趣，父母對出資給你，也會有信心。

2.美國社區大學開課

美國很多社區大學（不是臺灣各縣市的社會大學，比較像大學夜間部）最熱門的課便是報稅。每次看美國影集，劇中男女主角常為報稅傷透腦筋，難怪本課程排行榜位居第一。

很可惜的，甚至連財金系都很少把個人報稅列為教材，「民之所欲，常在我心」，這也是為何我花一節來談的原因。

二、報稅重大規定

2002 年時申報 2001 年的個人所得稅，開啟了很多新規定，詳見表 18–4 上半

部；但是也有不少老毛病該避免，詳見表下半部。

表 18-4　　2001 年報稅規定彙總表

項　　目	內　　容
一、新規定	1.申報期間集中在 5 月 1 日到 31 日
	2.取消提早退稅和延期申報
	3.夫妻未選擇最有利方式申報綜所稅，財政部不再主動退稅
	4.增加納稅人可用本人名義信用卡繳納綜所稅
	5.5 月 1 日到 31 日，取得政府憑證管理中心 (GCA) 核發憑證者，可上網查詢所得資料
	6.今年報稅，免再檢附扣繳憑單、股利憑單
	7.增列納稅人可以身分證統一編號和戶口名簿號碼為憑證，以網路申報，但不可查詢所得資料
二、歷年主要補稅原因	1.誤把股利所得列入 27 萬元免稅的儲蓄投資特別扣除額
	2.沒收到扣繳憑單或股利憑單
	3.漏報租金、抵押利息和出售房屋的財產交易所得
	4.同一受扶養親屬同時由不同人申報扶養
	5.申報扶養其他親屬，未證明扶養事實
	6.列報自用住宅購屋借款利息證明文件不全
	7.列報自用住宅購屋借款利息未減除已享受的儲蓄投資特別扣除額
	8.退休金利息誤為免稅所得而未申報
	9.列報股利所得和可扣抵稅額發生錯誤

資料來源：賦稅署、臺北市國稅局。

三、扣除額

　　想少繳稅（即節稅），重點在於充分利用扣除額，納稅人可以扣除的項目，分為免稅額、一般扣除額和特別扣除額三大項。一般扣除額又分為標準扣除額和列舉扣除額二項，兩者只能二選一。各項扣除額請見表 18-5，詳細說明於下。

表 18-5　　2001 年綜所稅免稅額和扣除額

項　目			金　額
免稅額	納稅義務人本人、配偶和受扶養親屬		每人 74,000 元
	年滿七十歲的納稅義務人本人、配偶暨受扶養直系親屬		每人 111,000 元
一般扣除額	標準扣除額	單　身	每戶申報 44,000 元
		夫妻合併申報 備註：標準扣除額和列舉扣除額只能擇一申報	每戶 67,000 元
	列舉扣除額	人身保險費（適用對象：本人、配偶和受扶養直系親屬）	每人 24,000 元
		醫藥和生育費（適用對象：本人、配偶和受扶養親屬）	核實扣除
		災害損失	核實扣除
		自用住宅購屋借款利息	每戶最高 300,000 元為限（需先減除儲蓄投資特別扣除額）
		房屋租金支出	每戶 120,000 元為限（申報有購屋借款利息者不得扣除）
		捐贈　一般（教育、文化、公益慈善團體）	以所得總額 20% 為限
		國防、勞軍、政府、古蹟	不受金額限制
		候選人	總額最高 2 萬元
		政　黨	以綜合所得稅 20% 為限，最高 20 萬元，但政黨得票率需在 5% 以上
		依私立學校法第 51 條的捐贈	以所得總額 50% 為限
特別扣除額	薪資所得特別扣除額		每人 75,000 元為限

	財產交易損失特別扣除額	核實扣除（交易損失不得超過當年的交易所得）
	儲蓄投資特別扣除額	每戶 270,000 元為限
	殘障特別扣除額	每人 74,000 元為限
	教育學費特別扣除額	每戶 25,000 元為限

資料來源：財政部臺北國稅局。

(一)標準扣除額

納稅人如果選擇標準扣除額，單身的納稅人每戶可扣除 4.4 萬元，有配偶者，夫妻合併申報每戶可扣除 6.7 萬元。

(二)列舉扣除額

如果納稅人不選擇標準扣除額，而選擇列舉扣除額，列舉扣除額共有六項：

1.人身保險費每人每年可扣除 2.4 萬元。

2.醫藥和生育費核實扣除。

3.災害損失扣除額，納稅人去年在颱風、地震災情中財物受損，且收到國稅局核發的災害損失證明，在今年報稅時，可以採用列舉扣除額才可扣除去年的災害損失。

4.納稅人列報扣除購屋借款利息，是以一屋為限，且購屋借款利息須先扣除已享受利息免稅的儲蓄投資特別扣除額，如果有餘額，每年在 30 萬元以內，可以列報扣除；至於列報購屋借款利息的條件，則為房屋須登記為本人、配偶或受扶養親屬所有，且本人、配偶或受扶養親屬在去年於房屋上設籍，並檢附購屋借款利息當年利息單據正本。

5.房屋租金支出，每戶最多可申報扣除 12 萬元，值得注意的是，納稅人如果有申報扣除購屋借款利息，就不能再要求扣除租金支出。

6.捐贈又分成五種類型，各有不同的列報限額。

(三)特別扣除額

特別扣除額部分，共有五項：

1.薪資所得特別扣除額是有薪資者均可扣除，每人最多可扣除 7.5 萬元，不足

者以扣除實際金額為限。

2.財產交易損失只可在當年的財產交易所得中扣除，當年沒有財產交易所得者，可以在往後三年的財產交易所得中扣除；營所稅也有此規定，稱為 loss carry forward three years。

3.儲蓄投資特別扣除額，俗稱利息免稅額，每戶以扣除 27 萬元為限。

4.殘障特別扣除額為每人 7.4 萬元。

5.教育學費特別扣除額，是納稅人有子女就讀大專院校者，每戶可扣除 2.5 萬元。

四、九大報稅疏漏

臺北市國稅局整理歷年民眾補稅的九大原因，其中有些是納稅人不瞭解稅法報錯了，有些是不小心漏報，納稅人每年報稅若能瞭解這些原因，即可避免再發生錯誤。以表 18–5 下半部第一項為例，兩稅合一實施後，凡是納稅人從 1999 年以後，取得的各種股利，因股利已含有可扣抵稅額，因此，這部分股利不可再和利息合併去適用 27 萬元免稅的儲蓄投資特別扣除額。目前唯一還可能有機會適用的，只有屬於納稅人在 1998 年以前取得的上市公司緩課股票而已，至於其他年的股利，已無法再適用儲蓄投資特別扣除額。

五、報　稅

大部分人皆是填申報書當場拿到稅捐機構去申報，二維條碼居次，近年開始允許網路申報，細節如下。

㈠下載程式

納稅人要使用網路申報繳納綜所稅，必須先下載網路報稅程式，財政部跟雅虎奇摩、新浪網、蕃薯藤、HiNet、SeedNet、PChome 等網站合作，加上五區國稅局等共提供 14 個網站，讓納稅人可以下載網路報稅程式，詳見表 18–6。

㈡網路申報

納稅人要申報繳稅只有一個網站，即財政部的網路報稅網站，網址為：http://tax.nat.gov.tw。透過這個網站連結到信用卡繳稅的網站，或申請政府憑證管理中心

表 18-6　　網路報稅軟體的相關網站

一、網路報稅程式下載網站
1.財政部網路報稅網站（http://tax.nat.gov.tw）
2.電子化政府入口網站（http://www.gov.tw）
3.雅虎奇摩（http://tw.yahoo.com）
4.新浪網（http://www.sina.com.tw）
5.蕃薯藤（http://www.yam.com.tw）
6. HiNet（http://www.hinet.net）
7. SeedNet（http://www.seed.net.tw）
8. PChome（http://www.pchome.com.tw）
9.財政部臺北市國稅局（http://www.ntat.gov.tw）
10.財政部高雄市國稅局（http://www.ntak.gov.tw）
11.財政部臺灣省北區國稅局（http://www.ntx.gov.tw）
12.財政部臺灣省中區國稅局（http://www.ntact.gov.tw）
13.財政部臺灣省南區國稅局（http://www.ntas.gov.tw）
14.財政部財稅資料中心（http://www.mofdpc.gov.tw）
二、網路報稅免付費服務電話
1. 0800-080-089（共 8 線自動跳號，服務期間自 5 月 1 日至 31 日）
2. 0800-086-188（全年提供服務）

核發 GCA 憑證的網站。

　　納稅人以網路申報綜所稅，必須再更正申報內容，則可以再重新把更正報稅內容傳送一次，財政部以納稅人最後一次傳送的申報內容為準。為防止有人故意多次傳送，財政部也訂下納稅人一天最多只能傳送三次報稅資料。

六、六種繳稅方式

　　繳稅方式至少有下列六種：

1.現金：利用現金繳稅，民眾只要先到代收稅款的金融機構納稅後，取得納稅證明再和申報書一併交給稅捐機關，就算完成報稅手續。不管是逾期申報或者使用一般或簡式申報書者，皆可採用現金繳稅。

2.支票繳稅：須檢附填妥的繳款書，且兌領日期應在 5 月 31 日以前，納稅人必須連同繳款書向代收稅款金融單位繳稅。如果支票發票人不是納稅義務人本人時，納稅人還必須在支票背後背書，逾期報稅者不可以使用支票繳稅。

3. ATM 轉帳：選擇全國 308 個金融機構（包括銀行、郵局、農會和信用合作社）貼有「跨行：提款 + 轉帳 + 繳稅」標籤的自動櫃員機辦理轉帳繳稅。

4.電子銀行：習慣上網的民眾，則可採用網際網路辦理報稅和繳稅，以網路繳稅者，可利用本人或他人的金融機構電子錢包，經由網路繳納稅款。

5.銀行的取款委託書：採取繳稅取款委託書「繳稅」，因為選擇「報稅」的方式不同，利用繳稅取款委託書繳稅的規定也略有不同。

⑴利用網路申報者，因為不必填寫繳稅取款委託書，且沒有申報書可供蓋存款印鑑章，因此繳稅的存款帳戶必須限納稅人本人所有，不能用他人帳號代繳稅捐。

⑵採用二維條碼申報者，比照網路申報也不必填寫繳稅取款委託書，但二維條碼申報書上有存款戶蓋印鑑章的位置，基於便民考量，繳稅帳戶除本人之外，包括配偶和受扶養親屬任何一人的存款帳戶均可用以繳納稅捐。

⑶採用申報書報稅者，必須填寫繳稅取款委託書，包括本人、配偶或申報扶養親屬的存款帳戶都可以繳稅，而且其繳稅取款委託書須連同申報書一併辦理申報，納稅人須取回繳稅取款委託書收據聯，做為報稅憑據。

6.信用卡繳稅：只限使用納稅義務人本人名義持有的信用卡，納稅人應在 5 月 31 日以前，透過電話語音或網路輸入信用卡卡號和有效期間、身分證統一編號、應繳稅額等，經發卡銀行確認後，賦予一個授權碼，並把授權碼填寫在申報書或申報軟體。同一個身分證統一編號只能授權繳納一次，如果仍有應納差額，應以其他方式繳納，外僑申報和逾期申報案件並不適用。

◆ 本章習題 ◆

1. 以台積電等公司為例，以表 18-1 為基礎，計算其加值型營業稅稅額、有效營所稅率。

2. 「該小的地方小」（指營收），你還有什麼合法方式？

3. 「該大的地方大」（指成本、費用），你還有什麼合法方式？

4. 請收集三個虛列費用而被國稅局處罰的實例，分析其錯在哪裡？

5. 表 18-3 為例，為什麼公司把「員工入股分紅」不能列報薪資費用來出帳？

6. 以轉投資收益入帳來說，為什麼有些公司對子公司持股 20%，偶爾會降到 19%（暗示：當子公司虧損時，母公司入帳由權益法降為成本法）？

7. 找一家公司分析其海外一家子公司盈餘如何認列。

8. 利息收入 27 萬元免稅，為什麼有這規定？（政策目的為何？）

9. 為什麼每年免稅額都會水漲船高？

10. 請拿一張個人所得稅的申報單，用你個人或家庭為例練習填報。

附　錄

表一　現值利率因子

$$PVIF\,(k\%,n) = \frac{1}{(1 + k\%)^n}$$

期數	1%	2%	3%	4%	5%	6%	7%	8%	9%	10%
1	0.9901	0.9804	0.9709	0.9615	0.9524	0.9434	0.9346	0.9259	0.9174	0.9091
2	0.9803	0.9612	0.9426	0.9246	0.9070	0.8900	0.8734	0.8573	0.8417	0.8264
3	0.9706	0.9423	0.9151	0.8890	0.8638	0.8396	0.8163	0.7938	0.7722	0.7513
4	0.9610	0.9238	0.8885	0.8548	0.8227	0.7921	0.7629	0.7350	0.7084	0.6830
5	0.9515	0.9057	0.8626	0.8219	0.7835	0.7473	0.7130	0.6806	0.6499	0.6209
6	0.9420	0.8880	0.8375	0.7903	0.7462	0.7050	0.6663	0.6302	0.5963	0.5645
7	0.9327	0.8706	0.8131	0.7599	0.7107	0.6651	0.6227	0.5835	0.5470	0.5132
8	0.9235	0.8535	0.7894	0.7307	0.6768	0.6274	0.5820	0.5403	0.5019	0.4665
9	0.9143	0.8368	0.7664	0.7026	0.6446	0.5919	0.5439	0.5002	0.4604	0.4241
10	0.9053	0.8203	0.7441	0.6756	0.6139	0.5584	0.5083	0.4632	0.4224	0.3855
11	0.8963	0.8043	0.7224	0.6496	0.5847	0.5268	0.4751	0.4289	0.3875	0.3505
12	0.8874	0.7885	0.7014	0.6246	0.5568	0.4970	0.4440	0.3971	0.3555	0.3186
13	0.8787	0.7730	0.6810	0.6006	0.5303	0.4688	0.4150	0.3677	0.3262	0.2897
14	0.8700	0.7579	0.6611	0.5775	0.5051	0.4423	0.3878	0.3405	0.2992	0.2633
15	0.8613	0.7430	0.6419	0.5553	0.4810	0.4173	0.3624	0.3152	0.2745	0.2394
16	0.8528	0.7284	0.6232	0.5339	0.4581	0.3936	0.3387	0.2919	0.2519	0.2176
17	0.8444	0.7142	0.6050	0.5134	0.4363	0.3714	0.3166	0.2703	0.2311	0.1978
18	0.8360	0.7002	0.5874	0.4936	0.4155	0.3503	0.2959	0.2502	0.2120	0.1799
19	0.8277	0.6864	0.5703	0.4746	0.3957	0.3305	0.2765	0.2317	0.1945	0.1635
20	0.8195	0.6730	0.5537	0.4564	0.3769	0.3118	0.2584	0.2145	0.1784	0.1486
21	0.8114	0.6598	0.5375	0.4388	0.3589	0.2942	0.2415	0.1987	0.1637	0.1351
22	0.8034	0.6468	0.5219	0.4220	0.3418	0.2775	0.2257	0.1839	0.1502	0.1228
23	0.7954	0.6342	0.5067	0.4057	0.3256	0.2618	0.2109	0.1703	0.1378	0.1117
24	0.7876	0.6217	0.4919	0.3901	0.3101	0.2470	0.1971	0.1577	0.1264	0.1015
25	0.7798	0.6095	0.4776	0.3751	0.2953	0.2330	0.1842	0.1460	0.1160	0.0923
26	0.7720	0.5976	0.4637	0.3607	0.2812	0.2198	0.1722	0.1352	0.1064	0.0839
27	0.7644	0.5859	0.4502	0.3468	0.2678	0.2074	0.1609	0.1252	0.0976	0.0763
28	0.7568	0.5744	0.4371	0.3335	0.2551	0.1956	0.1504	0.1159	0.0895	0.0693
29	0.7493	0.5631	0.4243	0.3207	0.2429	0.1846	0.1406	0.1073	0.0822	0.0630
30	0.7419	0.5521	0.4120	0.3083	0.2314	0.1741	0.1314	0.0994	0.0754	0.0573
35	0.7059	0.5000	0.3554	0.2534	0.1813	0.1301	0.0937	0.0676	0.0490	0.0356
40	0.6717	0.4529	0.3066	0.2083	0.1420	0.0972	0.0668	0.0460	0.0318	0.0221
45	0.6391	0.4102	0.2644	0.1712	0.1113	0.0727	0.0476	0.0313	0.0207	0.0137
50	0.6080	0.3715	0.2281	0.1407	0.0872	0.0543	0.0339	0.0213	0.0134	0.0085
55	0.5785	0.3365	0.1968	0.1157	0.0683	0.0406	0.0242	0.0145	0.0087	0.0053

表一（續）

期數	12%	14%	15%	16%	18%	20%	24%	28%	32%	36%
1	0.8929	0.8772	0.8696	0.8621	0.8475	0.8333	0.8065	0.7813	0.7576	0.7353
2	0.7972	0.7695	0.7561	0.7432	0.7182	0.6944	0.6504	0.6104	0.5739	0.5407
3	0.7118	0.6750	0.6575	0.6407	0.6086	0.5787	0.5245	0.4768	0.4348	0.3975
4	0.6355	0.5921	0.5718	0.5523	0.5158	0.4823	0.4230	0.3725	0.3294	0.2923
5	0.5674	0.5194	0.4972	0.4761	0.4371	0.4019	0.3411	0.2910	0.2495	0.2149
6	0.5066	0.4556	0.4323	0.4104	0.3704	0.3349	0.2751	0.2274	0.1890	0.1580
7	0.4523	0.3996	0.3759	0.3538	0.3139	0.2791	0.2218	0.1776	0.1432	0.1162
8	0.4039	0.3506	0.3269	0.3050	0.2660	0.2326	0.1789	0.1388	0.1085	0.0854
9	0.3606	0.3075	0.2843	0.2630	0.2255	0.1938	0.1443	0.1084	0.0822	0.0628
10	0.3220	0.2697	0.2472	0.2267	0.1911	0.1615	0.1164	0.0847	0.0623	0.0462
11	0.2875	0.2366	0.2149	0.1954	0.1619	0.1346	0.0938	0.0662	0.0472	0.0340
12	0.2567	0.2076	0.1869	0.1685	0.1372	0.1122	0.0757	0.0517	0.0357	0.0250
13	0.2292	0.1821	0.1625	0.1452	0.1163	0.0935	0.0610	0.0404	0.0271	0.0184
14	0.2046	0.1597	0.1413	0.1252	0.0985	0.0779	0.0492	0.0316	0.0205	0.0135
15	0.1827	0.1401	0.1229	0.1079	0.0835	0.0649	0.0397	0.0247	0.0155	0.0099
16	0.1631	0.1229	0.1069	0.0930	0.0708	0.0541	0.0320	0.0193	0.0118	0.0073
17	0.1456	0.1078	0.0929	0.0802	0.0600	0.0451	0.0258	0.0150	0.0089	0.0054
18	0.1300	0.0946	0.0808	0.0691	0.0508	0.0376	0.0208	0.0118	0.0068	0.0039
19	0.1161	0.0829	0.0703	0.0596	0.0431	0.0313	0.0168	0.0092	0.0051	0.0029
20	0.1037	0.0728	0.0611	0.0514	0.0365	0.0261	0.0135	0.0072	0.0039	0.0021
21	0.0926	0.0638	0.0531	0.0443	0.0309	0.0217	0.0109	0.0056	0.0029	0.0016
22	0.0826	0.0560	0.0462	0.0382	0.0262	0.0181	0.0088	0.0044	0.0022	0.0012
23	0.0738	0.0491	0.0402	0.0329	0.0222	0.0151	0.0071	0.0034	0.0017	0.0008
24	0.0659	0.0431	0.0349	0.0284	0.0188	0.0126	0.0057	0.0027	0.0013	0.0006
25	0.0588	0.0378	0.0304	0.0245	0.0160	0.0105	0.0046	0.0021	0.0010	0.0005
26	0.0525	0.0331	0.0264	0.0211	0.0135	0.0087	0.0037	0.0016	0.0007	0.0003
27	0.0469	0.0291	0.0230	0.0182	0.0115	0.0073	0.0030	0.0013	0.0006	0.0002
28	0.0419	0.0255	0.0200	0.0157	0.0097	0.0061	0.0024	0.0010	0.0004	0.0002
29	0.0374	0.0224	0.0174	0.0135	0.0082	0.0051	0.0020	0.0008	0.0003	0.0001
30	0.0334	0.0196	0.0151	0.0116	0.0070	0.0042	0.0016	0.0006	0.0002	0.0001
35	0.0189	0.0102	0.0075	0.0055	0.0030	0.0017	0.0005	0.0002	0.0001	—
40	0.0107	0.0053	0.0037	0.0026	0.0013	0.0007	0.0002	0.0001	—	—
45	0.0061	0.0027	0.0019	0.0013	0.0006	0.0003	0.0001	—	—	—
50	0.0035	0.0014	0.0009	0.0006	0.0003	0.0001	—	—	—	—
55	0.0020	0.0007	0.0005	0.0003	0.0001	—	—	—	—	—

表二　終值利率因子

期數	FVIF (k%,n) = (1 + k%)^n									
	1%	2%	3%	4%	5%	6%	7%	8%	9%	10%
1	1.0100	1.0200	1.0300	1.0400	1.0500	1.0600	1.0700	1.0800	1.0900	1.1000
2	1.0201	1.0404	1.0609	1.0816	1.1025	1.1236	1.1449	1.1664	1.1881	1.2100
3	1.0303	1.0612	1.0927	1.1249	1.1576	1.0910	1.2250	1.2597	1.2950	1.3310
4	1.0406	1.0824	1.1255	1.1699	1.2155	1.2625	1.3108	1.3605	1.4116	1.4641
5	1.0510	1.1041	1.1593	1.2167	1.2763	1.3382	1.4026	1.4693	1.5386	1.6105
6	1.0615	1.1262	1.1941	1.2653	1.3401	1.4185	1.5007	1.5869	1.6771	1.7716
7	1.0721	1.1487	1.2299	1.3159	1.4071	1.5036	1.6058	1.7138	1.8280	1.9487
8	1.0829	1.1717	1.2668	1.3686	1.4775	1.5938	1.7182	1.8509	1.9926	2.1436
9	1.0937	1.1951	1.3048	1.4233	1.5513	1.6895	1.8385	1.9990	2.1719	2.3579
10	1.1046	1.2190	1.3439	1.4802	1.6289	1.7908	1.9672	2.1589	2.3674	2.5937
11	1.1157	1.2434	1.3842	1.5395	1.7103	1.8983	2.1049	2.3316	2.5804	2.8531
12	1.1268	1.2682	1.4258	1.6010	1.7959	2.0122	2.2522	2.5182	2.8127	3.1384
13	1.1381	1.2936	1.4685	1.6651	1.8856	2.1329	2.4098	2.7196	3.0658	3.4523
14	1.1495	1.3195	1.5126	1.7317	1.9799	2.2609	2.5785	2.9372	3.3417	3.7975
15	1.1610	1.3459	1.5580	1.8009	2.0789	2.3966	2.7590	3.1722	3.6425	4.1772
16	1.1726	1.3728	1.6047	1.8730	2.1829	2.5404	2.9522	3.4259	3.9703	4.5950
17	1.1843	1.4002	1.6528	1.9479	2.2920	2.6928	3.1588	3.7000	4.3276	5.0545
18	1.1961	1.4282	1.7024	2.0258	2.4066	2.8543	3.3799	3.9960	4.7171	5.5599
19	1.2081	1.4568	1.7535	2.1068	2.5270	3.0256	3.6165	4.3157	5.1417	6.1159
20	1.2202	1.4859	1.8061	2.1911	2.6533	3.2071	3.8697	4.6610	5.6044	6.7275
21	1.2324	1.5157	1.8603	2.2788	2.7860	3.3996	4.1406	5.0338	6.1088	7.4002
22	1.2447	1.5460	1.9161	2.3699	2.9253	3.6035	4.4304	5.4365	6.6586	8.1403
23	1.2572	1.5769	1.9736	2.4647	3.0715	3.8197	4.7405	5.8715	7.2579	8.9543
24	1.2697	1.6084	2.0328	2.5633	3.2251	4.0489	5.0724	6.3412	7.9111	9.8497
25	1.2824	1.6406	2.0938	2.6658	3.3864	4.2919	5.4274	6.8485	8.6231	10.835
26	1.2953	1.6734	2.1566	2.7725	3.5557	4.5494	5.8074	7.3964	9.3992	11.918
27	1.3082	1.7069	2.2213	2.8834	3.7335	4.8223	6.2139	7.9881	10.245	13.110
28	1.3213	1.7410	2.2879	2.9987	3.9201	5.1117	6.6488	8.6271	11.167	14.421
29	1.3345	1.7758	2.3566	3.1187	4.1161	5.4184	7.1143	9.3173	12.172	15.863
30	1.3478	1.8114	2.4273	3.2434	4.3219	5.7435	7.6123	10.063	13.268	17.449
40	1.4889	2.2080	3.2620	4.8010	7.0400	10.286	14.974	21.725	31.409	45.259
50	1.6446	2.6916	4.3839	7.1067	11.467	18.420	29.457	46.902	74.358	117.39
60	1.8167	3.2810	5.8916	10.520	18.679	32.988	57.946	101.26	176.03	304.48

表二（續）

期數	12%	14%	15%	16%	18%	20%	24%	28%	32%	36%
1	1.1200	1.1400	1.1500	1.1600	1.1800	1.2000	1.2400	1.2800	1.3200	1.3600
2	1.2544	1.2996	1.3225	1.3456	1.3924	1.4400	1.5376	1.6384	1.7424	1.8496
3	1.4049	1.4815	1.5209	1.5609	1.6430	1.7280	1.9066	2.0972	2.3000	2.5155
4	1.5735	1.6890	1.7490	1.8106	1.9388	2.0736	2.3642	2.6844	3.0360	3.4210
5	1.7623	1.9254	2.0114	2.1003	2.2878	2.4883	2.9316	3.4360	4.0075	4.6526
6	1.9738	2.1950	2.3131	2.4364	2.6996	2.9860	3.6352	4.3980	5.2899	6.3275
7	2.2107	2.5023	2.6600	2.8262	3.1855	3.5832	4.5077	5.6295	6.9826	8.6054
8	2.4760	2.8526	3.0590	3.2784	3.7589	4.2998	5.5895	7.2058	9.2170	11.703
9	2.7731	3.2519	3.5179	3.8030	4.4355	5.1598	6.9310	9.2234	12.166	15.917
10	3.1058	3.7072	4.0456	4.4114	5.2338	6.1917	8.5944	11.806	16.060	21.647
11	3.4785	4.2262	4.6524	5.1173	6.1759	7.4301	10.657	15.112	21.199	29.439
12	3.8960	4.8179	5.3503	5.9360	7.2876	8.9161	13.215	19.343	27.983	40.037
13	4.3635	5.4924	6.1528	6.8858	8.5994	10.699	16.386	24.759	36.937	54.451
14	4.8871	6.2613	7.0757	7.9875	10.147	12.839	20.319	31.691	48.757	74.053
15	5.4736	7.1379	8.1371	9.2655	11.974	15.407	25.196	40.565	64.359	100.71
16	6.1304	8.1372	9.3576	10.748	14.129	18.488	31.243	51.923	84.954	136.97
17	6.8660	9.2765	10.761	12.468	16.672	22.186	38.741	66.461	112.14	186.28
18	7.6900	10.575	12.375	14.463	19.673	26.623	48.039	85.071	148.02	253.34
19	8.6128	12.056	14.232	16.777	23.214	31.948	59.568	108.89	195.39	344.54
20	9.6463	13.743	16.367	19.461	27.393	38.338	73.864	139.38	257.92	468.57
21	10.804	15.668	18.822	22.574	32.324	46.005	91.592	178.41	340.45	637.26
22	12.100	17.861	21.645	26.186	38.142	55.206	113.57	228.36	449.39	866.67
23	13.552	20.362	24.891	30.376	45.008	66.247	140.83	292.30	593.20	1178.7
24	15.179	23.212	28.625	35.236	53.109	79.497	174.63	374.14	783.02	1603.0
25	17.000	26.462	32.919	40.874	62.669	95.396	216.54	478.90	1033.6	2180.1
26	19.040	30.167	37.857	47.414	73.949	114.48	268.51	613.00	1364.3	2964.9
27	21.325	34.390	43.535	55.000	87.260	137.37	332.95	784.64	1800.9	4032.3
28	23.884	39.204	50.066	63.800	102.97	164.84	412.86	1004.3	2377.2	5483.9
29	26.750	44.693	57.575	74.009	121.50	197.81	511.95	1285.6	3137.9	7458.1
30	29.960	50.950	66.212	85.850	143.37	237.38	634.82	1645.5	4142.1	10143
40	93.051	188.88	267.86	378.72	750.38	1469.8	5455.9	19427	66521	—
50	289.00	700.23	1083.7	1670.7	3927.4	9100.4	46890	—	—	—
60	897.60	2595.9	4384.0	7370.2	20555	56348	—	—	—	—

*FVIF > 99,999.

表三　年金現值利率因子

$$PVIFA\,(k\%,n)=\sum_{t=1}^{n}\frac{1}{(1+k\%)^{n}}=\frac{1-\dfrac{1}{(1+k\%)^{n}}}{k}=\frac{1}{k}-\frac{1}{k(1+k\%)^{n}}$$

期數	1%	2%	3%	4%	5%	6%	7%	8%	9%
1	0.9901	0.9804	0.9709	0.9615	0.9524	0.9434	0.9346	0.9259	0.9174
2	1.9704	1.9416	1.9135	1.8861	1.8594	1.8334	1.8080	1.7833	1.7591
3	2.9410	2.8839	2.8286	2.7751	2.7232	2.6730	2.6243	2.5771	2.5313
4	3.9020	3.8077	3.7171	3.6299	3.5460	3.4651	3.3872	3.3121	3.2397
5	4.8534	4.7135	4.5797	4.4518	4.3295	4.2124	4.1002	3.9927	3.8897
6	5.7955	5.6014	5.4172	5.2421	5.0757	4.9173	4.7665	4.6229	4.4859
7	6.7282	6.4720	6.2303	6.0021	5.7864	5.5824	5.3893	5.2064	5.0330
8	7.6517	7.3255	7.0197	6.7327	6.4632	6.2098	5.9713	5.7466	5.5348
9	8.5660	8.1622	7.7861	7.4353	7.1078	6.8017	6.5152	6.2469	5.9952
10	9.4713	8.9826	8.5302	8.1109	7.7217	7.3601	7.0236	6.7101	6.4177
11	10.3676	9.7868	9.2526	8.7605	8.3064	7.8869	7.4987	7.1390	6.8052
12	11.2551	10.5753	9.9540	9.3851	8.8633	8.3838	7.9427	7.5361	7.1607
13	12.1337	11.3484	10.6350	9.9856	9.3936	8.8527	8.3577	7.9038	7.4869
14	13.0037	12.1062	11.2961	10.5631	9.8986	9.2950	8.7455	8.2442	7.7862
15	13.8651	12.8493	11.9379	11.1184	10.3797	9.7122	9.1079	8.5595	8.0607
16	14.7179	13.5777	12.5611	11.6523	10.8378	10.1059	9.4466	8.8514	8.3126
17	15.5623	14.2919	13.1661	12.1657	11.2741	10.4773	9.7632	9.1216	8.5436
18	16.3983	14.9920	13.7535	12.6593	11.6896	10.8276	10.0591	9.3719	8.7556
19	17.2260	15.6785	14.3238	13.1339	12.0853	11.1581	10.3356	9.6036	8.9501
20	18.0456	16.3514	14.8775	13.5903	12.4622	11.4699	10.5940	9.8181	9.1285
21	18.8570	17.0112	15.4150	14.0292	12.8212	11.7641	10.8355	10.0168	9.2922
22	19.6604	17.6580	15.9369	14.4511	13.1630	12.0416	11.0612	10.2007	9.4424
23	20.4558	18.2922	16.4436	14.8568	13.4886	12.3034	11.2722	10.3711	9.5802
24	21.2434	18.9139	16.9355	15.2470	13.7986	12.5504	11.4693	10.5288	9.7066
25	22.0232	19.5235	17.4131	15.6221	14.0939	12.7834	11.6536	10.6748	9.8226
26	22.7952	20.1210	17.8768	15.9828	14.3752	13.0032	11.8258	10.8100	9.9290
27	23.5596	20.7069	18.3270	16.3269	14.6430	13.2105	11.9867	10.9352	10.0266
28	24.3164	21.2813	18.7641	16.6631	14.8981	13.4062	12.1371	11.0511	10.1161
29	25.0658	21.8444	19.1885	16.9837	15.1411	13.5907	12.2777	11.1584	10.1983
30	25.8077	22.3965	19.6004	17.2920	15.3725	13.7648	12.4090	11.2578	10.2737
35	29.4086	24.9986	21.4872	18.6646	16.3742	14.4982	12.9477	11.6546	10.5668
40	32.8347	27.3555	23.1148	19.7928	17.1591	15.0463	13.3317	11.9246	10.7574
45	36.0945	29.4902	24.5187	20.7200	17.7741	15.4558	13.6055	12.1084	10.8812
50	39.1961	31.4236	25.7298	21.4822	18.2559	15.7619	13.8007	12.2335	10.9617
55	42.1472	33.1748	26.7744	22.1086	18.6335	15.9905	13.9399	12.3186	11.0140

表三（續）

期數	10%	12%	14%	15%	16%	18%	20%	24%	28%	32%
1	0.9091	0.8929	0.8772	0.8696	0.8621	0.8475	0.8333	0.8065	0.7813	0.7576
2	1.7355	1.6901	1.6467	1.6257	1.6052	1.5656	1.5278	1.4568	1.3916	1.3315
3	2.4869	2.4018	2.3216	2.2832	2.2459	2.1743	2.1065	1.9813	1.8684	1.7663
4	3.1699	3.0373	2.9137	2.8550	2.7982	2.6901	2.5887	2.4043	2.2410	2.0957
5	3.7908	3.6048	3.4331	3.3522	3.2743	3.1272	2.9906	2.7454	2.5320	2.3452
6	4.3553	4.1114	3.8887	3.7845	3.6847	3.4976	3.3255	3.0205	2.7594	2.5342
7	4.8684	4.5638	4.2883	4.1604	4.0386	3.8115	3.6046	3.2423	2.9370	2.6775
8	5.3349	4.9676	4.6389	4.4873	4.3436	4.0776	3.8372	3.4212	3.0758	2.7860
9	5.7590	5.3282	4.9464	4.7716	4.6065	4.3030	4.0310	3.5655	3.1842	2.8681
10	6.1446	5.6502	5.2161	5.0188	4.8332	4.4941	4.1925	3.6819	3.2689	2.9304
11	6.4951	5.9377	5.4527	5.2337	5.0286	4.6560	4.3271	3.7757	3.3351	2.9776
12	6.8137	6.1944	5.6603	5.4206	5.1971	4.7932	4.4392	3.8514	3.3868	3.0133
13	7.1034	6.4235	5.8424	5.5831	5.3423	4.9095	4.5327	3.9124	3.4272	3.0404
14	7.3667	6.6282	6.0021	5.7245	5.4675	5.0081	4.6106	3.9616	3.4587	3.0609
15	7.6061	6.8109	6.1422	5.8474	5.5755	5.0916	4.6755	4.0013	3.4834	3.0764
16	7.8237	6.9740	6.2651	5.9542	5.6685	5.1624	4.7296	4.0333	3.5026	3.0882
17	8.0216	7.1196	6.3729	6.0472	5.7487	5.2223	4.7746	4.0591	3.5177	3.0971
18	8.2014	7.2497	6.4674	6.1280	5.8178	5.2732	4.8122	4.0799	3.5294	3.1039
19	8.3649	7.3658	6.5504	6.1982	5.8775	5.3162	4.8435	4.0967	3.5386	3.1090
20	8.5136	7.4694	6.6231	6.2593	5.9288	5.3527	4.8696	4.1103	3.5458	3.1129
21	8.6487	7.5620	6.6870	6.3125	5.9731	5.3837	4.8913	4.1212	3.5514	3.1158
22	8.7715	7.6446	6.7429	6.3587	6.0113	5.4099	4.9094	4.1300	3.5558	3.1180
23	8.8832	7.7184	6.7921	6.3988	6.0442	5.4321	4.9245	4.1371	3.5592	3.1197
24	8.9847	7.7843	6.8351	6.4338	6.0726	5.4509	4.9371	4.1428	3.5619	3.1210
25	9.0770	7.8431	6.8729	6.4641	6.0971	5.4669	4.9476	4.1474	3.5640	3.1220
26	9.1609	7.8957	6.9061	6.4906	6.1182	5.4804	4.9563	4.1511	3.5656	3.1227
27	9.2372	7.9426	6.9352	6.5135	6.1364	5.4919	4.9636	4.1542	3.5669	3.1233
28	9.3066	7.9844	6.9607	6.5335	6.1520	5.5016	4.9697	4.1566	3.5679	3.1237
29	9.3696	8.0218	6.9830	6.5509	6.1656	5.5098	4.9747	1.1585	3.5687	3.1240
30	9.4269	8.0552	7.0027	6.5660	6.1772	5.5168	4.9789	4.1601	3.5693	3.1242
35	9.6442	8.1755	7.0700	6.6166	6.2153	5.5386	4.9915	4.1644	3.5708	3.1248
40	9.7791	8.2438	7.1050	6.6418	6.2335	5.5482	4.9966	4.1659	3.5712	3.1250
45	9.8628	8.2825	7.1232	6.6543	6.2421	5.5523	4.9986	4.1664	3.5714	3.1250
50	9.9148	8.3045	7.1327	6.6605	6.2463	5.5541	4.9995	4.1666	3.5714	3.1250
55	9.9471	8.3170	7.1376	6.6636	6.2482	5.5549	4.9998	4.1666	3.5714	3.1250

表四　年金終值利率因子

$$FVIFA\ (k\%, n) = \sum_{t=1}^{n}(1 + k\%)^{n} = \frac{(1 + k\%)^{n} - 1}{k}$$

期數	1%	2%	3%	4%	5%	6%	7%	8%	9%	10%
1	1.0000	1.0000	1.0000	1.0000	1.0000	1.0000	1.0000	1.0000	1.0000	1.0000
2	2.0100	2.0200	2.0300	2.0400	2.0500	2.0600	2.0700	2.0800	2.0900	2.1000
3	3.0301	3.0604	3.0909	3.1216	3.1525	3.1836	3.2149	3.2464	3.2781	3.3100
4	4.0604	4.1216	4.1836	4.2465	4.3101	4.3746	4.4399	4.5061	4.5731	4.6410
5	5.1010	5.2040	5.3091	5.4163	5.5256	5.6371	5.7507	5.8666	5.9847	6.1051
6	6.1520	6.3081	6.4684	6.6330	6.8019	6.9753	7.1533	7.3359	7.5233	7.7156
7	7.2135	7.4343	7.6625	7.8983	8.1420	8.3938	8.6540	8.9228	9.2004	9.4872
8	8.2857	8.5830	8.8923	9.2142	9.5491	9.8975	10.260	10.637	11.028	11.436
9	9.3685	9.7546	10.159	10.583	11.027	11.491	11.978	12.488	13.021	13.579
10	10.462	10.950	11.464	12.006	12.578	13.181	13.816	14.487	15.193	15.937
11	11.567	12.169	12.808	13.486	14.207	14.972	15.784	16.645	17.560	18.531
12	12.683	13.412	14.192	15.026	15.917	16.870	17.888	18.977	20.141	21.384
13	13.809	14.680	15.618	16.627	17.713	18.882	20.141	21.495	22.953	24.523
14	14.947	15.974	17.086	18.292	19.599	21.015	22.550	24.215	26.019	27.975
15	16.097	17.293	18.599	20.024	21.579	23.276	25.129	27.152	29.361	31.772
16	17.258	18.639	20.157	21.825	23.657	25.673	27.888	30.324	33.003	35.950
17	18.430	20.012	21.762	23.698	25.840	28.213	30.840	33.750	36.974	40.545
18	19.615	21.412	23.414	25.645	28.132	30.906	33.999	37.450	41.301	45.599
19	20.811	22.841	25.117	27.671	30.539	33.760	37.379	41.446	46.018	51.159
20	22.019	24.297	26.870	29.778	33.066	36.786	40.995	45.762	51.160	57.275
21	23.239	25.783	28.676	31.969	35.719	39.993	44.865	50.423	56.765	64.002
22	24.472	27.299	30.537	34.248	38.505	43.392	49.006	55.457	62.873	71.403
23	25.716	28.845	32.453	36.618	41.430	46.996	53.436	60.893	69.532	79.543
24	26.973	30.422	34.426	39.083	44.502	50.816	58.177	66.765	76.790	88.497
25	28.243	32.030	36.459	41.646	47.727	54.865	63.249	73.106	84.701	98.347
26	29.526	33.671	38.553	44.312	51.113	59.156	68.676	79.954	93.324	109.18
27	30.821	35.344	40.710	47.084	54.669	63.706	74.484	87.351	102.72	121.10
28	32.129	37.051	42.931	49.968	58.403	68.528	80.698	95.339	112.97	134.21
29	33.450	38.792	45.219	52.966	62.323	73.640	87.347	103.97	124.14	148.63
30	34.785	40.568	47.575	56.085	66.439	79.058	94.461	113.28	136.31	164.49
40	48.886	60.402	75.401	95.026	120.80	154.76	199.64	259.06	337.88	442.59
50	64.463	84.579	112.80	152.67	209.35	290.34	406.53	573.77	815.08	1163.9
60	81.670	114.05	163.05	237.99	353.58	533.13	813.52	1253.2	1944.8	3034.8

表四（續）

期數	12%	14%	15%	16%	18%	20%	24%	28%	32%	36%
1	1.0000	1.0000	1.0000	1.0000	1.0000	1.0000	1.0000	1.0000	1.0000	1.0000
2	2.1200	2.1400	2.1500	2.1600	2.1800	2.2000	2.2400	2.2800	2.3200	2.3600
3	3.3744	3.4396	3.4725	3.5056	3.5724	3.6400	3.7776	3.9184	4.0624	4.2096
4	4.7793	4.9211	4.9934	5.0665	5.2154	5.3680	5.6842	6.0156	6.3624	6.7251
5	6.3528	6.6101	6.7424	6.8771	7.1542	7.4416	8.0484	8.6999	9.3983	10.146
6	8.1152	8.5355	8.7537	8.9775	9.4420	9.9299	10.980	12.136	13.406	14.799
7	10.089	10.730	11.067	11.414	12.142	12.916	14.615	16.534	18.696	21.126
8	12.300	13.233	13.727	14.240	15.327	16.499	19.123	22.163	25.678	29.732
9	14.776	16.085	16.786	17.519	19.086	20.799	24.712	29.369	34.895	41.435
10	17.549	19.337	20.304	21.321	23.521	25.959	31.643	38.593	47.062	57.352
11	20.655	23.045	24.349	25.733	28.755	32.150	40.238	50.398	63.122	78.998
12	24.133	27.271	29.002	30.850	34.931	39.581	50.895	65.510	84.320	108.44
13	28.029	32.089	34.352	36.786	42.219	48.497	64.110	84.853	112.30	148.47
14	32.393	37.581	40.505	43.672	50.818	59.196	80.496	109.61	149.24	202.93
15	37.280	43.842	47.580	51.660	60.965	72.035	100.82	141.30	198.00	276.98
16	42.753	50.980	55.717	60.925	72.939	87.442	126.01	181.87	262.36	377.69
17	48.884	59.118	65.075	71.673	87.068	105.93	157.25	233.79	347.31	514.66
18	55.750	68.394	75.836	84.141	103.74	128.12	195.99	300.25	459.45	700.94
19	63.440	78.969	88.212	98.603	123.41	154.74	244.03	385.32	607.47	954.28
20	72.052	91.025	102.44	115.38	146.63	186.69	303.60	494.21	802.86	1298.8
21	81.699	104.77	118.81	134.84	174.02	225.03	377.46	633.59	1060.8	1767.4
22	92.503	120.44	137.63	157.41	206.34	271.03	469.06	812.00	1401.2	2404.7
23	104.60	138.30	159.28	183.60	244.49	326.24	582.63	1040.4	1850.6	3271.3
24	118.16	158.66	184.17	213.98	289.49	392.48	723.46	1332.7	2443.8	4450.0
25	133.33	181.87	212.79	249.21	342.60	471.98	898.09	1706.8	3226.8	6053.0
26	150.33	208.33	245.71	290.09	405.27	567.38	1114.6	2185.7	4260.4	8233.1
27	169.37	238.50	283.57	337.50	479.22	681.85	1383.1	2798.7	5624.8	11198.0
28	190.70	272.89	327.10	392.50	566.48	819.22	1716.1	3583.3	7425.7	15230.8
29	214.58	312.09	377.17	456.30	669.45	984.07	2129.0	4587.7	9802.9	20714.2
30	241.33	356.79	434.75	530.31	790.95	1181.9	2640.9	5873.2	12941	28172.3
40	767.09	1342.0	1779.1	2360.8	4163.2	7343.9	22729	69377	—	—
50	2400.0	4994.5	7217.7	10436	21813	45497	—	—	—	—
60	7471.6	18535	29220	46058	—	—	—	—	—	—

*FVIF > 99,999.

參考文獻

1. 中文依出版時間先後次序排列。

2. 中文報紙的引用於內文內該段末以括弧方式註明出來。

3. 本書以 1997 年 1 月以後文獻為主。

4. 為了節省篇幅，論文的卷、期別不列，只列年月。

5. 有打 * 的論文，是我們推薦可做為碩士班上課的教材。

6. 本書經常引用的國外期刊及其簡寫如下：

   HBR: *Harvard Business Review*（《哈佛商業評論》）

   JF: *Journal of Finance*（《財務期刊》）

   JFE: *Journal of Financial Economics*（《財務經濟期刊》）

   JFQA: *Journal of Financial Quantitative Analysis*（《財務和數量分析期刊》）

   JFR: *Journal of Financial Research*（《財務研究期刊》）

   SMJ: *Strategic Management Journal*（《策略管理期刊》）

7. 全書普遍參考的書籍如下：

⑴謝劍平，《財務管理──新觀念與本土化》，智勝文化事業有限公司，1999 年 6 月，再版。

⑵徐俊明，《財務管理──理論與實務》，新陸書局，2002 年 2 月，二版。

⑶Arnold, Glen, *Corporate Financial Management*, Prentice-Hall, 1998.

⑷Copeland, Thomas E. and J. Fred Weston, *Financial Theory and Corporate Policy*, prentice-Hall, 1988.

⑸Haugen, Robert A., *The New Finance ── The Case Against Efficient Markets*, Prentice-Hall, 1999.

⑹Hill, Alan, *Corporate Finance*, Prentice-Hall, 1999.

⑺Keown, Arthur J. etc., *Foundation of Finance*, Prentice-Hall, 2001.

⑻Ross, Stephen A. etc., *Corporate Finance*, McGraw-Hill Co., Inc., 2002.

⑼Shapiro, Alan C. and Sheldon D. Balhirer, *Modern Corporate Finance*, Prentice-Hall, 2000.

⑽Van Horne, James C. and John M. Wachowicz, *Fundamentals of Financial Management*, Prentice-Hall, 2001.

⑾Van Horne, James C., *Financial Management Policy*, Prentice-Hall, 1998.

第一章 資本預算

第三節 淨現值法入門

Mian, Shehzad, "On the Choice and Replacement of Chief Financial Officers", *JFE*, Apr. 2001, pp.143 ～ 176.

第三章 每年預算──兼論上市公司財務預測

第一節 預算制度

1. 陳明裕,「中小企業建立預算制度之鋼與要」,《會計研究月刊》, 1999 年 7 月, 第 106 ～ 110 頁。

2. 陳輝吉,「總體年度經營計畫編製工程〈上〉」,《企業管理》, 1999 年 12 月, 第 79 ～ 87 頁。

3. 吳開霖,「財務長如何推動經營機能及會計制度之經營分析書表下篇」,《會計研究月刊》, 2000 年 9 月, 第 115 ～ 123 頁。

4. 黃嘉斌譯,《財務會計管理──幫助非財務經理做好關鍵財務決策》, 麥格羅‧希爾出版股份有限公司, 2002 年 5 月。

5. Jensen, Michael C., "Corporate Budgeting Is Broken ── Let's Fix It", *HBR*, Nov. 2001, pp.94 ～ 103.

6. Maruca, Regina Fazio and John M. Milhaven, "When the Boss Won't Budge", *HBR*, Jan.–Feb. 2000, pp.25 ～ 38.

第二節 財務報告和資訊揭露

1. 陳國泰等,「會計報告電子化傳遞的利器── XBRL」,《會計》, 2001 年 7 月, 第 67 ～ 73 頁。

2. Bloomfield, Robert and Maureen O'hard, "Can Transparent Market Survive?", *JFE*, Mar. 2002, pp.425 ～ 460.

3. *Hurtt, David N. etc., "Using the Internet for Financial Reporting" , *The Journal of Corporate Accounting & Finance*, 2001, pp.67 ～ 76.

4. Hutton, Amy, "Four Rules for Taking Your Message to Wall Street", *HBR*, May 2001, pp.125 ～ 134.

5. Potter, Frank, "A New Metric for Finance Department Efficiency", *Strategic Finance*, July 2001. pp.51 ～ 55.

第四章 財務規劃與資金調度

第一節　長期財務規劃

1. 吳開霖,「財務長現金流量預測技巧教戰〈上〉、〈下〉」,《會計研究月刊》, 1999 年 7 月、8 月, 第 75 ～ 81、59 ～ 89 頁。

2. 吳開霖,「財務長如何規劃長期計畫——以 5 年擴展計畫書為例〈三〉」,《會計研究月刊》, 2000 年 12 月, 第 124 ～ 130 頁。

第三節　營運資金規劃

*Strischek, Dev, "A Banker's Perspective on Working Capital and Cash Flow Management", *Strategic Finance*, Oct. 2001, pp.38 ～ 45.

第五章　資金結構

Graham, John R. and Campbell R. Harvey, "The Theory and Practice of Corporate Finance: Evidence from the Evidence", *JFE*, May/June 2001, pp.187 ～ 244.

第二節　資金結構理論

1. Andrade, Gregor and Steven N. Kaplan, "How Costly is Finincial Distress? Evidence form Highly Leveraged Transactions that Became Distressed", *JF*, Oct. 1998, pp.1143 ～ 1494.

2. Cornett, Marcia Millon etc., "Are Financial Markets Overly Optimistic about the Prospects of Firms That Issue Equity? Evidence from Voluntary Versus Involuntary Equity Issuances by Banks", *JF*, Dec. 1998, pp.2139 ～ 2160.

3. Graham, John R. etc."Debt, Leases, Taxes, and the Endogeneity of Corporate Tax Status", *JF*, Feb. 1998, pp.131 ～ 162.

第三節　資金結構的決策——抵換下的最佳資金結構

1. Garvey, Gerald T. and Gordon Hanka, "Capital Structure and Corporate Control: The Effect of Antitakeover Statures on Firm Leverage", *JF*, April 1999, pp.519 ～ 546.

2. Safieddine, Assem and Sheridan Titman, "Leverage and Corporate Performance: Evidence form Unsuccessful Takeovers", *JF*, April 1999, pp.547 ～ 580.

第四節　財務策略——兼論資金結構跟公司策略的關連

1. Beranek, William etc., "External Financing, Liquidity, and Capital Expenditures", *JF*, Summer 1995, pp.207 ～ 222.

2. Cleary, Sean, "The Relationship between Firm Investment and Financial Status", *JF*, April 1999, pp.673 ～ 692.

3. Habib, Michel A. and D. Bruce Johnsen, "The Financing and Redeployment of Specific Assets",

JF, April 1999, pp.693 ～ 720.

4. Smith Jr., Clifford W., "Organizational Architecture and Corporate Finance", *JFR*, Spring 2001, pp.1 ～ 14.

第五節　企業生命週期的資金規劃

1. 中央大學財務金融所，《企業金融的 12 堂課》，天下文化股份有限公司，2002 年 6 月。

2. Wald, John K., "How Firm Characteristics Affect Capital Structure: An International Comparison", *JFR*, Summer 1999, pp.161 ～ 188.

第六章　風險管理

第三節　財務風險衡量

Booth, Laurence etc., "Capital Structures in Developing Countries", *JF*, Feb. 2001, pp.87 ～ 130.

第四節　均衡一下──營運風險為主，財務風險為輔

Bernstein, Peter L., "The New Religion of Risk Management", *HBR*, March–April 1996, pp.47 ～ 55.

第七章　代理理論

第一節　代理理論導論

1. 康榮實，「大陸上市公司治理結構問題之探討」，《臺灣經濟金融月刊》，2001 年 6 月，第 1 ～ 23 頁。

2. Cadbury, Adrian, "What Are The Trends in Corporate Governance? How Will They Impact Your Company? ", *Long Range Planning*, Jan. 1999, pp.12 ～ 19.

第三節　公司章程的設計──防止權益代理問題的公司憲法設計

1. Leland, Hayne E., "Agency Costs, Risk Management, and Capital Structure", *JF*, Aug. 1998, pp.1213 ～ 1244.

2. Roth, Greg and Cynthia McDonald, "Shareholder ── Management Conflict and Event Risk Covenants", *JFR* , Summer 1999, pp.207 ～ 226.

第四節　公司治理專論：外部董事

1. 薛明玲，「現場重鑑：國票楊瑞仁案會計處理紀實」，《會計研究月刊》，2001 年 8 月，第 24 ～ 28 頁。

2. Gillan, Stuart L. and Laura T. Starks, "Corporate Governance Proposals and Shareholder Activism: the Role of Institutional Investors", *JFE*, Aug. 2000, pp.275 ～ 290.

第八章　股票上市

第一節　股票上市的好處

Pagano, Marco etc., "Why Do Companies Go Public? An Empirical Analysis", *JF*, Feb. 1998, pp.27 ～ 64.

第三節　股票上市實務

陳玫燕，「申請國內三類上市上櫃市場掛牌交易之比較」，《會計研究月刊》，2000 年 10 月，第 80 ～ 83 頁。

第九章　權益資金成本

第四節　伍氏權益資金成本

1. Pástor, Lubos and Robert F. Stambaugh, "The Equity Premium and Structural Breaks", *JF*, Aug. 2001, pp.1207 ～ 1239.

2. Pástor, Lubos and Robert F. Stambaugh, "Costs of Equity Capital and Model Mispricing", *JF*, Feb. 1999, pp.67 ～ 122.

3. Wang, zhenyu, "The Equity Premium and structural Breaks", *JF*, Aug. 2001, pp.1207 ～ 1239.

第十章　股利政策和資本形成

第一節　股利政策理論快易通

1. Garrett, Ian and Richard Priestley, "Dividend Behavior and Dividend Signaling", *JFQA*, June 2000, pp.173 ～ 190.

2. Guay, Wayne and Jarrad Harford, "The Cash-Flow Permanence and Information Content of Dividend Increases Versus Repurchases", *JFE*, Sep. 2000, pp.385 ～ 416.

3. Murali, Jagannathan, etc., "Financial Flexibility and the Choice Between Dividends and Stock Repurchases", *JFE*, Sep. 2000, pp.355 ～ 384.

第二節　股利政策的影響因素

1. Dewenter, Kathryn L. and Vincent A. Warther, "Dividends, Asymmetric Information, and Agency Conflicts: Evidence from a Comparison of the Dividend Policies of Japanese and U.S. Firms", *JF*, June 1998, pp.879 ～ 904.

2. Mozes, Haim and Donna Rapaccioli, "The Relation among Dividend Policy, Firm Size, and the Earnings Announcements of Earnings Announcements", *JF*, Spring 1995, pp.75 ～ 88.

3. Nissim, Doron and Amir Ziv, "Dividend Changes and Future Profitability", *JF*, Dec. 2001,

pp.2111 ～ 2134.

4. Siddiqi, Mazhar A., "An Indirect Test for Dividend Relevance", *JF*, Spring 1995, pp.89 ～ 102.

第五節　以退為進的減資方式——減資或不減資

1. Pettit, Justin, "Is a Share Buyback Right for Your Company? ", *HBR*, April 2001, pp.141 ～ 148.

2. Stephens, Clifford P. and Michael S. Weisbach, "Actual Share Reacquisitions in Open-Market Repurchase Programs", *JF*, Feb. 1998, pp.313 ～ 334.

第十一章　選擇權定價理論——在股權、債權結構規劃的運用

第四節　轉換特別股規劃實務

Carter, Mary Ellen and Gil B. Manzon Jr., "Evidence on the Role of Taxes on Financing Choice: Consideration of Mandatorily Redeemable Preferred Stock", *JFR*, Spring 1995, pp.103 ～ 114.

第十三章　負債融資執行——以貸款為主

第二節　如何取得優惠貸款條件

1. 柯輝芳，「資金調度的好幫手　票券發行融資額度〈NIF〉」，《中國信託》145 期，1999 年 4 月，第 8 ～ 11 頁。

2. Pichler, Pegaret and William Wilhelm, "A Theory of the Syndicate: Form Follows Function", *JF*, Dec. 2001, pp.2237 ～ 2264.

第四節　聯合貸款

1. 季自強，「專案融資知多少?」，《中國信託》，145 期，1999 年 4 月，第 12 ～ 14 頁。

2. 柯輝芳，「支援國內重大投資案的利器　銀行聯合貸款」，《中國信託》，145 期，1999 年 4 月，第 4 ～ 6 頁。

第五節　貸款條件的主要內容

Dennis, Steven etc., "The Determinants of Contract Terms in Bank Revolving Credit Agreements", *JFQA*, March 2000, pp.87 ～ 110.

第十四章　流動資產管理

第三節　應收帳款融資

紀麗秋、鄧誠中，「我國應收帳款收買業務之探討」，《臺灣金融財務季刊》，2000 年 9 月，第 113 ～ 124 頁。

第十五章　財務報表分析

1. 王泰昌等,《財務分析》, 證券期貨市場發展基金會, 2001 年 9 月。

2. 霍爾・薛莉,《讀破財務騙局的第一本書》, 麥格羅・希爾出版股份有限公司, 2002 年 6 月, 一版。

3. Fraser, Lyn M. and Aileen Ormiston, *Understanding Fiuancial Statement*, prentice-Hall, 2001.

第四節　你穿國王的新衣嗎?──別人從你的財報看到什麼?

Mulford, Charles W. and Eugene E. Comiskey, "The Financial Numbers Game: Detecting Creative Accounting Practices", John Wileey and Sons, Co., 2002.

第十六章　公司重建

第三節　如何減輕債務壓力

Peyer, Urs C. and Anil Shivdasani, "Leverage and Internal Capital Market: Evidence from Leveraged Recapitalization", *JFR*, Mar. 2001, pp.477 ～ 516.

第十八章　租稅規劃

第二節　租稅規劃的執行

1. 陳妙玲、葉秀鳳,「兩稅合一對於高科技產業股利政策之影響」,《財稅研究》, 第三十四卷第二期, 2002 年 3 月, 第 58 ～ 68 頁。

2. 陳明進、陳亦任,「兩稅合一股東可扣抵稅額比率對股票除息及除權之影響」,《財稅研究》, 第三十三卷第四期, 第 28 ～ 45 頁。

3. *Stanwick, Sarah D. and Peter A. Stanwick, "Developing Best Practices for Treasury Management", *The Journal of Corporate Accounting & Finance*, 2000, pp.63 ～ 65.

索　引

三民大專用書書目——行政・管理

行政學	林鍾沂 著	臺北大學
行政學（修訂新版）	張潤書 著	政治大學
行政學	左潞生 著	前中興大學
行政學（增訂二版）	吳瓊恩 著	政治大學
行政學新論	張金鑑 著	前政治大學
行政學概要	左潞生 著	前中興大學
行政管理學	傅肅良 編著	前考試委員
行政管理	陳德禹 著	臺灣大學
行政生態學	彭文賢 著	中央研究院
人事行政學	張金鑑 著	前政治大學
人事行政學	傅肅良 著	前考試委員
人事管理（修訂版）	傅肅良 著	前考試委員
人事行政的守與變	傅肅良 著	前考試委員
各國人事制度	傅肅良 著	前考試委員
各國人事制度概要	張金鑑 著	前政治大學
現行考銓制度	陳鑑波 著	
考銓制度	傅肅良 著	前考試委員
員工考選學	傅肅良 著	前考試委員
員工訓練學	傅肅良 著	前考試委員
員工激勵學	傅肅良 著	前考試委員
運輸學概要	程振粵 著	前臺灣大學
兵役理論與實務	顧傳型 著	前國防部常務次長
行為管理論	林安弘 著	德明技術學院
組織行為學	高尚仁 伍錫康 著	香港大學
組織行為學	藍采風 廖榮利 著	印第安那波里斯大學 臺灣大學
組織行為管理	龔平邦 著	前逢甲大學
組織原理	彭文賢 著	中央研究院
組織結構	彭文賢 著	中央研究院
行為科學概論	龔平邦 著	前逢甲大學
行為科學概論	徐道鄰 著	前香港大學
行為科學與管理	徐木蘭 著	臺灣大學

實用企業管理學	解宏賓	著	臺北大學
企業管理	蔣靜一	著	前臺灣大學
企業管理	陳定國	著	
企業管理辭典	Bengt Karlöf／廖文志、欒斌	譯	臺灣科技大學
策略管理	伍忠賢	著	真理大學
策略管理全球企業案例分析	伍忠賢	著	真理大學
國際企業論	李蘭甫	著	東吳大學
企業政策	陳光華	著	交通大學
企業概論	陳定國	著	前臺灣大學
管理新論	謝長宏	著	交通大學
管理概論	劉立倫	著	大葉大學
管理概論	郭崑謨	著	臺北大學
企業組織與管理	郭崑謨	著	前臺北大學
企業組織與管理（工商管理）	盧宗漢	著	前臺北大學
企業管理概要	張振宇	著	前淡江大學
現代企業管理	龔平邦	著	前逢甲大學
現代管理學	龔平邦	著	前逢甲大學
管理學	龔平邦	著	前逢甲大學
管理數學	謝志雄	著	東吳大學
管理數學	戴久永	著	交通大學
管理數學題解	戴久永	著	交通大
文檔管理	張翊中	著	
資料處理	呂執中、李明	著	成功大學
事務管理手冊	行政院新聞局	編	
現代生產管理學	劉一忠	著	舊金山州立大學
生產管理	劉漢容	著	成功大學
生產與作業管理（修訂版）	潘俊峯、黃蕙行	著	臺灣科技大學、中正大學
生產與作業管理	施勵山、林秉學	著	成功大學、路易斯安那州立大學
生產與作業管理	黃鴻章	著	中油公司
商業概論	張家聲	著	臺灣大學
商業心理學	陳淑貞	著	臺灣大學
管理心理學	湯阿銀	譯	前成功大學
品質管制（合）	柯		臺北大

三民大專用書書目——會計‧審計‧統計

會計資訊系統	顧裔芳、范懿文、鄭漢鐔 著	東華大學 中央大學 中央大學
會計制度設計之方法	趙仁達 著	
銀行會計	文大熙 著	
銀行會計（上）（下）（革新版）	金桐林 著	
銀行會計實務	趙仁達 著	
初級會計學（上）（下）	洪國賜 著	前淡水工商學院
中級會計學（上）（下）（增訂新版）	洪國賜 著	前淡水工商學院
中級會計學題解（增訂新版）	洪國賜 著	前淡水工商學院
中等會計（上）（下）	薛光圻、張鴻春 著	美國西東大學 臺灣大學
會計學（上）（下）（修訂版）	幸世間 著	前臺灣大學
會計學題解	幸世間 著	前臺灣大學
會計學概要	李兆萱 著	前臺灣大學
會計學概要習題	李兆萱 著	前臺灣大學
成本會計	張昌齡 著	前成功大學
成本會計（上）（下）	費鴻泰、王怡心 著	臺北大學
成本會計習題與解答（上）（下）	費鴻泰、王怡心 著	臺北大學
成本會計（上）（下）（增訂新版）	洪國賜 著	前淡水工商學院
成本會計題解（上）（下）（增訂新版）	洪國賜 著	前淡水工商學院
成本會計	盛禮約 著	前真理大學
成本會計習題	盛禮約 著	前真理大學
成本會計概要	童綷 著	
管理會計（修訂二版）（附CD）	王怡心 著	臺北大學
管理會計習題與解答（修訂二版）	王怡心 著	臺北大學
政府會計	李增榮 著	前政治大學
政府會計——與非營利會計（增訂新版）	張鴻春 著	臺灣大學

統計概念與方法題解	戴	久永	著	交通大學
迴歸分析	吳	宗正	著	成功大學
變異數分析	呂	金河	著	成功大學
多變量分析	張	健邦	著	前政治大學
抽樣方法	儲	全滋	著	前中央大學
抽樣方法 ——理論與實務	鄭	光甫	著	中山大學
商情預測	鄭	端娥	著	成功大學